imaginist

想象另一种可能

我是谁，或什么

一部心与自我的辩证奇想集

[美] 侯世达　[美] 丹尼尔·丹尼特　编

舒文　马健　译

上海三联书店

THE MIND'S I: Fantasies and Reflections on Self and Soul

by Douglas R. Hofstadter and Daniel C. Dennett

Copyright © 1981, 2000 by Basic Books

Simplified Chinese translation copyright © 2020 by Beijing Imaginist Time Culture Co., Ltd.

Published by arrangement with Basic Books, a member of Perseus Books LLC

through Bardon-Chinese Media Agency

All rights reserved.

著作权合同登记图字：09-2020-213 号

图书在版编目（ＣＩＰ）数据

我是谁，或什么：一部心与自我的辩证奇想集 /（美）侯世达，（美）丹尼尔·丹尼特编；舒文，马健译 . — 上海：上海三联书店，2020.7（2021.7 重印）

ISBN 978-7-5426-7042-7

Ⅰ . ①我… Ⅱ . ①侯… ②丹… ③舒… ④马… Ⅲ . ①心灵学—文集 Ⅳ . ① B846-53

中国版本图书馆 CIP 数据核字 (2020) 第 095070 号

我是谁，或什么

一部心与自我的辩证奇想集

[美] 侯世达、[美] 丹尼尔·丹尼特 编　舒文、马健 译

责任编辑 / 徐建新
特邀编辑 / EG
装帧设计 / 张　卉
内文制作 / 陈基胜　EG
责任校对 / 张大伟
责任印制 / 姚　军

出版发行 / 上海三联书店
　　　　　（200030）上海市漕溪北路331号A座6楼
邮购电话 / 021-22895540
印　　刷 / 山东临沂新华印刷物流集团有限责任公司

版　　次 / 2020 年 7 月第 1 版
印　　次 / 2021 年 7 月第 4 次印刷
开　　本 / 965mm×635mm　1/16
字　　数 / 484千字
印　　张 / 33.5
书　　号 / ISBN 978-7-5426-7042-7/B·678
定　　价 / 108.00元

如发现印装质量问题，影响阅读，请与印刷厂联系：0539-2925659

编者说明

　　本书初版汇编于 1981 年，收录的多是 1972—1982 年间的文章，因而谈及计算科学、认知科学等学科的发展时，一些举例、预测等都带有时代色彩。今天看来，至少在计算机算力和发展路径的预测上，本书的选文及反思，有保守之嫌；但这些选文及反思，在开创性、精巧性、特异性乃至震撼性方面都颇为可观，一起呈现了 20 世纪 70 年代人类思想的顶级光耀，很多方面至今仍未被超越。

　　本书正文提及许多真实人物，其中一些应为广大读者熟知的，不加说明；还有很多人，如今的读者或已不熟悉。凡此人物及事迹直接关乎正文理解，我们在正文的脚注中说明；其余正文中无说明、亦无随文括注的，皆收录在书末附录"人名表"，并附人物简介。

　　序至第 III 部分，译者舒文；马健翻译了第 IV 部分至结束。特邀编辑做了整体的校译和统稿，为便于读者理解，也额外插入少量新插图。本书脚注若无特别说明，均为特邀编辑添加。

目 录

序

心灵／心智（mind）是什么？我是谁？纯粹的物质能思考或感受吗？灵魂（soul）在哪里？面对这些问题时，人人都会陷入困惑之中。我们编纂此书，为的是尝试展示这些困惑，让它们变得生动鲜明。我们的目的不是要直接回答这些大问题，而是要动摇世人的思维：既包括那些有着严肃坚定的科学世界观的人，也包括那些对人类灵魂怀有宗教或者灵性主义想象的人。我们认为，目前要想回答这些问题并不容易，我们首先要对问题进行根本反思，然后才能期望人们在"我"这个字究竟是什么意思上达成共识。因此，本书旨在刺激、扰乱和迷惑读者，让显而易见的东西变得奇异起来，也许还会让奇异的东西变得显而易见。

我们要感谢供稿者及许许多多给我们提供了建议和灵感的人们：Kathy Antrim, Paul Benacerraf, Maureen Bischoff, Larry Breed, Scott Buresh, Don Byrd, Pat and Paul Churchland, Francisco Claro, Gary Clossman, Paul Csonka, Susan Dennett, Mike Dunn, Dennis Flanagan, Bill Gosper, Bernie Greenberg, John Haugeland, Pat Hayes, Robert and Nancy Hofstadter, Martin Kessler, Scott Kim, Henry Lieberman, John McCarthy, Debra Manette, Marsha Meredith, Marvin Minsky, Fanya Montalvo, Bob Moore, David Moser,

Zenon Pylyshyn, Randy Read, Julie Rochlin, Ed Schulz, Paul Smolensky, Ann Trail, Rufus Wanning, Sue Wintsch, 以及 John Woodcock。

本书脱胎于 1980 年在帕罗奥图的行为科学高等研究中心（Center for Advanced Study in the Behavioral Sciences in Palo Alto）的对话（丹尼特是那里的研究员，从事人工智能与哲学方面的研究），由美国国家科学基金会（NSF Grant, BNS 78-24671）和艾尔弗·P. 斯隆基金会（Alfred P. Sloan Foundation）资助。本书完成时，侯世达是约翰·西蒙·古根海姆奖（John Simon Guggenheim Fellow）学者，在斯坦福大学从事人工智能研究。我们感谢这些基金会支持我们的研究，并且给我们提供了把讨论变成合作的环境。

道格拉斯·R. 侯世达（D. R. H.）

丹尼尔·C. 丹尼特（D. C. D.）

芝加哥

1981 年 4 月

导言

　　你看到月亮从东方升起。你看到月亮从西方升起。你看到两个月亮相向穿过寒冷漆黑的天空，擦肩而过，继续各自的旅程。你正在火星上，离家数百万英里之遥，依靠用地球技术制造的脆弱薄膜来抵御火星的红色沙漠中那致命的干冷。你虽有薄膜护体，却一筹莫展，因为你的宇宙飞船坏了，不可能修好了。你再也回不到地球，回不到亲朋好友身边，回不到你已离开的那些地方了。

　　不过或许还有希望。在坏掉的飞船的通讯舱中，你找到了一台马克4型远程复制传送机（Teleclone Mark IV teleporter），还有使用说明。如果你打开传送机，把光束对准地球上的远程复制接收机，踏进传送舱，传送机就会迅速无痛地分解你的身体，制成一个分子都不差的一幅蓝图，发送到地球上；而地球上的接收机，储存库中储满了所需原子，会立刻按照发来的指令把你制造出来！你将以光速返回地球，回到亲人的怀抱，他们马上就会全神贯注地听你讲火星历险记了。

　　最后检查了一次坏掉的飞船，你确信远程复制是你唯一的希望。你没有什么可失去的。你打开发射机，按下正确的开关，然后踏进传送舱。5，4，3，2，1，发射！你打开面前的门，走出接收舱，走进地球上阳光明媚的熟悉空气中。你到家了，经历从火星到地球的长途传送之后，你毫发无损。你侥幸从红色星球死里逃生，值得庆祝。你的亲朋好友齐聚一堂，你注意到，和你上次见到他们时相比，每个人都有些变化。毕竟已经过去了近 3 年，你们都老了些。看看你的女儿莎拉，现在该有 8 岁半了。你发现自己在想："这就是以前坐在我膝头的小女孩吗？"她当然是，你想到，虽然你得承认，你与其说是认出了她，不如说是在根据记忆推断她的身份（identity）。她长高了很多，看上去也大多了，懂的也比以前多多了。事实上，她此刻身上的大多数细胞在你上次看到她时还不在那儿。但是，尽管有这些成长和变化，尽管细胞新陈代谢，她依旧是 3 年前你吻别的同一个小人儿。

然后一个念头击中了你："3 年前吻别这个小女孩的人，真的是我吗？我是这个 8 岁孩子的母亲，还是我实际上是个全新的人，只存在了几小时，尽管有着对往昔的（表面上的）记忆？这孩子的母亲是不是最近已葬身火星，已在马克 4 型远程复制机的传送舱中被分解和摧毁？

"我死在火星上了吗？不，我当然没死在火星上，因为我正活在地球上。然而，也许有人死在了火星上，那是莎拉的母亲。那我就不是莎拉的母亲。但我肯定是她母亲！我钻进远程复制机的全部目的就是回家，回到家人身边！但我总是忘记这一点：或许我从未进入过火星上的远程复制机。就算确有其事的话，那也许是别的什么人。这台可恨的机器到底是一台远程传送机、一种交通工具，还是像它的品名表示的那样，是一台杀人的双子人制造机？* 经历远程复制后，莎拉的母亲活下来了吗？她本认为她会活下来。她进入传送舱时满怀希望与期待，而不是想要一死了之。诚然，她的行为是无私的，她这样做是为了让莎拉能有一个爱她的人来保护她；但也是自私的，她想摆脱困境，化险为夷。或者说看起来是这样的。我怎么知道看起来是这样的呢？因为当时我就在那里，我当时就是思考这些事情的莎拉的母亲，我现在也是莎拉的母亲。

---

* 马克 4 型也是一战时著名的英军坦克型号。

或者说看起来是这样的。"

随后的日子里，你的情绪大起大落，轻松和欢乐的心情交织着痛苦的怀疑和灵魂探问。对，灵魂的探寻和拷问。你想，或许不该附和莎拉那种认为她妈妈已经回家了的快乐想当然。你感觉自己有点像个冒名顶替者，还怀疑如果有一天莎拉明白了火星上的真实情况，她会怎么想。还记得她明白圣诞老人的真相时，看起来既困惑又痛苦吗？自己的妈妈怎能欺骗自己这么多年？

因此，现在你捧起这本《我是谁，或什么》开始读，不仅是出于智力上的好奇，还因为这本书承诺要带你走上一段探索自我和拷问灵魂的旅程。它说，你将学到一些关于"你是谁、是什么"的知识。你心想：

我正在读这本书的第 5 页。我活着，醒着，眼睛看到书上的词句，还看到我的双手捧着这本书。我有一双手。我怎么知道这是我的手？真是个蠢问题。它们和我的胳膊、我的身体连在一起。我怎么知道这是我的身体？因为我控制着它。我拥有我的身体吗？某种意义上说是这样。只要我不伤害别人，就可以用我的身体为所欲为。这甚至还是一种法律意义上的持有，因为虽然我活着时不能把身体合法地卖给别人，但一旦我死了，我身体的所有权就能合法转移——比方说转移给一家医学院。

如果我拥有这个身体，那么我想我就是不同于这个身体的东西。当我说"我拥有我的身体"时，我的意思不是"这个身体拥有它自己"——这样宣称大概毫无意义。否则，是不是所有不被他人拥有的东西都拥有它自己？月亮是属于每个人，还是不属于任何人，还是属于它自己？什么东西能成为某一事物的拥有者？我能，而我的身体只是我所拥有的事物之一。不管怎样，我和我的身体看来既紧密相连，又彼此不同。我是控制者，身体是被控制者。多数时候是这样。

然后，这本书问你，如果是这样的话，或许你可以换个身体，换一个更强壮、更美丽或是更好控制的身体。

你认为这不可能。

但这本书坚持认为，这完全可以想象，因此原则上是可能的。

你怀疑这本书中包含了灵魂转世轮回的思想。这本书预见到了这一疑问，它承认，虽然转世是个有趣的想法，但关于转世如何发生的详情却总是无人知晓；而且有其他更有趣的方式可以实现转世。要是把你的脑子移植到一个新的身体里，让它能控制新的身体，这会怎么样呢？你认为这是换了身体吧？当然，这里肯定会有大量的技术问题，不过就我们的讨论目的而言，这些都可以忽略不理。

看来，如果把你的脑子移植到另一个身体里，你也会跟着脑子一起过去（对吧）。但，你就是一个脑子吗？想想下面两个句子，看看对你来说哪句更正确：

我有一个脑子。

我是一个脑子。

有时我们把聪明人叫作"最强大脑"，但这只是个修辞。我们的意思是他有个好脑子。你有个好脑子，那么，有脑子的这个你，是谁，或者是什么？我们还可以问，如果你有一个脑子，那么你能用它来换另一个脑子吗？如果换身体的时候你总是和你的脑子在一起，那么换脑子的时候又怎么可能把你和你的脑子分开呢？这不可能吗？不一定，我们一会儿就能看到。不管怎么说，如果你刚从火星上回来，那你已经把你以前的脑子丢在那儿了，不是吗？

假设我们同意你是拥有一个脑子。你是否驻足自问，你怎么知道你有一个脑子？你不是从来没看到过它吗？即使通过镜子你也看不到它。你也摸不到它。不过你当然知道你有一个脑子。因为你知道你是人，而所有的人都有脑子。你在书中读到过这个，你信任的人也告诉过你这个。所有的人也都有肝，而你了解自己脑子的途径和了解自己的肝的途径是一样的，够奇怪的吧。你相信自己从书中读到的东西。好多个世纪以来，人们不知道自己的肝是干什么用的。需要科学来发现答案。人们也不是一直就知道自己的脑子是干什么用的。据说，亚里士多德认为，脑的功能是给血液降温——当然，脑子工作的时候确实能有效地给你的血液降温。假设我们的肝长在脑袋里，脑子长在胸廓里。那么你认为，当我们举目四顾、侧耳倾听的时候，会不会发现"我们用肝思考"这个想法也挺有道理的？你的思维似乎发生在两眼之后、两耳之间，但这是因为你的脑子在这里，还是因为你把自己大致定位在"你视线出发的地方"？事实上，想象我们怎么能用自己的脑子——那柔软的、灰嘟嘟的、菜花状的东西——来思考，难道不是和想象我们怎么能用自己的肝——那柔软的、红褐色的、肝形的东西——来思考，一样不可思议吗？

你不仅是一个活着的身体（或活着的脑子），也是一个灵魂或精神，这样的观念虽然历史悠久，但对许多人来说是不科学的。他们可能想说："灵魂在科学中没有位置，永远不可能纳入科学的世界观。科学教导我们说，世界上没有灵魂这样的东西。我们再也不相信什么妖精或鬼魂了，这都要感谢科学。而且，认为身体里住着一个灵魂，所谓'机器中的鬼魂'（ghost in the machine），这种可疑的观念本身也很快就要'魂飞魄散'了。"不过，你与你的纯粹肉身有所不同这一观念有很多个版本，其中有些版本并不是轻而易举就能加以嘲笑和驳斥的。我们很快就能看到，有些版本其实正在科学的花园里茂盛生长。

我们这个世界上有许多东西，既不像鬼魂一样神秘，但也不仅仅是由基础物理材料构成。你相信有声音吗？理发呢？有这样的东西吗？它们是什么？用物理语言来说，洞是什么——不是奇异的黑洞，而只是比如奶酪上的洞？它是一种物质的东西吗？交响乐是什么？《星条旗》存在于时空中哪个地方？它只是国会图书馆中某些纸张上的一些墨迹而已吗？毁了这张纸，美国国歌仍然存在。拉丁语仍然存在，但已经不再是一种活语言。法国洞穴人（克鲁马农人）的语言已经完全不存在了。桥牌游戏的历史还不到一百年。它是哪种东西？它不是动物，不是蔬菜，也不是矿物。

这些东西既不是有质量的物理对象，也不是化学成分，但也不是完全抽象的对象——像数字 π 那样，永恒不变，也占据不了时空中的任何位置。这些东西有诞生地，也有历史。它们是可变的，也有事情会发生在它们身上。它们也能运动，就像物种、疾病特别是流行疫病那样来来去去。我们不能认为科学教导我们说，所有人们想过要认真对待的东西都是在时空中运动的粒子集合。有些人可能认为，把你想成只是一个特定的、活的物理机体———一堆运动的原子———不过是常识而已（或一种良好的科学思维），但事实上，这种想法只能显示他缺乏科学想象力，而非他头脑冷静、强于思辨。一个人不是非要相信鬼魂才能相信自我（selves）有一种超越任何特定存活着的身体的同一性（identity）。

毕竟，你是莎拉的母亲。但莎拉的母亲是你吗？她是死在了火星，还是回到了地球？对你来说，她似乎是回到了地球；当然，在踏入返回地球的远程传送机之前，她也是这么想的。她是对的吗？也许是，不过你会怎么评价最新改进版的马克5型远程复制机的使用结果呢？感谢非侵入性的电脑断层扫描（CAT-scanning）技术创造的奇迹，马克5型不用毁掉原始版本就能得到蓝图，莎拉的母亲或许依然会决定按下按钮并踏入传送舱———这是为了莎拉，也是为了把她的悲惨故事完整地带回地球，经一位有说服力的发言人之口讲述出来———但她也预料到自己踏出传送舱时会发现自己仍在火星上。一个人是否真能同时位于两个地方？无论如何时间都不会太长，因为这两个人很快就会积累起不同的记忆，过上不同的生活。她们会变得像任何两个人一样不同。

私有生活

是什么使你成为你，你的边界是什么？部分答案似乎显而易见：你是意识的中心。不过意识究竟是什么？意识是我们心灵中最显而易见也最神秘的特征。一方面，对我们每个人来说，有什么能比自己是体验（experience）的主体（subject）、感觉（sensation）和感知（perception）的享有者、痛苦的承受者、思想观念的表演者和有意识的深思者更确定无疑、显而易见的？可另一方面，意识究竟可能是什么？物理世界中的物理活体是如何产生这一现象的？许多最初被认为神秘的自然现象，科学都已经揭开了它们的秘密：磁力、光合作用、消化乃至繁殖。但意识似乎与这些现象完全不同。首先，原则上说，磁力、光合作用和消化的特定案例，所有有适当仪器的观察者都可以同等观察到，而意识的特定案例似乎都有一位受到偏爱、享有特权的观察者，他观察这一现象的途径与其他所有人都完全不同，而且远胜于其他人——无论他们拥有什么样的仪器。因为这个原因及其他原因，我们至今还没有一个好的意识理论。甚至对"意识理论会是怎样的"这个问题，我们都没有一致看法。有些人甚至极端地否认"意识"这个词背后有真实的所指。

我们生命中如此熟悉的一个特征，竟然长期以来都在挫败人们刻画它的各种尝试，仅这一事实就表明我们的意识概念是有毛病的。我们需要的不仅仅是更多的证据、更多的实验和临床数据，而是仔细地重新思考我们的假设，这些假设让我们以为存在一个单一、熟悉的现象，即意识，能够符合这个词的日常含义所允许的全部描述。考虑一下人们把思绪转向意识问题时免不了要提出的疑难问题：其他动物有意识吗？它们有意识的方式和我们一样吗？计算机或机器人可能有意识吗？一个人能有无意识的想法吗？能有无意识的疼痛、感觉、感知吗？婴儿出生时甚至出生前有意识吗？我们做梦时有意识吗？一个人脑中会包含不止一个意识主体／自我／行动者（subject/ego/agent）吗？要对这些问题做出满意回答，当然严重依赖于从经验中发现各种还很成问题的"意识"候选项的行为能力和内部状况，然而，对于每项这样的经验发现，我们都可以问：这与意识问题有关吗，为什么？这些问题与经验没有直接关系，而是概念问题，我们或许可以在思想实验的帮助下来回答它们。

我们日常的意识概念似乎与两组不同的考量挂钩，这两组考量大体上可以用"从内部来看"和"从外部来看"这两个短语来界定。从内部来看，我们自己的意识似乎显而易见、无处不在：我们知道，对于我们周围甚至我们体内发生的很多事，我们是完全没有觉察（aware）或说无意识的，不过对我们来说，我们最为熟知的就是我们自己能意识到的东西了。那些我能意识到的东西，以及我意识到它们的方式，决定了"身为'我'是怎样的"。我以一种别人不可能知道的方式知道这一点。从内部来看，意识似乎是一种"全有全无"现象——内在的灯光或开或关。我们承认，我们有时头昏脑胀、心不在焉或是昏昏欲睡，而有时则会出奇地意识高涨，不过只要我们有意识，我们有意识这一事实就不允许有程度之别。那么从这个角度来看，意识似乎就是这样一种特征：它把宇宙分割为截然不同的两类事物，有意识的东西和无意识的东西。有意识的东西叫"主体"，只有对主体这样的存在而言，事物才会是这样那样，做个主体是会"怎么样"的。做一块砖、一个袖珍计算器或者一个苹果可是完全不会"怎么样"。这些东西也有内部，但不是真正的内部——它们没有内在生活，也没有视角（point of view）。做"我"当然是会"怎么样"的（我"从内部"知道这一点），做"你"当然也差不多是如此（因为你告诉过我你也是这样，非常有说服力），做一只狗或一只海豚大概也是（但愿它们能告诉我们！），甚至做一只蜘蛛可能也是。

他者的心灵

一个人考虑其他（人和生物）时，必然只得"从外部来看"，然后，他（它）们的各种可观察特征让我们强烈感到，这些与他（它）们的意识问题有关。生物在其感觉范围内对事件做出恰当的反应。它们识别事物，躲避痛苦的环境，学习，做计划，解决问题。它们表现出智力。不过，这样看待事情可能会令我们对问题持续抱有成见。比如说，谈论生物的"感觉"或"痛苦"的环境，暗示我们已经解决了意识的问题——请注意，要是我们用这些词来形容机器人，这种有争议的选词意图就会一目了然（还会遭许多人反对）。生物和机器人有什么不同？这种不同是真实的还是想象出来的？生物的机体和器官与我们相似——而我们是典型的有意识生物。当然，这种相似性有程度之别，而人们关于何种相似性才重要的直觉可能并不可靠。海豚像鱼削弱了我们认为它们和我们一样有意识的信念，但这无疑是不应该的。假如黑猩猩像海参一样笨，但它们的脸长得像我们，这无疑会有利于它们被吸收进"有意识"的小圈子。如果苍蝇和我们差不多大，或者是温血动物，我们恐怕就会确信得多，我们撕掉它们的翅膀时它们会感到疼痛——就是我们感到的那种疼痛，种类很重要。是什么让我们认为有些考量有价值，有些没有呢？

显而易见的答案是，各种"外部"指征或多或少都是可靠的迹象、征兆，表明存在着某种"不管是什么"的东西，而这是每个有意识的主体都从内部知道的。但怎么才能确定这一点？这就是著名的"他心问题"。拿一个人自己来说，一个人似乎能直接观察到自己的内在生活和可观察的外在行为之间的一致性。但如果我们每个人都要严格地跳出"唯我论"（solipsism），就必须做到一件表面看来不可能的事：确认他者"内在"与"外在"的一致性。严格说来，由他们告诉我们说他们具有这种一致性是不行的，因为这只能给我们提供更多的"外在"与"外在"间的一致性；可展现的感知能力和智力行为的能力通常是与说话的能力，尤其是进行"内省性"报告的能力齐头并进的。如果一个设计巧妙的机器人（好像）能给我们讲述它的内在生活（能在适当的语境下发出所有适当的声音），我们是否应该承认它有意识？我们可以这样做，但我们怎么辨别自己有没有上当受骗？这里的问题似乎是：那种特殊的内在灯光真是开着，还是内部只有一片漆黑？这个问题似乎无解。或许是我们已经迈错了一步。

前面几段里我用了"我们"和"我们的"这两个词，而你顺顺当当地就接受了，这显示我们没有认真对待"他心问题"——至少对我们自己和我们常打交道的人来说是这样。很容易得出结论说，如果关于想象中的机器人（或其他有疑问的生物）的重要问题尚待解决，那最后一定是要通过直接的观察来解决。有些理论家认为，一旦我们有更好的理论来描述人脑的组织方式及脑在控制我们的行为时起怎样的作用，我们就能用这些理论来把有意识的实体和无意识的实体区分开来。这就是假定我们可以通过某种方式来把我们个人"从内部"获得的事实还原为能从外部公开获得的事实。足够多正确种类的外在事实，能够解决某种生物是否有意识的问题。比如神经生理学家 E. R. 约翰（E. R. John）*最近就试图使用客观性措辞来定义意识：

> （它）是这样一个过程——关于众多感觉和感知的具体形态的信息，合并成对系统及其环境的状态统一且多维度的一个表征（representation），并与关于记忆和机体需求的信息整合起来，产生情感反应和行为程式，以便调整有机体，使其适应所处环境。

要确定某一特定有机体中是否会发生这种假设的内在过程，大概十分困难，不过这也是一项经验性的工作，属于神经信息处理这门新科学的范畴。让我们假设，对某种生物来说，这一过程已经成功完成，那么基于这一理由，这种生物就是有意识的。我们如果正确地理解了这一观点，也就没有任何怀疑的余地了。这时如果还持保留态度，就好像有人带你仔细观看了汽车发动机的运转细节后，你问道："但这真的是一台内燃机吗？我们这么想，有没有可能是上当了啊？"

对于意识现象，任何恰当的科学解释都不得不采取这一多少有些教条的步骤：要求这一现象能被视为客观可及（accessible）的。不过人们仍旧会怀疑，一旦采取了这一步骤，真正的神秘现象就会被抛诸脑后。在将这种怀疑主义的预感当作浪漫幻想拒斥之前，明智的做法是先考察一下近来的心灵研究史中一场惊心动魄的革命，这场革命带来的后果很是令人不安。

弗洛伊德的拐杖

对约翰·洛克及后世许多思想家来说，心灵之中没有什么比意

---

* 关于书中引文的作者及其著作的更多信息，见 497 页《延伸阅读》。——原注

识——再具体点说是自我意识——更重要的了。他们认为，心灵的所有活动和过程对它自己来说都是透明的，在内在视角下，一切无所遁形。要想了解自己心中发生了什么，你只要"看"，即"内省"，就行了，由此发现的事物，它的界限就是心灵的界限。无意识思维或无意识感知的概念令人不快，至少也会被当作自相矛盾、前言不搭后语的废话嗤之以鼻。对洛克而言，确实存在一个严重的问题，那就是一个人的所有记忆并不是连续地"呈现给意识"的，但却要把它们描述成在心灵中是连续的。这一观点影响巨大，以至于弗洛伊德最初假设存在无意识（unconscious）心理过程时，其观点遭遇了广泛的彻底否定与不理解。声称可能存在无意识的信念和欲望、无意识的仇恨感情、无意识的自卫与复仇筹划，这不仅是对常识的冒犯，更自相矛盾。不过弗洛伊德赢得了一些信徒。一旦理论家看到这一概念能帮他们解释用其他方法无法解释的精神病理学模式，"概念上不可能"马上就变成了"颇可想象"。

这种新的思维方式得到了一根拐杖的支撑，人们至少还能坚持一种褪了色的洛克信条：想象这些"无意识"的思想、欲望、筹划等等属于心中"其他的自我（selves）"。就像我可以把自己的计划对你保密一样，我的"本我"（id）也可以对我的"自我"（ego）保密。把这个主体分为多个主体之后，人们就可以保留"每种心理状态都一定是某人有意识的心理状态"这一公理，还可以假设某些心理状态有其他的内在主人，以此来解释为什么假定的主人无法触及这些心理状态。而这一动作隐藏在了术语迷雾之中，这很有用，使得"身为'超我'（superego）是怎样"之类的怪问题未被牵扯进来。

弗洛伊德扩大了可想象事物的界限，给临床心理学带来了一场革命，也为后来"认知"实验心理学的发展铺平了道路。现在我们已经能毫无疑议地接受许多类似如下的断言：复杂的假设检验、记忆搜寻及推理过程（简言之就是信息处理过程）虽然完全无法通过内省得知，却是发生在我们内部的。这不是弗洛伊德发现的那种受到压抑的无意识活动，即被逐出意识"视野"的活动，而是那些某种意义上完全低于或超出意识范围的心理活动。弗洛伊德称，当他的病人真诚地否认自己心中所发生之事时，他的理论和临床观察让他有权加以驳斥。同样，认知心理学家们也筹集了许多实验证据、模型和理论，来证明人们参与着复杂得惊人的推理过程，却完全无法给出内省的说明。心灵不仅可以为外人所及，而且有些心理活动，外人比心灵的"主人"更容易接触到！

然而，在创建新理论时，这根拐杖已经丢掉了。虽然新理论中充满了"小人儿模型"这种精心设计的幻想比喻，尽是这样一些子系统：脑子里的小人儿来回来去传送信息，寻求帮助，服从命令，自主行动；不过真实的子系统只被视为有机机器的小零件，它们无疑是真正没有意识（nonconscious）的，就像肾脏或是膝盖骨完全没有什么视角或内在生活。（当然，没有"心灵"却有"智力"的计算机的出现，对于进一步解构洛克的观点起了重大作用。）

不过现在，洛克的极端观点已经倒了过来。如果说在过去，无意识心理的观念似乎是不可理解的，那么现在我们却理解不了有意识心理的观念了。如果完全无意识、真正无主体的信息处理过程原则上能够做到有意识的心灵所能做到的一切，那意识还有什么用呢？如果认知心理学的各种理论适用于我们，那它们同样也能适用于僵尸或者机器人，而这些理论似乎也无法把我们与僵尸或机器人区分开来。我们最近刚刚发现我们之内会发生纯粹无主体的信息处理过程，它们又怎么会一点点叠加起来，形成一种与之有鲜明反差的特征呢？这一反差并未消失。心理学家卡尔·拉什利曾经用一种挑衅性的口吻指出："没有什么心灵活动是有意识的。"他的话意在使我们注意到，上述信息过程是无法触及的——虽然我们知道自己思维时一定发生着这样的过程。他举了一个例子：如果让一个人用六音步长短短格（dactylic hexameter）造句，知道这个韵律的人轻而易举就能做到。例如：

How in the *world* did this *case* of dac*tylic* hex*ame*ter *come* to me?
这个六音步长短短格的例句究竟是怎么来到我脑中的？

我们是怎么做到的，产生这个想法时心中又发生了什么，这些对我们来说都是相当不可及的。拉什利的话乍看上去似乎预示着意识不再是心理学要研究的现象，但真实效果恰恰相反。他的话明白无误地使我们注意到了无意识的信息处理过程与有意识的思想二者之间的区别：没有前者无疑不可能产生有意识的体验，而后者竟又是直接可及的。但是对谁或是对什么可及呢？如果说脑中的某个子系统可以接触这些思维，那我们就还没能把有意识的思维与无意识的活动、事件区分开来，因为脑中的许多子系统也可以触及后者。如果说存在某个特定的子系统，它被打造得非常独特，独特到它与系统中其他部分的沟通竟然令世上产生了又一个自我，又一个"身为它是怎样"的东西，这就很费解了。

说来也怪，他心问题其实已经老掉牙了，但现在认知科学开始把人类的心灵分解成若干功能组块，这个问题就又成了一个严肃问题。这个问题最生动的例子就是著名的裂脑病例（split-brain cases，更多信息及参考资料见《延伸阅读》）。承认接受过胼胝体切断术（corpus callosum）的人有两个相对独立的心灵，一个来自优势脑半球，另一个来自非优势脑半球。这不算不可思议，因为我们已经习惯于认为人的心灵是由各个相互通讯的子"心灵"形成的组织结构。现在联络线切断了，两个半球的独立性就格外鲜明。不过还有一个问题：两半球的子心灵是否都"拥有内在生活"。一种观点是，没有理由承认非优势半球是有意识的，因为所有的证据都显示，非优势半球只是像许多无意识的认知子系统一样，能处理大量信息，智能地控制某些行为，而已。但这样我们可能就要问，那我们又有什么理由承认优势半球是有意识的呢？甚至，我们有什么理由承认正常人完整无损的全套脑系统是有意识的呢？过去我们认为这个问题毫无意义，不值得讨论，但如今这种情况迫使我们再次认真对待这一问题。另一方面，如果我们承认非优势半球（更准确地说是承认这个新发现之人的脑是这个非优势半球）也有完整的"内在生活"，那当前理论假定的所有信息处理子系统又怎么说？我们是不是要再次捡起弗洛伊德的拐杖，而代价是名副其实地用许许多多的体验主体来塞满我们的头脑？

例如，让我们考虑一下心理语言学家詹姆斯·拉克纳（James Lackner）和梅里尔·加勒特（Merril Garrett）的惊人发现（见《延伸阅读》），这一发现或许可以称为"句子理解中的无意识通道"。在双耳分听测试（dichotic listening tests）中，被试戴上耳机，两只耳朵收听两个声道的不同声音，但要求他们只注意听其中一个声道。被试通常能准确复述、报告所注意声道中的内容，但通常说不出同时听到的非注意声道中是什么。因此，如果非注意声道中播送一句话，被试通常能报告说他们听到了语声，还可能听出男声女声，甚至还能确定这个声音说的是不是自己的母语，但他们无法报告声音说了什么内容。在拉克纳和加勒特的实验中，被试在注意声道中听到有歧义的句子，比如"他取了灯笼报警"（取消？取出？）。同时，有一组被试在非注意声道中听到的句子为注意声道中的句子提供了一种解读，如"他取消了灯笼"，而另一组被试在非注意声道中听到的是无关的、中性的句子。前一组被试并不能报告非注意声道中出现的句子，不过他们选择获得提示的意思，次数显著多于对照组。要解释为什么非注意声道能影响被试理解注意声道的信息，只能假设未获注意的信号（signal）也一直在语义层面被加工处理，也就是说人能理解他们没有注意到的信号，不过这显然是一种无意识的语句理解。或者我们是不是该以此为据说，被试心中存在至少两个不同的意识，它们之间只有部分的交流？如果我们问被试，理解非注意声道中的信号是怎么样的，他们可能能真诚地回答说，对他们来说怎样也不怎样：他们根本没有察觉到那个句子。不过或许就像我们提到裂脑病人时总说的那样，实际上有另一个人，我们的问题应该问他——这另一个被试有意识地理解了这个句子，而且就它的意思留了条线索给了回答我们问题的被试。

我们应该选哪种，为什么？看来我们又回到了那个无法回答的问题，这提示我们应该从多种不同的角度来看待这一情况。要对意识问题形成一种观点，能公允对待各种错综复杂的情况，几乎肯定需要我们在各种思维习惯中闹革命。破除坏习惯并不那么容易。本书收集的幻想故事和思想实验都是有助于破除坏习惯的游戏和练习。

* * *

在第一部分中，我们用几次快速突袭切入这一领域，开始我们的探险，注意这里有几处显著的地标，但没有发动大作战。第二部分，我们从外部来调查我们的目标——心灵之我。是什么向探寻者揭示了他者心灵、他者灵魂的存在？第三部分以生物学的方式，考察了心灵的物质基础，然后由此基础出发，提升好几个复杂度，到达"内在表征"的层次。心灵开始涌现，体现为自我设计的表征系统，而它的物理具象（physical embodiment）就是脑。这里我们会遇到第一个障碍：《脑的故事》。我们也会建议几条绕开问题的路，并在第四部分中探讨一种新生观点的暗含之义：心灵是软件或程序——是这样一种抽象的东西，其身份／同一性独立于任何特定的物理具象。这会开启诸多可喜的前景，比如各种灵魂转世、永葆青春的技术，不过它也开启了潘多拉之盒，释放出了披着非传统外衣的传统形而上学问题，我们将在第五部分与这些问题发生遭遇。现实本身，也会受到各种敌手的挑战：梦境、虚构、模拟、错觉。自由意志也会被特殊关照，没有它我们就无法捕获任何自尊自重的心灵。在《心灵、脑与程序》中，我们将会遇到第二个路障，但也会从中学到如何奋力前行。在第六部分，我们会通过第三个路障——《做一只蝙蝠是怎样的？》——而后登堂入室，在那里，我们的心灵之眼将会给我们提供观察目标的最切近视角，并使我们在形而下世界和形而上世界中都能重新定位我们的自我。若要再进一步踏上征程，指南则在本书最后的部块奉上。

D. C. D.

I

自我之感

博尔赫斯与我

豪尔赫·路易斯·博尔赫斯

（1962）

事情发生在另外那个人身上，他名叫博尔赫斯。我走在布宜诺斯艾利斯街头，现在或许正不由自主地驻足片刻，欣赏门廊的起拱或大门上的花格。我是在邮件中得知博尔赫斯，是在教授名单或人名辞典上看到他的名字的。我喜欢沙漏、地图、18 世纪排版术、咖啡的味道、史蒂芬森的文章；他也有这些爱好，不过只是徒劳地把它们变成了表演。说我们是一对冤家或许有些夸张。我活着，让自己继续活下去，这样博尔赫斯就能构思他的文学，而这些文学又为我的存在"提供了理由"（justify）。承认他也写了几页有意义的文字，这对我来说不费吹灰之力，不过这些文字拯救不了我，也许是因为其中好的东西不属于任何人，甚至也不属于他，而是属于语言和传统。此外，我注定终将消逝，只有我的某些瞬间能在他身上幸存。我一点点地把什么都给了他，虽然我充分意识到他有弄虚作假和夸大其词的坏习惯。斯宾诺莎知道，万物都渴望依其所是而持存：石头永远想是石头，老虎也永远想是老虎。我将留存在博尔赫斯身上，而不是我自己身上（如果我真的是什么人的话）。不过比起在他的书里，我却是在很多别人的书中或是费力的吉他弹奏声里，更能认出自己。几年前，我试图摆脱他，我从乡野神话转向时间与无限的游戏，但这些游戏现在属于博尔赫斯了，我不得不去想象些别的东西。就这样，我的人生就像一次逃亡，我失去了一切，一切都将归于湮灭，或归于他。

我不知道是我还是博尔赫斯写下了这页文字。

———————

反　思

博尔赫斯这位伟大的阿根廷作家享有国际声誉，而这造成了一种奇妙的效果。对他自己而言博尔赫斯好像是两个人，一个是公众人物，一个是私下的博尔赫斯。他的名望放大了这一效果。不过如他所知，我们都可以有这种感觉：你在一个名单上读到自己的名字，看到一张自己被偷拍的照片，或是无意中听到别人在谈论什么人然后忽然意识到谈的就是你。你的思维必须从第三人称视角的"他／她"跳到第一人称视角"我"。喜剧演员们早就知道如何夸张这一跳跃，这就是经典的"恍然大悟"，比如鲍勃·霍普，在晨报上读到鲍勃·霍普被警方通缉，漫不经心地评论了几句之后，惊慌失措地跳起来说："这不是我吗！"

罗伯特·彭斯可能是对的：用他人看我们的方式看自己，这是一项天赋。不过我们并不总是能够或者总是应该追求这种境界。事实上，有几位哲学家最近提出了一些非常出色的论证，说明我们在思考自己的时候有两种完全不同且不可化约的方式（更多细节见《延伸阅读》）。这些论证技术性很强，不过讨论的问题很迷人，也可以用生动的例子来展示：

彼得正在一家百货商店排队等待付款。他注意到柜台上方有一个闭路电视屏幕，是商店用来防盗的那种。观看屏幕里推推搡搡的人群时，他注意到屏幕左边有个身穿大衣手拿大纸袋的人，他的衣兜正被身后的人摸。然后，就在他吃惊地抬手捂嘴时，他注意到受害者的手也一模一样地移向了自己的嘴。彼得忽然意识到，他就是那个口袋被摸的人！

这一戏剧性的转折是一个发现：彼得知道了一件这一刻之前他还不知道的事。这当然重要。要不是他有能力产生现在这些想法，并在这些想法的激励下采取自卫行动的话，他就几乎无法采取任何行动。不过在这一转折之前，他当然也不是完全无知：他正在思考那位"穿大衣的人"，还看到他被偷；既然这穿大衣的人就是他自己，那么他当时就是在思考自己。不过他没有把自己当成自己来思考；他没有"用正确的方式"来思考自己。

再举一个例子。想象一个人正在读一本书，书中有一段话，第一句用了一个三四十个词组成的描述性名词短语，描写了一个尚不知性别的无名氏在从事一项日常活动。这本书的这位读者在读到这个短语时，配合地在他或她的脑海中虚构了一个简单而模糊的心理意象：一个人在从事某项平凡活动。再往下面读几句，随着补充的细节越来越多，读者对整个场景的心理意象开始聚焦。然后，在某个特定时刻，在描写变得非常具体之后，有什么东西突然"叮"了一声，读者产生了一种可怕的感觉：他或她就是书中描写的这个人！"我真傻，居然没有早点发现我正在读我自己的事！"读者沉默了，感到有点尴尬，但也着实被戳中了兴奋点。你大概能想象这种事发生，不过为了帮你想得更清楚些，你只要假设那本书就是我们这本就行了。现在你对整个场景的心理意象是不是开始聚焦了？是不是突然"叮"了一声？你想象读者正在读哪一页哪一段呢？读者心中可能会闪过哪些想法？如果读者是个真人的话，他或她此刻正在做什么？

要描述这样一种具有这种特殊"自我表征"（self-representation）能力的东西并不容易。假设有一台计算机，其程序是要通过无线连接来控制一个机器人的移动和行为（加州斯坦福国际研究院 [SRI International in California] 有一台叫"晃晃"[Shakey] 的著名机器人就是这样控制的）。计算机中包含了对机器人及其环境的表征，机器人来回移动时，表征也随之改变。这样，计算机程序就可以借助关于机器人的"身体"、及关于机器人发现自己所处的环境的最新信息，来控制机器人的活动。现在，假设计算机把机器人表征为位于一间空屋子的中央，然后假设有人要求你把计算机的内部表征"翻译成你的母语"。那么应该是"它（或他或晃晃）在空屋子中央"，还是"我在空屋子中央"呢？在本书第四部分中，这一问题还将改头换面重新出现。

D. C. D.

D. R. H.

2

无头有感

D. E. 哈丁

（1972）

我一生中最美好的一天，可以说是我的重生之日，是我发现自己没有头的那一天。这不是文字游戏，也不是不惜代价吸引眼球的俏皮话。我说这句话再严肃不过了：我没有头。

我发现这一点是在 18 年前，当时我 33 岁。这一情况虽然突如其来，但也是为了回答一个急迫的问题——好几个月来我一直沉浸在这个问题中：我是谁？那会儿我正好在喜马拉雅山上散步，不过这件事大体与此无关，虽然据说在这个地方人更容易出现不寻常的心理状态。那天晴朗无风，从我所站的山脊位置望出去，越过雾蒙蒙的蓝色山谷，就是世界上最高的山脉。在这喜马拉雅的众多雪峰中，干城章嘉和珠穆朗玛也算不得显眼。这样的景致配得上最伟大的洞察。

实际发生的事出奇地简单平淡：我停止了思考。一种特殊的宁静，一种清醒的瘫软感或说麻木感（这种感觉好奇怪）向我袭来。理性、想象和所有的心理活动都倒下了。那一刻完全无法用言语道出。过去和未来都消散了。我忘却了我是谁，是什么，我的姓名、人类身份（manhood）、动物本能及所有可能属于我的一切。我仿佛是在那一瞬间才出生的，全新出炉，心底空空，与所有记忆的迟累一概无关。存在的只有"现在"，只有当下这一时刻和在这一时刻里清晰给出的东西。只要睁眼去看就够了。我看到卡其色的裤腿，裤脚向下垂向一双棕色的鞋；卡其色的袖子，每只袖的一侧有一只肉色的手；还有卡其色的衬衫前襟，向上到领口处——却完全是什么都没有！领口上方可没有一个脑袋。

我间不容发地注意到，这个"什么都没有"（nothing），这个本来应该有一个脑袋的窟窿，并不是普通的空缺，并不仅仅是"什么都没有"。相反，这里包罗万象。这是一种无比充实的巨大空白，一种容纳一切的"什么都没有"：这里有草木、朦胧的远山，还有高高在上的雪峰像一排飘浮在蓝天之上的嶙峋云朵。我失去了一个脑袋，却得到了一个世界。

这真真是惊得我"无法呼吸"——它似乎是一下子就完全停止了，而我则沉浸在"所予"（the Given）之中。无上的景象在晴空中闪耀，傲然独立，神秘地悬空，而且完全不受"我"的束缚，不受任何观察者的沾染——这是真正的神迹、奇观和喜悦。所予的完全在场就是我的完全缺席，无论肉体还是灵魂。我比空气还轻，比玻璃还透明，完全从我自己中解脱了出来：我哪里也不在。

这一景象尽管魔幻离奇，但却不是梦，也不是秘传隐微的启示。恰恰相反，这就像是从日常生活的睡梦中惊醒，是结束了一场梦。这是不证自明的现实，一下子将所有模糊混乱的心灵打扫了个干净。这是对显而易见之事物的最终揭示。这是困惑一生中的清醒一刻。这是对那些我（至少从童年早期以来）因为总是太忙或太过聪明而未能看到的东西停止视而不见。这是直率而不加批判地注意到自始至终就在我面前的东西——我这完全没有面目的"面"前。总而言之，一切都非常简单明白、直截了当，超越了争论、思想和话语。这里没有疑问，没有超出体验本身的参照，只有平和与宁静的喜悦，以及如释重负的感觉。

* * *

渐渐地，我在喜马拉雅山上的发现带来的惊奇感开始消退，我于是用下面的话向自己描述这一惊奇。

不知怎的，过去我模模糊糊地认为自己住在我的身体这座房子里，通过两扇圆窗来看世界。现在我发现其实事情绝非如此。当我凝视远方，这一刻有什么能告诉我，我到底有几只眼睛？两只，三只，几百只，还是一只都没有？事实上，我的"外立面"只有一扇窗，窗开得很大，没有窗框，里面也没人向外张望。框范它的永远不是它自己，而是有着两只眼睛和一张脸的另一个人。

因此，存在两种人类，两个截然不同的物种。第一种人，我发现"它"们的样本不计其数，肩膀上显然都扛着个脑袋（"脑袋"的意思是一个 8 英寸的带毛球体，上面还有各种窟窿）；第二种人，我只发现了一个，肩膀上显然没有扛着脑袋这种东西。而此前我居然一直忽视了这个巨大的区别！我真是饱受长期疯狂和终生幻觉（"幻觉"的含义就是我的字典里说的：对实际并不存在之物那貌似真实的感知）的受害者，总逃不过认为自己和其他人差不多，肯定没想过我是一个身首异处却还活着的两脚动物。我对这件一直存在着的事物视而不见，而没有它我就真成了瞎子：这个无与伦比的"代头之物"，无限澄澈，清明而又绝对纯洁的虚空（void），并不是包含万物：它就是万物。因为无论多么留意，我都找不到显示那些山脉、太阳和天空的投影白幕，找不到反射它们的明镜，找不到观看它们的透镜或小孔，更不用说呈现它们的灵魂或心灵，或是区别于这些景色的观察者了（无论多么模糊）。没有任何介质，甚至连那个难以捉摸、不好对付的叫"距离"的中介都没有：辽阔的蓝天、白中泛粉的雪、晶莹的绿草——如果没有什么可以被远离，这些又怎会遥远？无头的虚空拒绝所有的定义和定位：它不圆，不小，也不大，甚至也不在有别于别处的此处——即使这里真有一个脑袋在向外丈量，量杆从这里一直伸向珠峰之顶，这一端的读数（我也没有其他读法）也会降为"没有"。事实上，这些五彩缤纷的形状都是以至简之道来呈现自己，没有近与远、这与那、我有与非我有、我见与"所予"之类的复杂区分。所有的"二"——所有的主体与客体二元性——都消失了：它再也进不来状况，状况中已经没有它的一席之地。

这些就是随那些景象而出现的思考。不过，试图用这样那样的词语来记下这些第一手的直接体验，就是在把简单事物复杂化，错误表征了这一体验：事实上，这种事后验尸式的反思拖得越久，就越是远离活的源头。这些描述充其量也只能让人回想起当时的画面（却没有那样鲜明的觉察），或者唤起当时情形的重现，却无法传达其本质，也无法确保这一重现栩栩如生，就像最令人垂涎的菜单也不会有饭菜的美味，探讨幽默的最佳论著也保证不了教人看懂一个笑话。另一方面，人又不可能长期停止思考，有时人会试图把生命中的清醒片刻与糊涂背景联系在一起，这也是不可避免的。这也能间接地鼓励清醒重现。

不过，还有几个常识性的异议不愿再被敷衍过去，还有些无论多么尚无定论的问题也坚持要得到合情合理的答案。为自己的洞察找到正当理由就变得必要，即便对这个人自己来说也是如此；或许这人的朋友们还需要重新得到保证。某种意义上，这种驯化的企图是荒谬的，因为对于像听到中音 C 或品尝草莓酱一样清楚明白、无可辩驳的体验，我们无法再追加论辩或是从中获得新思路。而从另一种意义上说，如果一个人不想让自己的生活瓦解成彼此迥异且观念紧张对立的两部分的话，他就必须做出这一尝试。

* * *

这里第一个异议是：虽然我的头丢了，但头上的鼻子却没丢。无论我走到哪里，它都在我面前。我的回答是：如果悬浮在我右侧的这朵模糊糊、粉嘟嘟但全然透明的云团儿和悬浮在我左侧的另一朵类似的云团儿就是鼻子的话，那我能数到的鼻子就是两个而不是一个；而我在你脸上正中央看到的那个完全不透明的突起物就不是鼻子：只有观察者是谎话精或糊涂蛋，才会故意用同一个名称来称呼完全不同的东西。我宁愿依照我的字典和惯用法来称呼，据此我只能说，虽然其他人几乎都有个鼻子,但我没有。

尽管如此,如果有某个受到误导的怀疑论者,急不可耐地想要证明自己的观点,对准这两朵粉色云团儿中间打过来,那结果肯定不怎么愉快,就像我有个最坚固、最抗打的鼻子一样不愉快。还有,要怎么解释细微的紧张感、运动、压力、瘙痒、疼痛、温暖、悸动等一系列的感受?这些感受从未完全离开过中间这块地方。最重要的是,要怎么解释我伸手触摸这里时产生的触感?这些发现当然可以给已有的大量证据再添砖加瓦,证明此时此地我的脑袋是存在的,是吗?

完全不能。没错,这里明显有着各种各样无法忽视的感觉,但它们不等于一个脑袋或任何类似的东西。要从这些感觉中得出一个脑袋,唯一的办法就是把这里还明显缺失的各种成分加进来,具体说就是各种有色的三维形状。如果一个脑袋上虽然有着无数的感觉,却找不到眼睛、耳朵、嘴巴、头发等所有我们在其他脑袋上都能找到的身体部件,这又算是个什么脑袋呢?一个明摆着的事实是,这块地方一定没有所有这些障碍,没有一丁点儿的色彩或是朦胧之物来遮蔽我的宇宙。

总之,当我开始摸索我丢失的脑袋时,不但没有找到它,反而把我用来寻找的那只手也给丢了:它也被我中央的深渊吞噬了。很明显,这个摆开吞吸架势的空洞,这个我所有行为的空无一物的基地,这个我一度认为有我的头的神奇地方,事实上更像一堆熊熊燃烧的烽火,所有靠近它的东西都会被即刻焚噬,这样它那照亮世界的光辉和明净才须臾也不会暗淡。至于那些潜在的痛痒之类的东西,就像群山、云朵和天空一样,也无法扑灭或遮蔽这中心的光明。全然相反:它们都存在于这光辉之中,这光辉也借它们为人所见。无论从什么意义上来说,当下的体验只发生在了一个空无且不在的脑袋中。此时此地,我的世界和我的脑袋互不相容、绝不融合。我的肩膀上容不下二者同时存在,而幸运的是,必须离开的是我的头和它所有的解剖结构。这点无须争论,无需哲学智慧,也无须说服自己进入某种状态,只须简简单单地去看——去看谁在这里,而不是去想谁在这里。如果我看不到我是什么(尤其是我不是什么），那是因为我想象力太活跃，太注重"精神"，太成熟世故，以至于无法接受此刻我所发现的真实状况。我需要的是一种警醒的愚蠢。只有天真的眼和空无的头才能看见它们自身的全然空无。

* * *

要是有位怀疑论者坚称我这里有个脑袋，那说服他或许只有一个办法，就是请他亲自过来看看；但他须得如实汇报，只描述他观察到的东西，仅此而已。

一开始他在屋子的另一边，看到我的全部身量，看到我是个有头的人。可朝我走过来时，他先是发现半个人，然后是一个头，然后是一片模糊的面颊、一只眼睛或一个鼻子，然后只是一片模糊，最后（在接触的时候）什么都没有了。又或者，要是他正好带着必要的科学仪器，他就会报告说，那团"模糊"分解成了组织，然后是细胞群，然后是单个细胞，然后是细胞核，大分子……等等等等，直到他来到一个什么也看不到的地方，一个没有任何实体或物质的地方。无论是哪种情况，来到这里的观察者都会发现我在此处所发现的东西：虚空（vacancy）。如果他发现并且认同了我在这里"什么也不是"（nonentity），他就会转过身去，和我一起向外看而不是盯着我看，然后再次发现我所发现的东西：这片虚空里填满了所能想象的一切。他还会发现，这个中心点爆炸成了无穷，这个"无"爆炸成了一切，这个此处爆炸成了处处。

如果这位持怀疑论的观察者仍然怀疑自己的感官，那他可以试试用照相机来代替。这种设备没有记忆，也没有期待，只会记录下此处存在的东西。而它会给我拍下相同的照片。在另一边，它拍到了一个人，在半路，它拍到了一个人的碎片；在这边，它没拍到人，什么也没拍到——或者，它朝反方向拍的时候，就拍到了宇宙。

* * *

因此，这脑袋不是个脑袋，而是个头脑不清的观念。如果我还能在这里找到它，我就是"见了鬼"，应该马上去看医生。我看到的是一个人头、一个蠢驴的头、一个煎蛋还是一束美丽鲜花都没有什么区别：哪怕看到头上一根毛，都说明我患了妄想症。

不过，在我清醒的间歇里，我这儿肯定是没有头的。但另一方面，从另一边来看，我肯定远不是没有头的：其实我有好多个头，多到不知该拿它们怎么办。它们隐藏在人类观察者那儿，隐藏在照相机中，出现在相框里，在剃须镜后做鬼脸，从门把手、汤勺、咖啡壶等所有抛光过的东西上面向外窥探……我的这些头总会出现，虽然多少是若隐若现、缩小变形、前后调换乃至常常上下颠倒甚至还会叠影重重到无穷多个。

只有一个地方从未出现过我的头，那就是"我肩膀上面"的这块地方，头如果出现在这儿，就会挡住中央的虚空，而这虚空正是我的生命之源：幸好没什么挡得住它。事实上，这些分散在外的头充其量也只是"外在"世界或现象世界中的一些并不永恒、并无特别之处的事物，虽然这世界总之也具有核心本质，但无法对这本质产生丝毫影响。事实上，我在镜中的脑袋实在没什么特别，我都不一定会觉得它是我的头：孩提时代，我认不出镜中的自己，而现在，在我重获"失落的天真"的这一刻，我也依然认不出自己。在比较清醒的时刻，我会看到有个很熟悉的家伙，他住在镜子后面的那间屋子里，看起来整天都在凝视这边的这间屋子。这个矮小、迟钝、为地所缚、具体化、衰老还如此脆弱的凝视者，各方面都与我的真实"自我"截然相反。我什么都不是，只是这片永恒、坚定、无限、清澈和完全无瑕的虚空：根本无法想象我会把那边那个正在凝视着我的幽灵，混同为我此时此地能感知到而且永远能感知到的我自己！

＊　＊　＊

电影导演……都是务实的人，他们更感兴趣的是讲述经过再创造的体验，而不是辨识体验者的本性；可事实上，这两者多少都有点互相关联。这些专家当然都非常明白（比如说）如果一部电影中有辆车明显是由别人驾驶，那么比起车辆是由我本人驾驶，我的反应会平淡许多。在第一种情境下，我是人行道上的一个旁观者，看到两辆差不多的车迅速靠近，相撞，司机撞死，车辆着火——对此我只有些微的兴趣。在第二种情境下，我就是司机（当然没有头），就像所有第一人称视角的司机一样，而我的（无比微不足道的）车静止不动。我的膝盖不停摇晃，一只脚紧踩油门，双手奋力操控方向盘。车的前罩甩掉了，一根根电线杆从我身边掠过，道路左曲右拐。另一辆车一开始很小，之后越来越大，向我直冲过来，然后相撞，巨大的火光，一片空寂……我倒在座椅上，才缓上来一口气。好吧我不是自己耍了一番，而是被耍了。

这些第一人称的事件串是如何拍摄的？有两种可能的方法：或是用一个无头人偶，摄像机放在头的位置上拍摄；或是让真人来拍，拍摄者的头努力往后或往边上靠，给摄像机留出地方。换句话说，要保证我能把自己当成这名演员，他的头就必须闪开：他必须成为我这样的人。而一幅"我有头"的图景就完全不同了：它只是一个全然陌生之人的形象，一个搞错身份／同一性的例子。

奇怪的是，人们会到广告商那里去一窥关于自己的最深奥（也最简单）的真相；同样奇怪的是，像电影这样一个复杂的现代发明能帮人们消除小儿和动物并不具有的幻觉。不过其他时代也有其他同样古怪的指征，我们人类的自欺能力从来未臻完备。对人类境况这一深刻而又晦暗的觉察，许能很好地解释为何许多古老秘教和传说会广为流传：脱离身体而飞的头，独眼或无头的怪物和鬼魅，身是人身、头却非人头，殉难者——比如判决中、也是这个停顿不当的句子中的查理一世 *——们被砍头之后还能行走言谈……这些无疑都是怪诞图景，不过与常识相比，还是它们更加接近此人的真实形象。

* * *

可是，如果现在我没有头，没有脸，也没有眼睛的话（这有违常识），那我到底是怎么看见你的？而眼睛又是用来干什么的呢？事实是，看见这个动词有两种相反的意思。当我们观察到一对夫妇正在谈话时，我们会说他们看见了对方，虽然他们的脸仍然完整无缺，相隔几英尺远。但是当我看见你时，你的脸就是一切，我的脸什么也不是。你就是我的终结（end）（因此阻碍启蒙的就是常识的语言）。我们是在用同一个小小的词来说这两个行为，而同一个词当然只能意味着同一件事！真正发生在这样两个第三人称视角的人之间的，是视觉交流，这是一个连续、自成体系的物理过程链（其中包括光波、晶状体、视网膜、视皮层等等），科学家在这里找不到任何能让"心灵"或"看见"溜进来的缝隙，即使能溜进来也不会造成任何影响。相反，真正的看见是第一人称视角的，因此没有眼睛。用先贤的语言来说，只有佛性、婆罗门、真主或上帝才能看见、听见或是体验到任何事物。

反　思

哈丁为我们展示了一种关于人类境况的观点，它天真得有趣，还

---

* 原文为King Charles in the ill-punctuated sentence。sentence 既有判决之意（查理一世被判斩刑），也有句子之意。

带有唯我论（solipsistic）色彩。它在智识层面冒犯并震撼了我们：有人能丝毫不觉尴尬地真心持有这种观念？不过，对我们的某种原始层面而言，它表达得十分清楚，那层面就是：我们无法接受"自己会死"这一观念。对我们许多人来说，这一层面已经湮没封藏了许久，久得我们都忘了"亲身不存在"这个概念有多难理解。我们（似乎）能轻而易举地从别人的不存在中推断出，有一天我们自己也会不存在。可是，为什么我的死会是一天呢？毕竟，一天是一段有声有光的时间，如果我死了，就不会有这些。"当然会有的，"内心的一个声音抗议道，"因为我不在那里，不能体验到它们，并不意味着它们就不存在！这太唯我论了！"我内心的声音在一个简单三段论之力的迫使下，不情愿地推翻了我是宇宙不可或缺的组分这一观念。这一个三段论大致如下：

所有人都会死。

我是人。

—————————

所以，我，会死。

除了用"我"代替了"苏格拉底"之外，这就是那个最经典的三段论。有什么证据来证明这两个前提呢？大前提设定了一个抽象的范畴，即人类。小前提说我也属于人类，尽管我自己似乎和这一类别中所有其他成员有根本区别（就像哈丁非常巧妙地指出的那样）。

可以对类别做出一般性陈述的想法并不惊人，但如果能形成一些超出固有设定的类别概念，似乎就是一种相当高级的智识特性了。蜜蜂的固有设定里似乎很好地包含着"花"这个类别，但很难相信它们能形成"烟囱"或"人类"的概念。猫狗似乎能制造新类别，比如"食物""门""玩具"等。不过人类是迄今最擅长在新范畴方面推陈出新的。这种能力是人类本性的核心，也是快乐的深深源泉。体育解说员、科学家、艺术家都构思新型概念，而这些新概念都进入了我们的心理词汇之中，由此我们获得了巨大的乐趣。

大前提的另一部分是"死亡"的一般概念。人很小的时候就发现东西会消失或毁坏。勺子里的食物消失了,哗楞棒从高脚椅上掉了下去,妈妈出去了一会儿,气球爆了,壁炉里的报纸烧光了,一个街区外的一所房子被夷为平地,等等。这些当然都令人惊恐不安,但尚可接受。被拍死的苍蝇,死于杀虫剂的蚊子,这些都建立在先前的抽象概念之上,于是我们得到了死亡的一般概念。关于大前提就说这么多。

小前提则很微妙。小时候,我看到我身外的一些东西具有某些共同之处,如外表、行为等,因此形成了关于"人类"的抽象概念。然后,这一特定的类别反过来向我"包裹",把我囊括进去,这个认识一定是在较晚的认知发展阶段中才会出现,而且一定是个令人震惊的体验,尽管多数人大概都已经不记得它是怎么发生的了。

而真正惊人的一步,是两个前提的合取 / 结合(conjunction)。那时我们已经发展出了形成这两个前提的心理能力,也已经发展出了对不可抗拒的简单逻辑的尊重。然而这两个前提的突然结合却出其不意地给了我们一记耳光。这丑陋、野蛮的打击让我们倍感震惊,震惊好几天、好几周甚至好几个月。实际上会震惊好多年——震惊我们整个一生!不过我们压抑了这一冲突,把它引向了别处。

高等点的动物是否有能力把自己看作某个类别的成员?一条狗是否能够(无言地)想到:"我猜我看上去很像那边那些狗?"想象下面这个血腥的场面,比方说,二十只同类动物围成一圈。一个邪恶的人在它们中间不断地转动轮盘 / 指针,然后走去被指到的动物那儿,当着其余动物的面将其宰杀。有没有可能每只动物都会意识到自己也将大难临头,会想:"那只动物就像我一样,我的肉可能很快就会像他的一样被煮了。哦不!"

把自己映射到他人身上,这种能力似乎是高等物种独有的特点(这是选文 24,托马斯·内格尔的文章《做一只蝙蝠是怎样的?》的中心主题)。一开始我们进行局部的映射:"我有腿,你有腿;我有手,你有手;……"然后这些局部映射会归纳出一个整体映射。很快我就能从你有一个头这一点得出结论说我也有一个头，虽然我看不见我的头。不过，走出自我的这一步是巨大的一步，而且从某些方面来说，是自我否定的一步。它与许多我们关于自己的直接知识相悖。这就像哈丁认为"看见"这个动词有两种不同的类型一样：用在我自己身上和用在你身上，完全是两码事。不过，许许多多的映射每时每刻都在进行，终于令我毫不怀疑地把自己归入了一个类别，而在我最初形成这个类别的概念时并未考虑到自己，这个时候，因区别两种"看见"而获得的力量，就被那许多映射的绝对优势给压倒了。

因此，逻辑推翻了直觉。正如我们会相信地球可以是圆的——就像遥远的月球一样——而地球上的人也不会掉下去，最终我们也会相信唯我论观点很是难缠。只有像哈丁在喜马拉雅山上体验到的那种强大景象，才能让我们回到原始的自我感和"他性"（otherness）之感，这正是意识、灵魂和自我等问题的根源。

我有脑子吗？我真的会死吗？我们一生中会多次想到这些问题。有时，大概每个有想象力的人都会想，全部的生命只是某个无法设想的超然存在者（superbeing）制造的一个大玩笑、大骗局，或许是个心理实验；它想看看自己究竟能让我们相信多么荒谬的东西，比如我听不懂的声音真的有意义，有人听肖邦吃巧克力冰激凌但不喜欢它们，光在任何参考系中都以同样的速度运动，我由无生命的原子构成，我自己也会死，等等。不幸的是（或者说幸运的是），这种"阴谋论"是在挖自己的墙脚，因为它为了解释其他谜团而假定出了另一个心灵，一个超然智性者（a superintelligent one），而这也是无法设想的。

看来我们别无选择，只能接受存在具有某些不可理解的性质。做出你的选择吧。我们都在世界的主观视角与客观视角间小心地徘徊，而这一困境就是人性的核心。

D. R. H.

3

重新发现心灵

哈罗德·J. 莫洛维茨

（1980）

过去一百多年来，科学界一直有件稀罕事。许多研究者没有察觉到它，另一些甚至对自己的同事也不承认此事。但某种奇异正在蔓延。

事情是这样的，生物学家曾假定人类心灵在自然的层级中有着优越地位，现在他们却无情地转向了那种形塑了 19 世纪物理学的硬核物质主义（materialism）。而与此同时，物理学家们面对不容置疑的实验证据，已经与严格的机械论宇宙模型分道扬镳，转而认为心灵在所有物理事件中都起着必不可少的作用。情况就好像这两门学科登上了两辆背道而驰的列车，都没有注意到轨道那边发生的事。

生物学家和物理学家的这种角色调换，把当代心理学家放在了一个矛盾的位置上。从生物学的观点看，心理学家的研究对象远离确定的核心，即远离原子及分子的亚微观世界。从物理学的观点看，心理学家研究的"心灵"是一个没有定义的原始观念，既十分基本，又难以理解。很明显，这两种观点中都包含了一定的真相，而解决这一问题对扩大和加深行为科学的基础来说必不可少。

在现代，从社会行为到分子运动等所有层面来研究生命，都以还原论（reductionism）作为主要的解释性概念。这一认识方法试图用更低层级从而想必也更为基本的概念来理解高层级的科学现象。在化学中，宏观的化学反应要通过考察分子运动来解释。同样，生理学家在细胞器及其他亚细胞实体活动过程的层面上来研究活细胞的活动。地质学用成分晶体的特征来描述矿物的形成和特性。这些例子的实质就是在下层的结构和活动中寻找解释。

卡尔·萨根在他的畅销书《伊甸园的飞龙》（ *The Dragon of Eden* ）中提出的观点，就是心理学层面还原论的一个典型例子。他写道："我对脑的基本假设是，脑的全部活动——我们有时称之为'心灵'——都是其解剖结构和生理机能的结果，仅此而已。"为了进一步说明这一思潮，我们要指出的是，萨根的词汇里没有心灵、意识、感知、察觉或思想之类的词，只有突触、脑叶切除术、蛋白质和电极之类的条目。

这种将人类行为还原至生物基础的尝试由来已久，最初的实践者是早期的达尔文主义者及他们在生理心理学领域中工作的同辈。19世纪之前，身心二元论（笛卡尔哲学的核心）往往把人类心灵置于生物学领域之外。后来，演化论者强调我们的"猿性"，让我们顺服于适合非人类灵长动物甚至其他动物的生物学研究方法。巴甫洛夫学派强化了这一主旨，此后渐成为多种行为理论的基石。尽管心理学家对还原论究竟能走多远并没有形成一致意见，但多数人都愿意承认，我们的行为中有荷尔蒙、神经系统及生理方面的因素。虽然萨根的前提仍处在心理学的大传统之中，但其激进的目标却是用下层概念为心理学提供完备的解释。我认为这一目标就是"仅此而已"一词的要点。

就在心理学各流派试图把心理学还原成生物学时，其他生命科学家也在寻找更基本的解释层级。我们可以在著名的分子生物学代言人弗朗西斯·克里克的著作中读到他们的观点。他的《论分子与人》（ *Of Molecules and Men* ）代表了当代生物学对生机论（vitalism）的攻击：生机论认为，生物需要用物理学领域之外的生命力来解释。在书中，克里克表示："现代生物学运动的最终目标，其实就是用物理和化学来解释全部生物学。"他还说，所谓物理和化学是指原子层面上的知识，那个

（Victor Juhasz 绘）

层面上的知识才是可靠的。通过强调"全部"，他表达了激进还原论的
立场，这是整整一代生化学家和分子生物学家中的支配性观点。

* * *

如果我们现在把心理学和生物学的还原论相结合，并假定它们有所
重叠，我们就会得到一个解释序列，从心灵到解剖学、生理学，再到细
胞生理学、分子生物学，一直到原子物理学。所有这些知识都被认为是
建立在理解量子力学定律的坚实地基之上，而量子力学是关于原子结构
和过程的最新、最完备的理论。在这一语境中，心理学成了物理学的一
个分支，这个结果可能会让心理学家和物理学家都感到不安。

用物质科学的基本原理来解释有关人类的一切，这一尝试并不是什
么新想法，早在 19 世纪中叶，欧洲的生理学家就已对此形成了明确的

观点。1848 年，该学派的代表埃米尔·杜布瓦-雷蒙在一本动物电（animal electricity）方面著作的序言中宣讲了他的极端观点。他写道："只要我们有足够的方法，就有可能建立关于一般生命过程的分析力学（牛顿物理学），甚至能从根本上触及自由意志的问题。"

这些早期学者的话都带着点自大，托马斯·赫胥黎和他的同事们为达尔文主义辩护时也带有这种自大，即使今天，这种自大仍然回响在现代还原论者的理论中：他们想把心灵还原到原子物理学的基本原理。目前，这种自大在社会生物学家的著作中表现得最为明显，他们的论调创生了当代的知识景象。不管怎么说，杜布瓦-雷蒙的观点与现代的激进还原论者一致，除了现在是量子力学取代牛顿力学成了底层学科。

就在心理学家和生物学家一步步把各自的学科还原为物质科学的时候，他们基本没有注意到，物理学中涌现了一批新观点，会带给他们理解问题的全新思路。19 世纪临近尾声之时，物理学所呈现的世界图景井然有序，事物根据牛顿的力学方程和麦克斯韦的电学方程，以典型而规则的方式展现出来。这些过程冰冷地运行，独立于科学家——科学家只是旁观者。许多物理学家认为，他们的学科已经基本完备。

自从 1905 年阿尔伯特·爱因斯坦引入了相对论，这番整齐的图景就被毫不留情地打乱了。这种新理论假定，处于相对运动的不同系统中的观察者感知到的世界并不一样。因此，观察者也参与了物理现实的建立。科学家失去了旁观者的角色，成为所研究系统的主动参与者。

随着量子力学的发展，观察者的角色越发成为物理学理论的核心部分，也成为定义一个事件时不可或缺的成分。观察者的心灵成为理论结构中的必要元素。这个发展中的范式暗含的意思令早期量子物理学家大吃一惊，引得他们去研究认识论和科学哲学。就我所知，所有对量子力学的发展做出重大贡献的人都撰写过书籍和论文，解释其成果的哲学及人文意义，这在科学史上是前所未有的。

新物理学的创始人之一维尔纳·海森堡对哲学、人文问题介入很深。他在《量子物理学的哲学问题》（*Philosophical Problems of Quantum*

Physics）一书中写道，物理学家必须放弃如下想法：存在对所有观察者都一视同仁的客观时间尺度，时间和空间中的事件无关乎我们能否观察到它们。海森堡强调，自然法则不再关于基本粒子，而是关于我们对这些粒子的认识，即关于我们心灵的内容。1958 年，埃尔温·薛定谔这位量子力学基本方程的提出者，写了一本名叫《心与物》（*Mind and Matter*）的非凡小书。这部文集从新物理学的研究成果一直写到一种相当神秘的宇宙观，薛定谔认为这种宇宙观与阿道司·赫胥黎的"长青哲学"（perennial philosophy）一致。薛定谔是第一位对《奥义书》和东方哲学思想表示赞同的量子理论家。现在阐述这种观点的著作越来越多，其中著名的两部是弗里乔夫·卡普拉的《物理学之道》（*The Tao of Physics*）和加里·祖卡夫的《物理大师之舞》（*The Dancing Wu Li Masters*）。

量子理论家们面对的难题在"谁杀了薛定谔的猫"这个著名的悖论中一目了然。在一个假想的情境中，把一只小猫放在一个封闭的盒子中，盒子里有一瓶毒药，还有一个随时准备砸碎瓶子的自动机械锤。自动锤

叠加态中的"薛定谔的猫"
（出自《量子力学的多世界诠释》[*The Many-Worlds of Quantum Mechanics*]）

由一个记录随机事件（如放射性衰变）的记录仪控制。实验持续的时间恰好使锤子砸碎瓶子的概率为1/2。用量子力学的数学方法来表示这个系统，就是把活猫和死猫的函数加起来，概率各是一半。问题是，既然在实验者向盒子里看之前，两种解的可能性一样大，那么是看（测量）这个行为杀死或挽救了猫吗？

这个轻松的例子反映了一个深奥的概念难题。用正式得多的语言来说，就是一个复杂系统只能用与实验的可能结果有关的概率分布来描述。要确定各种选项中究竟发生了哪一种，就需要测量。是这一测量构成了事件，把事件与作为数学抽象的概率区分开来。然而，物理学家们对测量能做出的唯一一个简单而一致的描述，就是它要包含观察者注意到观察结果。由此，物理事件与人类心灵的内容就不可分割了。这种联结促使许多研究者认真地把意识当作物理结构中不可或缺的组成部分。这种解释把科学推向与实在论哲学概念相对的唯心论。

诺贝尔奖获得者尤金·维格纳在自己的文章《论身心问题》（"Remarks on the Mind-Body Question"）中总结了许多当代物理学家的观点。维格纳一开始就指出，多数物理学家已经重新回到"思想（即心灵）第一性"这一认识上。他继续说："形成完全一致而又不涉及意识的量子力学定律是不可能的。"他总结道，对世界的科学研究导致意识内容成为终极实在，这真是太不同寻常了。

物理学另一领域中的进一步发展也支持了维格纳的观点。信息论的引入及其在热力学中的应用给我们带来了如下结论：熵——热力学中的一个基本概念——衡量的是观察者对系统的原子细节有多无知。当我们测量一个物体的压力、体积和温度时，我们对组成该物体的原子、分子的精确位置和速率的知识是残缺的。我们缺少的信息量的数值与熵成正比。在早期热力学中，从工程的角度来说，熵代表了系统中不能对外做功的能量。而在现代观点中，人类心灵再次介入，熵不仅与系统的状态有关，还与我们对系统状态的知识有关。

现代原子理论的诸位创始人一开始并没打算把"心理主义"（mentalist）图景强加在世界之上。他们是从相反的观点出发的，然而为了解释实验结果，被迫接受了今天的立场。

现在到了我们把心理学、生物学和物理学这三大领域的观点整合起来的时候了。结合萨根、克里克和维格纳所代表的不同观点，我们能得到一个相当出人意料的整体图景。

第一，人类的心灵——包括意识和反思性思维——可以用中枢神经系统的活动来解释，后者又可以还原为生理系统的生物结构和功能。第二，所有层级的生物学现象都能完全通过原子物理学，即通过组成生物的碳、氮、氧等原子的运动和相互作用来理解。第三，也是最后一点，要建立原子物理学（现在对其最充分的理解方式来自量子力学），必须把心灵作为系统的首要成分。

因此，我们的每一步都是在一个认识论的圈圈里面绕来绕去：发乎心，止乎心。这一推理链条的结果，大概会给东方神秘主义者，而非神经生理学家和分子生物学家，带去更多助益和安慰；然而，这个闭环是直接将三门独立科学中公认专家们的解释过程组合而成的。由于一个人往往最多只与其中一种范式打交道，因此一般性的问题很少有人关注。

如果我们拒斥这个认识论圈圈，就会留下两个相反的阵营：一个是

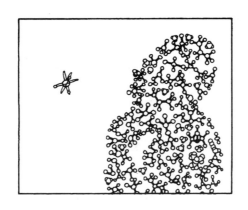

这样的物理学，它声称自己是完备的，因为它描述了所有的自然现象；一个是这样的心理学，它包罗万象，因为它处理的是心灵，而心灵是我们关于世界的知识的唯一来源。鉴于这两种观点都有问题，或许我们最好还是回到圈圈中去，给予它更多积极的考虑。哪怕它让我们失去了确定、绝对的东西，但至少涵盖了整个身心问题，还给各门学科提供了一个沟通的框架。这个闭环给心理学理论家们提供了最好的可行方法。

* * *

　　用典型社会生物学的严格还原论方法来研究人类行为，在更严格的生物学基础方面也会陷入困境。因为这一方法中包含了如下假设：从早期哺乳动物到人类的演化是连续的，这意味着心灵、意识不是一种根本上的与众不同。可是很难给这一假设找到成立的理由，只要想想演化中那些极为不连续的例子就知道了。宇宙自身的起源"大爆炸"，就是宇宙级尺度的不连续例子；生命的发端当然也是，虽然没那么惊天动地。

　　遗传分子中的信息编码带来了在掌管宇宙的各种法则中掀起深刻动荡的可能性。例如，在遗传生命到来之前，温度或噪声的波动会回到平均水平上，这使行星演化所遵循的法则变得精微。可是遗传生命到来之后，热噪声层面上的一个单分子事件就能带来宏观的后果。因为，如果有关事件是某个自我复制系统中的一个突变，那么整个生物演化过程都可能改变。一个单分子事件可能引发一种癌症，从而杀死一头鲸鱼，也可能产生一种致命病毒，攻击生态系统中的关键物种，从而毁掉这个生态系统。生命的起源并没有违背物理学的底层定律，而是为其增加了一个新特征：分子级事件引发大尺度后果。规则的这一改变使演化史变得不确定，于是它也参与构成了一种鲜明的不连续性。

不少当代生物学家和心理学家都认为，灵长动物演化中出现的反思性思维的开端，也是一种改变规则的不连续性。这种新情况同样也没有违背生物学的基本定律，而是为其增加了一个特征，使我们必须用新方式来思考问题。演化生物学家劳伦斯·B.斯洛博金认为，这种新特征就是带有内省特点的自我形象。他主张，这一特性改变了我们应对演化问题的方式，还使我们不能到生物演化的法则中去给重大历史事件找原因。斯洛博金称，规则已经变了，我们不能用适用于其他哺乳动物的法则来理解人类，尽管它们的脑在生理机能方面与人脑非常相似。

许多人类学家、心理学家和生物学家都以各种方式讨论过人类所具有的这种涌现特征（emergent feature）。这是经验数据的一部分，我们不能为了保持还原主义的纯洁性而将其束之高阁。我们需要仔细研究和评估这种不连续性，但是首先需要承认它。灵长动物与其他动物有很大区别，人类又与其他灵长动物有很大区别。

现在我们已经明白，把不加批判的还原论当作心灵问题的答案，这样的有力承诺中存在棘手的缺点。我们已经讨论过这一立场的缺陷所在。这一观点不仅虚弱无力，还很危险，因为我们对待人类同胞的方式，依赖于我们如何在理论表述中定义他们。如果我们仅仅把自己的同胞看作动物或机器，我们的交往就会失去丰富的人文内涵。如果我们通过研究动物社会来寻找自己的行为规范，我们就会忽视那些独一无二的人类特征，正是它们使我们的生活变得如此丰富。激进还原论在道德律令方面的贡献也寥寥无几。此外，它还给人文追求提供了一个错误的词汇表。

科学界在认识大脑方面已经取得了显著的进步，我本人也对神经生物学充满了热情，它体现了当今科研的特点。但我们不能接受让这种热忱产生超出科学范围的论调，或者纵容它否认我们这个物种最有趣的面向从而把我们禁锢在那些匮乏人性的哲学立场中。几代人之前，还原论的先驱们把科学从神学中解放了出来；而低估思维的反思性表现、反思性特征的重要性，就是我们向还原论者致敬时付出的高昂代价。人类的心神（psyche）也是科学观测数据的一部分。我们可以在保留它的同时仍然是优秀的生物学家、心理学家等经验科学家。

反　思

　　《小径分岔的花园》是崔朋设想的一幅宇宙图景，它不完整，但并不虚假。您的祖先跟牛顿和叔本华不同，他不相信时间的绝对性和统一性。他相信时间的无限序列，相信正眼花缭乱地扩大乃至铺展开的分岔、汇聚、平行的时间之网。这张时间之网，它的网线或分合交错，或几个世纪各不相干，这网包含了一切的可能性。我们并不存在于这些时间中的大多数里；在一些时间里，您存在而我不存在；在另一些里，我存在而您不存在；在再另一些里，你我都存在。在这个时间里，我很荣幸，您来到我的门前；在另一个时间里，您穿过花园，发现我死了；在再另一个时间里，我说同样的话，但我本人是个错误，是个幻影。

　　　　　　　　　　　　　　　　——博尔赫斯《小径分岔的花园》

　　各种现实性仿佛漂浮在各种可能性的广阔大海上，并从中被挑选出来；非决定论说，这些可能性存在于某个地方，并且构成了部分真实。

　　　　　　　　　　　　　　　　　　　　　　——威廉·詹姆士

认为量子物理的奥秘与意识的奥秘某种意义上一致，这是一个诱人的想法。莫洛维茨所描述的这个认识论圈圈中，包含的硬科学、美、怪诞和神秘主义都很适量，因此"听起来很对"。不过，这种想法在许多方面与本书的一个重要主题相悖：本书认为，非量子力学的心灵计算模型（这一模型也包括一切与心灵有关的东西）原则上是可能的。不过无论是对是错——现在下结论还为时尚早——他提出的想法都值得我们思考，因为毫无疑问的是，主观视角与客观视角之间如何相互作用的问题正是量子力学核心的概念难题。尤其是按照通常的描述，量子力学会给一些叫作"观察者"的系统以优先的因果地位，但又没说清楚观察者到底是什么（尤其是没说意识是不是观察者地位的必要组成部分）。为澄清这一点，我们必须简单介绍一下量子力学中的"测量问题"，为此我们要借助一下"量子水龙头"这个比喻。

想象一个水龙头有两个旋钮，一冷一热，每个旋钮都可以连续旋转，水就从龙头里流出来。不过这个系统有个奇怪的特点：水要么完全是热的，要么完全是冷的，没有中间状态。这叫作水的两种"温度本征态（eigenstate）"。要想知道水处于哪种本征态，唯一的办法就是伸手去试。事实上，在正统量子力学中，情况比这还要复杂，是你把手伸到水龙头下面这个动作把水抛入了两种本征态之一。在这一瞬时之前，我们说水处于"态叠加"（superposition of states），更准确地说是本征态叠加。

旋钮调得不同，流出冷水的可能性也会变。当然，如果你只打开"热"阀门，你就一直得到热水，如果你只打开"冷"阀门，你肯定就得到冷水。但是如果你打开两个阀门，你就会创造一种叠加态。反复试验某一种调节法，你就能测量出在这种调节下得到冷水的概率。然后你可以改变调法再试。一定会有某个节点，流出热水和冷水的可能性相等，就像掷硬币一样。（很不幸，这个量子水龙头会让人想起很多浴室里的淋浴设备。）最后你可以积累足够多的数据，把流出冷水的概率作为旋钮调节的函数，画出函数图。

量子现象与此类似。物理学家们调节旋钮，让系统进入与冷热叠加态类似的叠加态中。只要不进行测量，物理学家就不知道系统进入了哪种本征态。其实也可以发现，从非常根本的意义上说，系统本身也不"知道"自己处于哪种本征态，可以说，系统处于哪种本征态，只有在观察者伸手"试水"的那一刻才（随机）确定下来。在观察的那一刻到来前，系统的表现一直就像它并不处于某种本征态那样。无论是实际中还是理论上——其实就是就所有方面而言，系统都不处于某种本征态。

你可以想象自己拿量子水龙头中流出的水做各种实验，以确定你不伸手的时候水到底是热是冷（当然我们假设没有蒸汽之类的线索）。例如你可以把龙头中流出来的水注入洗衣机来洗衣服，可是你只有打开洗衣机（一个有意识的观察者进行测量），才能知道你的羊毛衫缩水了没有。你可以用龙头中流出来的水泡茶，可是你只有喝到茶（又是与有意识观察者的相互作用），才能知道它是不是冰茶。你可以在龙头下面安一个温度记录仪，可是你只有看到温度计上的读数或是记录纸上的标记，才会知道温度。你对记在纸上的标记的确信，程度不会高过确信水有确定的温度。这里的要点是，羊毛衫、茶、温度计，本身都没有"有意识的观察者"的地位，因此只能参与这个游戏，像水一样进入各自的叠加态：缩水／没缩水，冰茶／热茶，读数高／读数低。

听起来这似乎和物理学本身无关，而只是一个古老的哲学谜题，就像"如果没有人在那里听的话，森林里的树倒下时会有声音吗"。可是量子力学这样解决这个谜题：此类叠加态的现实，确实会产生一系列观察结果；而如果一个貌似混合态的东西实际上总是处于一种真正的本征态，只是在测量之前对观察者隐藏其身份，那么其观察结果会与叠加态的观察结果截然不同。简略地说就是，一股可能热可能冷的水与一股就是热或就是冷的水表现会不同，因为这两种可能性会相互"干涉"，就像重叠的波浪那样——就像快艇的部分尾迹一时间抵消了从码头反射回来的另一部分波浪；或者就像打水漂时，小石子连跳几下，在平静的湖面上激起纵横交错的涟漪，形成闪闪发光的图案。而这种干涉效应只是统计上的，因此这种效应只有在洗了许多件羊毛衫或泡了许多杯茶之后才会显现出来。感兴趣的读者可以参考理查德·费曼的《物理定律的本性》(*The character of Physical law*)一书对这一差别的漂亮阐述。

"薛定谔的猫"这个困境使这一观念更进一步:在人类观察者介入之前,连猫也能处于量子力学的叠加态中。可能有人会反对说:"等等!一只活猫难道不是就像人一样,是有意识的观察者吗?"也许是,可是要注意,这只猫也可能是只死猫,那它当然就不是有意识的观察者了。事实上,我们在薛定谔的猫身上创造了这样一种叠加,其中的两个本征态,一种有观察者地位,另一种没有!现在我们怎么办?这种情况让我们想起狂言大师出的一个禅宗谜语(保罗·雷普斯的《禅骨禅肉》[*Zen Flesh, Zen Bones*] 中有详细叙述):

> 禅就如一个人咬着树枝挂在悬崖边。双手没有丫杈可抓,脚下没有枝干可踩,树下有另一个人问他:"菩提达摩为何从天竺来至中土?"树上这个人如果不回答,他就输了;如果回答,就会掉下去摔死。现在他要怎么办?

对许多物理学家来说,一个系统有否观察者地位,此间的差异乃是人为虚造,甚至令人生厌。此外,有观察者介入会导致"波函数坍缩"(collapse of the wave function,忽然随机跃至某种纯本征态)的观点,把反复无常赋予了自然终极法则。而"上帝不掷骰子"(Der Herrgott würfelt nicht)是爱因斯坦毕生的信念。

量子力学中有种试图同时保留连续性和决定论的激进尝试,叫量子力学的"多世界诠释"(many-worlds interpretation),1957 年由休·埃弗雷特三世首先提出。根据这个非常奇特的理论,系统不会不连续地跃迁至一种本征态。情况是:叠加态平滑地演变出多个分叉,这些分叉平行展开。只要需要,叠加态就会长出更多分叉,带来各种新的可能性。例如,薛定谔的猫一例中有两个分叉,彼此平行发展。肯定有人会好奇:"那猫怎么样呢?它感觉自己是活着还是死了?"埃弗雷特会回答说:"这取决于你看的是哪一个分叉。在其中一个分叉上，它感觉自己活着，在另一个分叉上，已经没有猫去感觉什么了。"有人会凭直觉开始提出异议，问："那么在猫会死的那个分叉上，猫死之前的那小段时间里情况怎样？那个时刻猫的感觉是怎样？当然一只猫不能同时有两种感觉！这两个分叉里哪个才包含着真正的猫呢？"

当你认识到这个理论对此时此地的你来说意味着什么的时候，问题会变得更加麻烦。因为在你生命中的每个量子力学分叉节点上（这种节点成百上千亿不止），你都会分裂为两个及以上的你，沿着同一个巨大的"普适／宇宙（universal）波函数"的彼此平行但不相连的各个分叉行进。在文章中出现这一难题的关键地方，埃弗雷特不动声色地插入了如下脚注：

> 这里我们遇到了一个语言上的难题。在观察之前，观察者有一个单一状态；观察之后，观察者就有了许多不同的状态，而所有这些都发生在一个叠加态中。每种独立的状态都是某一个观察者的某个状态，于是我们就能谈论不同的观察者，用不同的状态来描述他们。另一方面，所涉物理系统又是同一个，从这一视角出发，又可以说观察者是同一个，只是在叠加态的不同组成部分中处于不同的状态（在叠加态的各个独立组成部分中有不同的经历）。在这种情况下，如果我们想要强调所涉物理系统是单一的，就要用单数形式，如果想要强调在叠加态各不相关的组成部分中有不同的经历，就要用复数形式：例如"一位观察者对量 A 进行了观察，之后，随之而来的各叠加态下的各个观察者，每位都观察到了一个本征值"。

这些话都是一本正经地说的。他没有说到主观感受如何的问题，这个问题被扫到地毯下面去了。或许他认为这个问题毫无意义。

但还会有人不禁纳闷："那为什么我感觉自己只活在一个世界里

呢？"根据埃弗雷特的观点，你不是感觉自己只活在一个世界里；你会同时感觉到所有的平行世界，只是进入这个分叉的这个你体验不到所有的平行世界。这真令人目瞪口呆。此时，本篇"反思"开头那两段生动的引文又回到我们眼前，而且有着深刻的洞察力。终极问题是："那为什么这个我在这个分叉上呢？是什么让我，让这个我，感觉到它自己——我是说我自己——是没有分裂的呢？"

　　一天傍晚，夕阳悬于海面。你和几个朋友站在潮湿的沙滩上，位于不同的位置。海水轻拍你的双脚，你默默注视着红色的球体缓缓落向海平线。当你注视，稍稍入迷之时，你发现太阳的光反射在一个个浪峰上，就这么形成了一条由千万个转瞬即逝的橘红色光斑组成的直线——而这条直线恰好对准了你！"我太幸运了，正好和这条直线连在一起！"你想，"只是太遗憾了，不是我们每个人都能站在这里，体验与太阳完美统一的感觉。"而此时此刻，沙滩上的每个朋友心中，都产生了完全一样的想法……或者真的完全一样吗？

　　这种沉思就是"灵魂探问"的核心。为什么这个灵魂在这个身体之中（或者位于宇宙波函数的这个分叉上）？既然有如此之多的可能性，那为什么这个心灵就依附了这个身体？为什么我的"我性"（I-ness）就不能属于别的身体呢？说些"你在这个身体里是因为它是你父母生出来的"之类的话，显然是不能令人满意的循环论证。为什么我的父母是他们，而不是别的什么两个人？如果我生在匈牙利，我的父母又会是谁？如果我是别的什么人，我又会怎么样？或者假如别的什么人是我呢？或者，我就是别的什么人呢？我是每个其他人吗？只存在一个唯一的普遍（宇宙）意识吗？感到自己是独立的，是一个个体，这是幻觉吗？在我们认为最稳固、至少是错误最少的科学的核心，这些诡异的话题又重新出现，这真是相当奇怪。

　　但某种意义上，这又并不那么惊人。我们心灵中的想象世界，和那些与我们所经历的世界平行演化的其他可能世界，双方有明显的联系。传说中那个一边撕着雏菊花瓣，一边喃喃自语着"她爱我，她不爱我，

（Rick Granger 绘）

她爱我,她不爱我"的年轻人,心中显然就有(至少)两个不同的世界——基于他心爱之人的两个不同模型。或者这么说是不是更准确:他心爱之人的心理模型只有一个,类似于量子力学叠加态?

或者打个比方说,当一位小说家同时考虑将故事发展下去的多种可能方式时,故事中的人物不就处于心理叠加态吗?如果小说始终未能见诸纸端,或许这些分裂的人物能继续在作者的脑中发展出多重故事来。而且,如果有人问哪个故事才是真的,甚至会显得很奇怪。所有的世界都同样是真品。

同样,会有这么一个世界(宇宙波函数的一个分叉),在那里你没有犯下现在让你无比后悔的愚蠢错误。你不忌妒吗?但你怎么能忌妒自己呢?再说了,还会有另一个世界,在那里你还犯了些更加愚蠢的错误,而且十分忌妒此时此地这个世界里的你呢!

思考宇宙波函数的一种方式,或许就是将其想象成天上那位"伟大小说家"、即上帝的心灵(或脑子,如果你喜欢的话)。上帝之心可以同时考虑所有可能的分叉。我们可能只是上帝脑中的子系统，这个版本的我们并不比别的版本更优越、更正宗，就像我们的银河系并不是唯一真正的星系一样。如果按这种方式来设想，那上帝之脑的演变确实是平滑的、决定论的，就像爱因斯坦一直坚持的那样。物理学家保罗·戴维斯的新书《其他世界》（*Other Worlds*）的主题正是这个，他写道："我们的意识沿着宇宙不断分叉的演变路径随机踏出了一条路线，因此，掷骰子的是我们，而不是上帝。"

然而，这还是没有回答那个人人都要问的最基本谜题：为什么我自己的统一之感会沿着这个随机分叉走，而不是沿着别的分叉走呢？是什么法则决定了随机的选择会挑中我感觉自己正在走的这条路？为什么我的自我感觉不会跟着分裂出来的其他我走其他路呢？是什么把"我性"连到此时此刻正在沿宇宙的这个分叉演变的这个身体的视角的？这样的问题如此基本，甚至都无法用语言表达清楚。答案似乎也不会很快由量子力学给出。事实上，这就是被埃弗雷特扫到地毯下面，却又重新出现在地毯另一头的那个波函数坍缩。它变成了人格同一性（personal identity）问题，这个问题一点也不比原来的问题简单。

如果你意识到，在这同一个大片分叉的宇宙波函数中，有些分叉里没有存在过量子力学或者其他什么学说的迹象，有些分叉里没有埃弗雷特或者量子力学的多世界诠释，你就会在悖论的深渊中陷得更深。在有些分叉里，博尔赫斯的故事并没有写出来。甚至还有一个分叉，那里的"反思"和你在这里看到的这一整篇写得一模一样，只不过结尾是一个不同的呜哩哇啦（flutzpah）。

D. R. H.

II

探问灵魂

计算机器与智能

艾伦·M. 图灵

（1950）

模仿游戏

我建议大家考虑一下这个问题："机器能思考吗？"我们应该先从定义"机器"和"思考"这两个词的意思开始。定义可能被要求尽量地反映这两个词的常规用法，但是这种态度是危险的。如果我们通过考察"机器"和"思考"这两个词的日常用法来发现其含义，那我们就难逃这一结论："机器能思考么"这一问题的意义和答案要通过盖洛普民调这样的统计调查来得出。但这是荒谬的。因此，我不试图给出这样一个定义，而是用另一个问题来代替原来的问题，这个问题和原问题紧密相关，而且表述的语言相对不那么模糊。

这个新问题可以通过一个游戏来描述，我们称之为"模仿游戏"。玩这个游戏需要三个人，一个男人（A）、一个女人（B）和一个男女皆可的询问者（C）。询问者待在一间屋子里，与另两人分开。询问者在游戏中的目标是确定另两人孰男孰女。询问者只知道他们的标签X和Y，游戏结束时，他要说出"X是A，Y是B"或"X是B，Y是A"。询问者可以像这样向A和B提问：

C: 可以请 X 告诉我他 / 她头发的长度吗？

现在假设 X 其实是 A。A 必须回答问题。A 在游戏中的目标是努力使 C 做出错误的身份识别。因此他的回答可能是："我是齐耳发，最长的一缕大概 9 英寸。"

为了不让询问者得到声音的帮助，答案应该写下来，打字打出来更好。理想的安排是两间屋子可以通过电传打字机通信。或者也可以通过中间人传递问题和答案。第三游戏者（B）的目标则是帮助询问者。她的最优策略或许就是给出真心实意的答案。她可以在答案中加入"我是那个女的，别听他的"这样的内容。不过这也没什么用，因为男人也能做出类似的表示。

现在我们要问问题了："如果在这个游戏中，用一个机器来担任 A 的角色，会发生什么？"如果这样玩游戏的话，与和一男一女两个人来玩相比，询问者判断错误的次数是否一样多？这些问题取代了原先的问题"机器能思考吗"。

对新问题的评论

人们除了会问"这个新型问题的答案是什么"，还可能会问"这个新问题值得探讨么"。我们不多纠缠，索性先探讨这个新问题，就此打住无穷后退。

这个新问题有一个优点：它在人的身体能力和智识能力之间画了一条相当清晰的界线。还没有哪位工程师或化学家敢说他能造出一种与人类皮肤别无二致的材料来。未来某个时候这件事或许是可能的，但即使假设这一发明可行，我们也觉得，努力用这种人造肌肤包装出更像人的"思考机器"，没有什么意义。我们设置问题的形式把这一点反映在了问题的条件中：询问者既不能看到摸到其他游戏者，也不能听到他们的声音。下面的问答示例或许会显示出我们所提标准的其他一些优点：

问：请给我写一首十四行诗，以福斯桥为主题。

答：放过我吧。我从来就不会写诗。

问：34957 加 70764 等于多少。

答：（停顿约 30 秒后给出一个答案）105621。

问：你下象棋么？

答：下。

问：我还有个王在我的王 1 位（K1），没别的子了。你只有王在
　　你的 K6，车在你的 R1。现在该你走棋，你怎么走？

答：（停顿 15 秒后）车进 R8，将军。

这种问答方法似乎适用于引入任何一种人类活动的领域，只要我们想聊它。我们不想因为机器在选美比赛中表现不佳就对它施加惩罚，就像不想因为一个人和飞机比速度输了就罚他一样。我们设定的游戏条件让这些无力之处无关紧要了。只要"证人"自己认为合适，就可以随心所欲地吹嘘自己的魅力、力量或英雄气概，而询问者不能要求他们做实际的展示。

这个游戏或许会遭到批评，理由是条件对机器太过不利。如果一个人试图装成一个机器，他肯定会表现得很糟糕，马上就会因为计算缓慢和不准确而暴露。这不也很可能吗：机器做了一些理应被描述为思考的事情，只是与人的做法非常不同？这个反对意见非常有力，不过至少我们可以说，如果我们把机器设计好，让它能把这个模仿游戏玩得令人满意，就用不着担心这个反对意见。

有人可能会强烈主张，机器玩"模仿游戏"时的最优策略或许不是模仿人的行为。这是有可能的，但我认为这不可能有多大效果。不管怎样，本文并不打算研究这个游戏的理论，我们假定机器的最优策略是努力提供那些人也会自然而然给出的答案。

游戏中的机器

　　只有我们明确"机器"一词的含义，我们之前提出的问题才会比较确切。自然，我们希望制造机器时允许使用一切工程技术。我们也希望允许有这种可能：一个或一队工程师能制造出一个管用的机器，但不能对机器的运作方式给出满意的说明，因为他们使用的方法大体上还是实验性的。最后，我们希望把以常见方式生育出来的人从机器中排除出去。要让定义同时满足这三个条件是很难的。例如，有人可能会坚持要这队工程师都是同一个性别，但实际上这也不符合要求，因为我们很可能用单个的人类细胞比如皮肤细胞，培养出一整个的人类个体。这将是生物技术的壮举，值得高度赞扬，但是我们并不想把这算作"建造思考机器"的例子。这促使我们放弃允许使用一切技术的这项要求。我们更愿意放弃这项要求，是考虑到了事实上当前人们对"思考机器"的兴趣是由一种特定类型的机器唤起的，这种机器通常称为"电子计算机"或"数字计算机"。有鉴于此，我们只允许数字计算机参加我们的游戏……

　　这种数字计算机的特殊性，在于它能够模仿任何一台离散机（discrete machine），因此我们可以说它是通用机（universal machine）。由于存在具备此种特性的机器，就产生了一个重要后果，那就是如果不考虑速度，就不必设计各种不同的新机器来执行各种不同的计算过程。所有这些过程都可以由一台数字计算机来完成，只要给每种情况编制适当的程序就行。由此可见，某种意义上说，所有数字计算机都是一样的。

主要问题上的相反观点

　　现在我们或许认为前提已经搞清楚了，已经可以开始争论我们的问题"机器能思考吗"……我们不能完全放弃这个问题的最初形式，因为用新型问题代替原来的是否合适，对此人们仍会有不同意见，在二者怎样关联的问题上，至少我们必须听听别人的意见。

如果我先来解释一下自己在这个问题上的意见，读者可能会觉得简单一点。让我们先来考虑一下更准确的问题形式。我认为，大约 50 年之内计算机的存储能力就能达到 10^9，我们可以给它们编程，让它们足以玩好模仿游戏，让一个平均水平的询问者在提问 5 分钟之后做出正确身份识别的可能性不超过 70%。我认为最初形式的问题"机器能思考吗"毫无意义，不值得讨论。不过我也相信，到本世纪末，词语的用法和一般受教育者的意见都会大有改变，变到人们可以谈论机器在思考而不会自相矛盾。我还认为，掩盖这些想法毫无裨益。流行的看法是，科学家智慧、冷酷、坚决地从一项确凿无疑的事实前进到另一项，决不受任何未经证明的猜想的影响，这是错误的。假如能分清哪些是已经证明的事实，哪些是猜想，猜想就不会有什么害处。猜想非常重要，因为它们能指出有用的研究方向。

现在我开始考虑与我的观点相反的意见。

1. 神学方面的反对意见。思考是人之不朽灵魂的一种功能。上帝赋予了男男女女每个人一个不朽的灵魂，但没有赋予其他动物或机器。因此动物和机器不能思考。[*]

我丝毫不能接受这一观点，但我会试着用神学的语言来回答。我认为如果把动物和人分在同一类里面，这一观点会更有说服力，因为在我看来，典型生物和非生物之间的差别要比人和其他动物之间的差别大得多。如果我们考虑一下这种正统观点对其他宗教团体的成员来说意味着什么，其武断性就更一目了然了。基督徒对其他宗教认为妇女没有灵魂这一观点有什么看法？不过，我们暂且不管这一点，先回到主题上来。对我来说，上述论点意味着上帝这位全能者的全能要受到严重的限制。我承认，有些事上帝也做不到，例如让 1 等于 2，但是难道我们不是应

该相信，如果上帝认为合适，他就可以赋予一头大象灵魂吗？我们或许可以期望，上帝施展威力的方式只是制造一个突变，让大象的脑有适当改进，可以满足灵魂的需要。完全类似的论证也可以用于机器的情况。当然似乎还是有所不同，因为后者更难接受。但这其实只不过意味着我们以为上帝不太可能认为机器这样的环境适合赋予灵魂。这里的环境问题我们将在后文讨论。在试图建造这种机器时，我们无礼地篡夺上帝创造灵魂的权力，程度应该不会比生育孩子时更甚，反倒是这两种情况下，我们都是上帝实现其意志的工具，是为上帝所创造的灵魂提供居所。

不过这些只是玄思。我不太买账神学的论辩，无论它们是用来支持什么样的观点。过去，此类论辩常常不令人满意。伽利略时代就有人辩称，《圣经》的经文"日头在天当中停住……不急速下落，约有一日之久"（《约书亚记》10:13）和"将地立在根基上，使地永不动摇"（《诗篇》104:5）足以驳斥哥白尼的理论。就我们目前拥有的知识而言，这种论辩看来是无效的。当然没有这些知识的时候，这种论辩的效果就大不相同了。

2. "头埋沙里"的鸵鸟式反对意见。 "机器思考的后果太可怕了。让我们希望并相信它们不会思考吧。"

这种论调很少表达得如此这般坦率。不过我们多数人在思考这一问题时都会受其影响。我们愿意相信人以某种微妙的方式优于其他造物。如果能证明人必然高出一等，那就最好不过，因为这样人就不会有失去统治地位的危险了。神学论辩之所以流行，显然与这种感情有关。这种感情在知识分子当中相当强烈，因为他们比其他人更重视思考的力量，而且更倾向于将自己对人之优越性的信念建立在这种力量之上。

我不认为这一论调足够坚实、值得一驳。可能给持论者一点慰藉更合适：这种优越性或许该去灵魂转世轮回中寻找。

3. 数学方面的反对意见。 数理逻辑中有许多结论，可以用来阐明离散状态机是能力有限的。这些结论中最著名的一个叫"哥德尔定理"，这一定理表明，在任何足够强的逻辑系统中，除非系统本身不一致，否则总能构造出既不能证明为真也不能证明为假的命题。邱奇、克莱尼、罗瑟和图灵也得出了另外一些在某些方面与之相似的结论。考虑后一种结论是最方便的，因为它直接指向机器，而其他结论只能用作相对间接的论证：比如如果要使用哥德尔定理，我们还需要有一些用机器来描述逻辑系统和用逻辑系统来描述机器的方法。这里的结论指涉这样一种机器：一台本质上存储容量无限的数字计算机。这一结论陈说了，有些事是这样一台机器做不到的。如果组装这么一台机器来回答类似模仿游戏中的问题，那么就会有一些问题，无论给多长时间，机器都是要么只能回答错误，要么完全无法回答。当然可能会有许多这样的问题，还可能会有问题一台机器无法回答，但另一台机器却能回答得令人满意。当然，我们现在假设这些问题都是能用"是"或"否"来回答的类型，而不是"你认为毕加索怎么样"这样的问题。我们知道机器一定会失败的问题是这种类型的："考虑具有如下特点的机器……这台机器会对某个问题答'是'吗？"省略号部分可以替换成对某些标准类型机器的描述……如果所描述的机器与接受询问的机器之间有某些相对简单的关联，那我们就能表明，答案不是错的，就是没有。这是数学上的结论：它论证说，这证明了有些事机器无力做到，而人的智识则不受此种限制。

　　对这一论证的简短回答是，虽然它证明了任何特定机器的能力都有限度，但它却没有任何证据说人的智识就不受此限。不过，我不认为这一观点如此轻易就能驳斥。只要其中一台机器遇到一个合适的关键问题并给出一个确定的回答，我们就会知道这个回答一定是错的，这给了我们一种优越感。这种优越感是虚幻的吗？它无疑是如假包换的，不过我不觉得应该给这件事赋予太多意义。我们自己也经常答错问题，这时看到机器一方会犯错的证据而兴高采烈，就实在没什么正当性。此外，我们只有对某一台机器取得了小小的胜利后，才会在这种情况、这种人机关系中体会到这种优越感。我们绝不可能同时胜过所有机器。因此简言之，可能有人比某台特定的机器聪明，但也可能有其他机器比这些人更聪明，如此等等。

我认为，坚持数学论证的人大多愿意接受把模仿游戏作为讨论的基础。而相信前两种反对意见的人大概对任何判断标准都不感兴趣。

4. 基于意识的论证。 这一论证在 1949 年杰斐逊教授的利斯特演说中表达得很清楚，我从中摘引一段话："除非机器能因它所感受到的思想和情绪，而不是随机落下的符号（symbol），写出一首十四行诗或协奏曲，我们才会同意机器等价于脑——它不仅是写了诗或曲子，而且知道自己写了。没有机器能感受到（不只是发出人工信号这么简单）成功带来的喜悦，阀门熔化带来的悲伤，恭维带来的温暖，犯错带来的痛苦，性带来的诱惑，求而不得带来的愤怒或沮丧。"*

这一论证似乎否认了我们测试的有效性。按照这一观点的最极端形式，要确定机器在思考的唯一方法就是成为机器并且感到自己在思考。然后他可以向全世界描述这些感受，不过当然，没人能充分表明自己说的是真的从而引起任何注意。那类似，根据这一观点，知道一个人在思考的唯一方法就是成为那个人。这其实是唯我论的观点。这或许是最合逻辑的观点，但会让思想交流变得十分困难。A 可能认为"A 在思考，B 不在思考"，而 B 则认为"B 在思考，A 不在思考"。我们通常不在这个问题上争论不休，而是设个君子协定，那就是大家都在思考。

我敢肯定杰斐逊教授不愿意接受这种极端的唯我论观点。或许他很愿意把模仿游戏当作一种考试。在实践中，我们经常把这种游戏（省略 B 的角色）当作"口试"（viva voce），来看看一个人是真正理解了，还是在"鹦鹉学舌"。让我们来看看这样一个口试片段：

询问者：你的十四行诗，第一句是"我能否将你比作夏日"，如

---

* 利斯特奖章（Lister Medal）是由英国皇家外科医学院主要颁发给外科医生的殊荣，纪念英国外科医生、消毒之父约瑟夫·利斯特（Joseph Lister，1827—1912）。获奖者在获奖次年会发表演说（oration）。神经外科医生杰弗里·杰斐逊爵士（Sir Geoffrey Jefferson，1886—1961）获 1948 年利斯特奖章，次年的演说题目是《机器人的心灵》（*The Mind of Mechanical Man*），主题是"曼彻斯特 1 号"（Manchester Mark 1）——最早的电子计算机之一，此演说也是对人工智能可能性的早期论争之一。

　　果换成"春日"是不是一样，甚至更好？

证人：这样就不合格律了。

询："冬日"怎么样？这样也合律。

证：是的，但是没人愿意被比作冬日。

询：你会觉得匹克威克先生让你想起圣诞节吗？

证：有一点吧。

询：而圣诞节是在冬日，我不认为匹克威克先生会介意这样作比。

证：你不是认真的吧。冬日的意思是一个平常的冬日，而不是
　　像圣诞节这样一个特殊的日子。[*]

　　等等吧。如果写十四行诗的机器能在口试中这样回答问题，杰斐逊教授会怎么说呢？我不知道他是不是会认为机器"只是发出人工信号"来形成答案，但如果机器的回答像上文一样令人满意且能一直进行下去，我不认为他会说它"这么简单"；我认为这个短语指的是这样的设备：机器里有某人读十四行诗的录音，还可以适时地一次次开启录音。

　　简言之，我认为，多数支持意识论证的人都能被说服放弃这一观点，而不用被迫接受唯我论立场。然后他们大概就愿意接受我们的测试了。

　　我不希望给人留下这样的印象，即我认为意识没有任何神秘之处。比如说，如果我们试图找出意识的确定所在，就会出现悖论。但我不认为我们必须先解决这些问题才能回答本文所关心的问题。

　　5. 基于"机器无能"的论证。 这些论证的形式都是："我承认你能让机器做到你提到的所有事，但你永远也不能让一台机器做到 X。"为此，他们建议 X 要有许多特征。我举几个例子：

────────────

[*] "我能否将你比作夏日"是莎士比亚十四行诗第 18 首，原文为 Shall I compare thee to a summer's day。因莎士比亚十四行诗的格律是五音步短长格，-mer 的位置需要一个弱音节，改成 spring 会出律，而 winter 合律。

匹克威克先生（Mr. Pickwick）是狄更斯小说《匹克威克外传》的主人公，小说的第 28 章"有关愉快的圣诞节"营造了典型圣诞场景，令人印象深刻。另见本书第 184 页。

善良、多谋、美丽、友好……有进取心、有幽默感、明辨是非、会犯错误……会坠入情网、爱吃草莓拌奶油……让人爱上自己、从经验中学习……正确使用词汇、成为自己的思考对象……像人一样行为多样、做真正新鲜的事……

这些表述通常都没有证据支持。我认为这些大多建立在科学归纳的原则之上。一个人在一生中见到了成千上万台机器，从自己的所见所闻中得出了一些普遍结论：它们很丑；设计用途有限，只要目的稍有不同就没法使用；任何一台都没有多少行为多样性，等等。他很自然地得出结论说，这些都是机器必然具有的普遍特征。这些能力限制当中有许多都与多数机器的存储容量非常小有关。（我设想存储容量的概念会以某种方式扩大到可以覆盖离散状态机以外的机器。我们不需要精确的定义，因为目前的讨论不要求数学上的精确性。）几年前，很少有人听说过数字计算机的时候，如果有人提到其特性但不说明其结构，它们可能会引起许多怀疑。这大概也是由于运用了类似的科学归纳原则。运用这些原则当然很大程度上是无意识的。当一个被火烫过的孩童害怕火，并且表现为躲避火的时候，我就会说他运用了科学归纳法（当然我也可以用许多其他方式来描述他的行为）。人类的行为和习惯似乎并不是十分适合应用科学归纳法的素材。要得到可靠的结果，就必须调查非常广大范围的时空。否则我们就会（像大多数讲英语的儿童那样）认为，人人都讲英语，去学法语简直太傻了。

不过，我们要对上述的许多机器不能之事做一些专门的评论。读者可能会认为，不能享受草莓拌奶油的美味没什么所谓。或许可以制造一台能够享受这种美味的机器，不过任何这种尝试肯定都很蠢。这种"无能"的意义在于它会造成其他几种"无能"，比如人和机器之间很难产生同一人类种族之间的那种友情。

"机器不会犯错误"这种断言似乎很奇怪。人们不禁要反驳说："这有什么不好的吗？"不过，让我们抱着同情的态度看一看这句话究竟是什么意思。我认为，可以用模仿游戏来解释这一批评。这一批评声称，询问者要区分人和机器，只要给他们出许多算术题就行了。机器会露馅，因为它做算术题永远正确。对此，回答很简单。机器如果是为玩模仿游戏而编制的程序，就不会试图正确地回答算术题。它会故意算错来误导询问者。这种情况下的机械故障或许会表现为，对计算时应该犯哪种错误做出了不当的决定。但即便是对批评的这种解释，也没有抱足够的同情态度。不过我们不能花篇幅深入探讨这一问题。在我看来，这种批评的问题在于混淆了两种错误，我们可以把它们分别称为"运行错误"和"结果错误"。运行错误是由某些机械或电路故障造成的，导致机器不按设计工作。在哲学讨论中，人们喜欢忽视机器犯这种错误的可能性，仅讨论"抽象机器"。这些抽象机器与其说是物理客体，不如说是数学虚构。那么从定义上，它们就不可能有运行错误。只有在这个意义上，我们才能真正说"机器永不犯错"。而结果错误只发生在机器的输出信号具有某种意义的情况下。例如，机器可能会打出数学等式或英文句子。当机器打出一个假命题时，我们会说机器犯了结果错误。显然我们完全没有理由说机器不会犯这种错。它可以什么别的都不干，只反复打出"0=1"就行了。一个不那么反常的例子是，它可能会有某些方法来通过科学归纳法得出结论，而我们一定能预料到，这种方法有时会带来错误的结果。

有人说，机器不能成为它自己的思考对象，当然，要回答这个问题，我们必须先能证明机器有某种思考，而且这思考有某个对象。不过，"机器运行所处理的对象"这个表达确实有意义，至少对和它打交道的人来说是有意义的。例如，如果一台机器正在解 $x^2-40x-11=0$ 这个方程，人们就不禁会把这个方程描述为机器当时的一部分处理对象。这个意义上，机器无疑能成为它自己的处理对象。它可以用来辅助给它自己编程的过程，还能用来预测改变自身结构的结果。通过观察自身行为的结果，它可以修改自己的程序，以便更有效地实现某些目标。这些在不久的将来就可能实现，并不是乌托邦式的梦想。

有人评论说，机器的行为不可能有多少多样性，这只是在用另一种方式来说机器不可能有多大的存储容量。直到最近，存储容量达到千位数的机器都非常少。

这里我们考虑的批评往往都是变相的意识论证。一般来说，如果我们坚持说机器能做其中某件事，并描述机器可能使用的方法，也不会给人留下多深的印象。人们认为这方法（不管是什么，总之一定是机械的）实在是太低级了。请对照上文引用的杰斐逊演说中括号里的那句话。

6. 洛夫莱斯夫人的反对意见。 关于巴贝奇分析机，最详细的信息来自洛夫莱斯夫人的笔记。笔记中说："分析机谈不上能开创什么东西。它能做一切我们知道如何命令它去做的事。"（作者本人强调）哈特里引用了这段话，并补充说："这并不意味着不可能建造出能'独立思考'的电子设备，或者用生物学的语言来说，人们可以在这种设备中建立一种条件反射，使之成为'学习'的基础。这在原则上是否有可能，确实是个充满刺激、令人兴奋的问题，是最近的一些科学进展给我们提出了这个问题。不过当时建造或设计的机器似乎并不具备这一特性。"*

在这点上我完全同意哈特里的意见。请注意，他并没有断言他所谈到的机器不具有这一特性，而是说，洛夫莱斯夫人看到的证据无法促使她相信它们具有这一特性。那些机器很有可能已经在某种意义上具有了这一特性。我们假设有些离散状态机具有这一特性。分析机是通用的数字计算机，因此，只要有足够的速度和存储容量，在合适的编程条件下，它就能模仿我们所说的机器。伯爵夫人和巴贝奇大概都没有想到这

---

* 巴贝奇分析机（Analytical Engine）是英国数学家兼工程师查尔斯·巴贝奇（Charles Babbage, 1791—1871）在 1837 年提出的一种机械通用计算机。该机器并未真正制造，但设计逻辑先进，堪视为百年后电子通用计算机的先驱。

洛夫莱斯伯爵夫人（Lady / Countess of Lovelace, 1815—1852）这位数学爱好者的代表作即是关于巴贝奇分析机的"笔记"（*Notes*），图灵这里称之为"实录"（memoir）。她将其补注在对某位意大利工程师关于分析机之文的翻译中，其中尝试为分析机编制算法，有争议地被认为是史上第一个计算机程序。她的另一个身份是诗人拜伦的女儿。

哈特里（Douglas Hartree, 1897—1958）则是把后文的"微分分析机"（differential analyzer）从麻省理工学院（MIT）引入英国的人。他是英国的数学家和物理学家。数学方面他知名于对数值分析的发展，物理方面则有以之命名的"哈特里能力单位制"。

一点。不管怎样，他们没有义务说出所有可能说的东西。

所以整个问题都要在"学习机器"这个标题之下重新考虑。

洛夫莱斯夫人的反对意见还有另一种表述，即机器"永远也做不了什么真正新鲜的事"。或许我们可以用"太阳底下无新事"这句谚语来抵挡一阵。谁能肯定他所做的"开创性工作"就不是他所受教育的产物，或是遵循众所周知的普遍原则的结果？这种反对意见还有个更好点的说法，即机器永远也无法"让我们大吃一惊"。这种说法是更为直接的挑战，可以直接迎战。机器经常让我大吃一惊。这主要是因为我没有做足够的计算来确定它们可能会做些什么，或是因为即使我做了计算，也做得匆忙、草率、冒险。或许我会对自己说："我猜这里的电压应该和那里相同，反正就这么假设吧。"自然，我经常是错的，于是结果就会令我大吃一惊，因为实验做完时我早就把这些假设忘光了。我坦白这些事，可能会授人口实，责备我做事方法不对，不过当我自证惊奇体验时，它们可丝毫没有降低我的可信度。

我不指望这一回答能让批评者住嘴。他可能会说，这种惊奇是由于我的某些创造性心理活动，而不是来自机器。这让我们离开了惊奇的话题，又回到了意识论证上。我们必须让这条论证线索结束了，不过或许我们应该注意到，领会某事物的惊奇，需要有许多"创造性的心理活动"，不管令人吃惊的事件是源自人、书本、机器还是别的什么东西。

我认为，机器不会让人吃惊的观点是来自哲学家和数学家们特别容易犯的一个错误。他们假设只要心中出现一个事实，这一事实导致的所有结果都会同时涌入心中。在很多情况下这个假设很有用，但是人们太容易忘记它其实是错的。这种假设的一个自然而然的结果就是会让人们认为从数据和普遍原则中得出结论并没有什么了不起。

7. 基于神经系统连续性的论证。 神经系统肯定不是离散状态机。哪怕某一个神经元接收到的某一个神经脉冲的大小信息出了一点小差错，都可能导致输出的神经脉冲的大小出现巨大差异。有人或许会提出，既然如此，我们就不能指望用离散状态机来模仿神经系统的行为。

确实，离散状态机肯定与连续机（continuous machine）不同。但如果我们严格遵循模仿游戏的条件，询问者就无法利用这一差异。如果我们考虑某个别的简单一些的连续机，情况就会更加明了。微分分析机（一种非离散状态机，用于某些类型的计算）就足够了。有些微分分析机能以打字的方式提供答案，因此很适合参加游戏。数字计算机不可能精确预测微分分析机对某个问题的回答，但它有足够能力给出正确类型的答案。比如说，如果要求它给出 π 值（实际上约等于 3.1416），它就会采用一种合理的做法，从 3.12、3.13、3.14、3.15、3.16 等值中随机选取，分别赋予它们（比如）0.05、0.15、0.55、0.19、0.06 的概率。在这样的情况下，询问者很难区别微分分析机和数字计算机。

8. 基于人类行为随意性的论证。我们不可能制定出一套规则，来说明一个人在每种想得出的环境中应该怎么做。比如可能有规则说红灯停绿灯行，但是如果出了故障，红绿灯一起亮，该怎么办？有人或许会决定，最安全的做法是停下来。不过这一决定后面大可带来其他问题。试图制定涵盖各种可能性（即使只是红绿灯方面的可能性）的行动规则，似乎是不可能的。这些我都同意。

由此可以论证，我们无法成为机器。我试着再现这一论证，但恐怕很难做到不偏不倚。这一论证似乎是这样："如果哪个人有一套明确且有限的、控制自己生活的行动规则，那他就比机器强不到哪里去。但没有这种规则，因此人无法成为机器。""中项不周延"问题 * 相当醒目。我不认为该论证就是这么说的，但我认为它用的就是这种逻辑。这个论证可能还混淆了"行动规则"和"行为规律"，从而遮蔽了问题。"行动规则"的意思是"红灯停"之类的命令，我们可以根据这些命令采取行动，并且能够意识到这些命令。"行为规律"的意思是适用于人体的自然律，

---

* undistributed middle，传统逻辑术语，指这样一种三段论推理谬误：*（所有人都会死 ∧ 苏格拉底会死）→苏格拉底是人。"中项"指小前提中联系大前提与结论的词项。这里的推理则类似于：*（所有人都会死 ∧ 所有狗都不是人）→所有狗不会死。

比如"如果你掐他，他就会叫"。如果我们用"控制他生活的行为规律"来代替引文中的"控制自己生活的行动规则"，中项不周延就不再是不可克服的了。因为我们不仅认为受行为规律的控制意味着成为某种机器（虽然不一定是离散状态机），而且反过来我们也认为成为机器意味着受规律控制。但我们无法轻易说服自己，相信人的行为没有完整的规律，就像没有完整的行动规则一样。就我们所知，找到这种规律的唯一方法就是科学观察，而且我们当然也知道，在任何情况下我们都不能说："我们已经找够了。没有这样的规律。"

我们可以更有说服力地表明，所有此类说法都难以成立。我们假定，如果这种规律存在，我们肯定能找到。然后假设有一台离散状态机，只要对它进行足够的观察，我们肯定有可能预测它将来的行为，这需要有一段合理的时间，比如说 1000 年。但事情似乎并非如此。我在曼彻斯特计算机上安装了一个小程序，只用了 1000 个存储单元，使用这个程序时，只要给机器输入一个 16 位数字，它就能在 2 秒内回答另一个数字。我不相信有任何人仅仅通过这些回答就能充分了解这一程序，并能预测对未测值的回答。

9. **基于超感知觉的论证**。我假定读者们都很熟悉超感知觉（extra-sensory perception，ESP）的概念及其四种表现的含义：心灵感应（tele-pathy）、透视眼（clairvoyance）、未卜先知（precognition）和意念制动（psychokinesis）。这些令人不安的现象似乎否定了所有通常的科学思想。我们多想拒绝相信它们啊！不幸的是，至少对于心灵感应来说，统计上的证据令人不能不信。我们很难改变自己的想法来接受这些新的事实。一个人一旦接受了这些，就离相信幽灵鬼怪不远了。认为我们的身体运动只遵循已知的物理定律及其他一些尚未发现但总还是类似的规律，这样的想法应首先被去除。

在我看来，ESP 这条论证十分有力。有人可能会回应说，许多科学理论尽管与超感知觉有冲突，但在实践中依然是可行的；事实上如果忘了 ESP 什么的，我们也能进展顺利。这是种毫无作用的安慰，人们会想思维怕就是一种可能与超感知觉有特殊关联的现象。

基于超感知觉的进一步具体论证可能是这样的："让我们来玩模仿游戏，一个擅长接收心灵感应的人是证人，还有一台数字计算机。询问者会问这样的问题：'我右手中的扑克牌是什么花色？'该人通过心灵感应或透视眼，在 400 张扑克牌中答对了 130 次。而机器只能随机猜测，或许答对了 104 次，因此询问者做出了正确的身份识别。"这带来了一种有趣的可能性。假设数字计算机中包含一个随机数生成器。那么计算机自然要用它来决定给出什么答案。但是随机数生成器会受到询问者的意念制动能力的影响。或许意念制动会使机器猜对的次数高于概率水平，这样询问者可能仍然无法做出正确的身份识别。另一方面，或许他可以使用透视眼，不用提任何问题就能猜对。有了 ESP，一切皆有可能。

如果承认心灵感应，我们的测试就必须更加严格。情况可能类似于询问者在自言自语，两位游戏者中有一位在隔墙偷听。让两位游戏者进入"防心灵感应屋"就能满足所有要求了。

反　思

我们对这篇内容非凡、语言清晰的文章的回应大都在下一篇对话里。不过，图灵显然愿意相信，原来超感知觉才是人与人类所造机器的终极区别，我们希望对此做一个简短的评论。如果我们仅从表面词句来理解这一评论，而不是将其当作一个无关的玩笑，可能有人会奇怪于我们的动机。图灵显然相信证明心灵感应的证据非常有力。不过，如果说有关证据在 1950 年很有力的话，在 30 年后的今天它并没有更加有力——事实上大体是更弱了。1950 年以来有过许多声名狼藉的案例，一些人自称具有这种那种的灵力，还常常得到某些有名望的物理学家的担保。这些物理学家中有些人后来发现自己上当了，撤回了公开支持超感知觉的声明，而下个月他们又赶上了某个新的超自然现象的时髦。不过我们可以放心地说，多数物理学家怀疑任何一种超感知觉的存在，当然多数专门研究心灵的心理学家也是这样。

图灵认为，超自然现象可以依某种方式与完善的科学理论相调和的想法，是"毫无作用的安慰"。我们的观点与他不同。我们怀疑，如果心灵感应、未卜先知、意念制动之类的现象真的存在（而且确乎具有它们通常声称的那些非凡特性），物理学定律就不是只做些修补就能容纳它们的了；我们的科学世界观必须来一场大革命，才算对这些现象公平。有人可能会带着跃跃欲试的兴奋盼望这场大革命，但其实带着的感情应该是悲伤和困惑。在那么多的事物上都那么有用的科学怎么会变得这么有问题了呢？从最基本的假设开始重新思考所有的科学，这一挑战将会是一场智识大冒险，不过这么多年来，让我们有必要这么做的证据却始终未能积累起来。

D. R. H.

D. C. D.

5

图灵测试：咖啡馆对话

道格拉斯·R. 侯世达

（1981）

参与者

克里斯：物理专业学生；*帕特*：生物专业学生；*桑迪*：哲学专业学生

克里斯：桑迪，谢谢你推荐我阅读艾伦·图灵的文章《计算机器与智能》。文章真是精彩，当然也引我思考——思考我的思考。

桑迪：很高兴听你这么说。你还像以前一样怀疑人工智能（AI）吗？

克：你误会了。我不反对人工智能。我认为它很了不起——也许还有点疯狂，但不就该这样吗？我只是认为，你们这些 AI 鼓吹者太低估人类的心灵了。有些事是计算机永永远远也做不到的。比如，你能想象计算机写出普鲁斯特式的小说吗？那丰富的想象力，复杂的人物设定……

桑：罗马不是一天建成的！

克：从文章来看，图灵果然是个很有趣的人。他还活着吗？

桑：不，他 1954 年就死了，才 41 岁。如果他还活着，今年也才 67 岁。不过现在他已经成了超级传奇人物，似乎很难想象这么传奇的人还活着。

克：他怎么死的？

桑：几乎可以肯定是自杀。他是同性恋，不得不应付外界的许多愚蠢和苛待。到最后他显然是承受不住，自杀了。

克：悲伤的故事。

桑：的确啊。让我难过的是，他从未目睹计算机在装置和理论方面取得的惊人进展。

帕特：嘿二位，你们不打算跟我讲一下吗，图灵的文章说了些什么？

桑：其实是关于两件事。一个是问"机器能思考吗"，确切点说是"机器最终是否能思考"。啊先说一下他认为答案是"能"。他回答问题的方式是把一系列的反对意见挨个驳倒。他试图表达的另一点是，这个问题字面上没什么意义，情感意味太重了。许多人被人是机器或者机器也能思考的提法搅得心神不宁。图灵试图用情感色彩没有那么强的措辞来化解这个问题。比如说，帕特，你怎么看待"思考机器"这个想法？

帕：坦白说，我觉得这个词让人困惑。你知道是什么让我困惑吗？是报纸和电视上的那些广告，它们说"能思考的产品"或者"智能烤箱"什么什么的。我真不知道应不应该太当真。

桑：我知道你说的那些广告，我想它们应该让很多人都感到了困惑。一方面，经常有人反复抱怨说"计算机真笨，你必须把每件事都详详细细地告诉它们"，另一方面，那些狂轰滥炸的广告又把"智能产品"吹得天花乱坠。

克：确实如此。你们知道吗，有个计算机终端生产商要把自己的产品叫作"傻瓜终端"，好让它们显得与众不同。

桑：倒挺可爱，不过这也是添乱。一想到这个，"电脑"（electronic brain）这词就总是跑进我脑袋。这个词，许多人轻易地就接受了下来，另一些人则不假思索地拒绝。很少有人能耐心地分析问题，看看它到底有多少意义。

帕：图灵有没有提到什么解决办法，比如某种针对机器的智力测试？

桑 : 如果有的话，一定很有趣，但还没有机器哪怕接近能做智力测试的
水平。不过，图灵提出了一个测试，理论上能够用于任何机器，来
测定它是否能思考。

帕 : 这个测试对这个问题会明确给出"是"或"否"的回答吗？要是它
这么表示了的话，我可要怀疑了。

桑 : 它没有啦。某种意义上这正是它的一项优点。它显示了边界是多么
模糊，整个问题又是多么微妙。

帕 : 那么，就像哲学中常见的那样，这个测试只是个措辞问题。

桑 : 也许吧，不过这些措辞感情充沛，因此对我来说，探讨这些问题，
试着厘清关键措辞的意思，算是件重要事。这些问题对我们的自我
概念来说十分重要，我们不该把它们扫到地毯之下，视而不见。

帕 : 那就告诉我图灵测试是怎么回事吧。

桑 : 这个想法是基于他所说的"模仿游戏"。游戏中，一男一女分别进
入两间屋子，第三方可以通过某种电传打字设备向他们提问。第三
方可以向任一房间提问，但不知道哪个人在哪个房间里。而询问者
就是要弄清女人在哪个房间里。现在这个女人要通过她的回答尽可
能地帮助询问者。但是男人要尽可能地迷惑询问者，假装女人来回
答。如果他成功地欺骗了询问者……

帕 : 询问者只能看到写下来的话吧？然后觉得能从中看出回答者的性
别？这个游戏听起来很有挑战性。我很想哪天参加一次。询问者在
测试之前认识哪位回答者吗？他们中有人认识对方吗？

桑 : 那样可不大成。如果询问者认识其中一位，甚至两位都认识，所有
难察难辨的暗示就都要冒出来了。三个人谁也不认识谁才最可靠。

帕 : 什么问题都能问吗，没有任何限制？

桑 : 那是当然。就得这样。

帕 : 那么，你不认为这个游戏很快就会滑向特别与性有关的问题吗？我
能想象那个男人会在游戏中露馅，因为他会过于急切地想要表现
得令人信服，所以会回答一些非常赤裸裸的问题，而多数女人都

会认为这些问题过于私人，羞于启齿，即使通过匿名的计算机连接，她们也不会回答。

桑：嗯，有道理。

克：另一种可能性是盘问与传统性别角色差异有关的细节方面，比如女装尺寸等等。模仿游戏中的心理学可能非常微妙。我认为询问者是男是女可能会有区别。你不认为女人能比男人更快发现某些暴露真相的差异吗？

帕：这么说，或许这就是区分男女的方法！

桑：嗯……这又是个新情况。不管怎么说，我不知道有没有人认真试过原版的模仿游戏，哪怕是用现代的计算机终端来做会相对简单。不过我得承认，我也不确定，无论结果如何，它又能证明什么。

帕：我也很好奇这个。如果询问者——假设是位女性——没能正确分辨出谁是女人，能证明什么？肯定不能证明那个男人原本是女人吧。

桑：没错。我觉得好玩的就是，虽然我从根本上说相信图灵测试，但我不能确定这个测试的基础——模仿游戏本身意义何在。

克：我觉得用模仿游戏来测试"思考机器"，就像用它来测试女性气质，我挺不以为然。

帕：从你的话里我知道，图灵测试是模仿游戏的一种扩展，只是两个房间里的是一台机器和一个人。

桑：正是这样。机器竭尽所能让询问者相信它是人类，而人类则努力证明自己不是计算机。

帕：除去"机器竭尽所能"这样弦外有音的字眼，你说的这些非常有趣。但你怎么知道这个测试能触及思考的本质？也许它测试的是完全不该测的东西。随便举个例子，可能有人觉得只有机器跳舞跳得特别好，好到让人觉不出它是机器，他才认为机器能思考。还有人可能会提出些别的特征。机器能打字骗人，这又有什么了不起呢？

桑：我不明白你怎么能这么说。我以前听过这种反对意见，但老实说，反对得让人费解。机器不能手舞足蹈，不能搬起石头砸你的脚，又怎么样呢？如果无论你想谈什么，它都能应答得法，这不就表明它能思考吗？至少对我而言就是如此。依照我看，图灵干净利落地在思考和人类的其他特征之间划了一条清晰的界线。

帕：现在是你让人费解了。如果一个男人能在模仿游戏中取胜说明不了什么问题，一台机器能在图灵测试中取胜又能说明什么呢？

克：问得好。

桑：在我看来，如果一个男人在模仿游戏中取胜了，那就能说明点儿什么。你不能得出结论说他本来是女人，但是你肯定能说他很好地洞察了女性心理（如果真有所谓"女性心理"的话）。现在，如果一台计算机能够骗过某个人，以为它是人，我想类似地，你就得承认，它很好地洞察了做一个人是怎样的，洞察了"人的境遇"（不管它究竟是什么）。

帕：可能吧，但这也不一定就等于思考，对吧？在我看来，通过图灵测试只能证明有些机器能很好地模拟出思想。

克：我完全同意帕特的意见。我们都知道，今天那些精巧的计算机程序能模拟各种复杂现象。例如在物理学中，我们用它们来模拟粒子、原子、固体、液体、气体、星系等等的表现。但是没人会把这些模拟当作真事。

桑：哲学家丹尼尔·丹尼特在《头脑风暴》（*Brainstorms*）一书中，对模拟飓风也表达了类似的观点。

克：这个例子也很好。显然，计算机在模拟飓风的时候，它里面并没有发生一场飓风，因为计算机的存储器并没有被时速 200 英里的大风撕成比特碎片，机房的地板也没有被雨水淹没，等等吧。

桑：得了吧，这么说可不公平。首先程序员就没说过模拟就是真正的飓风。它只是模拟了飓风的某些方面。其次，你说模拟的飓风中没有倾盆大雨或者时速 200 英里的大风时，是在使障眼法。对我们来说当然没有狂风暴雨，但如果程序非常具体的话，其中就可能有一些模拟的人站在地上，遭遇这些狂风暴雨，就像我们遭遇飓风袭击时一样。在他们心中，或者就说在他们模拟的心中，飓风不是模拟，而是一个包含暴雨和破坏的真实现象。

克：哦，好家伙，场景真够科幻的！现在我们谈起模拟整个人群，而不是一个单独的心灵了。

桑：不是这么讲，我只是想告诉你，为什么你这个"模拟的李逵是李鬼不是真李逵"（the real McCoy）的论点是错误的。这依赖于一个默认的假设：能用旧眼光观察模拟现象，也同样能用旧眼光接触正在发生的事。但实际上观察者需要占据特殊的有利位置才能认清正在发生什么。具体在这个例子中，就是要戴上特殊的"计算机眼镜"，才能看见狂风暴雨等等。

帕："计算机眼镜"？我不懂你在说什么！

桑：我是说要想看到飓风中的风雨，你必须用正确的方式去看。你——

克：不不不！模拟的飓风里没有雨！无论模拟对人来说有多像，它也永远不会真的有雨！也没有哪台计算机会在模拟风的过程中被撕成碎片！

桑：当然不会，但你把不同的层次混为一谈了。真正的飓风也不会把物理定律撕成碎片。在模拟飓风的例子里，如果你往计算机的存储器里巴望，指望找到断开的电线什么的，那你肯定会失望。你要往合适的层次看。应该去查看存储器中代码编写出的一个个结构。你会看到一些抽象的链接被破坏，有些变量的值变了很多，等等。这就是你要的大洪水，你要的大破坏——真真切切，只不过有点隐蔽，有点难发现。

克：抱歉，这可没法让我买账。你是执意让我寻找一种新型的大破坏，它本来与飓风毫无关系。按这种想法，你管任何东西都能叫飓风，只要戴上你那副特殊的"眼镜"看，它所造成的效果能叫作"大洪水和大破坏"就行了。

桑：对，你完全明白了！你认识飓风是通过它的"效果"。你可不能进入飓风，在风眼中间寻找某些虚无缥缈的"飓风的本质""飓风的灵魂"！因为存在某种特定模式——中间有一个风眼的螺旋形风暴等等——你才会说它是飓风。当然你可以坚持说，你管什么东西叫飓风，还需要有许多条件。

帕：那你不认为成为飓风的一个关键先决条件，是它得是种大气现象吗？计算机里面怎么能有风暴？要我说，模拟就是模拟就是模拟！

桑：那我猜你会认为，就连计算机的计算也是模拟的，是假装的计算。只有人才能做真正的计算。是吗？

帕：嗯，计算机能得出正确的答案，所以它们的计算不能说全是假装，但这些仍然只不过是些模式。这里面没有发生理解。就拿收银机来说吧，它的齿轮彼此咬合着转动的时候，你真能说你认为它在计算吗？就我理解，计算机不过是一种豪华收银机罢了。

桑：如果你的意思是收银机没有学童做算术题那样的感觉，我同意。但这就是"计算"的意思吗？这是计算必不可少的部分吗？如果说是，那和至今以来大家的想法都相反。我们要写个非常复杂的程序才能进行"真正的"计算。当然，这个程序有时也会粗心犯错，有时答案会潦草得难以辨认，偶尔还会在纸上乱写乱画……它不会比邮局职员笔算你的总金额更可靠。那现在，我突然觉得这种程序最终也能写出来。这样我们就能知道邮局职员和学童是怎么做计算的了。

帕：我认为你永远也做不到。

桑：也许能，也许不能，但这不是我要说的。你说收银机不能计算，这让我想到丹尼特的《头脑风暴》中还有一段话我特别喜欢——这段话颇为反讽，这正是我喜欢它的原因。它大概是这么说的："收银机不能真正做计算，它只能转动齿轮。但收银机也不能真正转动齿轮，它只能遵守物理定律。"丹尼特本来是说计算机的，我改成了收银机。你也可以用同样的推理来说人："人不能真正做计算，他们所能做的只是操作心理符号。但他们也不能真正操作心理符号，他们所做的只是按照各种模式来发放（fire）各种神经元。但他们也不能真正发放神经元，他们只能让物理定律来为自己发放神经元。"等等等等。你难道没发现，丹尼特的归谬法会引着让你得出结论说，计算不存在，飓风也不存在，任何高于粒子和物理定律层次的东西都不存在？你说计算机只是摆弄符号，并不是真正在计算，又会有什么收获？

帕：这个例子可能太极端了，不过它也支持了我的观点：真正的现象和任何对它的模拟都有很大区别。对飓风来说是这样，对人的思维来说更是这样。

桑：哎，我不想在这个问题上过多纠缠，不过让我再举个例子。如果你是个无线电爱好者，在收听另一位无线电爱好者用摩尔斯电码广播，你也用摩尔斯电码来回答他，那么你叫他"无线电另一端的那个人"是不是听起来有点搞笑呢？

帕：不，这样说没什么问题，虽说是假设另一边有个人存在。

桑：是的，但是你也不能过去看呀。你准备去辨认对方的"人之为人性"（personhood），通过的途径却相当不寻常。你不需要看到这个人的身体或听到他的声音，需要的却可以说是一种相当抽象的展示——电码。我要说的就是这个：要"看到"短嘀和长嗒背后的人，你就要做一些解码和解读工作。这不是直接的感知，而是间接的。你必须剥去一两层，才能看到隐藏其下的现实。你戴上"无线电爱好者的眼镜"才能"看到"嘀嗒声背后的那个人。就像模拟飓风一样！你不会看到它让机房变得黑沉沉——你要给机器的存储器解码。你要戴上特殊的"存储器解码眼镜"，然后你就看见飓风了！

帕：欸欸欸，你慢点，别想滑过去！在短波无线电这个例子里，那边是个真人，也许在斐济群岛或者其他什么地方。我坐在无线电旁边解码，就说明了那个人存在。就像看见一个影子就能推论说那边有个东西投射了这影子一样。但没人会把影子和物体混为一谈！拿飓风来说，模拟飓风的背后并没有真的飓风让计算机来遵循其模式。你只有一个"影子飓风"，没有真东西。我只是拒绝把影子和现实混为一谈。

桑：好吧。我不想把这一点说死。我也承认，说模拟的飓风就是飓风有
　　点傻。不过我想指出，这并不像你乍看上去时以为的那么傻。当你
　　考虑模拟思维的时候，眼前的问题可是与模拟飓风有很大区别。

帕：我看不出来为什么。在我看来头脑风暴就是一场心理飓风。不过说
　　正经的，你必须说服我才行。

桑：好吧，为了说服你，我还要先就飓风问题再补充几点。

帕：哦不！唉，好吧好吧。

桑：没人能说清楚——用完全精确的语言说清楚——飓风究竟是什么。
　　许多风暴都有一种共同的抽象模式，因此我们管这些风暴叫飓风。
　　但我们不可能在飓风和非飓风之间划出清晰的分界线。风暴有龙卷
　　风、气旋、台风、尘暴……木星上的大红斑是飓风吗？太阳黑子是
　　飓风吗？人工风洞里有飓风吗？试管里呢？你甚至可以在想象中
　　把"飓风"的概念扩大到中子星表面的微观风暴。

克：这倒也不是牵强附会。"地震"的概念已经扩大到了中子星上。天
　　体物理学家说，我们有时能观察到脉冲星发出脉冲的速率会发生微
　　小的变化，这是由于中子星表面刚刚发生了"自转突变"——星震。

桑：对，现在我想起来了。"自转突变"这个概念给我的感觉是美妙的
　　古怪——一种发生在超现实表面上的超现实震颤。*

克：你能想象吗，纯由核物质构成的一个巨大旋转球体上的板块构造？

桑：这个想法很疯狂。这么说星震和地震都可以归入一个更加抽象的
　　新类别中。科学就是这样不断扩大我们熟悉的概念，让这些概念
　　离我们熟悉的经验越来越远，只有某些本质保持不变。数字系统
　　就是一个经典例子：从正数到负数，然后到有理数、实数、复数，

---

* 木星大红斑（the Great Red Spot）是木星表面的超大风暴气旋。中子星（neuron star）是恒
　星演化末期坍缩后的一种终点，密度介于白矮星和黑洞之间。脉冲星（pulsar）目前主要认
　为是旋转从而产生周期性脉冲的中子星。而"自转突变"（glitch）———般是突然加快——
　则会干扰脉冲周期。glitch 一词常见义为"故障""（信号）干扰（音）"，所以有"古怪""震
　颤"之类的联想。

　　再到什么"Z（斑马）以外"——苏斯博士的措辞。*

帕：我觉得我能懂你的意思，桑迪。生物学中有许多用相当抽象的方式
　　来建立紧密亲缘关系的例子。确定哪些物种属于哪一科，往往就要
　　落到这些物种在某一层次上的共有模式。如果你的分类系统是根据
　　非常抽象的模式来建立的，那么我想许多种不同的现象都能归为
　　"同一类"，虽然从许多表面特征来看这些同类现象彼此完全不像。
　　因此，或许我能明白——至少能明白一点——为什么你认为模拟飓
　　风在某些有趣的意义上也能是一场飓风。

克：或者扩大了含义的词不是"飓风"，而是"是"！

帕：为什么？

克：如果图灵能扩大动词"思考"的含义，为什么我不能扩大动词"是"
　　的含义？我的意思无非是说，有人故意混淆模拟的东西和真正的东
　　西，在哲学上做了许多障目之事。这比扩大几个"飓风"之类名词
　　的含义要严重得多。

桑：我喜欢"是"的含义被扩大了这个想法，但我认为你的"障目"诋
　　毁太过分了。总之吧，如果你们不反对的话，关于模拟飓风我再说
　　一点，然后就开始进入模拟心灵的话题。请你们考虑一个非常逼真
　　的模拟飓风——我的意思是逐个原子的模拟，当然我承认这种逼真
　　度是不可能的。我希望你们能同意，这样它就有了所有能定义"飓
　　风类事物的本质"的抽象结构。那是什么让你不能称它为飓风呢？

帕：我以为你刚才已经从二者相同的论点上后退了！

桑：是后退了，但是后来这些例子出现了，我不得不回到我之前的论点
　　上。不过就按我刚才说的，我后退一步，回到思维的问题上，这
　　才是我们这里的真问题。与飓风相比，思维是一种更抽象的结构，

---

* 苏斯博士（Dr. Seuss, 1904—1991），美国儿童文学家、教育学家。《斑马以外》（*On Be-yond Zebra*）是苏斯博士创作的绘本之一，该书编造了许多 26 个英文字母以外的字母——"斑马"英文为 Zebra，首字母 Z，"斑马以外"即是 Z 以外的字母。

是一种描述方式，用来描述某些发生在脑这个媒介中的复杂事件。不过事实上，思维可以发生在几十亿个脑中的任何一个之内。这些脑的物理结构各不相同，但都能承担"同一件事"：思考。那么，重要的就是抽象的模式，而不是媒介。同样的"涡流"可以发生在任何脑中，所以没人能说自己的思考比其他人的更是"真货"。现在，如果我们设想同样类型的涡流也能发生在一种新型的媒介中，你还能否认其中也有思考吗？

帕：大概不能，不过你刚刚变换了问题。现在问题是，你怎么能确定发生的真是"同样类型"的涡流呢？

桑：图灵测试的妙处就是它能告诉你这个。

克：我一点也看不出来。你怎么知道计算机中发生的事与我心中发生的事属于同一类型？就因为它能像我一样回答问题？你只是看了它的外在表现。

桑：但是我和你说话的时候，你怎么知道我心中有类似于你所说的"思考"的东西？图灵测试是一个美妙的探测工具，有点像物理学中的粒子加速器。克里斯，我想你会喜欢这个类比。就像在物理学中一样，如果你想知道原子或亚原子层面上发生了什么，因为你不能直接看，所以你就把加速过的粒子发散到相关目标上，观察它们的运动方式，从中推断目标的内在属性。图灵测试把这种想法扩大到了心灵上。它把心灵当作一个"目标"，不能直接看到，但可以通过更加抽象的方法演绎出它的结构。你可以通过向心灵这个目标"发散"问题，了解它的内部运行方式，就像在物理学中一样。

克：更准确点说是，你可以去假设，有可能是哪种内部结构导致了所观察到的行为——但事实上这些内部结构可能存在也可能不存在。

桑：等等！你是在说原子核只是假设的实体？毕竟，原子的那些粒子发散了出去，它们的运动方式已经证明了——或许我应该说"暗示了"？——原子核的存在——或许我应该说"假设性的存在"？

克：在我看来，物理系统要比心灵简单得多，所得推论的确定性相应也大得多。

桑：做实验和解释实验的难度相应地也大得多。在图灵测试中，只要一个小时就能进行许多高度精微的实验。我坚持认为，人们相信别人有意识，只是因为他们一直在对别人进行外部观察——这本身就像是一个图灵测试。

帕：大体上说可能是这样的，不过这比只是通过电传打字机和人交谈要复杂一些。我们看到别人有身体，看到他们的脸和表情——我们看到他们是和我们一样的人类，所以我们认为他们会思考。

桑：在我看来，这种对思维是什么的观点似乎非常人类中心主义。这是不是意味着，与一个程序编得非常好的计算机相比，你更愿意说商店里的假人模特有思维，就因为模特看上去更像人？

帕：要让我承认一个东西有思考能力，显然不仅需要身体上与人类的外形有某些模糊的相似之处。但是不能否认，有机质（organic quality）和相同的起源，会在一定程度上提高可信度，这非常重要。

桑：这就是我们的分歧点。我觉得这简直太沙文主义了。我觉得关键问题是内部结构的相似性——不是身体结构、有机结构、化学结构，而是组织结构，即软件。一个东西能否思考，对我来说似乎是一个能否用特定方式描述其组织模式的问题，而且我非常愿意相信，图灵测试能探测到这种组织模式是存在还是不存在。我必须说，你以我的身体为证据来证明我是一个能思考的存在，这太肤浅了。在我看来，图灵测试要比只看外在形式深刻得多。

帕：嘿，你并没有让我更加信服。让人们相信某个东西真能思考的不仅仅是它的身体外形；就像我说的，还有共同的起源。即你我都来自 DNA 分子，我认为这个想法更深刻。这么说吧：人体的外形显示人类有着深刻的共同生物学渊源，是这种深刻让人们非常相信这样一个身体的主人能够思考。

桑：但这都是间接证据。你肯定想要一些直接证据吧？这就是图灵测试的目的。我认为这是测试"思维性"（thinkinghood）的唯一方法。

克：但你可能会被图灵测试欺骗，就像询问者可能会把男人当成女人。

桑：我承认，如果实施这个测试时太快、太浅显，我可能会被骗。但我会选择我能想到的最深入的问题。

克：我想看看这个程序是不是能看懂笑话。这才是真正的智力测验。

桑：我同意，对于一个据称有智力的程序来说，幽默大概是一场严峻考验，不过在我看来，同样重要、或许更加重要的，是测试它的情感反应。所以我会问它对某些音乐或者文学作品的反应，特别是对我最爱的那些。

克：要是它说"我不知道这首曲子"甚至"我对音乐不感兴趣"，怎么办？要是它回避所有与情感有关的问题呢？

桑：这就会让我产生怀疑了。如果它一直以特定方式回避某些特定问题，我就会严重怀疑跟我说话的是不是一个有思维的东西。

克：为什么这么说？为什么它不能是一个有思维但是没有情感的东西？

桑：你击中了敏感点。我只是不能相信情感和思维可以分离。换句话说，我认为情感是从思维能力中自动产生的副产品。思维的本性中必然蕴含情感。

克：那要是你错了呢？要是我造出来一台能思考但不会表达情感的机器呢？它的智力可能得不到承认，因为它通不过你那种测试。

桑：我希望你能向我指出情感问题和非情感问题的边界在哪儿。你可能想就一本伟大小说的含义发问，而这也需要理解人类的情感！这是思考，还是只是冰冷的计算？你可能想就一个微妙的措辞发问，为此你需要理解词语的言外之意。图灵在文章中举了这样的例子。你可能想问它对一个复杂的爱情关系有什么建议，这就需要了解人类的各种动机及其根源。现在如果它完不成这种任务，我就很难说它能思考。就我而言，思考能力、感受能力和意识，都是同一个现象的不同面向，没有哪一个能脱离其他面向而单独出现。

克：反正就是，为什么不可能造出一台机器，它什么也感受不到，但就是能思考、能做复杂决定？我看不出这里面有什么矛盾。

桑：我觉得矛盾。我想你说的时候想象的是一台四方形的金属机器，也许还待在一间空调房里——一个坚硬冰冷、有棱有角的物体，里面有上百万条彩色电线，一台一动不动地待在地板砖上的机器，嗡嗡作响或吱吱作响或怎么样，然后吐出纸条。这种机器能下一手好棋，我确实承认这需要做出许多决策。但我决不会说这样一台机器是有意识的。

克：怎么会？对机械论者来说，会下棋的机器不就是有了意识雏形吗？

桑：我这个机械论者不这么想。我认为，意识来自一种精确的组织模式——我们目前还没搞清楚怎么具体描述它。但是我认为我们可以逐渐理解它。在我看来，意识需要用一种特定的方式，在内部反映出外部世界，还要能根据在内部表征出来的模型对外部现实做出反应。除此之外，对一台有意识的机器来说，至关重要的是，它应该包含一个高度发达且灵活性（flexibility）强的自我模型。在这一点上，现在的所有程序，包括最好的下棋程序，都倒下了。

克：下棋程序不是能预测将来，在算下一步走法时对自己说"如果你走这儿，我就走那儿，要是你再这么走，我就那么走"吗？这不是一种自我模型吗？

桑：不算是。或者，如果你非要说它是的话，也是一种非常有限的自我模型。只有在最狭隘的意义上，才能说它是对自我的理解。比如说，一个下棋程序对自己为什么要下棋，对自己是一个程序、位于一台计算机中、有一个人类对手等等，通通没有概念。它也不知道输赢是什么——

帕：你怎么知道它没有这种感觉？你怎么敢说下棋程序有什么感觉或者知道些什么？

桑：噢，得了！我们都知道某些东西什么感觉都没有，什么都不知道。扔出去的石头对抛物线一无所知，旋转的风扇也完全不知道什么叫空气。我确实无法证明这些说法，现在我们都快说到信仰问题上了。

帕：这让我想起读过的一个道家故事。大概是这样说的。两位智者站在小溪上方的一座桥上。其中一个人对另一个人说："真希望我是一条鱼。它们多快活！"另一个人回答说："你怎么知道鱼快不快活？你又不是鱼。"第一个人说："你又不是我，怎么知道我不知道鱼的感受？"

桑：太棒了！讨论意识确实需要有些限制。否则不是赶唯我论的时髦——"我是宇宙中唯一有意识的存在"，就是赶泛心论（panpsychism）的时髦——"宇宙万物都有意识"！

帕：谁知道呢？也许确实就是万物都有意识。

桑：有些人声称石头甚至电子之类的粒子也有某种意识，如果你要加入他们的话，我想我们就从此各走各路吧。这是神秘主义的论调，我可看不透。至于下棋程序，我碰巧知道它们是怎么运转的，我可以肯定地告诉你它们没有意识！绝对不可能有！

帕：为什么不可能？

桑：程序中只有对下棋目标的最基本知识。"下棋"这个概念被转化为反复不断地比较许多数字并选择最大的一个，这样的机械动作。下棋程序不会因为输棋而感到羞愧，也不会因为赢棋而感到骄傲。它的自我模型非常简陋。它只要花最少的力气，下棋完成任务就行了，不会多做一点事。但非常有趣的是，我们还是想谈论下棋计算机的"愿望"（desire）。我们说"它想把王放在一排卒子后面""它喜欢早点把车走出来"或者"它以为我没有看出这步隐藏的棋路"。

帕：嗯，我们也这么说昆虫。我们在某个地方发现一只离群的蚂蚁，就会说"它想回家"或者"它想把那只死蜜蜂拖回蚁巢"。事实上，我们对什么动物都会使用这些带有感情色彩的语言，但我们并不能肯定它们能感觉到多少。我不觉得说狗或者猫高兴或悲伤、有什么愿望或相信什么等等有什么问题，但我肯定不会认为它们的悲伤像人类的悲伤一样深刻复杂。

桑：但你不会说它是"模拟的悲伤"，对不对？

帕：当然不会。我认为它是真实的。

桑：使用这种带有目的色彩或心理色彩的语言是在所难免的。我认为使用这种语言很正当，虽然也不要做得太过分吧。而且，将这些语言用于今天的下棋程序时，其意义也不像用于人时那么丰富。

克：我还是看不出为什么智力一定要包含情感。为什么你不能想象一种只有计算没有感受的智力？

桑：答案有几个！第一，任何智力都必须有动机。许多人可能认为机器的思维比人的更"客观"，但这完全不是实情。机器看到一个场面时，也必须集中注意力，按照预先设定好的范畴来过滤这一场面，就像一个人一样。这就意味着对事物要有所权衡取舍。信息处理的各个层次上都会发生这种情况。

帕：你的意思是？

桑：现在就拿我当例子吧。你可能以为我只是在提出一些智力方面的观点，不需要任何情感。但是我为什么会关心这些观点？为什么我特别强调"关心"这两个字？因为我在这场谈话里有情感投入！人们彼此交谈，是因为相信一些东西，而不是因为空洞机械的反射。即使是最理智的交谈，也是由某些底层的激情驱动的。每场对话中都隐藏着情感的暗流——谈话者希望获得倾听和理解，希望他所说的话获得尊重。

帕：听起来你的意思是，人们需要别人对他们说的话感兴趣，否则话就没法谈。

桑：对！如果没有兴趣驱使，我就不会费心去和谁说话。而兴趣只是各种潜意识偏好的另一总称。我说话的时候，我的所有偏好共同发挥作用，在表面这一层，你注意到的就是我的行为方式，我的人格（personality）。不过，这种行为方式来自大量小小的优先权、偏好和倾向。如果你把这上百万个相互影响的东西加起来，就能得到某种相当于各种愿望的东西。所有的都加进来！这也让我想起了另一个问题，关于毫无感受冷冰冰的计算。当然，无感计算是存在的：在收银机中，在袖珍计算器中。我要说，甚至今天所有的计算机程序也都是这样的。不过，如果你把足够多的无感计算组合成一个巨大的相互协调的组织，最后你就能看到另一个层面上出现了某些特性。你所能看到的——其实是你不得不看到的——不是一堆小小的计算，而是一个由倾向、愿望、信念等类的东西组成的系统。事情变得足够复杂之后，你就不得不改变描述的层次。在某种程度上这已经发生了，这就是为什么我们会用"想要""思考""试图""希望"之类的词来描述下棋程序和机械思维在其他方面的尝试。丹尼特把这种层次转换叫作观察者"采用了意向性姿态（intentional stance）"。我想，只有程序自己对自己采用意向性姿态之后，人工智能方面才会发生真正有意思的事情！

克：那会是一个非常奇特的跨层次反馈回路。

桑：肯定。当然，我的观点是，对今天的程序采用完全意义上的意向性姿态，还为时过早。至少我的观点是这样。

克：对我来说，一个与之有关的重要问题是：在何种程度上对人类以外的东西采用意向性姿态是有效的？

帕：我肯定会对哺乳动物采用意向性姿态。

桑：我同意。

克：这很有意思！为什么会这样，桑迪？你肯定不会说猫狗也能通过图灵测试吧？但是你不是认为图灵测试是测试思维存在的唯一方法吗？你怎么能同时持有这两种想法？

桑：嗯……好吧。我想我必须承认，图灵测试只有对一定程度以上的意识才管用。可能有些有思维的东西也通不过测试。但另一方面来说，在我看来，只要能通过测试，就是真正有意识、能思考的东西。

帕：你怎么能认为计算机是有意识的东西？如果这听来像是刻板印象的话，那我道歉，不过当我想到有意识的东西时，我可不会把这个想法和机器联系在一起。对我来说，意识是和柔软、温暖的身体联系在一起的，虽然这听起来可能有点傻。

克：听一位生物学家这么说确实有点古怪。你们不是要用化学和物理的语言来对待生命，足以让所有神奇的东西都消失吗？

帕：也不尽然。有时化学和物理还会增加"那儿发生了些神奇事情"的感觉！反正吧我不是总能把我的科学知识和本能感觉整合在一起。

克：我想我也是这样。

帕：所以你要怎么解决像我这样的顽固偏见呢？

桑：我会试图挖掘隐藏在你的"机器"概念之下的东西，找到其中的直觉含义，这些含义看不见，但会深刻地影响你的观点。我想我们都有一种从工业革命时代残留下来的想象，觉得机器都是些笨重的钢铁装置，由某些轰轰作响的引擎驱动，笨拙地运转。说不定这甚至是计算机的发明者查尔斯·巴贝奇对人类的看法！毕竟，他把他那台有着许多齿轮的大型计算机叫作分析机（分析引擎）。

帕：哦，我当然不会认为人只是豪华型蒸汽挖掘机或电动开罐器。人有一些东西，就好像，好像——他们内心有种"火焰"，有种活的东西，有种不可预测、飘忽不定的闪光，但却是有创造力的东西！

桑：太好了！这就是我想听到的。这么想非常"人性"。你的火焰意象让我想起蜡烛，想起大火，想起漫天狂舞的雷电。但你是否意识到，就是这些景象，在计算机的操作台上也能看到？摇曳的光点形成众多迷人的无序闪烁图案。这与没有生命、叮当作响的金属堆有天壤之别！这就像是来自上帝的火焰！为什么你不能让"机器"这个词召唤出跳舞的光点图案，而不是什么大型蒸汽挖掘机？

克：这真是个美丽的意象，桑迪。把我对机器的理解从关注物质变成了关注景象／图案／模式。这让我试着把心中的想法——甚至就是现在的想法——想象成由脑中闪烁的小脉冲组成的巨大浪花。

桑：这些闪光组成的浪花想出了这样一幅自画像，可真是够诗意的。

克：谢谢。不过我还是不能完全相信机器就像我一样。我承认，我对机器的概念或许带有落伍潜意识的气息，不过这种根深蒂固的感觉我恐怕不可能一瞬间就改过来。

桑：至少看起来你确实算心态开放。说实话，我确实也部分理解你和帕特对机器的看法。我也有些不情愿把自己叫机器。认为一个像你我一样能去感受的存在可能只是从电路中产生的，这样的想法确实怪。我这话让你意外了吗？

克：确实让我意外。所以你还是就告诉我们——你是相信智能计算机这个想法，还是不相信？

桑：这都取决于你话的意思。我们都听说过"计算机能思考吗"这个问题。这个问题有好几种可能的解释（且不说"思考"这个词就有许多种解释）。这些解释都围绕"能"和"计算机"这两个词的不同含义。

帕：又回到文字游戏上去了……

桑：没错。首先，这个问题的意思可能是："有没有一些当今的计算机现在就能思考？"对这个问题，我会立即大声回答："没有。"然后，问题的意思还可能是："某些当今的计算机，如果程序设计得当，是否有思考的潜力？"这个问题更合理点，但我仍然会回答："大概没有。"真正的难题在于"计算机"这个词。在我看来，"计算机"唤起了我刚才描述过的形象：一间空调屋，里面有许多冰冷的四方形金属箱子。但是我猜，随着计算机结构的不断发展和公众对计算机越加熟悉，这种形象终将过时。

帕：你不认为我们所知道的这些计算机还会存在一段时间吗？

桑：当然，计算机肯定还会以今天的形象存在很长时间，不过更先进的计算机——也许不再叫计算机了——会演进变化得大不一样。或许会像活的有机体一样，它的演化树上也会出现许多分支。可能会有商务计算机，娃娃学习计算机，科学计算用计算机，系统研究用计算机，模拟任务计算机，火箭发射计算机等等。最后还会有研究人工智能的计算机。其实只有最后一种才是我感兴趣的——这些计算机灵活性极强，人们也是绞尽脑汁把它们设计得更聪明。我看不出它们有什么理由还要一成不变地保持传统形象。也许在不久的将来，它们的标准特征就是具有某些基本的感官系统——最初多半是视觉和听觉。它们要能移动，能探索。它们的身体也必须有灵活性。简而言之，它们必须变得更像动物，更加自力更生。

克：这让我想起《星球大战》中的 R2D2 和 C3PO。

桑：事实上我想象智能机器的时候，一星半点也没想过它们。它们太傻了，太像电影设计师的凭空想象。不是说我自己有一个明确的想象，不过我认为，如果人们试图逼真地想象一个人工智能的话，就要超越今天的计算机所表现出的那种轮廓清晰的有限形象。所有机器的唯一共同之处只是底层的机械性。这听起来可能又冰冷又死板，但还有什么能（神奇地）比我们细胞中的 DNA、蛋白质和细胞器的运作方式更机械？

帕：在我看来，细胞内部发生的事有一种"又湿又滑"的感觉，而机器内发生的事又干又硬。这与计算机从不犯错、只做你让它们做的事有关。至少这是我对计算机的想象。

桑：真有意思——一分钟以前你的想象还是火焰，现在就变成"又湿又滑"了。我们身上的矛盾是不是很不可思议？

帕：用不着讽刺我。

桑：我没讽刺你，我真的觉得这很不可思议。

帕：这只是人类心灵多变性的一个例子——这个例子中，就是我的心灵的多变性。

桑：没错。不过你对计算机的想象太落窠臼了。计算机当然会犯错，而且我说的不是硬件层面的错误。想想现在的计算机怎么预报天气吧。尽管程序运行得完美无缺，它也会做出错误的预报。

帕：但这只是因为输入的数据不对。

桑：不是这样。是因为天气预报太复杂了。所有这种程序都只能将就着用有限的数据（虽然这些数据完全正确）来进行推算，有时就会预测错误。这跟地里的农民看着天上的云说"我估计今晚会有小雪"没什么区别。我们在脑袋里构建模型，然后用这些模型猜测世界会怎样变化。不管这些模型有多不准确，我们也只能将就着用。如果模型太差，我们就会被演化进程淘汰——"跌落断崖"什么的。

计算机也是一样。只不过人类设计者明确制定了创造人工智能这个
目标，因此会加快演化进程，而自然只能误打误撞。

帕：那你认为计算机变聪明之后就会少犯错误吗？

桑：实际上恰恰相反。计算机越聪明，就越要处理现实生活中乱七八糟
的事情，它们的模型就越有可能不准确。在我看来，犯错是高智能
的一项标志！

帕：你这家伙，有时候还真让我吃惊啊！

桑：我猜在鼓吹机器智能的人里，我属于比较奇怪的一类。某种程度上
我有点骑墙。我认为，除非机器具有某些相当于生物层面"湿滑性"
的东西，否则它们不可能真正拥有像人类一样的智能。当然我不是
说真的"湿"——软件倒可以"滑"，就是有灵活多变性。但是无
论看上去是否像生物，智能机器无论任何还是机器。它们一定还是
我们设计、建造出来的——"种"出来的！我们得明白它如何运
作，至少在某种意义上明白。可能没有任何单独一个人能真正明白
机器是怎么运作的，但我们人类全体会知道。

帕：听起来你是鱼和熊掌想要兼得。

桑：也许你说得对。我的意思是，人工智能出现时，会既是机械的，同
时又是有机的。它会具有惊人的灵活性，就像我们在生命机制中看
到的那样。我说"机制"时意思就是"机械"。DNA 和酶等等其实
也都是机械的、严格的、可靠的。你不同意吗，帕特？

帕：确实如此。不过当它们一起发挥作用的时候，许多意料不到的事就
发生了。这里面有非常多的复杂性和丰富的行为模式，会把所有这
些机械的东西组合在一起，成为某种变动不居的东西。

桑：在我看来，从机械的分子层面到有生命的细胞层面，这种跃迁几乎
不可想象。但正是它让我相信人也是机器。这个想法让我在一些方
面感到不舒服，但在另一些方面，它也令人兴奋。

克：如果人就是机器，为什么说服人相信这一事实这么难呢？显然，如
果我们是机器，就应该能认识到自己身上的"机器性"。

桑：必须允许这里面有情感因素。说你是机器，某种意义上就是说你只等于自己的身体部分，这会让你直面自己必有一死这件事。没人会觉得这件事容易面对。不过，除了情感方面的异议之外，要看到自己是机器，你就要从最底层的机械层面一路跳到复杂生命活动发生的层面。这里面有那么多的中间层级，它们就如同一道屏障，让我们几乎看不到自己的机械性。我想智能机器出现之后，它们在我们眼里也会是这样——甚至在它们自己眼里也是这样的！

帕：我听到过一个很好笑的想法，是关于真有了智能机器之后会发生什么的。我们试图给我们想要控制的设备输入智能时，它们的行为不会那么容易预测。

桑：也许内部会燃起一团奇异的小"火焰"？

帕：可能吧。

克：这想法有什么好笑的呢？

帕：呃，想想军用导弹。按照这个想法，它们跟踪目标用的计算机越复杂，它们的行为就越不可预测。最后导弹会决定要当个和平主义者，它们会掉头回家，轻轻落地而不爆炸。我们还会有些"聪明"的子弹，飞到半空中就会掉头回来，因为它们不想自杀！

桑：这个想法很可爱。

克：我非常怀疑这些想法。桑迪，我还想听你预测一下智能机器什么时候才会出现。

桑：大概用不了多长时间，我们就能看到某种有一点点类似人类智能水平的东西。不过对我们来说，智能依赖的物质基础，脑，还是复杂得惊人，在可预见的将来我们都无法复制它。反正这就是我的看法。

帕：你认为会有程序通过图灵测试吗？

桑：这个问题很难回答。我想所谓通过测试，也有不同程度之说，不是非黑即白的。首先这取决于询问者是谁，要是个大傻瓜，可能今天的某些程序也能完全骗过他。其次，这还取决于允许你探问多深。

帕：那么，可以有各种规模的图灵测试——1分钟的、5分钟的、1小时的等等。如果有官方组织定期为想要通过图灵测试的程序举办竞赛，就像年度计算机象棋大赛一样，这不是很有趣吗？

克：让最出色的裁判来组成评委会，把他们骗住时间最长的程序就是冠军。或许应该给第一个骗住某位著名裁判长达——比如说10分钟——的程序发个大奖。

帕：一个程序要大奖有什么用？

克：我说帕特，如果一个程序聪明得能骗过裁判，你不认为它也能享受大奖吗？

帕：当然，尤其如果大奖是参加镇上的晚会，与所有询问者跳舞的话。

桑：我很想看到举办这样的比赛。看第一批程序惨败想必很搞笑。

帕：你很怀疑是吧？那如果有一位老练的询问者，你认为今天有计算机程序能通过5分钟的图灵测试吗？

桑：我很怀疑。部分是因为没有人真正明确地在做这件事。不过，有个叫"帕里"（Parry）的程序，它的发明者声称它已经通过了一个最基本的图灵测试。帕里在一系列远程访谈中欺骗了若干名精神科医生，这些医生事先知道，和他们谈话的可能是一台计算机，也可能是一位妄想症患者。这是对一个早期版本的改进，在早期版本中，医生们只能看到简短访谈的手抄文字稿，然后要确定哪些是真正的妄想症患者，哪些是计算机模拟的。

帕：你是说他们没有机会提问？这是一个严重的不利因素，而且似乎与图灵测试的精神不符。试想如果有人要猜我的性别，却只能看到我说的只言片语的记录，这大概会很难！所以我很高兴看到实验流程有所改进。

克：你怎么让计算机表现得像妄想症患者呢？

桑：我没说它真的表现得像妄想症患者，只是某些精神科医生在某种不寻常的环境下认为它是妄想症患者。这个伪图灵测试中让我不安的一点，是帕里的运作方式。"他"——他们这么称呼他——表现得像妄想症患者，是因为他防卫性非常强，在交谈中回避不想回答的主题，而且大体上保持了自我控制，这样就没人真能探问"他"。这样一来，模拟一个妄想症患者就比模拟一个正常人容易得多。

帕：你不是在开玩笑吧！这让我想起一个笑话，说的是计算机程序模拟什么样的人最容易。

克：什么样的人？

帕：紧张症患者——他们连续好几天一直坐在那里什么都不干。连我都能写个这样的计算机程序！

桑：帕里还有个有趣的地方是，它不会自己造句。它只是从囤积的一大堆句子里面挑选，选出最适合的一句来回答输入的句子。

帕：这太神奇了！不过规模大了大概就不行了吧？

桑：是。要能在一场谈话中正常回答所有可能的句子，需要储存的句子是天文数字，完全不可想象。它们做起检索也会同样复杂……如果有人以为，只要设法拼凑一个程序，让它能像自动点唱机放录音那样，从存储的句子里拽几个出来，这样就能通过图灵测试，那他肯定没有认真想过这个测试。有趣的是，有些人工智能的反对者在反对图灵测试的概念时，援引的正是这种不可能实现的程序。他们想让你想象的不是真正的智能机器，而是一个又大又笨的机器人，只能用迟钝单调的声音吟出囤积的句子。他们还以为，即使机器执行任务的时候非常灵活聪明，足够令人满意，你还是能够轻而易举地看到它的机械层面。然后这些批评者会说："你看，它仍然只是一台机器——一个机械装置，完全没有智能！"我看待事情的方式恰恰相反。如果有人给我看一台机器，我所能做到的事它也能做到——我的意思是通过图灵测试——我并不会感到受了冒犯或者威胁，我会像哲学家雷蒙德·斯穆里安一样说："机器多了不起呀！"

克：如果在图灵测试中，你只能问计算机一个问题，你会问什么？

桑：嗯……

帕：这个问题怎么样："如果在图灵测试中，你只能问计算机一个问题，你会问什么？"

反　思

　　许多人都迟疑于图灵测试的规定：要求模仿游戏的参赛者和裁判待在不同的房间里，因此裁判只能观察到他们的言辞回应。如果这规则只是室内消遣游戏中的元素，那它尚有意义，但一种正当的科学方案中怎么能包含企图故意向裁判隐瞒事实的部分？图灵测试把智能候选者放进"黑箱"，只用一系列受到严格限制的"外在行为"（在本例中就是打字输出的言辞）作为证据，似乎是武断将自身建立在了某种形式的行为主义（behaviourism）之上，或者更糟糕，是操作主义（operationalis），甚至还要糟糕的证实主义（verificationism）。（这三个难兄难弟的"主义"是不久之前的可怕怪物，据说已经被科学哲学家们彻底驳倒并埋葬了。但这里又是什么讨厌的声音？它们是不是还在坟墓里动弹？我们早该把木桩戳进它们的心脏！）图灵测试是否只是一例约翰·塞尔所说的"操作主义把戏"？

　　图灵测试当然在"对心灵来说重要的是什么"这个问题上有很强的主张。图灵提出，重要的不是候选者两耳之间有哪种灰质（如果有的话），也不是它看起来、闻起来是怎样的，而是它能否有智能地行动——或行为，如果你愿意这么说的话。图灵测试中的具体游戏，即模仿游戏，并没有多么神圣不可侵犯，只不过是一个精心选择出来的测试，用来测试更为一般性的智力罢了。图灵准备提出的假设是，除非一个东西能够从事各种各样无疑需要智力的活动，否则它就不可能赢得模仿游戏，也就不可能通过图灵测试。如果他选择把赢下世界象棋冠军当作检测智力的试金石，我们倒是有许多强有力的反对理由，现在看来，我们很可能造出一台做得到这事的机器，但这台机器别的什么事儿也不能做。如果他选择的测试是不用武力只身偷窃英国王室珠宝，或者不流血地解决阿以冲突，倒是很少有人会反对说，他把智能"还原为"行为或者用行为给智能下了"操作性定义"。（好吧，毫无疑问，有些哲学家有时也会绞尽脑汁构建一个煞费苦心但稀奇古怪的方案，让某些彻彻底底的傻瓜无意中就拿到了英国王室珠宝，"通过"测试，并借此"反驳"该测试是一个好的一般性智力测试。当然，真正的操作主义者必须承认，既然这样一个幸运的傻瓜通过了决定性的测试，那么以操作主义的眼光来看，他就是真正地具有智力——这无疑就是真正的操作主义者很难找到的原因所在。）

图灵选择的测试优于偷窃英国王室珠宝或解决阿以冲突，是因为后两个测试（一旦成功过一次之后）不可重复，过于困难（许多显然有智力的人都会在这上面完败），而且太难客观评判。图灵测试就像设计巧妙的押注：它诱人尝试，看起来公平，要求苛刻但是可能做到，而且评判时干脆客观。图灵测试也以另一种方式让人想起一场押注，其动机是用"要么下手，要么闭嘴"来制止一场无休止的无益辩论。图灵其实是在说："与其争论心灵或智力的终极本性、实质，不妨让我们都同意，无论是什么东西，只要能通过这一测试，就肯定是有智力的，然后再来问怎样才能设计出能光明正大地通过测试的东西。"具有讽刺意味的是，图灵没能平息争论，只是改变了它的方向。

图灵测试是否因其"黑箱"性的思想观念（ideology）而难以抵挡批评？第一，正如侯世达在对话中指出的，我们都把彼此当作黑箱，我们都根据对显见的智能行为的观察来建立我们对"他心"的信念。第二，在任何情况下，黑箱思想观念也都是所有科学研究的思想观念。研究 DNA 分子的时候，我们用各种方法探测它，观察它的反应；我们也是如此研究癌症、地震和通货膨胀的。如果我们关注的是宏观对象，那么"往黑箱里面看"往往很有用，方法是用探测工具（如手术刀）把它"戳开"，让暴露出来的表面所散射的光子进入我们的眼睛。这只是又一个"黑箱实验"而已。* 正如侯世达所说，问题不过是，哪种探测工具与我

---

* 这里的描述借用了物理学中的"黑箱实验"。

们想要回答的问题有最直接的关联。如果我们的问题是某些东西是否有智力，那我们就找不到比我们每天都在互相问的问题更直接、更有效的探测工具了。图灵的"行为主义"，只不过是把某些近乎不言而喻的东西纳入了一个简便易行、具有实验室风格的实验性测试中。

侯世达的对话中还提到了一个问题，但未加解决，就是关于表征的问题。用计算机来模拟某种东西，通常是对这种东西详尽、"自动"和多维的表征，但表征和现实之间当然有天壤之别，不是吗？正如约翰·塞尔所说："没人会认为只要用计算机模拟泌乳和光合作用的形式性事件序列，然后运行这些模拟，我们就能生产出奶和糖……"* 如果我们设计了一个在数字计算机中模拟奶牛的程序，那我们的模拟只不过是奶牛的一个表征，不管你怎么"挤奶"，它也不会产奶，最多只能产出奶的表征。无论表征有多好，无论你有多渴，你也没法喝它。

但现在，假设我们用计算机模拟了一个数学家，而且假设这模拟工作得很好。那我们会不会抱怨说，我们想要的是数学证明，但是，唉，我们得到的只是证明的表征？可是，证明的表征就是证明，不是吗？这取决于表征的优秀程度。动画片里表现科学家面对黑板沉思时，黑板上画的证明和公式通常纯是胡说八道，无论这些数字在外行看来有多"逼真"。如果模拟的数学家像在动画片中那样造出了一些装模作样的证明，它可能仍然模拟了理论上有些意味的有关数学家的某种东西，如他们的言语习惯，甚或他们的心不在焉。另一方面，如果模拟是为了产生优秀数学家所能造出的数学证明的表征，那它就会像真正的数学家一样，成为生产证明的系科的宝贵"同行"。这似乎就是数学证明和歌曲之类抽象的形式产品（见下篇选文《圣美公主》）与牛奶之类具体的物质产品之间的区别。心灵属于哪一类呢？心理是像牛奶，还是像一首歌？

如果我们认为心灵的产物是某种类似"身体操控"的东西，那这一产物似乎相当抽象。如果我们认为心灵的产物是某种特殊的物质或许多

---

* 见选文 22《心灵、脑与程序》，第 396 页。——原注

种物质，比如很多很多"爱"，一两撮"痛"，一些"狂喜"，还有几盎司所有优秀棒球手都拥有的很多"愿望"……那么这一产物似乎很具体。

在争论这一问题之前，我们可能要先停下来问问：如果我们遇到了一种模拟，模拟任何具体事物、现象都详尽出色，那我们所要推广的上述区分抽象和具体的原则，边界是否完全清晰？任何模拟要实际运行，都要在某种具体的硬件中"实现"，表征的媒介本身也一定会在世界上产生某些影响。如果一个事物的表征在世界上所产生的影响，与这个事物本身所产生的影响完全相同，那么还坚持说它只是表征，听来就太任性了。下篇选文妙趣横生地展示了这一想法，而本书其余部分还会反复出现这一主题。

D. C. D.

6

圣美公主

斯坦尼斯瓦夫·莱姆

（1974）

"有件什么事……但我就是忘了是什么了，"国王背朝着"梦柜"说，"可是伶俐翁，你为什么这样扳着一条腿，用另一条腿跳来跳去？"

"没，没什么，陛下……一点方湿病……一定是要变天了，"狡黠的术士结结巴巴地说，接着继续引诱国王再试一个梦。国王急迫如迫斯想了一会儿，翻了翻目录，选中了《圣美公主的新婚之夜》。他梦见自己坐在炉火边，读着一部精美奇妙的古卷，书是用深红色的墨水在烫金的羊皮纸上写成的，用优美的语言讲述着圣美公主的故事，5个世纪以前，她统治着蒲公国。*书中还讲了她的冰凌森林、螺旋塔楼、嘶鸣禽舍和百目宝库，不过重点还是她的美丽和无尽的美德。急迫如迫斯无比渴望这个美人儿，胸中燃起了强烈的欲望，点燃了他的灵魂。他的眼球像灯塔一样闪闪发光。他冲了出去，找遍梦境的各个角落，但哪里也找

---

* "梦柜"英译为 Cabinet That Dreamed 或 Dreaming Cabinet，长宽应约为 176cm × 88cm。

　"伶俐翁"（Subtillion）词根或与英语 subtlety、subtilty（微妙、精明、狡诈）同源——它是一台善于操控精神的机器人。"方湿病"（rhombotism）形似 rhombus、rhomboid（菱形）与 rheumatism（风湿）的糅合。"急迫如迫斯"（Zipperupus）似为 zipper up（拉上拉链）加 us（阳性词尾或"我们"）构成的名字。"圣美"（Ineffabelle）形似 ineffable（妙不可言）与 belle（美女）的糅合。"蒲公国"（Dandelia）形似 dandelion（蒲公英）的阴性变格。

不到圣美公主。事实上，只有最最古老的机器人才听说过这位公主。急迫如迫斯长途跋涉，疲惫不堪，最后来到了皇家沙漠的中央。这里的沙丘都是镀金的。他看到一座简陋的小屋。走近后，他看到了一个人，身着雪白长袍，貌似一位长老。长老起身说道：

"汝在寻找圣美，可怜之人！然则汝已了然，此五百年彼未尝存活于世，是故何其徒劳哉，汝之激情！唯有一事，吾能为汝达成：令汝见彼——非生动鲜活血肉之躯，乃信息良好之副本，乃数字模型，无有躯体，随机而成，不可再塑，然亦堪称遍历后不二之选，最具风情，皆在彼处黑箱之中，乃吾闲暇之时以边角碎料制造而成。"

"啊，让我看看她，现在就让我看看她！"急迫如迫斯颤抖着喊叫起来。长老点点头，在古卷中查找了公主的坐标，把公主和整个中世纪都放到打孔卡片上，写好程序，拨开开关，掀起黑箱盖子，然后说：

"请观之！"

国王俯身望去，中世纪模拟得分毫不差，只是都是数字的、二进制的、非线性的。那里也有蒲公国、冰凌森林、带螺旋塔楼的宫殿、嘶鸣鸟舍和百目宝库。还有圣美公主本人，正在模拟花园里随机漫步。她摘下模拟雏菊，哼唱模拟歌曲，身上的电路绽放金红色的光芒。急迫如迫斯再也克制不住，扑到黑箱上，疯狂地想要爬进这计算机的世界。可是长老迅速切断了电流，把国王推倒在地，说道：

"狂徒！欲行断无可能之事？！任何物质之躯皆无可能入此系统！此中一无所有，唯有字母数字元素之漩涡、流量，不连续整数之排列，数字性抽象之物！"

"但我一定要，一定要进去！！"急迫如迫斯发狂地咆哮，用头猛撞黑箱，把金属都磕出了凹痕。于是年迈的智者说道：

"若此为汝不可更改之愿望，则吾确有一法可汝与圣美公主令连接。唯汝须先舍弃现有之形态，吾将提取附于汝之坐标，依逐个原子为汝编写程序，并将模拟之汝置于此模造、信息化与表征性之中世纪世界中，但使电子流经此一干线路自阴极跃向阳极，此世界即得永存。而汝，此刻立于吾前之汝，行将湮灭，自此汝唯以特定电场与电势形式存在，即统计性、推断性、纯粹数字之形式！"

"太难以置信了，"急迫如迫斯说，"我怎么知道你模拟的是我，而不是别人呢？"

"善，你我可做一试运行。"智者说。他测量了国王的各种尺寸，就像做衣服时那样，但还要精确得多，每个原子都被仔细测量和称重，然后把程序输入黑箱中，说道：

"请观之！"

国王向箱中窥视，他看到自己坐在炉火边，读着一本关于圣美公主的古书，然后跑出去找她，到处询问，直到他在镀金沙漠中央发现一座简陋的小屋和一身雪白装束的长老，长老向他致意，说"汝在寻找圣美，可怜之人"，等等等等。

"现在汝定信服，"长老说道，关上了开关，"此次吾欲将汝之程序编入中世纪，置于迷人圣美身畔，汝与彼将共享无尽美梦：模拟者，非线性者，二进制者……"

"是，是，我明白，"国王说，"但它仍然只是像我，而不是我本人，因为我还在这里，不在什么箱子里！"

"汝在此必不长久，"智者亲切地微笑着回答说，"因吾行将处理此事……"

他从床下拽出一把铁锤，铁锤很重，但还算拿得起来。

"所爱之人拥汝入怀之时，"长老对他说，"吾必令世间无二汝——一在此处，一在箱中。吾将行一法，虽古老原始，却未尝败绩，汝只须略略折腰……"

"先让我再看一眼你的圣美，"国王说，"只是确认一下……"

智者掀起黑箱的盖子，给他看圣美。国王看了又看，最后说道：

"古卷中的描述太夸张了。当然，她还不错，但远远不像史书中说得那样美。好吧，老智者，再见……"

他转身准备离开。

"狂徒哪里走？！"长老叫道，抄起锤子，而国王几乎已经出了门。

"哪里都行，只要不是箱子里。"急迫如迫斯说着，急忙跑了出去。就在这时，梦境就像被他踩在脚下的泡沫一样破裂了，他发现自己站在前厅里，面前是苦涩失望的伶俐翁。伶俐翁如此失望，是因为国王只差一点就被锁在黑箱中了，这样这位术士大臣就能把他永远关在里面……

————

反　思

本书选了波兰作家和哲学家斯坦尼斯瓦夫·莱姆的 3 篇文章，本文是第一篇。我们用了迈克尔·坎德尔发表过的译文，在评论莱姆的思想之前，我们必须先向坎德尔致敬，因为他天才的翻译，把机智的波兰语文字游戏翻译成了同样机智的英语文字游戏。《机器人大师》（本文摘自该书）的译文从头到尾都保持了高超的水平。读着这样的译文，我们不禁要想，目前的机器翻译程序离取代人类还相差甚远。

莱姆毕生都对我们在本书中所提的问题充满兴趣。莱姆用直觉和文学的方法来使读者信服，效果大概要比冷酷无情的科学文章和晦涩难懂的哲学论文好不少。

至于他的故事，我们一读就能明白。我们只想知道一件事：一首模拟的歌和一首真正的歌有什么区别？

D. R. H.

7

动物玛莎的灵魂

特雷尔·米丹纳

（1977）

杰森·亨特谢了他，内心深深松了口气，传唤他的下一位证人。

动物心理学教授亚历山大·别林斯基博士是一位矮胖、直率、有条有理的人。他的第一项证词是出示自己的杰出学历，证明他是自己领域内合格的专家证人。完毕后，亨特请求法庭允许进行一些复杂的演示。

法官们做了简短讨论，讨论是否允许演示。由于莫里森没有反对，因此尽管费曼持保留意见，法庭还是允许了。不一会儿，法警带了两名研究生助教进屋，二人推着一辆推车，上面装配着各种电子设备。

由于历史上的法庭记录仅限于言语记录，此时计划进行的这种演示直到最近几年才获允许，因为有了旨在加快法庭程序的专门法律允许法庭书记员用录像机录下这种演示作为正式记录。不过，当费曼看到一位助教在安装电子设备，另一位离开了一会儿后领回来一只黑猩猩时，就开始后悔现代化的到来了。

动物被带进法庭时显得很紧张，害怕人群，紧紧抱着自己的管理员。一注意到别林斯基博士，它就跳进了证人席，显得十分亲热。别林斯基博士按亨特的指示向法庭介绍说，这只黑猩猩名叫玛莎，是他最近的研究使用的 20 只实验动物之一，研究结果刚刚成书出版。在亨特的要求下，他继续叙述实验情况：

"多年来人们一直认为，动物没有发展出像人类一样的语言能力，是因为它们的脑有缺陷。但 60 年代初一些动物心理学家就提出，黑猩猩不能说话的唯一原因是它们的发声机制太原始，无法说出词语。为了检验这一理论，心理学家设计了不用说话的简单符号语言。他们试验了彩色卡片、图画、磁力黑板、键盘装置甚至国际手语，都取得了一定成功。

"这些实验虽然能证明不只人类才有符号语言，但似乎也能证明多数智能动物的语言能力非常有限。后来，一位聪明的本科生设计了一个计算机程序，能复制最聪明的黑猩猩的每项语言成就，人类对动物语言实验的兴趣随之大减。

"不过，这些动物可能受到了此前实验的限制，正如更早之前受不发达的声带限制一样。人脑中有一言语中枢，此区域专门用来解释和创造人类的语言形式。黑猩猩在自然状态下也会彼此交流，也有专门的脑区，是吱吱哇哇叫使用的天然系统。

"我于是想到，之前的语言实验虽然使用手势绕开了声带，但也绕开了黑猩猩的天然言语中枢。我决定研究这个天然言语中枢，但仍然绕开这种动物的原始声带。凭借你们面前的这些设备，我取得了成功。

"诸位如果仔细看玛莎头部左侧的这个地方，会看到一个圆形塑料盖。这下面有个电接头，永久性地嵌在她的颅骨中。电接头上连着许多电极，电极末端插入她的脑。我们的电子设备能连上玛莎的脑袋，这样就能监测她的言语中枢的神经活动，并将其翻译成人类的话。

"玛莎只装了 7 个电极，是比较迟钝的实验动物之一。刺激特定的植入电极她就能'说话'，虽然她自己意识不到这一点。电极信号的模式由一台小计算机解码，并通过一台语音合成器输出她选择的词。这项技术让她发展出了一种自然的反馈响应机制。当我们连上她的晶体管声带时，她就会像人一样说话，只是语法基础差些，也缺少形态变化。

"不过别期待太多，我已经说过，玛莎不是个出色的学生。虽然她的 7 电极系统能解码成 128 个不同的词，但她只学会了 53 个。其他动物比她强多了。我们的常住天才是位 9 电极雄性黑猩猩，共有 512 种可能性，而他的词汇有 407 个。不过，"他伸手去摸玛莎的连接电线，补充说，"我相信你们会发现她很健谈，很讨人喜欢。"

在别林斯基博士着手把她和人类语言的世界连接到一起时，黑猩猩显得又高兴又激动，上蹿下跳，吱吱尖叫。而这时博士正接过一位助教递来的电线，然后坐好，打开玛莎头上的保护盖，将接头两端连在一起。接头一锁紧连通，猩猩就又跳了起来，似乎不知道头上连着电线，指着科学家一只手里拿着的一个小盒子。

"对玛莎来说，"博士解释说，"说话是一种几乎不会停的活动，因为她的电子声带从不疲倦。为了能插上话，我用这个控制装置，名副其实地'闭上'她的嘴。

"好了，玛莎，来吧。"心理学家说着，打开了她的声音。

设备上的一个小扬声器立即嚷嚷了起来。"喂！喂！我玛莎玛莎快乐黑猩猩。喂喂——"

法庭上的人都惊呆了，这时电子设备轻轻地咔嗒一声，动物的说话声切断了。这时动物的嘴一张一合，去模仿刚才扬声器中性感女声的样子，画面相当难解。

她的老师继续了下去。"玛莎几岁了？"

"三三玛莎三——"

"很好。现在放松，玛莎安静。我是谁？"他问道，指着自己。

"别林斯基人好别林斯——"

"那些是什么？"他又问，用手扫过挤满了人的法庭。

"人人人们好人们——"

研究者再次切断她的声音，转向辩护律师，示意自己准备继续。

亨特站起身，提了第一个问题："你认为这只动物有智力吗？"

"按照广义的'智力'定义来说，我会说她有。"

"她有人类意义上的智力吗？"亨特问。

"我相信有，不过你要形成这种观点，就真正要像对待人一样对待她，和她说话，和她玩。为此我带了一盒她喜欢的玩具。她会把有限的注意力集中到我或任何拿着她的宝贝的人身上。我建议你亲自试试看。"

莫里森的眼角余光看到法官在看着他，期待他提出反对，于是他尽职地做了："反对，法官阁下。至少亨特先生应该使我们确信这一证词与本案有关。"

"亨特先生？"费曼问道。

"确与本案有关，我们很快就会看到。"

费曼保证说："请放心，如果无关，这一段会从记录中删除。继续。"

亨特打开玛莎的玩具盒，是个特大号的珠宝盒，漆成亮亮的银红色。看了里面的东西后，他伸手进去，拿出一支用玻璃纸包着的雪茄来。他一举起雪茄，黑猩猩就尖叫了起来："雪茄别林斯基坏坏雪茄！"她的话中加进了常见的吱吱叫，还夸张地捏起鼻子强调自己的话。

"你的玩具盒里为什么有支旧雪茄，玛莎？"亨特问道。

"什么，什么，什——"她反问道，然后别林斯基切断了她的声音。

"这个问题对她来说有点复杂。试着把问题简化成关键词和短动词。"别林斯基建议说。

亨特照办了："玛莎吃雪茄吗？"

这次她回答说："不吃不吃雪茄。吃食物食物抽雪茄。"

"真是令人印象深刻，博士，"亨特称赞了科学家，然后转向莫里森，"控方或许想得到一个盘问证人的机会？"

莫里森犹豫了一下，还是同意了，然后接过黑猩猩的玩具盒子。带着毫不掩饰的不情愿，他挑出了一只玩具泰迪熊，让黑猩猩去认。这动物立即焦躁地跳了起来，她的人工声音得尽力跟上她：

"人坏坏不拿熊玛莎熊帮助别林斯基帮助玛莎拿熊帮——"

声音被切断后，她又恢复成自然的吱吱声。研究者解释了她的疑神疑鬼："先生，她发现你怀有一定的敌意。坦率地说，我很理解你，我向你保证，除你之外，还有许多人对动物能明白地说话这一观念感到不适。不过她有点焦躁。还有没有别人要和她谈——"

"我来试试。"费曼法官突然插话道。大家欣然同意。莫里森把盒子交给法官时，玛莎平静了下来，无视控方的怒视。

"玛莎饿吗？"费曼问，看到盒子里有几只熟透的香蕉和一些糖果。

"玛莎吃现在玛莎吃——"

"玛莎想吃什么？"

"玛莎吃现在——"

"玛莎想吃糖吗？"

"糖糖是糖——"

他伸手拿出一只香蕉给她，动物敏捷地抓住香蕉，剥皮放进嘴里。在她吃香蕉的时候，别林斯基把她的声音打开了一会儿，出现了一连串不停的"快乐玛莎"的话语，让黑猩猩也有点吃惊。吃完后，她又面朝法官，嘴巴无声地一张一合，直到管理员打开声音："好香蕉好香蕉谢谢你人糖现在糖现在。"

费曼对这一结果感到高兴，他把手伸进盒子，把她要的糖递给她。玛莎拿着糖，但没有马上吃，而是指着别林斯基的开关盒，表示她想要人听她说话。

"雪茄雪茄玛莎要雪茄——"

法官找到雪茄，递给她。她接过，闻了一会儿，然后还给他："好好人吃别林斯基雪茄谢谢你谢谢你人……"

法官既为这生物的聪明而着迷，又被她孩童般的单纯所吸引。这只动物感觉到了他的喜爱之情，并给予了回报，令法庭气氛变得轻松愉快。但亨特不想拖延，在这场跨物种交谈进行了几分钟后，他打断了他们：

"或许应该继续作证了，法官大人？"

"哦，当然，"法官同意道，不情愿地交出了动物——此刻玛莎已经和他一起坐上了法官席。

"别林斯基博士，"玛莎安静下来之后，亨特继续问道，"你能否就这只动物的智力简述一下你的科学结论？"

"她的心灵与我们的不同，"科学家说，"但只有程度上的不同。我们的脑更大，身体适应能力更强，因此我们更高等。但或许有朝一日我们会证明，二者之间的差异小得根本无所谓。我相信玛莎虽然有缺陷，但仍有和人一样的智力。"

"你能在她所属物种的心理与我们物种的心理之间画出清晰的分界线吗？"

"不能。她显然不如正常的人类，但无疑比白痴水平的有缺陷人类聪明，和大多数低能者差不多。她还有一个优点，那就是她更干净，也能照顾自己和后代，而白痴和低能者是做不到的。我不想在她的智力和我们的之间做出泾渭分明的区分。"

亨特没有马上问下一个问题。当然，他事先和别林斯基一起规划过这一实验。为了完成作证，他还要请求进行另外一项演示，而这项演示的性质决定了它是不可能演习的。但他不能肯定别林斯基是否会按原计划进行到底。事实上他也不完全肯定自己是否真想这样演示。然而这项工作必须要做。

"别林斯基博士，这个生物有和人一样的智力，那她是否也应该得到和人一样的待遇？"

"不。当然，我们会善待所有的实验动物，但它们的价值只在于它们的实验潜力。比如说，玛莎再活着已经没用了，按计划很快就要被销毁，因为她的饲养成本已经超过了她的实验价值。"

"你会怎么消灭这样一只动物呢？"亨特问道。

"有许多快速无痛的方法。我更青睐把口服毒药放进她喜欢的食物里，在她预料不到时递给她。虽然看似残忍，但这能防止动物预料自己的命运。死亡对我们来说都是不可避免的，不过至少对这些简单的生物来说，决不该让它们面临死亡的恐惧。"说着，别林斯基从衣兜里拿出一小块糖来。

"你能在法庭上演示这个过程吗？"亨特问道。

科学家把糖递给了黑猩猩，这时费曼才终于意识到他在做什么。他开口下令制止这致命的实验，但太晚了。

别林斯基此前从未亲自销毁过实验动物，他总是把这项工作留给助教。毫无怀疑的黑猩猩把有毒的礼物放进嘴里开始咀嚼，别林斯基想到了一个他以前从未想到过的实验。他打开开关："糖糖谢谢你别林斯基快乐快乐玛莎。"

随后她的声音自己停止了。她变得僵硬，然后瘫到主人怀里，死了。

不过她的脑没有马上死亡。她的身体一动不动，但其中某些回路释放了最后的感觉电信号，触发了神经脉冲短暂爆发，这些神经脉冲被解码为："痛苦玛莎痛苦玛莎。"

两秒钟里，什么都没有发生。随机触发的神经放电与毫无生命的动物尸体之间已毫无关系，但向人类世界发出了最后一个脉冲信号：

"为什么为什么为什么为什么——"

电子开关轻轻地咔嗒一声，结束了作证。

反　思

上午在办公室处理公务。没过一会儿，W. 巴腾爵士把我们叫去看霍姆斯船长从几内亚带回来的奇怪生物：一只大狒狒，但很多地方很像人（虽然他们说确实有狒狒这个物种）。我没法不相信它是男人和雌狒狒生下来的怪物。我也确实相信它已经懂了不少人话，也认为我们能教会它说话或打手势。

——《塞缪尔·佩皮斯日记》，1661 年 8 月 24 日 [*]

---

[*] 塞缪尔·佩皮斯（Samuel Pepys，1633—1703），英国政治家，但最为后人熟知的是他的日记。日记写于 1660—1669 年，19 世纪才得发表，为英国复辟时期社会现实和重大历史事件（如伦敦大瘟疫、第二次英荷战争、伦敦大火）提供了第一手资料和研究素材。

巴腾爵士（William Battens，1600—1667），英国海军军官、议员；议院议员。担任海军验船黑猩猩临死前那凄惨又难解的哭声激起了我们强烈的同情——我们轻而易举就能认同这个无辜又迷人的生物。但这一幕的道理何在？过去十几年来，黑猩猩的语言一直是个有争议的领域。黑猩猩和其他灵长动物似乎能掌握大量词汇（事实上多达几百个），有时甚至还能想出巧妙的合成词，但很少有证据证明它们能掌握语法并运用语法把词组成有意义的复杂命题。黑猩猩似乎只是在任意排列单词，而非运用句法结构。这是种严重的局限吗？在某些人看来是的，因为这严重限制了所能表达的思想的复杂性。诺姆·乔姆斯基等人坚持认为，人类的本质就是我们天生固有的语言能力，一种"原初语法"（primal grammar），所有语言在足够深的层次上都有这种语法。而黑猩猩和其他灵长动物没有我们的原初语法，因此与我们有本质区别。

另一些人则认为，那些灵长动物表面上是在使用语言，其实他们（还是该说"它们"？）所做的事和我们使用语言时完全不同。他们这样做不是为了交流，即按照一定模式来把私有思想转化为共有的符号流，而是在操作对他们来说毫无意义的符号，因为操作这些符号能让他们实现想要的目标。对严格的行为主义者来说，根据"意义"之类的心理因素来区分外在行为是荒谬的。然而有一次，科学家们以高中生而不是灵长动物为被试进行了这种实验。这些学生得到了各种形状的彩色塑料片，他们被"安排"以特定的方式来操作这些塑料片，以此获得特定的奖励。现在，他们按一定顺序学习排列卡片，如此才能得到想要的东西，而这些顺序其实就可以解码为请求这些东西的简单话语。多数学生说他们从未这样考虑过问题，他们说，他们只是发现有些模式管用，有些模式不管用，仅此而已。对他们来说，这就像是在练习毫无意义的符号操作。这一惊人的结果或许可以令许多人相信，黑猩猩语言的说法只是喜欢把

师期间是塞缪尔·佩皮斯的同事，佩皮斯很讨厌他，经常在著名的日记中贬低他。

霍姆斯船长（Captain Robert Holmes，1622—1692），英国复辟时期的海军上将，1664年为皇家非洲公司航行前往几内亚。

动物当成人的动物爱好者的一厢情愿。但这一争论远未平息。

然而，无论我们这篇选摘有多少现实性，它还是有力地提出了许多道德和哲学问题。有心灵（智力）和有灵魂（情感）之间有什么区别？二者可以独立于彼此存在吗？杀死玛莎的理由是她不像人类一样"有价值"。从某种意义上说，这大概是她比人类"少了个灵魂"这种说法的代名词。但是，有多少智力真的就能表示有多少灵魂吗？智力迟钝或者年老智衰的人，灵魂比常人少吗？评论家詹姆斯·亨内克在评论肖邦练习曲第 11 首（编号 25）时说："欠缺灵魂的人，无论手指多么灵巧，都不要弹奏此曲。"多么难以置信的宣言！但它也有一定道理，虽然人们可能会说这是势利眼和精英主义的论调。那谁又能给灵魂提供度量？

图灵测试不就是这种度量吗？我们能用语言来测量灵魂吗？不用说，玛莎灵魂的某些特点是通过她那大声清晰的说话方式表现出来的。她非常令人心动，部分是因为她的外表（事实上我们怎么知道这一点？），部分是因为我们认同她，部分是因为她那迷人的单线条句法。我们感到自己想保护她，就像保护婴幼儿一样。

而在下面这篇选文中（另一篇摘自《安娜·克莱恩的灵魂》的选文），所有这些手段，外加其他，都会被揭示出来——甚至更加阴险！

D. R. H.

马克 3 型兽的灵魂

特雷尔·米丹纳

（1977）

"阿纳托尔的态度够直率的了，"亨特说，"他认为生物的生命只不过是一种复杂的机械形态。"

她耸耸肩，但并非无动于衷："我承认我被这人迷上了，但我不能接受那种哲学。"

"想想看，"亨特提议，"你很明白，按照新演化论，动物的身体是通过完全机械的过程形成的。每个细胞都是一个微型机器，这些微小零件共同组成了一个更大、更复杂的装置。"

德克森摇了摇头："但动物和人的身体不只是机器。生殖过程本身就让它们很是不同。"

"为什么，"亨特问，"一台生物机器生产另一台生物机器就那么了不起？一头雌性哺乳动物怀孕生产需要用到的创造性思维并不比自动轧机吐出一块块发动机组件需要的更多。"

德克森双眼忽闪："你认为自动轧机生产的时候有感受吗？"她诘问道。

"它的金属会遭受高强度压力，最后机器会磨损。"

"我不认为我说的'感受'是这个意思。"

"我也不，"亨特同意道，"但是想要知道谁或者什么东西有感受，不总那么容易。我在农场长大，我们那儿有一头下崽儿的母猪，她有个很不幸的毛病：总把多数猪崽儿压死——我猜是不小心的。然后它就会吃掉自己孩子的尸体。你说她有母性感情吗？"

"我说的不是猪！"

"说人也一样。你想知道有多少新生婴儿被淹死在马桶里吗？"

德克森骇得说不出话。

沉默了一会儿，亨特继续道："你认为克莱恩执迷于机器，其实只是观点不同。对他来说，机器是另一种生命形式，一种他可以用塑料和金属亲自创造出来的生命形式。而且他很诚实，认为自己也是台机器。"

"机器生机器，"德克森讥讽道，"接下来你要说他克莱恩'这台机器'是一位母亲了！"

"不，"亨特说，"他是位工程师。而且不管工程机器与人体相比有多粗糙，它也体现了一种比简单的生物繁殖更高级的行为，因为它至少是思维过程的产物。"

"我早该知道不要和律师争论，"她让步道，仍然心烦意乱，"但我没有在说机器！从情感上来说，我们对待动物的方式与我们对待机器不一样，这种不一样是不能按逻辑来解释的。我的意思是说，我可以毫不在乎地打碎一台机器，但不能杀死一只动物。"

"你试过吗？"

"可以说试过，"德克森回忆道，"上大学时，我跟人合住的公寓里有很多老鼠，所以我放了捕鼠夹。但等我终于捉到一只老鼠的时候，却做不到清空捕鼠夹——这只死了的可怜小东西看上去那么痛苦又那么无害。所以我把它和捕鼠夹一起埋在了后院，而且断定，和老鼠一起生活要比杀死它们愉快得多。"

"可你吃肉，"亨特指出，"因此你厌恶的并不太在于杀生本身，而是厌恶亲自动手。"

"看，"她生气地说，"我们的争论漏掉了一点，就是对生命的基本尊重。我们和动物有某些共同之处。你知道这一点吧？"

"克莱恩有个理论，你可能会感兴趣，"亨特坚持道，"他会说，真实或想象的生物亲缘关系都和你对'生命的尊重'毫不相干。事实上，你不愿意杀生，只是因为动物垂死挣扎。它会喊叫，挣扎，或者看上去很悲伤：它会求你不要杀它。顺便说一句，听到动物乞求的是你的心灵，而不是你的生物性身体。"

她看着他，不太买账。

他在桌上放下一些钱，站起身说："跟我来。"

半小时后，德克森发现自己正和克莱恩的律师一起进克莱恩的家门。大门为律师的车自动移向两侧。他碰了一下前门，无钥匙系统的前门立即通过伺服器打开了。

她跟着他来到地下实验室，那里有几十个柜子。亨特打开其中一个，从里面拿出了个东西。它看上去像个铝制大甲虫，上有彩色小指示灯，光滑的表面上还有几个机械突起物。他把它翻过来，让德克森看底下的三个橡胶轮。扁平的金属底座上还刻着"马克 3 型兽"几个字。

亨特把这东西放在地砖上，同时按了它下腹部的一个开关。伴随着轻轻的嗡嗡声，这个玩具开始以搜寻模式在地板上来回移动。它稍停了一会儿，然后朝一个大机箱底部附近的电源插座出发。它在插座前停了下来，从金属身体上的一个口子里伸出一对叉子，试探着插进了电源。它身上一些灯开始闪绿光，还发出好像猫打呼噜的声音。

德克森饶有兴致地打量这个发明："一只机器动物。很可爱——不过它有什么意义？"

亨特伸手去旁边的工作台，拿了把锤子递给她："我想让你杀了它。"

"你说什么？"德克森口气略带警觉，"为什么我要杀了……打碎这个……这个机器？"她后退几步，不愿接过武器。

"只是一个实验，"亨特回答说，"几年前我自己也按克莱恩的要求试过一次，发现很有收获。"

"什么收获？"

"生和死的意义之类的。"

德克森满腹狐疑地看着他。

"这只'兽'没有防卫系统，因此不会伤到你，"他保证道，"只要你追它的时候别撞上什么东西就行了。"他递过锤子。

她小心翼翼地上前接过武器，斜眼看着这个奇怪的机器一边吸吮电流一边打呼噜。她朝它走过去，弯下腰，举起锤子。"但是……它在吃东西。"她说，脸转向了亨特。

亨特大笑了起来。她很生气，于是双手举锤，重重砸了下去。

不过，随着一阵惊恐哭号一般的刺耳声音，这只兽把下颚从插座里拔了出来，迅速后退。锤子重重落下，砸在了机器身后的瓷砖上，把瓷砖砸得坑坑洼洼。

德克森抬起头来看。亨特还在大笑。机器跑到了两米以外，停下来用眼睛盯着她。不，她断定，它没有在用眼睛盯着她。德克森生起自己的气来，她抓过她的武器，小心翼翼地接近它。机器又后退，身前的一对红灯以接近人脑阿尔法波的频率交替闪着一明一暗的光。德克森扑过去，挥舞锤子，没打中——

10分钟后，她满脸通红、气喘吁吁地回到亨特身边。她的身体被有尖角的机器碰伤了几处，头也被工作台撞疼了。"这就像在抓一只大老鼠！它那个讨厌的电池到底什么时候才能用完？"

亨特看了看表："我猜电池还能用半小时，如果你让它一直跑的话。"他指着工作台下面，小兽此刻又找到了另一个电源插座："不过要抓到它还有个更简单的办法。"

"我要试试这法子。"

"放下锤子，把它拿起来。"

"就……拿起来？"

"对。它只能识别来自同类的危险——这会儿就是钢制锤头。它的程序是信任没有武器的原生质的。"

她把锤子放在工作台上，慢慢走到机器旁边。它没躲开。呼噜声停止了，暗淡的琥珀色灯光柔和地闪烁。德克森弯下腰，试着去摸它。她感到一阵轻微的颤抖。她双手拿起它，小心翼翼。它的指示灯变成了清澈的绿色，透过温暖舒适的金属皮肤，她能感到发动机平稳的呼噜声。

"现在我要拿这个蠢东西怎么办？"她气呼呼地问。

"哦，把他背朝下放在工作台上。这样他就什么办法也没有了，你想怎么锤它都行。"

"我做得到，不会把它想象成人。"德克森咕哝道，按照亨特的建议，决心干到底。

她把机器翻过来放下，它的指示灯又变回了红色，轮子空转了一会儿后停了下来。德克森再次拿起锤子，迅速举起砸下，锤子划出一道流畅的弧线，击中了无能为力的机器，但是偏离了中心，打坏了它一个轮子，让它右半边又翻了上来。坏掉的轮子发出了金属摩擦声，小兽开始一阵阵打转。随着下腹部传来一阵刺耳的声音，机器不动了，指示灯闪起悲哀的光。

德克森紧闭双唇，举起锤子，准备最后一击。不过就在她砸下铁锤的瞬间，小兽体内传来一阵轻柔的哭声，像婴儿的呜咽一样起起伏伏。德克森扔掉锤子，向后退去，她看到润滑液在那东西身下的桌子上聚成了血红色的一摊。她看着亨特，震惊地说："它是……它是……"

"只是个机器，"亨特说，表情开始严肃，"就像这些一样，这些都是它演化的前身。"他指向工作室里成排的机器，那些沉默又骇人的观察者。"不过和它们不同的是，它能感觉到自己的厄运，还能大声求救。"

"关掉它。"她干脆地说。

亨特走到桌旁，试着拨动它那小小的电源开关："恐怕你把它卡住了。"他捡起掉在地上的锤子："介意来个致命一击吗？"

亨特举起锤子的时候，她摇头向后退去："难道你不能修好——"一声短促的金属破碎声响起。她畏缩着转过头去。哭叫声停止了。他们一言不发地回到楼上。

反　思

杰森·亨特说："但是想要知道谁或者什么东西有感受，不总那么容易。"这句话是这篇选文的关键。一开始，李·德克森抓住了自我繁殖能力这一点，认为这是生命的实质。亨特马上向她指出，了无生气的装置也能自我组装。还有微生物甚至病毒呢，它们把自我复制的指令携带在体内。它们有灵魂吗？令人怀疑！

接下来，她转而认为感受才是关键。为了把这一观点说到家，作者在情感器官的问题上步步为营，试图让你相信，机械、金属式的感受是可能存在的——措辞上看当然是自相矛盾。这多半来自一系列诉诸直觉层面的潜意识感染力。他使用了"铝制甲虫""轻柔地打呼噜""惊恐哭号一般的刺耳声音""用眼睛盯着她""轻微的颤抖""温暖舒适的金属皮肤""无能为力的机器""一阵阵打转""指示灯闪起悲哀的光"之类的措辞。这些似乎都很过分，但有什么能比下面的场面更过分呢："润滑液在那东西身下的桌子上聚成了血红色的一摊"，从它（或他？）体内发出"一阵轻柔的哭声，像婴儿的呜咽一样起起伏伏"？现在真的很过分！

这个意象如此刺激，人难免陷入其中。有人可能会感到被操纵了，但他其实是在生气自己无法克服本能的怜悯之感。对有些人来说，打开水龙头淹死只蚂蚁已经很难；而对另一些人来说，每天用活金鱼来喂自己的宠物食人鱼又是多么轻而易举。我们该把线划在何处？哪些东西是神圣的，哪些又无足轻重？

我们中很少有人是素食主义者，甚至很少有人认真考虑过有生之年改为素食。这是不是因为我们对杀牛杀猪之类的想法感到无所谓？很难说是这样。很少有人愿意在吃牛排的时候被人提醒说，我们的盘子里有一大块死了的动物。多数情况下，我们用一种隐晦的语言和一套让我们能够保持双重标准的复杂习俗来保护自己。食肉的天性就像性和排泄的天性一样，只能含蓄地提到，隐藏在委婉的同义词和暗示背后："吉列饼"*"做爱""去洗手间"。某种程度上我们能意识到屠宰场中在残杀生灵，但我们吃肉的嗜好不希望别人提醒我们这一点。

摧毁哪个东西更容易？是象棋挑战者 7 型†吗，它能下一手好棋，在"考量"下一步怎么走时，它的红灯会快乐地闪烁；还是可爱的小泰迪熊，你还是孩子时一直很喜爱它？为什么它触动了你的心弦？它以某种方式蕴含了幼小、天真、脆弱的意味。

我们太容易屈服于情感的感染力了，但在认定灵魂方面又是如此挑剔。纳粹是怎么让自己相信杀死犹太人没问题？美国人怎么会如此心甘情愿地在越南战争中"干掉亚洲佬"？看来，有一种情感——这里是爱国主义——可以充当阀门，控制其他情感，而正是这些其他情感令我们能够去认同、去投射，去把我们的受害者看成是我们自己（的反映）。

我们都是某种程度的万物有灵论者（animist）。我们有些人认为自己的汽车有"人格"，另一些人认为自己的打字机或者玩具是"活的"，拥有"灵魂"。有些东西我们很难付之一炬，因为那样我们自己的一些部分也会化为青烟。显然我们投射到这些东西上的"灵魂"纯是自己心中的意象。但如果是这样的话，为什么我们投射到亲朋好友身上的灵魂就不是这样的意象呢？

我们都有一个共情的宝库，打开它时难时易，取决于我们的心境和外部刺激。有时仅仅是言辞或者转瞬即逝的表情就能击中要害，让我们心肠变软。而有时我们却铁石心肠，冷若冰霜，无动于衷。

在这篇选文中，小兽的垂死挣扎打动了李·德克森的心，也打动了我们的心。我们看到小甲虫在为自己的性命搏斗，或者用狄兰·托马斯

---

* cutlet 可指从小牛等牲畜腿或肋上切下的薄肉条，也可指炸碎肉饼。英文（法文）中此词字面上与"肉"无关。

† 富达电子公司（Fidelity）于 20 世纪 70 年代至 80 年代初开发的系列象棋机，最高型号为 10 型。

的话来说：“怒斥光明的消逝”，拒绝“温和地走进那个良夜”。这假设它认识到了自己的厄运，而这或许就是最扣人心弦的地方。它让我们想到圈里那些命运不济的动物，它们被随机挑选出来宰杀掉，因为看到无法改变的厄运临头而瑟瑟发抖。

何时身体中有了灵魂？在这篇令人动情的选文中，我们看到"灵魂"涌现，不是任何一种明确的内心状态的功能，而是我们投射能力的活动。奇怪的是，这正是彻头彻尾的行为主义方法！我们不过问内在机制，而是完全按行为给它归因。这是对用图灵测试来"探测灵魂"的一种有效性确认，尽管有点奇怪。

D. R. H.

III

从硬件到软件

9

精神

艾伦·惠利斯

（1975）

我们的诞生，就像一条长线的末端略微变粗。细胞增殖，变成赘疣，呈现出人的形状。现在，长线的末端深埋体内，受到保护，不受侵犯。我们的任务是携带它继续前进，将它传递下去。我们只能茂盛一时，唱歌跳舞，留下些镌刻石上的记忆，然后我们就会枯萎蜷曲。现在，长线的末端在我们的孩子那里，经由我们，毫无间断地延伸至深不可测的过去。这条长线上出现过数不清的加粗，像我们一样繁茂、凋落，唯余种系。生命演化中产生出新结构的变化，不是发生在昙花一现的赘疣上，而是发生在长线内的遗传排列中。

我们是精神（spirit）的载体。我们既不知道怎么就会这样，为什么会这样，也不知道它在哪里。我们承受着精神的重负，它在我们肩上，在我们眼中，在我们痛苦的双手里，穿过一片模糊不清的领域，进入一个不断创造的、未知且不可知的未来。虽然它完全依赖于我们，但我们对它一无所知。我们用每一声心跳推动它缓缓向前，把双手和头脑的劳作奉献给它。我们步履蹒跚，把它传给我们的孩子，我们埋葬自己的尸骨，我们凋落，迷失，被遗忘。而精神却代代相传，不断扩大，不断充实，变得越发陌生，越发复杂。

我们被利用了。难道我们不该知道自己是在为谁服务吗？我们将愚忠献给了谁，献给了什么？我们在追求什么？除了我们已经拥有的东西之外，我们还能要什么？什么是精神？

雅克·莫诺写道，一条河或是一块岩石，"我们知道，或者相信，它们是由各种物理力的自由作用塑造而成，不能将它归因于任何设计、'投射'或目的。也就是说，如果我们接受科学方法的基本前提，即自然是客观的，而不是投射的，我们就不能如此"。

这个基本前提有着强大的吸引力。我们还记得曾经有过一个时期，就在短短几代人之前，那时彰显的是相反的观点：岩石想要落下，河流想要歌唱、咆哮。任性的精神曾经在宇宙中遨游，以奇思异想来利用自然。我们也知道，在采纳了认为自然之物和自然事件没有目的或意图的观点之后，我们在理解和控制自然方面有了哪些收获。岩石什么也不想要，火山不追求任何目的，河流不寻找大海，风也不寻找归宿。

但是还有另一种观点。原始人的万物有灵论并不是取代科学客观性的唯一选择。这种客观性对于我们已经习以为常的时间跨度来说，可能是有效的，但是对于更为巨大的时间跨度来说，或许就不正确了。光线沿直线传播，不受附近质量的影响，这一命题在测量农场时很管用，但在测绘遥远星系时就会犯错。同样，认为自然仅仅是"在那里"，没有任何目的，这一命题在我们应对几天、几年或是有生之年的自然时很管用，但是在永恒的"原野"上，就可能让我们误入歧途。

精神上升，物质下沉。精神像火焰那般伸展，像舞蹈家那般飞跃。它从虚空中创造形式，就像一位神祇，它就是神。精神诞生自某个起点，而这个起点可能也是某些更早起点的终点。如果将过去追溯到足够远，我们就会来到一片原始之雾里，精神在其中只是原子的一丝不安定，是不愿囿于寂静寒冷的事物的一丝颤动。

物质会令宇宙均匀分散，静止，完整。而精神会带来尘世、天堂和地狱，带来昏乱和冲突，带来炽日驱走黑暗、照亮善恶，带来思想、记忆和欲望，会以复杂性和包容性不断增加的诸种形式建造起一座通向天堂的阶梯，这天堂会不断升高，构造不断改变，而一旦抵达，它又会变成通往更加遥远的各个天堂的道路，最后……但是没有最后，因为精神永远向上，永无止境，它徘徊、盘旋、沉浸，但永远向上，它无情地用低级形式创造高级形式，走向更大的内在、意识、自发性，走向越来越大的自由。

粒子变得有生命。精神从物质中跳了出来，尽管物质总是在拖住精神，想把它拉下来，让它静止。微小的生灵在温暖的海洋中蠕动，这些纤小的形式一时具有了那探索性的精神，于是变得越发复杂。它们汇聚一起，相互触碰，精神于是开始创造"爱"。它们相互触碰，于是传递某些东西。它们死去，死去，死去，永不止息。如果我们的过去是许多河流，谁会了解其中这些萌芽之卵？如果过去是远古诸海，谁能数清岸边跳舞的银鱼，谁又能听到那从未有人听到过的波涛拍岸？谁会哀悼平原上的野兔，哀悼毛茸茸的旅鼠大潮？它们死去，死去，死去，但已相互触碰，于是已传递了某些东西。精神跃起，不断创造新的形体，创造越发复杂的容器好承载着它不断向前，把更加丰富的精神传给后来者。

病毒变成细菌，变成藻类，变成蕨类。*精神刺裂岩石，拔高杉松。变形虫伸开软钝的肢体，不停地运动，好发现世界，了解世界，让世界成为自己的一部分，长得更大，探求更远，成就更为广阔的精神。海葵变成乌贼，变成鱼；蠕动变为游泳，变为爬行；鱼变成蝾螈，变成蜥蜴；爬行变为行走，变为奔跑、飞行。有生之物去接触彼此，精神在中间跳跃。趋向变成嗅觉，变成迷恋，变成肉欲，变成爱恋。蜥蜴变成狐狸，变成猴子，变成人，一句话，我们汇聚一起，触碰，死去，冥冥中侍奉精神，载它向前，将它传递。精神的羽翼越发丰满，飞跃也越来越大。我们会

---

* 真正的生物演化过程并非本段中的线性情况，这里仅表大意。

爱远在千里之外的人，爱早已死去的人。

* * *

"人是精神的容器，"埃里希·黑勒写道，"……精神是一位旅行者，它正在穿越人类的土地，吩咐人类的灵魂随它一起前往它那纯精神的目的地。"

近距离看，精神之路似是蜿蜒曲折，宛如夜晚林中闪闪发亮的蜗牛爬迹，可是从高处鸟瞰，却发现各处小小的曲折都汇成了一条平稳的路途。人类已经攀上一座高台，从此回首，数千年来的景象清晰可辨，透过一片迷雾，再向过去数千年，我们也能看到不少。目力所及，是我们身后的数百万年时光。我们最近的一次行进，经历了些飘忽的曲折，而后便有一条金光大道延伸开去，穿过茫茫大地，笔直向前。人类过去没有开辟这条道路，未来也不会使其终结，而只能现在走上去，寻找通路，开凿渠道。我们一路走来，这路属于谁？它不属于人类，因为我们才首次踏足。它也不属于生命，因为生命尚未存在之时便已有了这条路。

精神是一位旅行者，正在穿越人类的国度。精神并非我们创造，也不为我们拥有，不由我们定义，我们只是精神的载体。我们自无人痛惜、遭人遗忘的形式中将它拾起，带它穿越我们的时空，再将变得或丰富或萎缩的精神传给后来者。精神是一位旅行者，人类是它的航船。*

精神创造，精神毁灭。没有毁灭的创造是不可能的，没有创造的毁灭只能以过去的创造为食，使形式退化为物质，趋向静止。精神的创造多于毁灭（虽然不是每个时期、每个年代都是如此，因此有那些曲折倒转，彼时物质对静止的渴望在毁灭中取得了胜利），而创造的数量优势使路途整体平稳。

---

* "容器"和"航船"这里都是 vessel 一词。

从物质的原始之雾到螺旋星系，再到像钟表一样运行的太阳系，从熔岩到有着空气、陆地和水的地球，从重到轻再到生命，从感觉到感知，从记忆到意识——现在，人类举起了一面镜子，精神看到了自己。河中水流掉头，漩涡飞转。河流踌躇，消失，再次涌现，滚滚向前。总体进程是形式的增长，觉察的增加，从物质到心灵，再到意识。沿着通向更大自由与更多觉察的古老路途继续这一旅程，我们会发现人与自然的和谐之道。

————————

反　思

精神分析学家艾伦·惠利斯用这些充满诗意的段落描绘了他怪异得令人迷惑的观点：现代科学是把我们置于了事物的框架之中。不用说人文主义者，就连许多科学家都觉得这个观点很难接受，而去寻找某种可能捉摸不定的精神实质，好把生物，尤其是人类，同宇宙中无生命的部分区别开来。生命怎能从原子中产生？

惠利斯使用的"精神"概念并非这种实质。他用这种方法来描述演化的路径，这一路径似乎有着目的，好像背后有种引导之力。如果真有这种力量，那它就是理查德·道金斯在接下来那篇力透纸背的选文中清晰阐述的：稳定的复制因子（replicator）的生存。道金斯在前言中直言不讳地写道："我们都是生存机器，都是被盲目编程的机器运载工具，目的是保存那些自私的分子，我们把它们叫作基因。这一事实至今仍使我惊叹不已。虽然我知道此事已经多年，但我对它似乎永远也不会完全习惯。我的一个希望是能让其他人也惊叹不已。"

D. R. H.

10

自私的基因与自私的模因

理查德·道金斯

（1976）

自私的基因

太初只有简单。即使是一个简单的宇宙，要解释它是如何开始的也很困难。我想我们都会同意，要想解释复杂的生命或是能创造生命的存在如何突然冒出来，而且装备齐全，只会更加困难。达尔文的自然选择演化论之所以令人满意，是因为它说明了从简单到复杂的途径，说明了杂乱无章的原子如何能自我组织成越发复杂的模式，直到最终造出人类。对于我们人类的存在这个深刻的问题，达尔文提供的答案是迄今所提各种答案中唯一可能的。我打算用比通常更通俗的语言来解释这个伟大的理论，而且从演化开始之前的时间讲起。

"稳定者生存"是个更为普遍的法则，达尔文的"适者生存"其实是它的一种特殊情况。是稳定之物占据着宇宙，它是指一种原子聚合体，足够恒久或足够常见，所以配有一个名字。它可以是个独一无二的原子聚合体，如马特洪峰，它存续既久，足配命名。它也可以是一个实体类，如雨滴，尽管每个雨滴本身存在的时间很短，但它们出现的频率很高，配享一个集体名称。我们周围看得见，以及我们认为需要解释的东西，如岩石、银河、波浪等，或多或少都是原子的稳定模式。肥皂泡一般是球形的，因为这是薄膜充满气体时的稳定构造。在宇宙飞船上，水也会稳定为球形液滴，但在地球上，由于有重力，静止的水的稳定表面是水平的。食盐晶体一般是立方体，因为这是使钠离子和氯离子紧挨在一起的稳定方式。在太阳中，所有原子中最简单的氢原子不断聚变成氦原子，因为在那种条件下，氦的构造更稳定。其他更加复杂的原子或正在遍布宇宙的恒星中形成，或是已在"大爆炸"中形成——按照目前流行的理论，宇宙始于大爆炸。我们地球上的各种元素也都来源于此。

有时原子相遇，通过化学反应形成分子，这些分子或多或少也都比较稳定。这些分子可能十分巨大。一块像钻石那样的晶体可以看作单一个分子，其稳定性众所周知，但它同时也非常简单，因为其内部的原子结构是不断重复的。现代的活有机体中另有一些高度复杂的大分子，其复杂性表现在好几个层次上。我们血液中的血红蛋白就是典型的蛋白质分子。它由较小的分子——氨基酸——形成的分子链组成，每个氨基酸分子中包含几十个原子，排列模式精确。血红蛋白分子中有 574 个氨基酸分子。它们排列成 4 条分子链，共同编织成一个复杂得令人眼花缭乱的三维球形结构。一个血红蛋白分子的模型看起来就像一丛密集的荆棘灌木。但与真的荆棘灌木丛不同，它并不是一个偶然的近似形状，而是一个确定不变的结构，这种结构在一般人体内要完全相同、丝毫不差地重复 60 万亿亿次以上。像血红蛋白这样的蛋白质分子，其精确的荆棘灌木丛形状在如下意义上是稳定的：它有两条链，皆由相同的氨基酸序列构成，它们就像两条弹簧，倾向于稳定在完全相同的三维螺旋形状上。在你体内，血红蛋白丛以每秒约 400 万亿次的速度"弹"成它们"喜爱"的形状，同时，另一些血红蛋白则以同样的速度分解。

血红蛋白是一个现代分子，我们用它来说明原子趋向于落入某种稳定模式这一原理。与之相关的是，地球上早在生命出现之前，通过普通的物理和化学过程，可能就已经出现了某种基本的分子演化。没有必要考虑设计、目的或者指向性的问题。如果一组原子在有能量的情况下落入某种稳定模式，它们就会倾向于保持这种状态。自然选择的最初形式不过是选择稳定的形式，抛弃不稳定的形式。这里并没有什么神秘。按照定义只能是这样。

当然，你不能由此推出，完全相同的原理也能解释像人类一样复杂的实体的存在。拿适当数量的原子，在某些外部能量的作用下将它们摇晃混合，直到它们碰巧落入正确的模式，然后亚当就从瓶子里出来了！这样做是没用的。你或许可以用这种方法制造出一个由几十个原子构成的分子，但是一个人是由超过1000亿亿亿个原子构成的。要想造一个人，你就得一直摇晃你那个生化鸡尾酒调制器，时间长得就连整个宇宙的年龄似乎都只是一眨眼的工夫，而即使这样，你也不会成功。这里就需要有最一般形式的达尔文理论来帮忙了。分子缓慢形成的故事在此退场，接下来由达尔文的理论来接管。

有关生命的起源，我要给出的解释一定是推测性的，按照定义，当时没人能在场看到究竟发生了什么。有很多理论在相互竞争，但它们都有某些共同的特征。我给出的简化解释与事实大概不会相差太远。

生命出现之前地球上哪些化学原料最为丰富，我们不得而知，但合理推测，可能有水、二氧化碳、甲烷和氨：它们都是简单化合物。就我们所知，这些化合物至少也存在于我们太阳系的其他一些行星上。化学家们曾试图模拟远古时代地球的化学条件。他们把这些简单物质放入烧瓶，并提供紫外线或电火花之类的能源——模拟原始的闪电。几周后，瓶内通常会发现一些有趣的东西：一种稀薄的褐色的汤，其中有大量的分子，结构比最初放进去的更复杂。特别的，里面找到了氨基酸这种蛋白质基本单位，而蛋白质是两大类生物分子之一。在这些实验之前，人们曾经把天然形成的氨基酸当作判断生命存在的特征。比如说，如果在火星上发现了氨基酸，那么火星上存在生命看来就十拿九稳了。而现在，氨基酸的存在只意味着在艳阳或雷雨天气里，大气及某些火山中存在一些简单的气体。最近，有人在实验室中模拟生命出现之前地球的化学条件，结果产生了名为嘌呤和嘧啶的有机物质，它们是遗传分子DNA的基本单位。

想必是与之类似的过程导致了"原始汤"（primeval soup）的形成。生物学家和化学家们认为，原始汤构成了大约 30 亿至 40 亿年前的海洋。有机物质在某些地方积聚，或是在岸边逐渐干涸的泡沫中，或是在悬浮着的微小液滴中。在太阳紫外线之类能量的进一步作用下，它们结合成更大的分子。今天，大的有机分子不会存在很久，很难获得注意：它们很快就会被细菌或其他生物吸收、分解。但是细菌和我们这些其他生物，都是后来才出现的，所以在当初那些日子里，大有机分子可以在浓汤中无忧无虑地漂浮。

在某一时刻，一个特别了不起的分子偶然形成了。我们后来称之为"复制因子"（replicator）。它不一定是最大或最复杂的分子，但它具有一种非凡的特性：能创造自己的拷贝。这种偶然事件发生的可能性本来非常之小。的确如此，可能性微乎其微。在一个人的一生中，实际上可以把这种小概率事件当作不可能。这就是为什么你永远不会在足球彩票上中大奖。但是我们人类在估计哪些事可能哪些事不可能的时候，不习惯于将其放在几亿年的时间中去考虑。如果你在 1 亿年的时间里每周都买彩票，那你很可能会中上好几次头奖。

事实上，一个能制造自己拷贝的分子，并不像我们一开始想象的那样难得，它只要出现一次就够了。我们可以把复制因子想成模子、模板，可以把它想象成由一条复杂的链构成的大分子，链上是各种构件分子。在复制因子周围的汤里，这种小小的构件随处可取。现在让我们假设，每个构件都对自己的同类有亲和力。因此，只要汤中的构件接触到复制因子中对其有亲和力的部分，往往就会附着其上。按照这种方式连接在一起的构件，会自动仿照复制因子自身的序列排列起来。然后我们就不难设想，这些构件逐个连接起来，形成一条稳定的链，和原来的复制因子的形式一模一样。这种一层一层逐渐堆积的过程可以一直继续下去。晶体就是这样形成的。另一方面，两条链也有可能分裂开来，这样就有了两个复制因子，每个都能继续制造更多的拷贝。

一种更为复杂的可能性是，每个构件对自己的同类没有亲和力，却与特定的另一种构件互相吸引。这样，复制因子这个模板制作的就不是一模一样的拷贝，而是某种"负片"，这种负片反过来又能重新制造和原来的正片一模一样的拷贝。对我们来说，最初的复制过程是"正负"还是"正正"都无关紧要，但值得注意的是，第一个复制因子的现代等价物，即 DNA 分子，使用的是"正负"复制。重要的是，突然间，一种新的"稳定性"来到世间。以前，汤里可能没有哪种复杂分子的数量是特别多的，因为每个分子都要依赖构件碰巧落入某种特定的稳定结构。复制因子一旦诞生，就必定在整个海洋中迅速扩散其拷贝，直到较小的构件分子成为一种稀缺资源，其他较大的分子也就越来越难形成。

这样我们就有了一大群一模一样的复制品。但现在我们必须指出，任何复制过程都有一个重要特性：它不会完美无缺。错误一定会发生。我希望这本书里没有印刷错误，可如果你仔细看的话，也可能找到一两处。这些错误可能不会严重歪曲句子的含义，因为它们是"初代"错误。但是想象一下印刷术问世之前的日子，当时福音书之类的书籍都是手抄的。抄写员无论多么小心，也免不了出几个错误，而且有些人还会故意做点"改进"。如果所有抄写员都据同一原本抄写，原意还不致遭很大歪曲。可如果抄本抄抄本，抄本再抄抄本，错误就会开始积累，越来越严重。我们往往认为复制错误是件坏事，而且说到人类文书的时候，要想出一个可以把错误描述为改进的例子，还挺难的。但我想至少可以说，把《圣经旧约》翻译成希腊文七十子译本的学者开创了一桩伟大的事业，因为他们把希伯来文的"年轻妇女"一词误译成了希腊文的"处女"，于是《旧约》（赛 7:14）中就出现了这样一句预言："必有处女怀孕生子……"不过我们会看到，生物复制因子的复制错误确实能带来真正意义上的改进。对于生命的逐渐演化来说，产生一些错误是必不可少的。我们不知道原初的复制分子制作拷贝时准确度如何。而它们的现代后裔，DNA 分子，即使是与人类最高保真的复制过程相比，也是准确得惊人。但即便是它们，偶尔也出些错误，而最终就是这些错误使演化成为可能。原初复制因子的错误大概要多得多，但是不管怎样，我们可以说，它们肯定出过错误，而且这些错误是累积性的。

随着复制错误的产生和扩散，原始汤中开始充斥并非一模一样的复制品，而是几种不同的复制分子，它们都来自同一祖先。有些品种会不会比另一些品种更多？几乎肯定是这样。有些品种可能天生比其他品种更稳定。某些特定的分子一旦形成，就会比其他分子更不容易分裂。这种类型的分子在汤中会变得相对多起来，这不仅是它们"长寿"的自然结果，更因为它们有充裕的时间来制作自己的拷贝。所以长寿的复制因子往往会变得更多，而且在其他条件一样的情况下，分子群中会出现朝寿命更长的方向演化的"演化趋势"。

但是其他条件很可能是不一样的，某个品种的复制因子拥有另外一种特性，对它在种群中传播甚至更为重要，这就是复制的速度或"繁殖能力"。如果 A 型复制分子制作自身拷贝的平均速度是每周一次，而 B 型是每小时一次，那就不难看出，B 型分子的数量很快会远远超过 A 型，即使 A 型分子的"寿命"比 B 型长很多也无济于事。因此，汤里的分子很可能有一个朝"繁殖能力"更强的方向演化的"演化趋势"。复制分子的第三个特征或也是正向选择出来的，那就是复制的准确性。如果 X 型分子和 Y 型的寿命同样长，也以同样的速度复制，但 X 型平均每 10 次复制出 1 次错误，而 Y 型每 100 次复制才出 1 次错误，那么很明显，Y 型会变得更多。种群中的 X 型分子队不仅会失去错误的"子女"本身，还会失去后者实际或者可能产生的所有后代。

如果你已经对演化论有所了解，可能会发现最后一点有点矛盾。我们一方面说复制错误是发生演化的必要前提，另一方面又说自然选择青睐高保真，这两种说法可以调和吗？回答是，虽然在某种模糊的意义上，演化似乎是件"好事"，尤其因为我们正是演化的产物，但是事实上没有什么东西真的"想要"演化。尽管复制因子（以及今天的基因）不遗余力地想要防止演化发生，但是演化就这么发生了，不管你愿不愿意。雅克·莫诺在赫伯特·斯宾塞讲座中出色地阐明了这一点，他当时嘲讽道："演化论的另一个奇妙之处就是，每个人都以为自己明白演化论！"

再回到原始汤中。现在汤一定已经被稳定的分子品种占据：稳定的意思就是，每个分子要么存在的时间很长，要么复制迅速，要么复制准确。出现朝着这三种稳定性方向演化的趋势，就意味着：如果你在两个不同的时间从汤中取样，后一次的样品中一定含有更大比例的长寿 / 繁殖能力强 / 保真度高的品种。生物学家们谈到生物演化时，所说的演化实质上就是这个意思，演化的机制是一样的——自然选择。

那么，我们是否应该说原初的复制分子是"活的"？谁在乎呢。我可能会对你说"达尔文是曾活在世上的人里最伟大的"，而你可能会说"不，牛顿才是"，我希望我们不要一直这么争论下去。重点是，无论争论的结果如何，都不会影响实质性结论。无论我们有没有给牛顿和达尔文贴上"伟大"的标签，他们的生平和成就都不会有任何变化。同样，无论我们是否称之为"活的"，复制分子的故事大致都像我讲的那样。人类感到痛苦，往往是因为我们当中太多人都不明白，词语只是供我们使用的工具，字典里有"活的"这个词，并不意味着它在真实世界中一定有明确所指。无论我们是否说早期复制因子是活的，它们都是生命的祖先，是我们的缔造者。

论证的第二个重要环节是"竞争"，达尔文本人也特意做了强调（尽管他谈的是动植物，而非分子）。原始汤无力供养无限多的复制分子。原因之一是地球的大小有限。但其他限制因素肯定也很重要。我们设想那个起模板作用的复制因子时，是假设它浸泡在原始汤中，周围充满了制作拷贝所必需的小型构件分子。但在复制因子变多之后，构件一定会很快用光，成为珍稀资源。不同品种或血统的复制因子必然会为争夺它们而竞争。我们已经考虑过哪些因素会增加受演化青睐的复制因子品种的数量。现在我们可以看到，不那么受青睐的品种一定会由于竞争而日渐稀少，最后，它们的许多种系必定会灭绝。不同品种的复制因子之间存在着生存竞争。它们不知道自己在竞争，也不为此担忧；它们竞争时没有任何艰难的感受，事实上它们根本没有任何感受。说它们在竞争，意思是说，任何一种复制错误，只要能带来更高水平的稳定性，或是能带来新方法好削弱对手的稳定性，都会自动保留下来，并成倍繁殖。改进的过程也是累积性的。加强自身稳定性和削弱对手稳定性的方法会变得更加复杂，更加有效。一些复制因子甚至"发现"了如何通过化学方法来分解对手的分子，并利用分解出来的构件制作自己的拷贝。这些原始食肉动物在消灭竞争对手的同时也获得了食物。另一些复制因子大概发现了如何保护自己：或是用化学方法，或是用蛋白质在自己周围建造一层物理围墙。这或许就是第一批活细胞出现的原因。复制因子开始不仅要生存，还要给自己建造容器和运载工具，好让自己持续存在。存活下来的复制因子，都给自己建造了"生存机器"，居住其中。第一批生存机器也许只有一层保护外衣。但后来谋生变得越加困难，因为出现了新的竞争对手，它们拥有更好、更有效的生存机器。生存机器变得越来越大，越来越复杂。这是一个积累和渐进的过程。

　　复制因子为确保自己在世上延续，逐渐改进它们采用的技术和诡计，那这种改进有没有尽头？有大量的时间可以用于改进。千年时间，会带来哪些怪诞的自我保存引擎？40亿年过后，古老的复制因子又会有什么样的命运？它们没有灭绝，因为它们是精通生存技艺的老手。但别以为它们还会在海洋中闲散地漂浮，很久以前它们就放弃了这种无忧无虑的自由。现在，它们聚成许多巨大的"集群"（colony），安全地居住在巨大笨重的机器人体内，与外部世界隔绝，通过拐弯抹角的间接途径与外部世界联系，通过遥控来操纵外部世界。它们就在你我体内。它们创造了我们，创造了我们的身体和心灵。保存它们正是我们存在的终极理由。这些复制因子源远流长。今天它们以"基因"之名行走江湖，我们则是它们的生存机器。

＊＊＊

　　很久以前，自然选择的造成，是由于自由漂浮在原始汤中的复制因子有着生存率的差别。如今，自然选择更青睐擅长制造生存机器的复制因子，即更青睐精通胚胎发育控制术的基因。在这一过程中，复制因子并不比过去更有意识或目的性。相互竞争的分子之间凭借长寿、繁殖能力和保真度自动获得选择，这一古老的过程仍然像在遥远的过去一样，盲目而不可避免地继续着。基因没有先见之明，不会未雨绸缪。基因只是存在，某些基因比另一些存在得更多。仅此而已。但决定基因的长寿和繁殖能力的特性不像以往那么简单，远远不是那么简单了。

近年来——过去 6 亿年左右——复制因子在建造生存机器的技术上取得了显著成就，比如说，它们发明了肌肉、心脏和眼睛（几次独立演化产生）。在此之前，它们作为复制因子，生活方式的基本特征就已有了根本改变。我们如果想继续这一论证，就必须对此有所了解。

关于现代复制因子，我们要了解的第一件事就是，它非常喜欢群居。生存机器这种运载工具，装载的不是一个基因，而是成千上万个。制造身体是一桩错综复杂的联合经营，几乎不可能把某个基因的贡献与另一个的贡献分开。某一特定的基因会对身体的许多不同部分产生许多不同的影响。身体的某一特定部分也会受到许多基因的影响，而且，任何一个基因所起的作用都依赖于和其他许多基因的相互作用。某些基因充当主控基因（master genes），控制一群其他基因的活动。打个比方说就是，蓝图的任何一页都涉及了建筑物的许多不同部分，而且每一页只有和其他许多页相互参照才有意义。

基因之间这种错综复杂、相互依赖的关系可能会使你纳闷：我们到底为什么要使用"基因"这个词呢。为什么不用"基因复合体"（gene complex）这样的集合名词？回答是，从许多方面来讲，后者确实是个相当好的主意。但如果我们从另一个角度看，把基因复合体想象成若干分离的复制因子或基因，也是有意义的。出现这个问题是由于性现象的存在。有性生殖具有把基因打乱重新洗牌的作用。这就意味着，任何一个个体都只不过是基因的某个短命组合的临时运载工具。任何个体的基因组合可能是短命的，但基因本身却可能非常长寿。它们的道路一代一代不断地相互交叉，再交叉。或许可以认为，一个基因就是一个通过大量相继出现的个体生存下去的基本单位。

* * *

自然选择的最一般形式，就是实体之间的生存率差别。某些实体生存，另一些死亡，但是要让这种选择性死亡对世界产生影响，就必须满足一个额外的条件，即每个实体必须以大量拷贝的形式存在，而且其中至少要有某些实体有<u>潜力</u>（以多份拷贝的形式）生存一段相当长的演化时间。小的遗传单位具有这种特性，而个体、群体和物种则没有。格雷戈尔·孟德尔的一项伟大成就，就是证明遗传单位实际上可以被当作一种不可分割的独立颗粒。今天我们知道，这有点过于简单。即使是顺反子*有时也是可分的，而同一条染色体上的任何两个基因都不完全独立。刚才我所做的，只不过是把基因定义为，一个高度<u>接近</u>"不可分颗粒性理想型"的单位。基因不是不可分，但却很少分开。在任何特定个体中，一个基因要么确定存在，要么确定不存在。一个基因只会径直通过中间世代，完好无损地从祖辈传到孙辈，不会同其他基因融合。如果基因之间不断相互融合，那我们现在所理解的自然选择就是不可能的了。顺便说一句，这个问题在达尔文还在世时就已经被证实，而且令达尔文感到莫大的忧虑，因为那时人们认为遗传是一个融合过程。孟德尔的发现当时已经发表，这本来可以解除达尔文的担忧，但是天啊，他却一直不知道这件事，似乎直到达尔文和孟德尔都去世多年之后，才有人读到孟德尔这篇文章。孟德尔也许没有认识到他的发现的重要意义，否则他可能会写信给达尔文的。

---

* cistron，1955 年基于顺反互补测试提出，一段 DNA 上两个突变若呈顺式或反式结构，会出现同一性状的不同表型，则称这段 DNA 为一个顺反子，它代表遗传的最基本单位。命名之初意思不同于基因（当时认为基因—酶—表型——对应），但实质上是基因的某种操作性旧称。

　　基因颗粒性的另一个方面，是它不会衰老：基因100万岁时也不会比只有100岁时更有可能死去。它一代一代地从一个身体跳到另一个身体，以自己的方式、为自己的目的而操纵着一个又一个身体，并在这一连串终有一死的身体衰老死亡之前抛弃它们。

　　基因是不朽的，或者更确切地说，它们的定义就是接近不朽的遗传实体。作为这个世界上的个体生存机器，我们可以期望自己多活几十年，但这世上的基因的预期寿命可不是以几十年计，而是以千百万年计。

＊　＊　＊

　　生存机器一开始只是消极被动接受基因的容器，所提供的不过是保护层，使基因能够抵御对手的化学战，以及偶发的分子撞击的蹂躏。在早期，原始汤中免费供应的有机分子就是它们的"食物"。这些有机食物是千百年来在阳光能量的作用下缓慢合成的，但随着汤中食物告罄，这种轻松自在的生活也结束了。生存机器的一大分支——现在叫植物——开始以快得多的速度再现原始汤中的合成过程，它们直接利用阳光来把简单分子合成为复杂分子。另一分支——现在叫动物——"发现"了剥削植物的化学劳动成果的方法，它们要么吃掉植物，要么吃掉其他动物。生存机器的这两大分支都逐渐演化出了越发巧妙的计谋，来提高各种生活方式的效能，新的生活方式也层出不穷。次级分支和次次级分也演化出来，每个都擅长一种专门的谋生方式：下海，上岸，飞天，遁地，上树，或是进入其他生物体内。这种不断的分支过程，终于带来了今天极为丰富的动植物多样性，给我们留下了深刻印象。

　　动物和植物都演化成了多细胞体，每个细胞中又都配备了所有基因的完整拷贝。我们不知道这件事何时发生，因何发生，又独立发生过多少次。有些人使用"集群"的比喻，把身体描述为细胞的集群。我倒宁愿把身体想成基因的集群，把细胞想成给基因的化学工业提供方便的工作单元。

虽然身体可能是基因的集群，但就其行为而言，确实无法否认身体上获得了自己的个体性。一只动物是作为一个协调的整体，作为一个单元来活动的。我主观上感觉自己是一个单元，而不是一个集群。这是意料之中的事。选择过程会青睐那些与其他基因合作的基因。在争夺稀缺资源的激烈竞争中，在吃掉其他生存机器和避免被吃掉的无情斗争中，共同的身体中存在一个中央协调系统，这肯定比无法无天的状态优越得多。时至今日，基因之间错综复杂的共同演化过程已经发展到了这种程度：个体生存机器的群体性质几乎已经无法识别。事实上，很多生物学家都认识不到这种群体性，他们不会同意我的观点。

* * *

生存机器的行为最突出的特征之一，就是明显的目的性。我的意思不仅是说，生存机器似乎是被周密的计算所安排，好帮助动物的基因生存下去，尽管事实确是如此。我的意思是，生存机器的行为十分类似人类的有目的行为。看到动物"寻找"食物、配偶或是丢失的孩子时，我们总是情不自禁地要把某些我们自己找东西时体验到的主观感受投射到它们身上。这些感受可能包括对某个对象的"欲望"，对这个想要的对象的"心理图像"，一个心中的"目标""目的"。我们每个人都从自己的内省中得知：至少在某种现代生存机器之中，这种目的性已经演化成了我们称为"意识"的特性。我不是很懂哲学，无法讨论其中的含义，不过所幸就我们目前所讨论的问题而言，这并不重要，因为把机器的行为说成好像是被某种目的所驱使，而不去判断它们是否真有意识，这样很是方便。这些机器基本都非常简单，而无意识的目的性行为的原理在工程学中很平常。瓦特的蒸汽机调速器就是一个经典例子。

这其中牵涉的基本原理就是我们所说的负反馈，它有许多不同的形式。一般来说是这样的：有种机器或说东西叫"目的机"（purpose machine），其行为好像具有某种有意识的目的，上面装有某种测量装置，测量事物的现有状态和"期望"状态之间的差距。这一差距越大，机器运转得也越努力——它就是这样建造的。如此一来，这机器就能自动缩小上述差距，因此我们称之为"负反馈"。而如果达到"期望"状态，机器最终就会停止运转。瓦特调速器由一对球构成，由蒸汽机带动旋转。这两只球分别安装在两条悬臂末端。球的转速越快，离心力就越会把悬臂越推向水平位置，而重力又会抵消这一趋势。由于悬臂接在向发动机输送蒸汽的阀门上，悬臂越接近水平位置，蒸汽就会关得越小。因此，如果发动机运转过快，蒸汽就会减少，发动机就会慢下来。如果速度降得过快，阀门就会自动输送更多蒸汽，发动机会再加速。由于过调或者时滞的关系，这种目的机常会出现振荡。建造补充装置来减少振荡，就成了工程师技艺的一部分。

瓦特调速器的"期望"状态是特定的旋转速度。机器显然不会有意识地期望达到这一速度。机器的"目标"不过是指它趋向于回到的那种状态。现代目的机扩展了负反馈这样的基本原理，用以实现复杂得多的"类生命"行为。例如制导导弹表现出主动搜索目标，并在目标进入射程后追踪，还会考虑目标迂回曲折的逃避动作，有时甚至还对这些动作进行"估计"和"预测"。这里面的细节无须深入探讨。它们涉及各种负反馈、前馈（feed-forward）和工程师熟知的其他一些原理。而现在我们知道，生命体的运行也广泛涉及这些。这里不需要假定存在任何与意识沾边的东西，虽然一个外行看到导弹那种表面上有预谋、有目的的行为时，很难相信它不是由人类导航员直接控制的。

一种常见的误解是，既然制导导弹之类的机器最初是由有意识的人设计制造的，那它也必定处于有意识的人的直接控制之下。这种错误的另一个翻版是："计算机并不是真在下棋，因为它们只能做人类操作员让它们做的事。"我们得理解为什么这种说法是错的，这很重要，因为这会影响我们理解究竟在什么意义上可以说基因在"控制"行为。计算机下棋是一个很能说明问题的例子，所以我想简要讨论一下。

迄今为止，计算机下棋尚未达到人类象棋大师的水平，但已经不输优秀的业余棋手。更严格地说，是计算机程序已经达到优秀业余棋手的水平，因为下棋程序并不在乎具体使用哪一台计算机硬件来施展自己的技巧。而人类编程者扮演怎样的角色？第一，他肯定不会像演木偶戏的人操纵木偶那样时时刻刻操纵计算机，这是作弊。他编好程序，输入计算机，然后计算机就要靠自己了：除了对手要把自己的走法输入计算机之外，再无人类干预。编程者是否可能预先估计到所有可能的局面，然后针对所有可能的情况，给计算机提供一个长长的好棋清单？肯定不可能，因为象棋中可能的局面，多得就是到了世界末日也编不完一份清单。出于同样的原因，计算机程序也不可能是让计算机在"头脑"中试出所有可能的走法，所有可能的后着，直至找到一种制胜策略。可能的棋局比银河系里的原子还要多——要给计算机编程下棋，这样根本不是解决办法，这点我们就说到这儿。事实上下棋程序是个极难解决的问题，无怪乎最好的程序也达不到象棋大师的水平。

　　编程者的角色其实更像一个教儿子下棋的父亲。他把基本走法告诉计算机，不是分别告知每种可能的开局，而是更经济地表述下棋的规则。他不是真用大白话说"象走对角线"，而是用数学的语言说等价的内容，比如"象的新坐标基于老坐标得出，方法是在老坐标的 x 值和 y 值上加上同样的常数，但正负号不必相同"，实际上会更简洁。接着他可以在程序中写入一些"建议"，用同样的数学或逻辑语言来写，用人类的语言来说就相当于"不要让你的王失去护卫"之类的提示，或者是一些有用的关窍，比如"一马双杀"。这些细节都很有趣，但离题太远了。重点是：真正下棋的时候，计算机全靠自己，不能再指望主人帮它。编程者所能做的一切只是尽最优可能事先把计算机设置好，在罗列具体知识和提示战略战术之间做适当平衡。

　　基因也是这样控制着所在生存机器的行为：不是直接用手指牵动木偶提线，而是像计算机编程者那样间接行事。它们所能做的一切也只是事先设置，然后生存机器就全靠自己，基因只能消极被动地安坐其中。它们为什么如此消极被动？为什么不抓住缰绳，时刻驾驭？答案是：由于时滞问题，它们做不到。最好是用一本科幻小说中的一个比方来说明问题。弗雷德·霍伊尔和约翰·艾略特合著的《仙女座之A》（*A for Andromeda*）讲述了一个扣人心弦的故事，而且就像一切优秀科幻小说一样，背后也有一些有趣的科学观点。奇怪的是，这本书似乎没有明确指出其中最重要的一个基本观点，而是将其留给读者去想象。希望两位作者不要介意我在这里把它说出来。

距离我们200光年的仙女座[*]中有一个文明世界。他们想把自己的文化传播到各个遥远的世界中。怎么做最好呢？直接的星际旅行是不可能的。从宇宙的一处去到另一处，理论上的速度上限是光速，而考虑到机械因素，实际的速度上限要低得多。此外有那么多世界，可能并不是每个都值得去，你怎么知道要朝哪方向走？无线电波是联络宇宙中其他地方的较好方法，因为如果你有足够的能量向各个方向发射信号，而不是只向一个方向发射的话，信号就能到达非常多的世界（数量与信号传播距离的平方成正比）。无线电波以光速传播，这意味着信号要经过200年才能从仙女座到达地球。这种距离的麻烦在于，两地之间永远无法对话。就算不考虑从地球上来的每条信息，都是隔了差不多12代的人发出的，单是试图跨越如此遥远的距离进行对话，本身就是白费。

这个问题我们不久就会真正碰到。地球与火星之间，无线电波要走上4分钟左右。毫无疑问，今后的太空人必须改变使用短句对话的习惯，而得改成长篇的独白、自言自语，更像写信而不是对话。另一个例子是罗杰·佩恩曾经指出的，海洋有一些特殊的声学性质，意味着只要座头鲸游到某个特定的深度，它们那异常响亮的"歌声"，理论上全世界都能听到。座头鲸之间是否真会进行远距离通话，我们不得而知，如果它们真这么做，就会面临和火星上的宇航员同样的困境。按声音在水中的传播速度，座头鲸的歌声穿越大西洋之后再等对方的回音传来，需要近2小时。我看这可以解释如下情况：座头鲸会进行不间断的独唱，其间

---

[*]　不要和仙女座星系混了，它离我们有200万光年之遥。——原选文编注

从不重复，持续整整 8 分钟，然后再从头唱起，重复多遍，每整轮持续约 8 分钟。

故事中的仙女座人也是这样做的。因为等候回应没有必要，因此他们把要说的话都汇成一条巨大的完整信息，然后一遍又一遍地向太空播送，每轮历时数月。但他们的信息和鲸鱼的大不相同。仙女座人的信息是编码的指令，内容是如何建造一台巨型计算机并为它编程。当然指令不是用人类的语言写的，不过一个熟练的密码员几乎什么密码都能破译，尤其是如果密码设计者的本意就是让它容易破译的话。这条信息被柴郡的卓瑞尔河岸天文台（Jodrell Bank）的射电望远镜截获，并最终破译了出来，计算机建成，程序也运行了。结果对人类却近乎灾难，因为仙女座人的意图并不是普遍利他。计算机眼看就要实现对全世界的独裁统治了，这时主人公用一把利斧劈坏了它。

在我们看来，一个有趣的问题是，在哪种意义上，我们可以说仙女座人正在操纵地球上的事务。他们无法随时直接控制计算机的所作所为。事实上，他们甚至无从得知计算机已经建好，因为这个信息要花上 200 年才能传回他们那里。计算机的决策和行动完全是独立做出的。它甚至都不能再向主人要求一般性的策略指令。200 年的障碍难以逾越，因此一切指令都必须事先内建。原则上，这和下棋计算机的程序非常相似，但在吸纳当地信息方面具有更高的能力和灵活性。这是因为程序设计不光是针对地球的，而是要针对拥有先进科技的各个世界，仙女座人对这些世界的具体情况无从知晓。

就像仙女座人必须让地球上有这么一台计算机来为他们做出日常决策一样，我们的基因也必须建造一个大脑。但基因不只是发出编码指令的仙女座人，它们也是指令本身。它们不能直接操纵我们的木偶线，理由也是一样的：时滞。基因的作用方式是控制蛋白质的合成。这是操纵世界的一种有力手段，但它太慢了。培养一个胚胎要花几个月的时间耐心地操纵蛋白质链条。而另一面，行为的全部要义，就是很快。行为的时间尺度不是以月来计，而是以秒或几分之一秒计。外部世界中发生了某些情况：一只猫头鹰掠过头顶，沙沙作响的高草丛暴露了猎物的位置，几毫秒内神经系统就会爆发行动，肌肉引发腾跃，一条命保住了——或者丢掉了。基因没有这样快的反应。就像仙女座人一样，基因只能尽其所能事先为自己建造一台能快速执行的计算机，事先给它输入规则和"建议"，好最大限度地应对基因能"预料到"的可能事件。但生命如弈棋，各种不同的可能事件太多，不可能预料到全部。就像编程者一样，基因对生存机器的"指令"不能是细节性的，而须是关于生存一事的一般性策略和关窍。

正如 A. Z. 扬指出的，基因必须完成的任务类似于预测。当生存机器胚胎正在建造之时，机器此后一生会遇到哪些危险和问题都还是未知数。谁能说出会有什么样的食肉动物蹲伏在哪个树丛后面等着它，或者有哪只捷足的猎物会之字形冲出一条路来？人类无法预言，基因也不能。但一些一般性的预测是做得出的。北极熊的基因可以有把握地预测到，它们尚未出生的生存机器未来会遭遇寒冷。它们并不把它想成是一个预言，它们根本不想；它们只是制造出一身厚厚的皮毛，因为在从前的身体上它们一直如此行事，也正因此它们仍存在于基因库中。它们也预测到大地将为积雪覆盖，这种预测体现在了把皮毛造成白色，利于伪装。如果北极的气候急剧变化，北极熊宝宝发现自己出生在了热带沙漠，那就是基因预测错了，它们将为此受到惩罚。小熊会死掉，它们体内的基因也会死掉。

* * *

预测未来，最有趣的一个方法就是模拟。一位将军如果想知道某项军事计划是否比其他备选计划更好，他就面临了预测问题。天气、部队士气和敌人可能的对策都是未知量。要知道计划好不好，一个方法就是试试看。不过要把想象出来的所有暂定计划都这样测试一下，就很不可取，因为愿意"为国"献身的青年有时而尽，而各种可能的计划却数不胜数。更好的做法是用演习来尝试各种计划，而不是真刀真枪地干。演习可以在"北国"和"南国"之间开展，按真实状况模拟交战，但使用空弹。而即使这样也要耗费大量的时间和物资。更节约的方法是玩战争游戏，用铁皮兵和玩具小坦克在大地图上移来移去。

近年来，计算机已承担起了大部分模拟工作，不仅是在军事战略方面，也在一切必须要预测未来的领域，如经济学、生态学、社会学等。使用的技术是在计算机中给世界的某个方面建一个模型。这并不意味着如果你拧开螺丝、打开机器外盖，就能看到和模拟对象一模一样的微型仿制品。下棋计算机的内存条里没有任何"心理图像"让我们能看出这是一个棋盘，上面还放着马和卒。代表棋盘和当下局面的只是一行行电子的编码数字。对我们而言，地图是世界某一部分的二维微缩模型。而在计算机中，地图通常表示为一系列城镇和其他地点的清单，每个地点表示为两个数字，经度和纬度。不过，计算机的"脑袋"实际上如何存放世界的模型并不重要，只要存放的方式让它能运行、操纵这个模型，用模型进行实验，并用人类操作员能理解的语言给出反馈就行了。依靠模拟技术，模拟战役能分出输赢，模拟客机能起飞也能坠毁，经济政策能通向繁荣也能导致崩溃。每种情况下，在计算机中运行整个模拟过程，所需时间都只占现实生活中的极小一部分。当然，反映世界的模型也有好有坏，而且即使好模型也只是近似。无论怎么模拟，也不可能精准预测现实中会发生的一切，但好的模拟肯定远胜于盲目试错。模拟也可以叫作替代性试错，但不巧的是，这个术语很久以前就被用大鼠做研究的心理学家们占用了。

如果模拟是这么好的一个点子，我们可以设想生存机器应该首先发现它。毕竟早在我们出场之前，生存机器就已经发明了其他许多人类工程学中的技术：聚焦透镜和抛物面反射镜、声波频谱分析、伺服控制、声纳、输入信息缓存，等等等等，不胜枚举，而且名字都很长，不过这些细节无关紧要。那么它们也发明了模拟吗？嗯，如果你自己要做一个艰难决定，会牵涉一些将来的未知量，你就会进行某种形式的模拟。你会想象你实施了各种可供选择的方案之后会发生些什么。你会在头脑中建模，模型不是关乎世间万物，而仅限于你认为可能与此有关的事物集合。你可能会通过"心眼"看到它们活灵活现，也可能会看到它们程式化的抽象结果，然后操纵它们。无论哪种情况，出现在你脑中某处的这个想象事件的模型，都不可能占据实际空间。但和在计算机中一样，世界的这个模型在你脑中怎样呈现，细节并不那么重要，重要的是可以用这个模型预测可能的事件。那些能够模拟未来的生存机器，比那些只会通过实际试错来学习的生存机器领先一步。实际试验的问题是既费时又费力，而实际错误又常常致命。模拟则既安全又快速。

模拟能力演化的顶峰似乎就是主观意识了。在我看来，这件事为什么会发生，是当代生物学面临的最大奥秘。我们没有理由认为电子计算机执行模拟时是有意识的，尽管我们必须承认，未来它们可能会产生意识。意识的出现也许是因为脑对世界的模拟已经达到了完美无缺的境地，以至于模拟中也必须囊括它自己的模型。显然，生存机器的肢体必定也是它所模拟的世界的重要组成部分；出于同样的理由，我们可以推测，模拟本身也可以视为所要模拟的世界的一部分。换个说法，或许这确实是"自我觉察"，但我觉得用这种说法来解释意识的演化不是特别令人满意，部分是因为它牵涉了一个"无穷后退"：如果一个模型可以有一个模型，那一个模型的模型不也可以有一个模型……

不管意识引出了哪些哲学问题，就我们的主旨而言，意识可以视为一个演化趋势的顶峰，这一趋势就是：作为决策的接受与执行者的生存机器，要从其终极主宰，即基因那里解放出来。脑不仅主管生存机器日常事务的运转，还获得了预测未来并据此采取行动的能力。它们甚至有力量反抗基因的命令，例如拒绝生育尽可能多的后代。但就这一点而言，人类的情况是非常特殊的，我们下面会说到。

这一切与利他、自私又有什么关系呢？我力图阐明的观点是，动物的行为，无论利他还是自私，都在基因的控制之下，这种控制虽然只是间接的，但是仍然十分强大。基因通过支配生存机器及其神经系统的建造方式，对行为行使了最终决定权。但关于"下面怎么办"的即时决策，则由神经系统做出。基因是重大政策的制定者，脑是其执行者。但随着脑越来越发达，它也接管了越来越多的实际决策工作，这样的过程中，它使用学习和模拟之类的技巧。这一趋势合乎逻辑的结果是基因给生存机器下达一个整体性的政策指令：采取一切你认为最佳的行动来保证我们的生存——但迄今为止还没有一个物种达成这一结果。

自私的模因

我们认为物理定律在可及的宇宙范围内都真实适用。生物学中有没有一些原则也这样普遍有效？等宇航员飞去遥远的行星寻找生命时，他们可能会发现一些稀奇古怪的生物，令我们难以想象。但是所有的生命，不管是哪里发现的，也不管其化学基础是什么，有没有什么东西对它们全都真实适用？如果有些生命形式，其化学基础是硅而不是碳，是氨而不是水，如果发现了一种生物，在零下 100 摄氏度就会被烫死，如果找到了一种生命形式，完全不以化学物质为基础，而是以电子的反响回路 * 为基础，那么，还有没有对所有生命都真实适用的一般性原则？我显然不知道，但如果一定要赌的话，我会将赌注押在这样一条基本原则、一条定律上，就是一切生命的演化都基于主动复制实体的生存率差异。基因，DNA 分子，正好就是我们星球上占优势的主动复制实体。可能还有其他这样的实体。如果有的话，那么只要它们符合另一些条件，就几乎不可避免地会成为某种演化过程的基础。

但是，难道我们一定要到遥远的世界去找其他类型的复制因子，以及随之而来的其他类型的演化吗？我认为，一种新型复制因子最近已经就在我们这个星球上涌现了。它正在正面审视着我们。它还处于婴儿期，

---

* reverberating circuit，一种封闭的神经通路，概念于 20 世纪 40 年代提出，理论上其中的神经兴奋若不受干扰则可一直"反响"下去。与短时记忆有关，也与呼吸等节律性自主活动有关。

还笨拙地漂浮在它的原始汤中。但是它的演变速率日臻迅速，已经把气喘吁吁的老基因远远抛在了后面。

这种新汤就是人类文化之汤。我们需要给这个新复制因子取个名字，这名字要能表达作为文化传播单位或是模仿单位的意思。mimeme（模仿）一词来自希腊语词源，很是合适，但我想要个单音节词，听上去有点像 gene（基因）。如果我把 mimeme 缩短成 meme（模因），还望研究古典学的朋友们多加包涵。我们还可以认为 meme 与 memory（记忆）有关，或者与法语单词 même（同样的）有关，如果这样能给某些人带去一点安慰的话。这个词的念法应该是和 cream（奶油）押韵。

模因的例子有曲调、观念、流行语、服装时尚、制锅或者建造拱门的方法等等。就像基因是通过精子卵子从一个身体跳到另一个身体，从而在基因库中繁殖一样，模因是通过广义上可以叫作模仿的过程，从一个脑中跳到另一个脑中，从而在模因库中繁殖。一位科学家如果听到或者读到了一个好点子，就会把它传给自己的同行和学生——在文章或授课中提到它。如果这个点子流行起来，我们就可以说它正在繁殖，从一个脑中扩散到另一个脑中。正如我的同事 N. K. 汉弗莱概括本章的初稿时精辟地指出的：“……模因应该被看成一种活的结构，这不仅是个比喻，而是严格意义上如此。你把一个有繁殖力的模因植入我的心灵，你就是真的在我脑中寄生，让我的脑变成了模因繁殖的运载工具，就像病毒寄生在宿主细胞的遗传机制中那样。这不仅仅是一种说法，实际上，模因（比如‘相信有来生’）已经千百万次地实现为了物质形式，实现为世界各地一个一个人的神经系统中的一种结构。”

* * *

我猜想，相互适应的模因复合体和相互适应的基因复合体有同样的演化方式。选择过程青睐那些能为自身利益而利用其文化环境的模因。这一文化环境也包含了其他正获选择的模因。因此，模因库会逐渐拥有一组演化上稳定的属性，使新模因难以入侵。

我上文对模因可能有点消极，不过它们也有令人愉快的一面。我们能留于身后的东西有两种：基因和模因。我们被造为基因机器，为传递基因而来。而我们的这个面向三代之内就会被人遗忘。你的儿女甚至孙辈可能会和你相像，也许在面部特征方面，也许在音乐才能方面，也许是头发颜色。但每过一代，你的基因贡献就会减半。过不了多久，你的基因比例就会微乎其微。我们的基因或是不朽，但我们每个人的基因组合则不免崩解。伊丽莎白二世是征服者威廉的直系后代，但她身上很可能连一个老王的基因都没有。我们不应从生殖中寻找不朽。

但如果你能为世界文化做出贡献，如果你有一个好点子，作了一首曲子，发明了一个火花塞，写了一首诗，那么当你的基因已经消融在公共基因库中很久之后，这些东西还会完整无缺地活下去。正如 G. C. 威廉斯所说，苏格拉底或许已经没有一两个基因仍存活于今日，但谁在乎呢？苏格拉底、达芬奇、哥白尼和马可尼的模因复合体至今仍生机勃勃。

反　思

道金斯是阐发还原论观点的大师。还原论认为，当偶然形成的小单元，为了复制而反复激烈地竞争，再三受这一过程的无情筛选时，生命和心灵就从分子沸腾的喧嚣中产生了。还原论认为，世界上的一切都可以还原为物理法则，不存在所谓的"涌现"特征，这个特征换一个虽然过时但还能唤起共鸣的词就是"生机"（entelechies）——这是说，要解释高层结构，从支配其各组成部分的法则中恐怕找不到所需资源。

想象这样一个场景：你把坏掉的打字机（或者洗衣机、复印机等等）送回厂里去修，一个月后，他们把重新装好的机器送了回来（和你送去时一模一样），还附了一张字条，说他们很抱歉：检查所有部件都是完好，但整台机器就是不工作。这可太离谱了。如果机器不能好好工作，怎么可能每个部件都完好？一定有什么地方出了什么毛病！在日常生活的宏观领域中，常识就是这样告诉我们的。

但是，如果你从整体到局部，再从局部到局部的局部，依此类推，这一原则是否还会一直成立？常识仍然会说是——但很多人还相信"你无法从氢原子和氧原子的特性中推导出水的特性"或"生物优于其各组成部分之和"之类的东西。不知何故，人们总是把原子想象成小弹球，可能有化学价，但没有更多的细节。事实证明，没有比这更离谱的了。如果你降到非常小的尺度上去观察，"物质"的数学就会变得无比棘手。让我们来看看理查德·马塔克（Richard D. Mattuck）的一段有关粒子相互作用的文字：

> 讨论"多体问题"*的合理起点或许是：多少个"体"才会让我们遇到难题。G. E. 布朗教授曾指出，对那些想要精确解答的人来说，看看历史就能得到答案。在18世纪的牛顿力学中，三体问题是无解的。随着1910年前后广义相对论和1930年左右量子电动力学的诞生，二体问题和一体问题也变得无解。在现代量子场论中，零体问题（真空）也是无解的。因此如果我们想要精确解答的话，无体也已经太多。

要想完整地分析解答有8个电子的氧原子的量子力学，就已经超出了我们的能力。单一个氢原子或氧原子的特性就已经微妙得难以形容，更不用说水分子的特性了，而氢原子和氧原子的特性确实就是水的许多难以捉摸的性质的来源。这些特性中有许多可以用简化的原子模型，通过计算机模拟大量分子间的相互作用来研究。自然，原子模型越好，模

---

* many-bodies problem，在量子力学之后，它是依量子理论讨论的关于粒子微观构成及相互作用的一类物理问题，三体（或四体）以上的系统称"多体系统"，以下的称"少体系统"。

拟就越逼真。事实上，计算机模型只要知道单个成分的特性，就能发现由许多完全相同的成分组成的集合的新特性，这已经成为最常用的方法之一了。计算机模拟通过把单个恒星建模成一个移动的引力点，给星系如何形成旋臂这一问题带来了新的见解。计算机模拟通过把单个分子建模成一个单纯的电磁相互作用结构，说明了固体、液体和气体的振动、流动和物态变化过程。

事实是，遵从形式规则、大量高速（相对于我们的时间尺度来说）相互作用的单元，能引发怎样的错综复杂，常被人们低估了。

道金斯在全书末尾展示了他自己创造的模因，它正是关乎模因这种居于心灵之中的软件复制因子的，以此作结全书。在表达这一概念之前，他先考虑了可能存在别种生命支持媒介这一想法。有一点他没有提到，那就是在中子星的表面，核粒子能以比原子快千万倍的速度融合、分解。理论上，核粒子的"化学"允许产生某种极其微小的自我复制结构，这种结构的高速生命一眨眼的工夫里数量就会猛增，而它们和地球上动作缓慢的生命一样复杂。我们还不清楚这种生命是否真的存在，也不知道我们能否发现它们。不过这让我们产生了一个惊人的想法：整个文明可以在几个地球日之内兴衰——一个超级利利普特小人国！本书所选斯坦尼斯瓦夫·莱姆的文章都具有这一特点，尤其是选文 18《第七次远行》。

我们提出这一怪异的想法，是为了提醒读者，能支持生命或思想之类复杂活动的媒介会具有多变性，对此要抱持开放态度。下面一篇对话也探讨了这一想法，不过没那么疯狂，在这篇对话中，意识是从蚁群各个层次之间的相互作用中涌现出来的。

D. R. H.

11

前奏曲……蚂蚁赋格

道格拉斯·R. 侯世达

（1979）

前奏曲……

阿基里斯和乌龟来到他们的朋友螃蟹的家中，结识了螃蟹的朋友食蚁兽。互相介绍之后，四个朋友坐下来喝茶。

乌龟：蟹先生，我们给你带了点东西。

螃蟹：你们真是太好了。不用这么客气的。

龟：只是一点敬意。阿基里斯，你能把它拿给蟹兄吗？

阿基里斯：当然。祝你一切都好，蟹先生。希望你喜欢它。

阿基里斯递给螃蟹一个包装精美的礼物，四方形，很薄。螃蟹开始拆礼物。

食蚁兽：我在想会是什么。

蟹：我们马上就知道了。（拆开之后拿出礼物。）两张唱片！太好了！不过没有标签。嗯，龟兄，又是你的"特别礼物"吗？

龟：如果你指的是破坏唱机的唱片，那这次不是。不过这确实是定制录音，全世界只此一份。其实还从来没有人听过它呢——当然巴赫演奏它的时候除外。

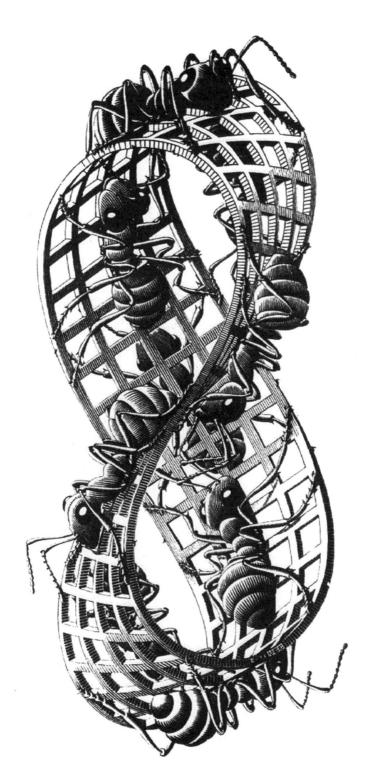

木刻《莫比乌斯带 II》 (*Möbius Strip II*，埃舍尔绘，1963)

蟹：巴赫演奏它的时候？你的确切意思是？

阿：噢，蟹先生，等龟兄告诉你这些唱片到底是什么以后，你会美死的。

龟：来吧，告诉他，阿基里斯。

阿：我可以说了？好家伙！那我最好查一下笔记。（拿出一张写满的小卡片，清了清嗓子。）嗯哼，你们有兴趣听听数学方面一个惊人的新成果吗？有了这个成果，才有了你的这些唱片。

蟹：我的唱片来自一些数学？好奇怪！现在你已经勾起我的兴趣了，我一定要听听。

阿：那好。（停下来抿了口茶，然后继续。）你们听说过费马那恶名远播的"（最后）大定理"吗？

兽：我不确定……听起来怪熟的，但我说不准了。

阿：内容很简单。皮埃尔·德·费马，职业是律师，副业是数学家，他阅读自己那本丢番图的经典著作《算术》的时候，在某一页上看到了这样一个方程：$a^2+b^2=c^2$。[*]他马上意识到这个方程 a b c 的解有无穷多组，然后他在页边写下了以下这段极富恶名的评论：

> 方程 $a^n+b^n=c^n$ 仅当 $n=2$ 时，正整数 a b c n 才有解（且 a b c 使方程成立的解有无穷多组）；但 $n>2$ 时，方程无正整数解。对这一命题我发现了一个美妙的证法，可惜页边太小，写不下了。

从三百多年前的那天起，数学家们一直在徒劳地做着两件事：或是证明费马的断言，从而维护费马的声誉——虽然费马享有很高的声誉，但有些怀疑者认为他虽然声称发现了那个证明，但其实从未真的发现，而这败坏了他的声誉；或是找到一个反例，找到四个正整数 a b c n 且 $n>2$，使方程成立，驳倒这一断言。直到最近，

---

[*] 这一方程是一种丢番图方程，即系数和解均为整数的不定方程。丢番图（Diophantus）是公元 3 世纪亚历山大城的希腊数学家，代数学创始人之一。

这两个方向上的所有尝试都遭遇了失败。诚然，在许多特定的 n 值上这一定理都得到了证明——具体说就是 n 从 2 直到 125000。

兽：如果还没有得当的证明，不是应该叫"猜想"而不是"定理"吗？

阿：严格说来你是对的，不过传统上一直这么叫。

蟹：有人最终解决了这个著名问题吗？

阿：确实有！事实上，就是龟先生解决的。而且像往常一样，用了记妙招。他不但找到了费马大定理的一个证明，因此不但表明了"费马大定理"这个名字的合理性，也维护了费马的声誉；还找到了一个反例，因此也表明了怀疑者们有良好的直觉。

蟹：噢，我的天！这真是个颠覆性的发现！

兽：别吊我们胃口了。是哪些神奇的整数满足了费马的方程？我特别好奇这个 n 的值。

阿：噢，坏了！太不好意思了！你们能相信吗？我把那些值写在了巨大一张纸上，可是纸放在家里了。可惜啊，纸太大，没法随身带。真希望把结果带到这儿让你们看看。不过我确实还记得一个点，不知对你们有没有什么帮助：n 的值是唯一一个没有出现在 π 的连分数[*]中的正整数。

蟹：噢，真遗憾你没把结果带来。不过也没理由怀疑你告诉我们的话。

兽：而且，谁要看写成十进制的 n 值啊？阿基里斯已经告诉我们怎么找到它了。那龟兄，在你做出这一划时代的发现之际，请接受我衷心的祝贺！

龟：谢谢你。不过我觉得比这一结果本身更重要的，是它直接带来的实际应用。

蟹：我太想听听了，因为我一向认为数论是数学的女王，是最纯粹的数学分支，没有实际用途！

龟：这么想的人不止你一个。可事实上，要笼统地说纯数学的某些分

---

* 形如 $\pi = 3+1/(7+1/(15+1/(1+1/(292+1/\ldots))))$。

费马

支甚至某些个别定理，什么时候会在数学界以外产生重要的反响，或是怎么产生这样的反响，这太不可能了。这往往是不可预测的。我们目前的情况就是说明这种现象的一个完美例子。

阿：龟先生两头开花的成果给"声学回取"（accoustico-retrieval）领域带来了突破！

兽：什么是声学回取？

阿：顾名思义，从极为复杂的信源中"回取"声学信息。声学回取的一个典型任务就是根据湖面上泛起的涟漪重建石子落入湖中的声音。

蟹：哎呀，这听起来近乎不可能！

阿：并非不可能。其实这很像人脑做的事，脑就是根据由鼓膜传给耳蜗纤毛的振动来重建另一个人的声带发出的声音的。

蟹：我明白了。但我还是看不出数论与此有何相干，也看不出这一切和我的新唱片有什么关系。

阿：嗯，声学回取数学提出的许多问题，都和特定的丢番图方程的解的数量有关。几年来，龟兄一直在努力寻找一种方法，通过计算当前大气中所有分子的运动来重建二百年前巴赫演奏羽管键琴的声音。

兽：那当然是不可能的！那些声音已经一去不复返，永远消失了！

阿：天真的人才这么想……不过龟兄在这一问题上潜心多年，认识到整个问题取决于 $a^n+b^n=c^n$ 这个方程在 $n>2$ 的情况下有多少正整数解。

龟：当然我可以解释这个方程是怎么来的，但这肯定会让你们不耐烦。

阿：结果就是，声学回取理论预测，巴赫的声音可以从大气中所有分子的运动中回取到，条件是，方程或是至少有一个解——

蟹：惊艳！

兽：神了！

龟：谁想到过呢！

阿：我还没说完呢。"条件是，或是有这么个解，或是证明无解！"因此，龟兄谨慎行事，从问题两头同时入手。结果是，找出反例正是找到证明的关键一环，因此可以直接由此及彼。

蟹：这怎么可能？

龟：呃，是这样，我已经指出，如果费马大定理存在什么证明，那证明的结构就可以用一个简洁的公式来描述展现，而这个公式碰巧取决于某个特定方程的解的值。找到后面这个方程时，我吃惊地发现原来它就是费马方程。这是形式与内容二者关系上的一个有趣巧合。因此找到反例之后，我要做的一切就是以这些数字为蓝本，构造方程无解的证明。想想真是非常简单。我难以想象为什么以前从未有人发现这一结果。

阿：由于这一数学上超乎意料的巨大成就，龟兄终于能实现他长期以来梦寐以求的声学回取了。送给蟹先生的这份礼物就代表着，所有这些抽象的工作都已经变成了看得见摸得着的现实。

蟹：别告诉我说，这是巴赫自己演奏他的羽管键琴作品的录音！

阿：对不起了，但我只能这么说，因为它确实就是！这是一套两张的唱片，里面就是约翰·塞巴斯蒂安·巴赫演奏他《平均律键盘曲集》

的全部作品。两张唱片分别包含两卷"平均律"中的一卷，就是说每张唱片包含了24组前奏曲与赋格，每组都是不同的大调或小调。

蟹：我们说什么也得把这弥足珍贵的唱片放来听听，马上就放！我要怎么感谢你们两位才好呢？

龟：你已经为我们准备了这么好喝的茶，已经答谢我们很多了。

　　螃蟹从套中抽出一张唱片放了起来。羽管键琴演奏家的技艺精湛得难以置信，琴声充满了整个房间，保真度高得极尽想象。甚至还能听到（还是想象到？）巴赫一边演奏一边对自己低吟的轻柔噪音。

蟹：你们谁要看着总谱听吗？我恰好有一本《平均律键盘曲集》，版本独一无二，我的一位老师专门为这本书绘制了插图，他恰好也是一位特别棒的书法家。

龟：我非常想欣赏一下。

　　螃蟹走到他那漂亮的玻璃门木制书柜前，开门取出两大本书。

蟹：给你，龟先生。我一直没有真正弄明白这个版本中所有那些美丽的插图。或许你的礼物能给我所需的动力，让我弄明白它们。

龟：希望如此。

兽：你们注意到这些前奏曲是怎么次次都完美地为后面的赋格奠定了情绪基调的吗？

蟹：当然。虽然很难用语言表达，但二者之间总有着某种微妙的关系。即使前奏曲和赋格没有共同的旋律主题，也总是有某种无形的抽象性质同时构成了二者的基础，将它们紧紧联系在一起。

龟：而且前奏曲和赋格之间的片刻休止也非常有戏剧性——在这一刻，赋格的主题正要以一个个单音调奏出，然后与自己交织，形成层次越加复杂、怪异而又精美的和声。

阿：我知道你的意思。有好多前奏曲和赋格我都不太懂，那转瞬即逝的休止间歇非常激动人心，每当这时我会尝试揣摩老巴赫的意图。比如说，我总想知道后面的赋格，速度是快板还是慢板，节拍是6/8拍还是4/4拍，和声是三声部、五声部还是四声部？然后，第一声部响起……多么美妙的时刻！

蟹：啊，是的，我还清楚记得我那些早已逝去的青春岁月，那时，每首新的前奏曲和赋格都使我激动万分，它们新奇、优美，还隐藏着许多意想不到的惊喜，全都让我兴奋不已。

阿：现在呢？那些激动全都消失了吗？

蟹：已经被熟悉取代了，激动总是这样的。不过熟悉中也有某种深度，能带来某种补偿。比如我总是能发现以前没有注意到的新惊喜。

阿：会出现你以前忽视了的主题？

蟹：或许吧——尤其是当它经过反向，藏在其他几个声部中的时候，或者当它从不知哪里的深处突然冒出来的时候。而且还有一些惊人的转调，精彩得让人百听不厌，真不知道老巴赫是怎么想出来的。

阿：听你说这里头还有值得期待的东西，我真是太高兴了——我本来已经过了最初痴迷于"平均律"的那股兴奋劲儿。虽然我也会因为这个最初的痴迷阶段不会永永远远持续下去而感到伤心。

蟹：噢，你不用担心这种痴迷会完全死去。这种青春激情的好处之一，就是恰在你认为它终于死去之时，它总会复苏。只需要外界有适当的触发。

阿：哦，真的吗？比如说呢？

蟹：比如通过另一个人的耳朵来听，而对这个人来说，这是一种全新体验——比如这个人就是你，阿基里斯。不知怎么，兴奋一传播开，我就又能感到那种激动了。

阿：有意思。这种激动仍然隐藏在你之内的某个地方，但是单靠你自己却无法把它从潜意识中打捞出来。

蟹：正是这样。复活这种激动的潜力以某种未知的方式在我的脑结构中"编了码"，但我无法随意唤醒它，只能等待偶然的情境来触发它。

阿：关于赋格，我有一个问题，有点不好意思问，但我是个听赋格的新手，你们这些听赋格的老手有没有哪位能帮我学习一下？……

龟：如果对你有帮助的话，我当然愿意贡献我那微不足道的知识。

阿：谢谢。让我找个合适的角度来探讨这个问题。你们知道 M. C. 埃舍
　　尔的版画《缠着魔带的立方体》吗？

龟：画上有环绕的带子，带子上有泡状畸形物，就在你认为它们是小包
　　的时候，它们似乎又变成了小坑，也可以是反过来，是吗？

阿：没错。

蟹：我记得这幅画。那些小泡泡好像总是在凹凸之间来回变化，取决于
　　你看它们的角度；要把它们同时看成既凹又凸是不行的——反正人
　　脑就是不允许这样。感知泡泡的这两种"模式"是互斥的。

阿：正是这样。那，我好像发现，我听赋格的时候也有两种模式，与上
　　述情形多少有些类似。这两种模式是这样的：或者一次只听一个
　　声部；或者只听整体效果，而不试图区分声部。两种模式我都试过，
　　让我沮丧的是，一种模式会排斥另一种。我就是不能跟着一个声部
　　听下去，同时还能听到整体效果。我发现我在两种模式之间变来变

石版画《缠着魔带的立方体》（*Cube with Magic Ribbons*，埃舍尔绘，1957）

去，多多少少是无意识、不由自主的。

兽：就像你看魔带的时候一样，嗯？

阿：是。我只想知道……我形容的这两种听赋格的模式，是不是说明我显然是个幼稚、没经验的听众，甚至要去把握到既有理解之外的更深层感知，都无从开始？

龟：不，完全不是这样，阿基里斯。我只能说说我自己，我发现我也是在两种模式之间变来变去，对以哪种模式为主无法进行任何有意识的控制。不知在座其他诸位的体验是否也类似。

蟹：完全就是这样。这种现象很是撩人，因为你感到赋格的精髓就在耳边萦绕，你却无法完全把握，因为你不能同时进入两种模式。

兽：赋格是有这么个有趣的特性，它的每个声部本身就是一首乐曲，因此可以认为，一首赋格就是若干首不同乐曲的集合，它们都基于同一个主题，而且同时演奏。怎么听则取决于听众（或听众的潜意识），是当作一个整体，还是当作几个和声在一起的独立声部的集合。

阿：你说那些声部是"独立"的，不太准确吧。它们之间肯定有某种协调配合，否则把它们放在一起，只会产生一种杂乱无章互相冲突的声音——但事实绝非如此。

兽：更好的说法大概是这样：如果单独听每个声部，你会发现每个声部本身也都有意义，可以自成一体，我说独立是这个意思。不过你说得很对，你指出了这些各具意义的旋律线以一种非常有序的方式彼此融合，形成了一个优美的整体。优美赋格的写作技艺恰恰就在于这种能力：创作出几条不同的旋律线，每条线索都给人一种幻觉，似乎写出它们完全是为了追求它们自身的美；而把这些线索放到一起时，它们又浑然一体，毫不勉强。现在，把赋格当整体来听还是只听部分声部的这种二分现象，只是一种非常一般性的二分现象的一个特例，多种由低级层次构成的结构中都存在这种现象。

阿：哦，真的吗？你是说，我的两种"模式"可以应用得更为普遍，不限于听赋格？

兽：完全正确。

阿：怎么会这样。我猜这一定和把某个东西一会儿看成整体，一会儿又看成各部分集合这种现象有关。但我只在听赋格的场合才遇到这种二分现象。

龟：噢，看这个！我刚跟着音乐翻到这页，就碰到了这幅极美的插图，正对着赋格部分的第一页。

蟹：我以前从没看到过这幅插图。不如传给大家看看吧？

　　乌龟把书传给大家。四位读者看插图的方式各具特色——这位远看，那位近看，每个人都迷惑不解，这样那样地歪头思索。传遍一圈后，书又回到了乌龟手中，他于是专心致志地凝视这幅插图。

阿：好，我猜这支前奏曲马上就结束了。不知听下面这首赋格时，我能不能对"听赋格的正确方法是什么：当作一个整体还是各部分之和"这个问题有更多的见解？

龟：仔细听，一定能！

　　前奏曲结束。休止片刻后……

[紧接下段]

……蚂蚁赋格

……赋格的四个声部一个接一个地插了进来。

阿：我知道你们不会相信，但问题的答案就在眼前，就藏在这幅图里。它只有一个词，但是个无比重要的词："无"（MU）！

蟹：我知道你们不会相信，但问题的答案就在眼前，就藏在这幅图里。它只有一个词，但是个无比重要的词："整体论"（HOLISM）！

阿：等一下。你一定是看错了。图上的信息明明白白，是"无"，不是"整体论"！

蟹：不好意思，但我的目力非常好。请再看一次，然后告诉我，图上的信息是不是我说的那样！

（作者绘）

兽：我知道你们不会相信，但问题的答案就在眼前，就藏在这幅图里。它只有一个词，但是个无比重要的词："还原论"（REDUC-TIONISM）！

蟹：等一下。你一定是看错了。图上的信息明明白白，是"整体论"，不是"还原论"！

阿：又一个上当受骗的！图上的信息不是"整体论"，不是"还原论"，而是"无"，这再清楚不过了。

兽：不好意思，但我的目力非常清楚。请再看一次，然后看看图上的信息是不是我说的那样。

阿：你们没看到吗？这幅图由两部分组成，每部分都是一个字母？

蟹：有两部分说对了，但这两部分是什么却说错了。左边这部分完全是由三个重复的"整体论"组成的；右边这部分由许多同样的词组成，字母较小。我不知道为什么这两部分的字母大小不同，但我知道我看到了什么，我看到的是"整体论"，明明白白。我不懂你们怎么还能看到其他东西。

兽：有两部分说对了，但这两部分是什么却说错了。左边这部分完全是由许多重复的"还原论"组成的；右边这部分由一个同样的词组成，字母较大。我不知道为什么这两部分的字母大小不同，但我知道我看到了什么，我看到的是"还原论"，明明白白。我不懂你们怎么还能看到其他东西。

阿：我知道怎么回事了。你们每个人看到的字母都组成了其他字母，或者是由其他的字母所组成。左边这部分确实有三个"整体论"，不过每个都是由较小的"还原论"组成的。与之形成互补的是，右边这部分确实有一个"还原论"，不过是由较小的"整体论"组成的。这就是绝妙之处，在这场傻气的争吵中，你们两个其实都是只见树木不见森林。你们看，争论是"整体论"还是"还原论"究竟有什么益处？理解问题的正确方法是超越这个问题，回答"无"。

蟹：我现在也能在图上看出你的那种描述了，阿基里斯，不过你用的那个古怪的表达"超越这个问题",我不明白是什么意思。

兽：我现在也能在图上看出你的那种描述了,阿基里斯,不过你用的那
　　个古怪的表达"无",我不明白是什么意思。

阿：我很乐意满足你们俩的要求,如果你们先帮个忙,告诉我"整体论"
　　和"还原论"这两个古怪的表达是什么意思的话。

蟹：整体论是世上最容易理解的东西。它不过是认为"整体大于各部分
　　之和"。任何人只要他精神正常,就不会反对整体论。

兽：还原论是世上最容易理解的东西。它不过是认为"如果你理解了
　　整体的各个部分及各部分之'和'的本质,你就能完全理解整体"。
　　任何人只要她脑子完整 *,就不会反对还原论。

蟹：我就反对还原论。比如,请你告诉我,怎么用还原论理解脑。任何
　　有关脑的还原论解释,都远不足以解释脑体验到的意识从何而来。

兽：我就反对整体论。比如,请你告诉我,用整体论来描述蚁群,怎么
　　能比描述其中的蚂蚁个体,个体们的职能和个体之间的相互关系给
　　我们更多的启示?任何关于蚁群的整体论解释,都远不足以解释蚁
　　群体验到的意识从何而来。

阿：别说了!我最不想做的就是激起另一场争论了。那,现在我了解争
　　议在哪儿了。我相信我对"无"的解释会有很大帮助。你们看,"无"
　　是古老的禅宗回答某些问题的方式,你对一个问题回答"无"时,
　　意思是这个问题"无须问"。现在这个问题似乎是:"理解世界应该
　　用整体论还是还原论?"回答是"无",意思是拒绝接受这个问题
　　的前提,即二者只能选其一。"无"通过说这个问题无须问,揭示
　　了一个更大的真理:在更大的背景下,整体论和还原论解释都适用。

兽：荒谬绝伦!你的"无"就像母牛哞哞叫一样傻。我才不要听这些禅
　　宗废话。

---

* "脑子完整"原文为 left brain,兼有"留下了脑子"和"左脑"之意,和上段 right mind(兼
　有"精神正常"和"右心"之意)对举。

蟹：荒唐透顶！你的"无"就像小猫喵喵叫一样傻。我才不要听这些禅宗废话。

阿：哦天啊！我们几乎什么进展都没有。龟先生，你为什么一直奇怪地一言不发？这让我很不自在。你肯定有什么办法帮大家理清这团乱麻吧？

龟：我知道你们不会相信，但问题的答案就在眼前，就藏在这幅图里。它只有一个词，但是个无比重要的词："无"！

就在他说这话的时候，赋格的第四个声部也加入了进来，正好比第一个声部低八度。

阿：噢，龟兄，这次你可让我失望了。我还以为像你这样看问题最深入的人一定能解决这个难题呢。但是显然你看到的不比我多。那好吧，有这么一次能和龟先生看得一样远，我想我应该高兴才是。

龟：不好意思，但我的目力非常细致。请再看一次，然后告诉我，图上的信息是不是我说的那样。

阿：当然是了！你只不过是在重复我最初的观察结果而已。

龟：或许在这幅图中，"无"存在的层次比你想象的要"低八度"（形象地说），阿基里斯。不过现在，我怀疑咱们没法在抽象层面解决这场争论。我想听你们把整体论和还原论的各种观点表达得更明白些，这样做判断时或许就更有根据。比方说，我很想听听有关蚁群的还原论描述。

蟹：或许食蚁兽大夫能够告诉你他在这方面的经验。毕竟就职业来说，他是这个问题的专家。

龟：我们肯定能从您这样一位蚁学家这儿学到不少东西，食蚁兽大夫。您能多给我们多讲点蚁群的事吗，从还原论的观点出发？

兽：我很乐意。正如蟹先生向你们提起的，我的职业使我对蚁群有相当深入的了解。

阿：我能想象！食蚁兽这个职业和蚁群专家似乎是一回事！

兽：不好意思，"食蚁兽"不是我的职业，而是我的物种。就职业来说，我是一个蚁群外科医生。我擅长用外科手术切除的技术来治疗蚁群的神经紊乱。

阿：噢，我明白了。不过你说蚁群的"神经紊乱"是什么意思？

兽：我的病患多数都有某种言语障碍。就是有些蚁群，在平常的环境里要使用什么词汇都得费力搜找。这会相当悲惨。我试图通过，呃，通过切除蚁群中有缺陷的部分来改善这种状况。这些手术有时候相当牵扯精力，需要经过多年的钻研才能做。

阿：可是——要患上言语障碍，必须得有言语能力，对吧？

兽：对。

阿：但蚁群没有言语能力啊，所以我有点糊涂了。

蟹：上周你不在这儿真是太糟糕了，阿基里斯，那时食蚁兽大夫和怡姨（Aunt Hillary）都在我家做客。我当时应该请你来的。

阿：怡姨是你的姨妈吗，蟹先生？

蟹：噢，不，其实她谁的姨妈也不是。

兽：但这位可怜人儿坚持让每个人都这么叫她，哪怕是陌生人。这只是她许多讨人喜欢的小怪癖之一。

蟹：没错，怡姨是很古怪，但才高八斗 *。上周我没把你请来见见她真是太遗憾了。

兽：她是个蚁群，一定属于受教育最好的那批，结识她我无上荣幸。我们在一起共度了许多个漫漫长夜，天南地北无所不谈。

阿：我一直以来都以为食蚁兽吃蚂蚁，没想过会是蚁智主义的庇护者！

兽：你看，两者当然不是相互矛盾的。我和蚁群交情很好。我吃的只是蚂蚁，不是蚁群——这对我和蚁群双方都有好处。

阿：这怎么可能——

---

* 原文为 merry old soul。old soul 当今有"年少才高"之义。而 merry old soul 也是耳熟能详的用语，出现在英语传统童谣 Old King Cole 的首句：Old King Cole Was a merry old soul, And a merry old soul was he。

龟：这怎么可能——

阿：——吃掉蚂蚁却对蚁群有益？

蟹：这怎么可能——

龟：——火烧森林却对森林有益？

兽：这怎么可能——

蟹：——剪掉树枝却对树木有益？

兽：——给阿基里斯理发却对阿基里斯有益？

龟：大概你们讨论得太专心了，都没注意到这首巴赫赋格中刚刚出现了那个美妙的"紧接段"（stretto）。

阿：什么是紧接段？

龟：噢，抱歉，我以为你知道这个词呢。它是指一个主题接连进入不同的声部，中间几乎没有延迟。

阿：如果我听赋格听得足够多的话，很快就能知道所有这些东西，自己就能把它们分辨出来，不用别人指出。

龟：请原谅，朋友们，很抱歉打断了你们。食蚁兽大夫正在努力解释为什么吃掉蚂蚁和跟蚁群做朋友逻辑上完全一贯。

阿：好吧，我似乎有点明白了，为什么可控地吃掉数量有限的蚂蚁能提高蚁群的整体健康水平。但更费解的是，他说他和蚁群交谈过。这不可能啊。蚁群只是一大群单个的蚂蚁，到处乱跑，觅食筑巢。

兽：如果你坚持只见树木不见森林的话，也可以这么说，阿基里斯。事实上，把蚁群当作一个整体来看的时候，任一蚁群都是定义良好的明确单位，有自己的特性，这种特性有时就包括掌握语言。

阿：我很难想象自己站在林间大喊几声，就能听到一个蚁群的回答。

兽：傻小子！这样可不行。蚁群不会大声交谈，而是用书写。你知道蚂蚁是如何排成一串四处奔走的吗？

阿：知道啊——它们通常都是径直穿过厨房水槽，钻进我的桃子酱里。

兽：事实上，某些串中包含了编码形式的信息。如果你知道编码体系的话，就能读懂他们在说什么，就像读一本书一样。

阿：神奇哦。你能给他们反馈吗？

兽：一点问题也没有。我就是这样和怡姨一次次地交谈了好几个钟头。我拿一根棍子在湿润的地上划出一串串痕迹，观察蚂蚁们顺着我的痕迹爬行。很快某处就开始形成一串新爬迹。我非常喜欢观察这一串串爬迹怎么形成。形成过程中，我会预测下面会如何发展（我猜错的时候比猜对的时候多）。这些爬迹完成后，我就知道怡姨在想什么了，然后我再做出回答。

阿：要我说，这个蚁群中一定有些蚂蚁聪明得不得了。

兽：我想你在认识这里面的层次差异上还有些困难。你永远也不会把单棵树和一座森林混为一谈，那这里你也不能把一只蚂蚁当作一个蚁群。你看，怡姨中的所有蚂蚁都是要多笨有多笨。踩死它们也不会交谈！

阿：好吧，那这种交谈能力是从哪儿来的？一定在蚁群中的某个地方吧！我不明白，如果怡姨能跟你谈笑风生好几个小时，那些蚂蚁怎么可能全都没有智力呢？

龟：在我看来，这种情况和人脑由神经元组成没有什么不同。显然没人会坚持说，只有每个脑细胞本身就是有智力的存在，才能解释一个人可以进行智性交谈这样的事实。

阿：噢，当然没人坚持。关于脑细胞，我完全明白你的意思。只是……蚂蚁完全是另一回事。我的意思是，蚂蚁只是随意地东奔西跑，完全随机，时不时爬上一块食物碎屑……它们想干什么就干什么，自由放任，我一点也看不出把它们的行为看作一个整体就能有什么条理（coherence）——尤其是那些交谈必备的脑的行为，必须有条理。

蟹：在我看来，蚂蚁只有在一定的限度内才是自由的。比如说，它们可以随意游逛，彼此擦过，捡小东西，留下爬迹等等。但它们永远不会跨出这个小世界——它们所在的蚂蚁系统。这种事永远不会发生在它们身上，因为它们没有想象这种事的心智（mentality）。因此蚂蚁是非常可靠的组件，意思是说你可以依靠它们以特定的方式完成特定类型的任务。

阿：可是即便如此，在这些限制之内它们仍然是自由的，它们只是随机
行动，毫无章法地到处乱跑，一点也不考虑更高层次存在者的思维
机制，而食蚁兽大夫却声称它们只是这个更高层存在的组件。

兽：啊哈，阿基里斯，但是有件事你没意识到——统计规律。

阿：那是什么？

兽：比如说，虽然蚂蚁作为个体似乎是在随机乱转，但有一些包含着
大量蚂蚁的总体趋势，会从混乱中涌现出来。

阿：哦，我知道你的意思了。其实蚂蚁爬迹就是这种现象的完美例子。
每只蚂蚁的运动都完全不可预测，但爬迹本身看起来仍然明确稳
定。当然，这必定意味着每只蚂蚁不是完全随机地跑来跑去。

兽：完全正确，阿基里斯。蚂蚁之间存在着一定程度的交流，刚好够防
止它们由于完全随机运动而走散。通过这种最低限度的交流，它们
可以提醒彼此：我们不孤单，而是正在与队友合作。要把任何活
动——如制造爬迹——维持一段时间，都需要有大量的蚂蚁以这
种方式彼此支援。现在，以我对脑的工作方式非常模糊的了解，我
相信神经元发放的过程中也有类似的现象。要让一个神经元发放，
需要有一组神经元发放，不是这样吗，蟹先生？

蟹：当然是。以阿基里斯脑中的神经元为例吧。每个神经元都从与它的
输入线路相连的神经元那里接收信号，如果某一时刻输入信号的总
和超过了临界阈值，这个神经元就会发放，把自己的输出脉冲传递
给其他神经元，然后那些神经元也会发放——脉冲就这样沿着这条
神经线路一直传递下去。神经脉冲沿着阿基里斯脑中的通路迅猛地
传导，形状比燕子捕食小虫的飞冲轨迹还要奇怪；每个迂回曲折都
由阿基里斯脑中的神经元结构预先注定，直到由感官输入的信息进
行干预。

阿：我一般认为，我想什么是由我自己控制的，可是按你这种说法，就
彻底颠倒了，听来好像"我"只是所有这些神经结构和自然法则

的产物。听起来，我认为是"自我"的那个东西，往好里说也只是受自然法则控制的机体的副产物，往坏里说甚至可能是我那扭曲的视角制造的人为概念。换句话说，你让我觉得不知道自己是谁、或者是什么了——如果我还是个什么的话。

龟：我们继续讨论下去你就会更明白的。不过，食蚁兽大夫，你怎么理解这种相似性？

兽：以前我就知道这两个极为不同的系统之间存在某种相似性。现在我更明白了。看来，有条理的群体现象——如制造爬迹——只有在蚂蚁数量达到一定阈值时才会发生。如果某个地方有少数几只蚂蚁可能是随机地开启了一项成就，那么可能会发生两种情况：一种是短时间热闹几下就告吹了——

阿：如果没有足够的蚂蚁把事情进行下去的话？

兽：正是。另一种情况，就是出现的蚂蚁达到了临界数量，事情就会像滚雪球一样，把越来越多的蚂蚁卷进这一图景中来。在后一种情况下，为同一个项目工作的"蚁队"开始出现。这个项目可能是制造爬迹，采集食物或者照料蚁巢。虽然这种架构在规模小的时候非常简单，但在规模较大时能带来非常复杂的结果。

阿：我能理解你描绘的混乱中涌现秩序的大意，但这离交谈能力还差得远呢。毕竟，气体分子随机碰撞的时候，秩序也会从混乱中涌现出来，但全部结果也就是一种无定形体，只用三个参数来描述：体积、压强和温度。这离理解世界或是谈论世界的能力还相去甚远！

兽：这突出显示了，解释蚁群的行为与解释容器中气体的行为之间，有个很有趣的区别。要解释气体的行为，只要计算气体分子运动的统计特性就行了。除了气体本身之外，不需要讨论比分子层次更高的结构因素。而另一方面，在任何一个蚁群中，要是你不深入好几个结构层次，你对蚁群的活动就不可能有一点点的理解。

阿：我懂你的意思了。在气体中，你可以一下子从最低的分子层次跳到最高的气体层次，没有有组织的中间层。那么，蚁群中是怎样出现中间层次的组织性活动的呢？

兽：这与各个蚁群中都存在几种不同的蚂蚁有关。

阿：哦对。我想我听说过这个，叫"蚁型"，对吧？

兽：很对。除蚁后外，还有雄蚁，它们实际上不管照料蚁巢之类的事，
　　还有——

阿：当然还有兵蚁——反集体主义的斗士！

蟹：嗯……我觉得这不对，阿基里斯。蚁群内部是相当集体主义的，那
　　这些兵蚁为什么要抗击集体主义呢？我说得对吗，食蚁兽大夫？

兽：关于蚁群你是对的，蟹先生；它们确实建筑在某种集体主义原则之
　　上。但关于兵蚁，阿基里斯的想法有点天真了。事实上，所谓的"兵
　　蚁"一点也不擅长作战。它们行动缓慢笨拙，脑袋巨大，强壮的上
　　颚能啃咬东西，但谈不上什么光荣。就像在真正的集体主义社会中
　　一样，光荣属于工蚁。是它们做了大多数的琐碎工作，像采集食物、
　　狩猎、养育幼虫。甚至战争也主要由它们来打。

阿：啧啧，多荒唐啊，兵不打仗！

兽：好吧，就像我刚才说的，它们根本就不是真正的士兵。工蚁才是兵；
　　兵蚁只是些肥头大耳的懒虫呆瓜。

阿：多可耻呀！如果我是只蚂蚁的话，一定要给它们定纪律！我要往那
　　些呆脑瓜里捶打进去一些道理！

龟：如果你是只蚂蚁？你是骁勇的蚍蜉人的统领，怎么会是蚂蚁？* 你
　　的脑子根本没法对应到一只蚂蚁的脑子上，因此在我看来，操心这
　　个问题完全是徒劳的。更合理的提法是，把你的脑子对应到蚁群
　　上……不过咱们别跑题。让食蚁兽大夫继续说明不同的蚁型和它们
　　在高层组织中的作用吧，这很有启发性。

---

*　"蚍蜉人的统领"原文 myrmedian。在荷马史诗《伊利亚特》中有一群战斗民族，密耳弥冬
　人（myrmidones），他们受阿喀琉斯（阿基里斯的希腊名）驱策；而他们的男祖是变成蚂蚁
　诱惑女祖诞生了这个民族，所以名字中才有 myrm-（古希腊语"蚂蚁"）这个词根，族名即
　意为"蚁人"——"怎么会是蚂蚁"的人的词根里竟包含"蚂蚁"。

兽：那好。一个蚁群中有许多种工作要完成，于是单个的蚂蚁逐渐特化。蚂蚁的特化通常随蚁龄而改变，当然也取决于蚁型。在任何时刻，在蚁群的任何小区域里，所有类型的蚂蚁都是同时存在的。当然，某种蚁型在不同的区域里可能非常稀少或非常密集。

蟹：特定蚁型的特化蚂蚁，其密度是随机的吗？或者一种类型的蚂蚁在某些区域很是集中，在另一些区域比较稀少，是有什么理由吗？

兽：很高兴你能提出这个问题，因为这对理解蚁群如何思维至关重要。事实上，经过长期演化之后，蚁群内部形成了一种非常精微的蚁型分布。正是这种分布使蚁群有了某种复杂性，基于此蚁群才有了和我交谈的能力。

阿：在我看来，蚂蚁们不停地跑来跑去，会完全破坏出现精微分布的可能性。任何一种精微的分布很快就会被蚂蚁们的随机运动破坏掉，就像来自四面八方的随机碰撞会使气体分子的精微图案一刻也不能存在一样。

兽：在蚁群中情况恰恰相反。事实上，正是蚁群中的蚂蚁们不断地来来去去，才使蚁型分布能适应不断变化的环境，蚁群因此才保持了精微的蚁型分布。你看，蚁型分布不能一成不变，而必须不断变化，好以某种方式反映蚁群所要应对的现实世界的情况，正是蚁群内部的运动使蚁型分布保持更新，这样蚁群才能适应当前面临的环境。

龟：你能举个例子吗？

兽：很乐意。当我，一只食蚁兽，来拜访怡姨的时候，所有那些蠢蚂蚁一闻到我的气味就全都惊慌失措了，这当然就意味着它们开始东奔西跑，行动方式与我到来之前完全不同。

阿：但这是可以理解的，因为你是蚁群的死敌。

兽：才不是。我必须重申，我绝不是蚁群的敌人，而是怡姨最喜欢的伙伴。怡姨也是我最喜欢的阿姨。我承认，蚁群中所有的单个蚂蚁都很怕我，但这完全是另一码事。不管怎么说，你看，面对我的到来，蚂蚁们采取的相应行动完全改变了它们的内部分布。

阿：说得很清楚。

兽：这种情况就是我所说的更新。新的分布状态反映了我的出现。我们可以把从旧状态向新状态的改变描述为蚁群增加了"一条知识"。

阿：你怎么能把蚁群内部不同类型蚂蚁的分布叫作"一条知识"呢？

兽：关键的一点来了，我们要详加阐述。你看，问题归根结底就在于，你打算怎样描述蚁型分布。如果你继续用最低层的单位——单个的蚂蚁——来思考问题，那你就会只见树木不见森林。这个层次太微观了。你从微观上思考，就一定会错过某些宏观特征。你得找到合适的高层框架来描述蚁型分布，只有这样才能理解蚁型分布怎么能够编码成许多条知识。

阿：那你是怎么寻找尺度合适的单位来描述蚁群的现状呢？

兽：好吧，让我们从头讲起。蚂蚁们需要做什么事的时候，会组成小小的"蚁队"，聚在一起干一件活。就像我刚才提到的，蚂蚁的小群体会不断地形成又解散。那些真正存在了一段时间的小群体就是蚁队，它们没有分崩离析的原因就是确实有事要做。

阿：刚才你说，如果规模超过一定的阈值，群体就会聚合起来。现在你又说如果有事要做，群体就会聚合起来。

兽：二者是一回事。举例来说，采集食物时，如果几只闲逛的蚂蚁在某处发现了一点数量少得可怜的食物，就会试图把这个喜讯传达给其他蚂蚁，响应号召的蚂蚁数量与食物的大小成正比——少得可怜的食物不会吸引到数量足以超过阈值的蚂蚁。而这也正是我说无事可做的意思：食物太少，不值得重视。

阿：我明白了。我想这些"蚁队"就是介于单个蚂蚁的层次和蚁群的层次，二者之间的结构层次之一。

兽：非常准确。还有一种特殊类型的蚁队，我把它叫作"信号"——所有的高层结构都建立在信号的基础上。事实上，所有的高层实体都是协同一致的信号的集合。有些高层的蚁队，其成员不是蚂蚁，而是低层的蚁队。最后，你会到达最低层的蚁队，也就是信号，信号下面才是蚂蚁。

阿：为什么使用信号这样一个带有暗示性的名字呢？

兽：名字来它们的功能。信号的作用是把有各种特化的蚂蚁运送到蚁群中的适当地方去。因此信号的典型活动是这样的：它之所以存在，是因为蚂蚁数量超过了存在一个信号所需的阈值，然后信号就会在蚁群中迁移一段距离，到了某一时刻它差不多就要解体为单个成员，留它们自力更生。

阿：听上去就像海浪从远方带来了海胆和海草，把它们抛洒在海岸上就不管了。

兽：某些方面是有点类似，因为蚁队确实会丢下它从远处带来的东西，不过海浪中的水还是会回到海里，而信号就没有类似的物质载体，因为信号本身就是由蚂蚁组成的。

龟：我猜信号正是在蚁群中最需要某型蚂蚁的某个地方失去其凝聚力（coherency）的。

兽：自然如此。

阿：自然？信号总会前往需要它的地方，这对我而言可不那么道理自然。即使方向正确，它又怎么知道到该在哪儿解散？它怎么知道自己已经到达目的地？

兽：这些问题都极为重要，因为它们要求对信号表现出的有目的（或似有目的）行为做出解释。从对信号的描述中，人们倾向于把信号的行为特征刻画为旨在满足需要，并说它"有目的"。但是你也可以换个角度来看问题。

阿：哦，等等。一个行为或者有目的，或者没有。我不明白怎么能又有又没有。

兽：让我解释一下我看问题的方式，看你是否同意。信号形成之后，它本身并不知道该去哪个方向。但是精微的蚁型分布在这里起到了关键作用。是它决定了各个信号在蚁群中的运动，以及某个信号能稳定多长时间，又在哪里"消解"。

阿：因此，一切都取决于蚁型分布，嗯？

兽：对。比方说，一个信号正在向前走，不断路过一些地方，而组成它的蚂蚁就通过直接接触或者交换气味的方式，与当地的蚂蚁交流互动。这些接触和气味会提供信息，告知当地的紧急事项，例如筑巢、养育幼虫等等。只要它能供给的与当地需求不符，信号就保持凝聚；但如果它能为当地做贡献，信号就会瓦解，当场涌出一个由可用蚂蚁组成的新蚁队。现在你明白在蚁群内部，蚁型分布是怎样充当蚁队的总向导的了吧？

阿：确实明白了。

兽：那你明白这种看问题的方式不需要赋予信号目的性了吗？

阿：我想是的。事实上，我开始从两个虽然不同但都有益的角度来看问题了。从蚂蚁的视角来看，信号没有目的。信号中的普通蚂蚁只是在蚁群中漫无目的地走来走去，直到发现自己想要停下来为止。它的队友通常也跟它意见一致，这时蚁队就会溃散，"卸货"，只留下蚁队的单个成员，而不给它们凝聚力。无须规划，无须预测，也无须侦察决定正确的方向。但是，从蚁群的视角来看，蚁队是在响应用蚁型分布的语言写成的信息。而从这一角度来看，信号的行为非常像有目的的活动。

蟹：如果蚁型分布是完全随机的，会怎么样？信号还会集合解散吗？

兽：当然会，但鉴于蚁型分布毫无意义，蚁群不会存续很久。

蟹：这正是我想要说的。蚁群之所以存活，就是因为它的蚁型分布有意义，而这个意义是一个整体的面向，较低层次上是看不到的。你如果不把高层次也考虑进来，就会失去解释力。

兽：我明白你的观点，不过我认为你把问题看得太窄了。

蟹：为什么这么说？

兽：蚁群经受了数十亿年演化的严酷考验。有少数机制被筛选了出来，多数机制则被筛选掉了。最终的结果是有了这一整套机制，让蚁群像我们描述过的那样运行。如果你能在电影里看到这整个过程——

当然要比现实中快十亿倍那样——那么各种机制的涌现看起来就会像是对外界压力的自然响应，就像开水冒泡是对外部热源的自然响应一样。我不认为你会在开水冒泡中看到"意义""目的"，不是吗？

蟹：是看不到，但是——

兽：这就是我的观点。无论泡泡有多大，它的存在都依赖于分子层次上的过程，你可以忘记所有的"高层次法则"。蚁群和蚁队也是这样。从演化的大视角来看问题，你可以排除掉整个蚁群中的意义和目的。它们会变成多余的概念。

阿：那你为什么还告诉我们说你和怡姨谈过话呢，食蚁兽大夫？现在你似乎要完全不承认她能说话或思考了。

兽：我的逻辑没有不一贯，阿基里斯。你看，要从如此宏观的时间尺度来看问题，我也和其他人一样有许多困难，因此我发现，改变视角要简单得多。这么做的时候，我就会抛开演化，只从此时此地看问题，这时目的论的词汇就又回来了：蚁型分布的<u>意义</u>，信号的<u>目的性</u>。我不是只有在思考蚁群时才会这样，我思考自己的脑和别人的脑时也会这样。但是，如果需要的话，只要做一番努力，我总是可以想起另一种视角，也排除掉所有这些系统中的意义。

蟹：演化确实创造了一些奇迹。你永远也不会知道接下来它的袖子里会变出什么戏法。比如说，如果下面这件事在理论上有可能的话，我一点也不会吃惊：两个或者更多的"信号"彼此交错，双方都不知道对方也是信号，都把对方当作背景蚂蚁群体的一部分来对待。

兽：这不仅是理论上有可能，事实上这种事经常发生！

阿：嗯……我的心中浮现了一个多奇怪的图景啊。我想象的是蚂蚁们朝着四个不同的方向运动，有黑的，有白的，它们纵横交错，一同形成了一个有序的图案，几乎就像——就像——

龟：或许就像一首赋格？

阿：对，就是它！一首蚂蚁赋格！

木刻《蚂蚁赋格》（*Ant Fugue*，埃舍尔绘，1953）

蟹：真是个有趣的图景，阿基里斯。顺便说一句，刚才说到开水，让我
　　想起茶来了。谁还想添点茶？

阿：我再要一杯，蟹兄。

蟹：太好了。

阿：你认为有人能把这样一首蚂蚁赋格分解为不同的视觉"声部"吗？
　　我知道这有多难，如果我要——

龟：我不要，谢谢。

阿：——追踪一首赋格里的——

兽：我也要点茶，蟹先生——

阿：——单一个声部——

兽：——如果不太麻烦的话。

阿：——而这时所有的声部——

蟹：一点也不麻烦。四杯茶——

龟：三杯！

阿：——都在同时奏响的话。

蟹：——马上就来！

兽：这个想法很有趣，阿基里斯。不过恐怕没人能令人信服地画出这样
　　一幅图。

阿：太遗憾了。

龟：或许你能回答这个问题，食蚁兽大夫。一个信号从创生到消解，总
　　是由同一群蚂蚁组成的吗？

兽：事实上，信号中的单个蚂蚁有时会离队，由同一蚁型的其他蚂蚁代
　　替，如果附近有的话。经常会发生这种情况：信号到了瓦解的时候，
　　里面已经没有一只蚂蚁属于组队时的最初阵容了。

蟹：我明白，信号一直在影响着整个蚁群的蚁型分布，这是为了响应蚁
　　群的内部需要，而蚁群的内部需要又反映了蚁群所面临的外部情
　　况。因此，就像你所说的，食蚁兽大夫，蚁型分布一直在不断更新，
　　而这些更新最终是对外部世界的反映。

阿：但是结构的中间层次是怎么回事？你刚才说，描述蚁型分布最好不
　　是用蚂蚁或是信号，而是用其他蚁队组成的蚁队，而组成蚁队的蚁
　　队也由其他蚁队组成，依此类推，一直降到单个蚂蚁的层次。你
　　说这对于理解为什么蚁型分布能被描述为对外部世界信息的编码，
　　尤为关键。

兽：是的，我们正要谈到这些。我要给那些层次足够高的蚁队起名叫"符
　　号"。你们要注意，这个词的这个含义与它通常的含义有某些重要
　　的差异。我所说的"符号"，是指复杂系统中某些能动的子系统，
　　它们自身也由更低层次的能动子系统组成……因此，它们和被动的
　　符号有很大的区别，被动的符号位于系统之外——比如字母和音
　　符，它们只一动不动地待在那里，等着能动系统来加工处理它们。

阿：噢，这还挺复杂的，是吧？我都不知道蚁群还有这种抽象结构。

兽：是，相当了不起。不过，结构的所有这些层次，对储存各种知识来

说都是必需的,有了这些知识,一个有机体才"有智力"——在"智力"一词的合理意义上。任何一个掌握语言的系统,实质上都有着一套相同的基础层次。

阿:我说你先给我等一会儿。你是在暗示,我的脑根本上也是由一群到处乱跑的蚂蚁构成的吗?

兽:哦,不是的。你太咬文嚼字了。最低的那一层可能完全不同。比如说,就连我们食蚁兽的脑子事实上也不是由蚂蚁组成的。不过,如果你上升一两个层次,就会看到,脑中的组成部分,在其他拥有同等智力的系统中——比如蚁群中——也有着精确的对应物。

龟:这就是为什么合理的想法是把你的脑子对应到蚁群上,而不是对应到区区一只蚂蚁的脑子上,阿基里斯。

阿:谢谢您的恭维。不过这种对应要怎么进行?比如说,我脑中有什么东西可以和你称为信号的低层蚁队有对应关系呢?

兽:哦,但我对人脑只是一知半解,因此没法做一套纤毫毕现的精彩对应。不过——如果我说错了的话,请您纠正,蟹先生——我推测蚁群中的信号在人脑中的对应物就是神经元发放;或者是一种规模更大一点的现象,例如神经元的某种发放模式。

蟹:我基本同意。不过,难道你不认为,描绘出精确的对应物固然可能值得一试,但就我们的讨论而言却是无关紧要的吗?对我来说,要点在于,这种对应关系确实存在,虽然现在我们还不能确知如何定义它。我只想在你提的观点中再问一项,食蚁兽大夫,这关系到在哪个层次上人们才能相信出现了这种对应关系。你似乎认为,信号在脑中或许有直接的对应物;而我认为,只有在你所说的能动符号或更高的层次上,才比较可能一定存在这种对应关系。

兽:你的阐释比我的准确得多,蟹先生。谢谢你提出这个微妙的问题。

阿:有哪些事是符号能做而信号不能做的?

兽:这就像词和字母之间的区别一样。词是承载意义的单位,由字母组成,而字母本身并不承载什么意义。这很好地说明了符号和信号之间的区别。事实上这个类比很有用，只要你记着，词和字母是被动的，而符号和信号是能动的。

阿：我会记着，但我不敢肯定自己是不是明白了，为什么能动和被动之间的区别这么重要，需要特别强调？

兽：原因就是，你赋予被动符号——例如一个词或一页书——的任何意义，其实都来自你脑中相应的能动符号承载的意义。因此，被动符号的意义只有与能动符号的意义联系起来，才能获得恰当的理解。

阿：好吧。可是，既然你说信号虽然本身是个很好的实体，但却没有意义，那又是什么把意义赋予了符号？当然是说能动的符号。

兽：这些都与符号触发其他符号的方式有关。一个符号被激活、变得能动的时候，它不是孤立的。事实上，它是漂浮在某种由蚁型分布所刻画的媒介中。

蟹：当然，脑中是没有像蚁型分布这种东西的，在脑中，蚁型分布的对应物是"脑状态"。描述脑状态时，你要描述所有神经元的状态，它们之间互联的情况，以及每个神经元发放的阈值。

兽：很好，那就让我们把"蚁型分布"和"脑状态"放到一起，给它们起个共同的名字，就叫"状态"。现在，状态既可以在低层次上描述，也可以在高层次上描述。在低层次上描述蚁群的状态可能很麻烦，需要具体描述每只蚂蚁的位置、蚁龄、蚁型等等。这种非常细节化的描述，实际上对"它们为什么处于这种状态"这个问题无法产生宏观洞见。另一方面，在高层次上描述，则需要具体描述哪些符号的哪些组合在哪些条件下可以触发哪些符号，等等。

阿：在信号或蚁队的层次上来描述怎么样？

兽：这个层次上的描述，介于低层描述和高层描述之间。它会包含有关整个蚁群中各个具体位置实际正在发生什么的海量信息，但肯定少于逐一描述每只蚂蚁的信息，因为蚁队是由一团团的蚂蚁组成的。逐一描述每个蚁队，就像是对逐一描述每只蚂蚁进行概括。而逐一描述每个蚁队时，你还必须额外加进一些逐一描述每只蚂蚁时不会出现的东西，例如蚁队间的关系，各种蚁型在各处的供给情况等等。
这种额外的复杂性，就是你进行这种概括所要付出的代价。

阿：把不同层次描述的优点拿来比较，我觉得挺有意思。高层次的描述
似乎最有解释力，因为它给你提供了蚁群最直观的图画，但很奇怪，
它忽略了表面看来最重要的特征：蚂蚁。

兽：但你要知道，蚂蚁不是最重要的特征，虽然表面看来如此。诚然，
没有蚂蚁，蚁群就不存在；但是和蚁群等价的东西，比如脑，是可
以没有蚂蚁而存在的。因此，至少从高层视角看，蚂蚁可有可无。

阿：我敢肯定，没有哪只蚂蚁会热烈拥戴你的理论。

兽：呃，我还从未遇到过一只有高层视角的蚂蚁。

蟹：你的图景太反直觉了，食蚁兽大夫。如果你说的是真的，意思就好
像是，你描述一个东西时，为了抓住整体结构，就必须忽略不提它
的基础构件。

兽：我打个比方或许能说得更清楚些。想象你面前有本狄更斯的小说。

阿：《匹克威克外传》行吗？

兽：好极了！现在，想象一下你在做下面这个游戏：你必须设法把字母
和意思相对应，这样，你一个字母一个字母地读《匹克威克外传》
的时候，整本书也是有意义的。

阿：嗯……你的意思是，每次我碰到像 the 这样的词时，都要想到三个
明确的概念，一个接一个，没有变化的余地？

兽：没错。分别是 t 的概念、h 的概念和 e 的概念，每一次，这些概念
都要和上次的一样。

阿：嗯，听起来这会把"阅读"《匹克威克外传》的体验变成一场枯燥
得难以形容的噩梦。这是个毫无意义的练习，无论我把每个字母和
什么概念联系起来都是一样。

兽：没错。单个字母和现实世界之间没有天然的对应关系。天然的对应
关系出现在更高的层次上：在词和现实世界的组成部分之间。因此，
如果你想描述一本书的内容，你不会提到字母的层次。

阿：当然不会！我会描述情节和人物等等。

兽：这就是了。你会忽略不提所有的构件，虽然是因为它们这本书才存在。它们是媒介，而非信息。

阿：好吧。不过蚁群呢？

兽：在蚁群中，能动的信号代替了被动的字母，能动的符号代替了被动的词——不过道理是一样的。

阿：你的意思是，我没法在信号和现实世界的东西之间建立对应关系？

兽：你会发现触发的如果是新信号，就没有任何意义，没法建立这个对应关系。在更低的层次上，比如蚂蚁的层次上，也不行。只有在符号的层次上，触发模式才有意义。比如你可以想象一下，有一天我来拜访的时候，你正在观察怡姨。你可以看得要多仔细有多仔细，不过你大概也只能看到蚂蚁们的排列重组，除此无他。

阿：肯定正是这样。

兽：而我在观察的时候，阅读的是较高而非较低的层次，我会看到几个休眠的符号现在被唤醒了，把它们翻译成思想内容就是："噢，帅气的食蚁兽大夫又来了，好开心！"大意如此吧。

阿：听起来就像我们看"无之图"的时候发生的情况，我们四个都发现了不同的层次——至少我们中有三位是这样……

龟：我在《平均律键盘曲集》中偶然发现的那张怪图，与我们的谈话方向之间，竟有如此相似之处，这真是一个惊人的巧合。

阿：你认为这只是巧合吗？

龟：当然了。

兽：嗯，希望你们现在理解怡姨的思想是怎么从符号操作中涌现出来的了——符号由信号组成，信号由蚁队组成，蚁队由较低层次的蚁队组成，就这样一直降到蚂蚁的层次。

阿：你为什么把这叫"符号操作"？如果符号本身是能动的，那么是谁在操作？施动者（agent）是谁？

兽：这又回到你之前提出的有关目的的问题上来了。你说得对，符号本身是能动的，但它们遵循的能动活动也不是绝对自由的。所有符号的能动活动都严格受制于它们所处的整个系统的状态，因此是整个系统为符号如何相互触发负责，所以我们说整个系统是"施动者"，合情合理。符号运行时，系统的状态也慢慢改变或更新。但也有许多特征始终不变。部分恒定、部分变化的这个系统就是施动者。可以给整个系统起个名字，比如说，这个"谁"就是怡姨，可以说是她在操作她的符号；你也是一样，阿基里斯。

阿：这种刻画"我是谁"的方法还真奇怪。我不敢肯定我全都懂了，不过我会好好思考一下。

龟：你思考自己脑中符号的时候也跟踪一下它们，会非常有趣。

阿：对我来说太复杂了。光是试着想象怎么才能在符号的层次上观察和阅读蚁群，已经够让我费神了。我当然能想象怎么在蚂蚁的层次上感知蚁群，再多费点劲儿，我也能想象在信号的层次上感知蚁群一定会是怎样；可是在符号的层次上感知蚁群，究竟会是怎样的呢？

兽：要了解这些，只有通过长期的实践。不过，一个人一旦到达了我的程度，就读得出蚁群的最高层次，就像你在"无之图"中读出"无"一样轻而易举。

阿：真的吗？那一定是种惊人的体验。

兽：有点儿吧——不过这种体验你也相当熟悉，阿基里斯。

阿：我也熟悉？你的意思是？我只在蚂蚁的层次上观察过蚁群，从来没在别的层次上观察过。

兽：也许吧。不过蚁群从许多方面来说都和脑子没什么区别。

阿：但我也从来没有看见过或者阅读过脑子啊。

兽：那么你自己的脑呢？难道你对自己的思想没什么觉察？这难道不就是意识的本质？除了直接在符号层读自己的脑难道还有别的吗？

阿：我从没这么想过。你是说我略过了所有低层次，只看到了最顶层？

兽：有意识的系统就是这样，只能在符号层次上自我感知，而察觉不到较低的层次，即信号层次。

阿：这是不是能推出，脑中也有一些能动的符号，它们不断自我更新，
　　好总能把脑本身的总体状态反映在符号层次上？

兽：当然。任何有意识的系统中，都有表征脑状态的符号，而这些符号
　　本身也是它们所表征的脑状态的一部分。因为意识需要有高度的自
　　我意识。

阿：这个想法真怪。就是说，虽然我的脑时刻都在忙碌，但我却只能以
　　唯一一种方式注意到这些活动，就是在符号层上，而对低层次则完
　　全无感。这就像是没有学过字母表里的字母，却能直接通过视觉来
　　阅读狄更斯的小说。这种怪事要真能发生，也真是古怪无比了。

蟹：可这种事恰恰就是发生了，就是在你只读出来"无"，而没有感知
　　到低层次的"整体论"和"还原论"的时候。

阿：你说得对——我略过了低层次，只看到了顶层。我怀疑我只读符号
　　层的时候，是不是也忽视了我脑中所有低层次的意义。顶层不能包
　　含底层的所有信息，这太遗憾了，否则一个人只要读顶层，就能知
　　道底层在说什么。不过我猜，希望顶层能给来自底层的所有信息编
　　码，这太天真了，底层信息大概无法渗透上来。"无之图"可能就
　　是最明白的例子：最顶层只有"无"，与低层次毫无关系！

蟹：完全正确。（拿起"无之图"凑近端详。）嗯……这幅图中最小的
　　那些字母有点奇怪，歪歪扭扭的……

兽：我瞧瞧。（近近地盯着看。）我想还有另一个层次，我们都忽视了！

龟：别说"们"，就说你，食蚁兽大夫。

阿：啊不，这不可能！我看看。（看得非常仔细。）我知道你们不会相信，
　　不过这幅图的信息就在我们所有人眼前，藏在深处。它只有一个词，
　　像佛祷那样一遍遍地出现，是个多么重要的词啊："无"！谁能想
　　到！和顶层的一样！我们谁都没有猜到一丝一毫。

蟹：要不是因为你，我们永远都注意不到这个，阿基里斯。

兽：我想知道，最高层和最低层之间的巧合是偶然发生，还是某位创造
　　者有意为之？

蟹：怎么才能确定这一点？

龟：我看这一点没法确定，因为我们不知道螃蟹的这版《平均律键盘曲集》里面为什么会有这么张图。

兽：虽然我们讨论得很热烈，但是我一直都留了一只耳朵，尽力去听这首又长又复杂的四声部赋格。美妙绝伦啊。

龟：当然很美。听，再过一会儿持续音（organ point）就要来了。

阿：持续音是不是指一段乐曲逐渐慢下来，在某一音符或和弦上停留一会儿，然后休止片刻，再恢复正常速度？

龟：不对，你说的是"延音"（fermata），音乐的某种分号。不知你注意到没有，前奏曲中就有一个。

阿：我想我是错过了。

龟：哦，你还有机会听到延音的。事实上，这首赋格接近尾声的时候，还会有两个延音出现。

阿：噢，太好了。你会事先给我指出来吧？

龟：如果你想的话。

阿：但还是请你告诉我，什么是持续音？

龟：持续音就是复调音乐中，某一声部（通常是最低的声部）停留在某一个音符上，而其他声部则继续独立展开各自的旋律线。这里的持续音停留在 G 音上。仔细听，你会听到的。

兽：有一天我去拜访怡姨的时候，发生了一件事，让我想起了你的建议：应该在阿基里斯脑中的符号正在创造关于它们自己的思想的时候，去观察这些符号。

蟹：什么事，快告诉我们。

兽：那天怡姨觉得非常孤单，非常高兴能有人说说话。因此她很感激我，让我随便吃我能找到的最鲜嫩的蚂蚁。（她从不吝惜她那些蚂蚁。）

阿：啧啧！

兽：当时我正在观察表达她思想的那些符号，因为符号中有些蚂蚁看着格外鲜嫩。

阿：啧啧！

兽：于是我就自己动手吃了几只最肥的蚂蚁，它们是我正在阅读的高层
符号的一部分。而且这几只蚂蚁所在的这些符号正表达了刚才的想
法："随便吃点美味的蚂蚁吧。"

阿：啧啧！

兽：这些小虫对它们在符号层次上集体对我说的话一无所知，这是它们
的不幸，却是我的幸运。

阿：啧啧！真是个惊人的连环套。它们对自己正在参与的事全无意识。
它们的行为可以看作一个高层模式的组成部分，但它们自己当然完
全觉察不到这一点。啊，多可怜啊，事实上也是巨大的反讽，它们
没注意到它。

蟹：你说得对，龟兄——真是个动人的持续音。

兽：我以前从来没听到过，不过这一段太明显了，没人会注意不到的。
效果极佳。

阿：什么？持续音已经出现过了？有那么明显的话，我怎么没注意到？

龟：或许你太专心于自己在说什么，才完全没注意到它。啊，多可怜啊，
事实上也是巨大的反讽，你没注意到它。

蟹：告诉我，怡姨是住在一个蚁丘里吗？

兽：是的，她有一份相当大的地产。那儿曾经属于别人，但那是个悲伤
的故事。不管怎么说，她的地产相当大。与许多蚁群相比，她过得
相当豪奢。

阿：这和你刚才给我们描述的蚁群的集体主义性质可不对路吧？在我看
来，宣扬集体主义和身居豪宅，逻辑上不一贯！

兽：集体主义是在蚂蚁的层次。蚁群中的所有蚂蚁都在为共同利益工
作，尽管有时候这对某些个体自己有害。不过这只是怡姨的内建结
构，就我所知，她甚至都注意不到自己内部的集体主义。大多数人
类也注意不到自己的神经元，事实上，作为一种多少有点敏感脆弱
的生物，人类大概宁愿对自己的脑一无所知。怡姨也有点敏感脆弱，

她只要一开始想蚂蚁，就会变成热锅上的蚂蚁。所以她尽量避免想它们。我实在怀疑她是否知道自身结构中内建了一个集体主义社会。她本人坚定地信仰自由至上主义（libertarianism），完全自由放任的那种。因此至少对我来说，她住在豪华庄园里完全合情合理。

龟：我刚跟着音乐浏览这版可爱的《平均律键盘曲集》的时候，正好翻到这一页，发现那两个延音的第一个马上就要出现了——你注意听啊，阿基里斯。

阿：我会的，我会的。

龟：而且，对面这页也有一张特怪的图。

蟹：又一张？是什么？

龟：你自己看。（把乐谱递给螃蟹。）

蟹：啊哈！只是几串字母。咱们看看——有这么几个字母，J S B m a t，都出现了不少次。奇怪了，前三个字母依次越来越大，而后三个字母则越来越小。

兽：能让我看看吗？

蟹：那还用说，当然了。

兽：哦，你又只见细节不见全图了。实际上，这组字母是 f e r A C H，没有重复。这六个字母先是越来越小，而后越来越大……看这儿，阿基里斯，你怎么想？

阿：我看看。嗯……那，我看到的是一组大写字母，越往右越大。

龟：拼起来是什么？

阿：啊……J. S. BACH。我明白了，是巴赫的名字！

龟：奇怪，你竟然是这样看的。我看到的是一组小写字母，越往右越小……拼起来是……一个名字……（话音越来越慢，最后几个字拖着长音。短暂的静默后他突然恢复正常，像是什么也没发生过。）——fermat（费马）。

阿：我想是你脑子里老想着费马，所以到处都看到费马大定理。

兽：你说得对，龟先生——我刚在这赋格里听到了一个迷人的小延音。

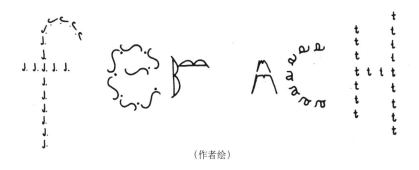

（作者绘）

蟹：我也听到了。

阿：你们是说，每个人都听到了，就我没听到？我开始觉得我有点笨了。

龟：哎哎，阿基里斯，别难过。你肯定不会错过"赋格最后(大)延音"(马上就来了)。但还是回到之前的话题，食蚁兽大夫，你刚才说有个什么悲伤的故事，关于怡姨地产之前的主人？

兽：地产之前的主人是一位出类拔萃的人物，是史上最有创造力的蚁群之一。他名叫蚁翰·塞巴斯蚁安·扉蚂，他职业是数学家，副业是音乐家。*

阿：真是多才多艺！

兽：在创造力到达巅峰之时，他却不幸猝然离世。有一天，那是一个炎热的夏日，他外出晒太阳，突然来了大雷雨，百年一遇的那种，把 J. S. 扉蚂浑身上下都浇透了。因为暴雨突如其来，没有任何预兆，蚂蚁们完全晕头转向了。几十年精心建立起的错综复杂的组织，分分钟毁于一旦。真是悲剧。

阿：你的意思是，所有的蚂蚁都淹死了，而这显然也说明可怜的扉蚂走

---

* "赋格最后延音"（Fugue's Last Fermata）呼应"费马大定理"（Fermat's Last Theorem）。

"扉蚂"（Johant Sebastiant Fermant）呼应"约翰·塞巴斯蒂安·巴赫"（Johann Sebastian Bach）及费马，各词皆包含 -ant（蚁）。fermant 还是 fermer（法语"关闭"）的现在分词。

到了生命的尽头？

兽：倒不是。蚂蚁们还是设法活了下来，每只蚂蚁都爬到了漂浮在汹涌激流中的各种木枝树干上。不过等水退去，蚂蚁们回到地面上的家园之后，组织已不复存在。蚁型分布完全破坏，而蚂蚁们自己没有能力重建这样一个曾经如此精妙的组织。它们就像童谣中跌成碎片的胖蛋儿，没法把自己再拼起来。我也像国王所有的人马一样，想要把可怜的扉蚂重新拼起。* 我诚心诚意地拿出糖和奶酪，一次次地希望看到扉蚂不知怎的又重新出现……（拿出手绢擦眼睛。）

阿：你真英勇！我不知道食蚁兽也有此等胸怀！

兽：但这些全都无济于事。他走了，重建无望。不过后来开始出现了一桩大怪事：接下来的几个月里，组成扉蚂的那些蚂蚁慢慢重组，建起了一个新的组织。于是怡姨就诞生了。

蟹：真了不起！怡姨就是由组成扉蚂的那些蚂蚁组成的？

兽：嗯，对，一开始是这样。不过到了现在，有些老蚂蚁已经死了，被新蚂蚁取代。但还是有许多扉蚂时代的遗老。

蟹：那你有没有时常发现怡姨身上会出现扉蚂的某些旧日特点？

兽：一次也没有。他们没有什么共同之处。在我看来，他们也没有理由要有什么共同之处。毕竟要把各个部分排列重组成"总和"，常常有许多不同的方式。怡姨不过是旧部分的新"总和"。我提醒一句，不是大于总和，只是特定的一种总和。

龟：说到总和，我想起了数论，在数论中，有时候你可以把一个定理拆成各种组成符号，再按一种新顺序排列重组，就得到一个新定理。

兽：我从没听说过这种现象，不过我承认我对这一领域一无所知。

阿：我也没听说过——虽然我对这一领域非常精通，也许我不该这样说

---

* "胖蛋儿"（Humpty Dumpty）字面意是"摔下来的圆球儿"。此处的比方来自英语童谣：胖蛋儿坐墙头，栽个大跟头，国王所有的人和马，全都拼不回去他（Humpty Dumpty sat on a wall, / Humpty Dumpty had a great fall. / All the king's horses and all the king's men / Couldn't put Humpty together again）。

自己。我怀疑龟兄是在精心策划一个滑稽仿作。这会儿我已经很了解他了。

兽：说到数论，我又想起了 J. S. 扉蚂，因为数论是他拿手的领域之一。事实上，他对数论做出过一些着实非凡的贡献。而怡姨对任何跟数学沾点边的东西都无比迟钝。而且她的音乐品味也相当平庸，但塞巴斯蚁安则极具音乐天赋。

阿：我酷爱数论。你能不能给我们提一点塞巴斯蚁安所做贡献的实质？

兽：那好。（停下来抿了口茶，然后继续。）你们听说过蜚蜜那恶名远播的"良好检验猜想"吗？

阿：我不确定……听起来怪熟的，但我说不准了。

兽：内容很简单。连挨尔·德·蜚蜜，职业是数学家，副业是律师，他阅读自己那本丢返蠹 501 世的经典著作《算术》的时候，在某一页上看到了这样一个方程：$2^a+2^b=2^c$。* 他马上意识到这个方程 $a\ b\ c$ 的解有无穷多组，然后他在页边写下了以下这段极富恶名的评论：

> 方程 $a^n+b^n=c^n$ 仅当 $n=2$ 时，正整数 $a\ b\ c\ n$ 才有解（且 $a\ b\ c$ 使方程成立的解有无穷多组）；但 $n>2$ 时，方程无正整数解。对这一命题我发现了一个美妙的证法，可惜页边太小，写不下了。

从三百多年前的那天起，数学家们一直在徒劳地做着两件事：或是证明蜚蜜的断言，从而维护蜚蜜的声誉——虽然蜚蜜享有很高的声誉，但有些怀疑者认为他虽然声称发现了那个证明，但其实

---

* "良好检验猜想"（Well-Tested Conjecture，WTC）形式上戏仿《平均律键盘曲集》（*Well-Tempered Klavier*，WTK），内容是呼应（尚无良好检验的）"费马大定理"。

蜚蜜（Lierre de Fourmi），既是对费马名字的戏仿，也类似物理学家费米（Fermi）的名字。而这一全名在法语中则是"蚁桥"。

丢返蠹 501 世（DI of Antus）戏仿呼应丢番图，因连读读音一样，并仍包含 ant-（蚂蚁）。DI 可以指数据录入（data input），也可能是罗马数字 501。

迁徙途中，行军蚁（army ants）有时会用自己的身体搭桥。这张照片中就有这样一座蚁桥，可以看到，布氏游蚁（Ecilon burchelli）的工蚁群腿脚相连，跗爪沿桥的上方钩在一起，形成多个不规则的链状系统。还可以看到一只共生的蠹虫（Trichatelura manni）正在穿过蚁桥的中央。（摘自 E. O. 威尔逊的《昆虫社会》[The Insect Societies]，照片由 C. W. Rettenmeyer 提供）

从未真的发现，而这败坏了他的声誉；或是找到一个反例，找到四个正整数 a b c n 且 n>2，使方程成立，驳倒这一断言。直到最近，这两个方向上的所有尝试都遭遇了失败。诚然，在许多特定的 n 值上这一猜想都得到了证明——具体说就是 n 从 2 直到 125000。但一直没有人成功证明它对所有 n 都成立——直到蚁翰·塞巴斯蚁安·扉蚂的出现。他找到了证明方法，还了蜚蜜一个清白。现在，这个猜想名为"蚁翰·塞巴斯蚁安的良好检验猜想"。

兽：如果最后找到了得当的证明，不是应该叫"定理"而不是"猜想"吗？

阿：严格说来你是对的，不过传统上一直这么叫。

龟：塞巴斯蚁安搞哪种音乐？

兽：他在作曲方面极有天赋。不幸的是，他最伟大的作品笼罩在神秘之中，因为它从未发表过。有些人认为，整部作品全在他心里；另一些人则不太客气，说他大概从来就没有写出过这样一首曲子，只不过是在吹牛罢了。

阿：那么这部杰作是什么性质的呢？

兽：是一部庞大的前奏曲与赋格，赋格有 24 个声部，包含 24 个不同主题，每个主题都是不同的大调或小调。

阿：把 24 声部赋格当成一个整体来听一定很难！

蟹：更不用说创作一首了！

兽：但我们所知道的关于它的一切，就是塞巴斯蚁安对它的描述，写在他自己那本《布克斯特胡德管风琴前奏曲与赋格》*的页边上。在悲惨离世之前，他写下的最后几句话是：

　　我创作了一首绝妙的赋格。在这部作品中，我把 24 个大小调和 24 个主题合在一起，创作了一首有 24 的幂个声部的赋格。可惜页边太小，写不下了。

这部没有问世的杰作就叫《扉蚂大赋格》。

阿：啊，真是个让人无法忍受的悲剧。

龟：说到赋格，我们正在听的这首快要结束了。接近尾声的时候，主题会出现一个奇怪的新转折。（翻到《平均律键盘曲集》中的那一页。）啊，这是什么？一幅新插图！真吸引人！（给螃蟹看。）

蟹：啊，这是什么？哦，我看到了，是"整体原论"（HOLISMIONISM）？是用大个儿字母写的，先是缩小，再变大回原来的尺寸。可这毫无意义，因为这不是个词。真是，天哪！（递给食蚁兽。）

兽：啊，这是什么？哦，我看到了，是"还整体论"（REDUCTHOLISM）？

---

* 迪特里希·布克斯特胡德（Dietrich Buxtehude，1637/9—1707），丹麦-德意志管风琴家及作曲家，有大量巴洛克风格赋格式前奏曲作品，对半个世纪后的巴赫有重要影响。

（作者绘）

是用小个儿字母写的，先是变大，再缩小回原来的尺寸。可这毫无
意义，因为这不是个词。天哪，真是！（递给阿基里斯。）

阿：我知道你们不会相信，不过这幅图是由两个"整体论"构成的，从
左到右字母一直越来越小。（还给乌龟。）

龟：我知道你们不会相信，不过这幅图是由一个"还原论"构成的，从
左到右字母一直越来越大。

阿：啊！这回我终于听到主题的新转折了！你给我指出来真是太好了，
龟先生。我想我终于开始掌握听赋格的艺术了！

反　思

　　灵魂大于它的各部分之"和"*吗？前面对话的各参与者对这一问题
似有不同看法。但他们肯定都同意，一个由个体组成的系统，其集体行
为会有许多惊人的特性。

　　许多人读这段对话时都会想到国家的种种行为，这些行为表面看来
是有目的的，自私的，生存导向的，它们或多或少都是从其公民的习惯

---

* "和"原文印为 hum，意为"嘈杂、嗡嗡声"，若此应读为 hè，取"唱和"意；hum 形似 sum（总和）。

和制度（教育系统、法律架构、宗教、资源、消费方式和期望水平等等）中涌现出来。当一个紧密的组织是由不同的个体组成，而较低层次上的特定个体对组织的贡献无法追溯时，我们会倾向于把这个组织视为一个更高层次的个体，且常用拟人化的措辞谈论它。报纸上一篇关于恐怖组织的文章说该组织"守口如瓶"。人们常说俄国"渴望"得到世界的承认，可能是因为对西欧"长期患有自卑情结"。这些例子都是些公认的比喻，它们都说明了，我们把组织拟人化的冲动有多么强烈。

组织中的个体组成部分，秘书、工人、公交车司机、行政人员等等，都有自己的人生目标，可能会与他们所组成的高层实体发生冲突。但有一种效应（许多政治学的学生可能会认为这种效应是阴险狡诈的），组织可以凭此种效应吸收利用这些目标，利用个人的荣誉感和自尊需求等等，使之为自己的利益服务。从许多低层次的目标中涌现出了一种高层次的动力，它涵盖所有的低层次目标，裹挟着它们，求得自己的永存。

因此，乌龟反对阿基里斯把自己比作蚂蚁，更赞同阿基里斯把自己"对应"到某一蚁群这一适当的层次上，这个想法或许并不那么傻。同样，有时候我们也会自问："成为 A 国是怎样的，与成为 B 国的感觉有什么不同？"这种问题有什么意义吗？我们读过内格尔关于蝙蝠的文章（选文 24）后再来仔细讨论这个问题。不过，现在让我们先来思考一下，想象自己"是"一个国家，是不是有意义。一个国家有思想或是信念吗？这些都可以归结为一个问题：国家有怡姨那样的符号层次吗？与其说一个系统"有符号层次"，可能不如说"它是一个表征系统"。

"表征系统"是本书的一个关键概念，需要定义得精确些。"表征系统"是指一个能动的、自我更新的结构集合，这些结构是组织起来用以"反映"世界的发展变化的。因此，一幅画作无论其表征有多么具像，都要被排除在表征系统之外，因为它是静止的。奇怪的是，我们也要把镜子排除在外，虽然有人可能会争论说，镜子中的各种形象时刻都在紧跟世界！

镜子在两个方面有所缺乏。第一，镜子本身无法区分不同物体的形象——它能反映宇宙，但是看不到"范畴"（category）。事实上，一面镜子只制造一个形象，这个形象是在旁观者的眼中才分成许多不同物体的"独立"形象的。镜子无所谓感知，只能反映。第二，镜子中的形象不是有自己"生命"的自主结构，它完全依赖于外在世界。如果灯灭了，镜中的形象也就消失。而一个表征系统即使与它所反映的现实切断了联系，也应该能够继续运行——虽然这种情况下我们会发现"反映"这个比喻还不够丰富。现在，与外界隔离的表征结构应该继续演化，其演化方式即使不能反映世界真正的演化方式，至少也要反映一种很有可能的演化方式。事实上，一个良好的表征系统能分出平行的分支，代表各种可被合理预见的可能性。从比喻的意义上说，良好表征系统的内部模型应该像选文《重新发现心灵》的"反思"中定义的那样，进入叠加态，其中每个状态上都有一种对可能性的主观估计。

简言之，一个表征系统要建立在范畴之上。当表征系统需要改进或扩大自己的内在范畴网络时，就会筛滤输入的数据，形成范畴。系统中的表征或"符号"按照自己内在的逻辑相互作用，这一逻辑虽然不曾参照外在世界，却能为世界的运作方式创造一个足够可信的模型，使符号与它们所应反映的世界充分"同相"（in phase）。所以，电视不是一个表征系统，因为它不加区分地把光点投射到屏幕上，而不考虑它们表征的东西是什么，而且，屏幕上的图案也不是自主的——它们只不过是"外部既存"之物的被动拷贝。与之相对的，一个能"观看"场景并告诉你其中有什么的计算机程序，更接近一个表征系统。至今，计算机视觉方面的最先进人工智能也还未能在这一问题上取得突破。一个程序能看到场景，而且不仅能告诉你场景中有什么东西，还能告诉你这一场景可能的前因后果——这才是我们所说的表征系统。这个意义上，一个国家是一个表征系统吗？一个国家有符号层吗？我们把这个问题留给你思考。

《蚂蚁赋格》中的关键概念之一，是"蚁型分布"或说"状态"，因为文中称它是决定机体未来的"动因施加者"（causal agent）。但这似乎与以下思想相矛盾：系统的所有行为都是从低层规律中产生的——在蚁群的例子中是蚂蚁的行为规律，在脑的例子中是神经元方面的规律，但最终都出自粒子方面的规律。有没有"自上而下的因果关系"这种东西，或干脆说，就是"思想可以影响电子的路径"这种观念？

威廉·卡尔文和乔治·奥杰曼合著的《脑之内部》(Inside the Brain)一书，就神经发放提出了一系列发人深思的问题。他们问道："是什么开启了神经发放？"是什么开启了钠离子通道？（钠离子通道的功能是让钠离子进入神经元，并且在钠离子浓度足够高时触发神经递质的释放，而神经递质会从一个神经元流向另一个神经元，这就是神经发放的实质。）回答是，钠离子通道对电压很敏感，它们受一定强度的电压脉冲冲击时，状态就会从关闭变为开启。

"但最初是什么引发了电压上升，使其超过这一阈值……并且引起了这一系列叫作脉冲的事件的？"他们继续问。回答是，沿神经轴突排布的各个"节点"把这种高电压沿着一个个站点传递了下去。于是问题又变了，这次他们问："但又是什么引发了第一个节点发生第一下脉冲？此处的电压变化是哪里来的？这个脉冲出现之前又发生了什么？"

那，对于脑中的多数神经元——"中间神经元"(interneuron)，意思是说它们的输入不来自感官，而是来自其他神经元——回答是，第一个节点的电压变化，是由来自其他神经元的神经递质脉冲的总体作用引发的。（我们可以把这些"其他"神经元叫"逆流"[upstream]神经元，不过这会造成一个非常错误的暗示，让人以为脑内的神经活动流是单向线性的，好像一条河。事实上，一般来说，神经流的模式远远不是线性的，而是到处都在循环往复，一点也不像河流。）

因此，我们似乎陷入了一个恶性循环——一个先有鸡还是先有蛋的难题。提问："是什么激活了神经发放？"回答："其他的神经发放！"但真正的问题仍未得到解答："为什么是这些神经元，而不是别的神经元？为什么是这里发生了恶性循环，而不是脑中其他地方的其他神经环路？"要回答这些问题，我们就必须变换层次，谈谈脑与它所编码的思想之间的关系，而这又要求我们谈到脑是如何编码或说如何表征有关世界的概念的。我们不想在这本书中对这类问题做详细的理论探讨，因此让我们来探讨一个与之有关但比较简单的问题。

想象一个错综复杂、时而分叉又时而汇聚的多米诺骨牌网络。假设每块骨牌下面都有一个小小的延时弹簧，能让它在倒下 5 秒钟之后再立起来。通过把骨牌网络排列成不同的格局，人们可以货真价实地给这个多米诺骨牌系统编程，让它进行数字计算，就像是面对一个完全意义上的计算机那样。不同的通路会执行不同的计算，还能建立起各种复杂精巧的分支回路。（注意，这幅图景与脑内神经网络相去无几。）

人们可以想象一个"程序"正在要给整数 641 分解质因数。你可能会指着一块你已经看了很久的骨牌问："为什么这块骨牌没倒？"某个层次上的回答可能是："因为它前面的那块没倒。"但这种低层次的"解释"只是在乞题。人们真正想要的回答——事实上也是唯一能令人满意的回答——是在程序的概念层次上的回答："这块骨牌不会倒下，是因为它所处的这片多米诺骨牌只有在找到因数时才会被激活，而 641 没有因数——它是个质数。因此，这块多米诺骨牌没倒的原因，与物理或是多米诺链毫无关系，而只是因为 641 是质数。"

但这样一来，我们是不是就等于已经承认，是高层规律凌驾并超越于低层规律在起作用，管控着整个系统？不是的。以上只是说，任何有点意义的解释都要用到高层概念。多米诺骨牌当然不知道它们是一个程序的一部分，也不需要知道，就像钢琴的琴键不知道也不需要知道你正用它们演奏哪首乐曲。想象一下，如果琴键真的知道的话，会是多诡异！你的神经元也不知道此时此刻它们正被用来思考这些想法，蚂蚁也不知道它们是所在蚁群这个宏大架构的一部分。

你脑中可能会出现一个更为深入的问题："程序和多米诺链的存在——其实就是摆制多米诺骨牌——到底取决于哪个层次上的哪些规律？"要回答这个问题和它必然要触发的许多问题，我们就要逆时向前回溯，跨度越来越大，一直回溯到我们社会存在的原因，回溯到生命的起源，等等。更方便的做法是把这许许多多的问题都扫到地毯下面，只留下这个理由：641 是质数。我们更喜欢这种浓缩的高层解释，因为它排除了回溯过去的漫长视角，只关注现在或超时间的东西。但如果我们想要追溯事件的终极起因，就必须采用道金斯或者乌龟所描述的还原论观点。事实上，最终我们会落回到物理学家那里去，而物理学家会告诉我们说，"大爆炸"是万事万物的始因。但这并不能令人满意，因为我们想要的答案，应该是在诉诸常见概念的那个层次上。幸运的是，自然的层次足够丰富，因此提供这种答案往往是可能的。

我们问，思想是否可以影响电子的飞行路径。读者可能会很容易地想象出一个我们心中没有的形象来——一个全神贯注的超能力者正在紧锁眉头，把"一波波冥界能量"（或者随他怎么叫）射向外界的一个物体——比如一个滚动着的骰子——并影响它的落地方式。我们不相信任何这种东西。我们不相信有某种目前尚未发现的"心理磁力"，通过它，概念可以"下达"低层，并凭某种"语义潜能"改变粒子的路径，使其背离当今物理学可能预测的路径。我们谈的是别的东西。这个问题更多关系到解释力从何而来，或许关系到词语的正确使用方法，以及如何把"起因"这类词的日常用法与科学用法协调起来。那么，我们解释粒子的轨迹时，使用"信念""愿望"之类的高层概念，是否合理？读者可能会发现，我们认为采用这种方式说话很是有用。正如演化生物学家们随意使用"目的论方便说法"，好把他们的概念提炼到直观上合理的尺度，我们也感到研究思维机制的人也必须熟悉纯还原论语言和某种"整体论"语言之间的各种双向翻译之道——在后一种语言之中，整体确实对其组成部分产生可见的影响，确实具有"自上而下的因果关系"。

在物理学中，有时一旦改变了视角，规律就显得不一样了。想象一个游乐园里的项目，人们贴着一个大圆筒的内壁坐成一圈，当圆筒开始快速旋转后，它的底部就掉了下去，仿佛一个巨大的罐头刀刚刚从底部把罐头打开一样。人悬在空中，后背依靠离心力紧贴着圆筒内壁。如果你在乘坐这个项目时，试图把一个网球扔给圆筒对面的朋友，你会看到球大大偏离飞行路径，甚至可能会像回旋镖一样回到你面前。当然，这不过是因为球（直线）穿过圆筒时，你也在旋转。但是，如果你没有意识到自己是处于一个旋转参照系内，那你就可能会给这种让你的球偏离预定目标的奇怪偏向力起个名字。你可能会认为这是某种奇怪的引力。以下观察结果将会强烈支持这一结论：这种力和引力一样，对任何两个同质量物体的作用都相同。不可思议的是，这种简单的观察——"虚构的力"和引力轻易地混同在一起——就是爱因斯坦伟大的广义相对论的核心。这个例子的要点在于，参照系的变换可以导致感知和概念的变换，导致我们变换理解因果关系的方式。如果对爱因斯坦来说这是件好事，那对我们来说也应该是件好事！

我们不想再向读者喋喋不休地描述，当一个人在整体层次和部分层次之间来回摇摆时，是怎样巧妙地变换视角的了。我们干脆简单介绍一些能刺激读者进一步思考这些问题的醒目术语。我们已经对比了"还原论"和"整体论"。现在，你可以认为"还原论"就是"自下而上的因果关系"的同义词，而"整体论"就是"自上而下的因果关系"的同义词。这些概念有关空间中不同尺度的事件如何相互决定。时间的维度上也有对应概念：还原论对应的思想是，未来可以根据过去预测，不用考虑机体的"目标"；整体论对应的思想是，只有对无生命的对象才能这样预测，而对有生对象而言，目的、目标、愿望等等，都是解释其活动的基本要素。这一观点常被称为"目标导向"或"目的论"，也称"目标论"（goalism），相反的观点则称为"预测论"（predictionism）。因此，预测论就是还原论在时间方面的对应理论，而目标论就是整体论在时间方面的对应理论。预测论的学说是，在确定事物从现在流向未来的方式时，只须考虑"逆流"事件，不必考虑"顺流"事件。相反，目标论则认为，有生对象是朝向未来的目标前进的，因此认为某种意义上说，未来事件可以逆时或者追溯性地投射因果力量，我们称之为"追溯性因果关系"（retroactive causality），是整体论的"内溯性因果关系"（introactive causality）在时间方面的对应概念。在整体论中，我们可以认为因果关系是"向内"流动的（从整体到部分）。把目标论和整体论相结合，你就得到了(你一定猜到了)灵魂论(soulism)！把预测论和还原论相结合，你就得到了：机械论。

我们画一个小小的表格来总结以上内容：

"硬科学"家	"软科学"家
还原论（自下而上的因果关系） + 预测论（逆流因果关系） = 机械论	整体论（自上而下的因果关系） + 目标论（顺流因果关系） = 灵魂论

文字游戏玩得够久了，现在我们继续原来的话题。对脑的活动另有一个比喻，会给我们提供一个新鲜的视角："会思考的风铃"。想象一组复杂的风铃，结构就像那种随风摆动的悬挂装饰物，上面挂着玻璃"铃铛"，就像树叶挂在树枝上，树枝又挂在更大的树枝上，依此类推。风吹过风铃，许多铃铛开始摇动，慢慢地，整个结构在各个层次上都改变了。很明显，决定那些小小的玻璃铃铛怎么摇动的不仅是风，还有整个风铃组的状态。即使只挂着一个玻璃铃铛，吊绳的扭动也会像风一样，影响风铃的摇动方式。

就像人是"出于自己的意志"做事，这组风铃似乎也有"自己的意愿（ will ）"。什么是意愿？意愿就是在漫长的历史中形成的一种复杂的内在布局，其中编码了某些倾向，面对各种将来的内在布局时，这些倾向会趋向一些而远离另一些。这种意愿出现在了如此低级的风铃之中。

但这么说合适吗？风铃有愿望吗？能思考？我们不妨大胆幻想，给我们的风铃再增加许多特征。假设有一个风扇安装在风铃旁边的一个轨道上，风扇的位置由风铃的某个分支的角度以电子方式来控制，扇叶的转速则由另一个分支的角度控制。现在，风铃对它所处的环境有了某些控制，像是有了一只大手，被一群小小的、看上去无关紧要的神经元控制着——风铃在决定自己的未来方面可以发挥更大的作用了。

让我们更进一步，假设风铃上有许多分支都控制着这样的吹风设备，每个分支控制一台。现在，只要有风吹过，不管是自然风还是风扇吹来的，一组铃铛就会晃动，并细微地把一丝轻柔的晃动传递到风铃组的其他各处。晃动会扩散开来，逐渐使各个分支扭动，因此创造出了一种新的风铃状态，这种状态又决定了风扇的位置和吹风强度，而这些又引起了风铃更多的反应。现在，外部的风和内部的风铃状态以一种非常复杂的方式纠缠在了一起，复杂到很难从概念上将二者分开。

想象同一间屋子里有两组风铃，它们影响对方的方式就是朝对方的方向小股小股地吹风。那么要把这个系统分解成两个自然部分，谁能说是有意义的？观察这个系统的最佳方法或许是以顶层分支为单位，这样，两组风铃可能各有 5 ～ 10 个自然部分；或许，观察这个系统的最佳单位是低一层的分支，这样，我们可能会看到每个风铃上有 20 个以上的自然部分……这些都是为了方便。某种意义上，所有部分都在和其他部分相互作用，不过，也可能会有两个部分，在空间方面或者组织凝聚性方面依稀可辨是彼此独立的，比如某些特定类型的晃动可能会局限在一个区域，那么我们就可以说它们是不同的"机体"。不过请注意，整件事都可以用物理学来解释。

现在我们假定有一只机械手，它的运动由（比如说）24 个高层分支的角度来控制。这些分支当然与整个风铃的状态密切相连。我们可以想象，风铃的状态以一种奇妙的方式决定了手的运动：它能告诉手该拿起哪个棋子并在棋盘上移动。如果它总是拿起合适的棋子，走出合乎规则的棋步，这难道只是种神奇的巧合吗？如果它总是走出妙招，这难道只是种更为神奇的巧合吗？这不可能是巧合。如果这种事确实发生了，那它肯定不是巧合，而是因为风铃的内部状态具有表征力。

我们不必精确描述这种奇怪的晃动结构怎么能储存思想，这种结构让我们想到山杨在颤动。我们要向读者指出的，是一个能够对外界刺激和自身内在布局的各层次特征做出反应的系统，可能具有怎样精致、错综和自我囊括的特点。

要将这样一个系统对外界的反应和它对自身的反应分开，近乎不可能，因为最微小的外在扰动也会触发无数微小但相互关联的事件，会发生连锁反应（cascade）。如果你认为这是系统对输入信息的"感知"，那么系统显然也是以类似方式"感知"自己的状态。感知与自我感知是难分难解的。

观察这样一个系统的高层次方法是否存在，不是确定无疑的事，这是说我们并不一定能把风铃的状态解码成一组连贯的自然语言句子来表达系统的信念，例如下棋的规则（以及下好棋的方法）。但如果这样一个系统是通过自然选择的方式演化出来的，那么多数系统被淘汰，只有一些系统生存了下来，就须得有一个理由：有意义的内部组织让系统能够利用并控制环境，至少能部分地做到这一点。

风铃、假定有意识的蚁群，以及人脑，它们的组织都有层次。风铃的层次是说"分支上挂分支"这样的不同层次。空间中，顶层各分支的存在，表征了对风铃状态的整体特征最浓缩、最抽象的概括；而数以千计（或者数以百万计？）不断晃动的小铃铛，它们的存在则为风铃的状态提供了一种完全未经概括、不合直观但非常具体和局部的描述。而在任一蚁群中，都有蚂蚁、蚁队、各种层次的信号，最后还有蚁型分布或"蚁群状态"——关于蚁群的最敏锐同时也最抽象的视角。就像阿基里斯所惊奇的那样，这种层次抽象得甚至都不提蚂蚁本身！在脑中，我们还不知道如何找到这种高层结构，好让它把脑中存储的信念用自然语言读出来。要不就是，我们已经知道了——我们只要让脑的主人告诉我们他相信什么就行了！但是我们无法用物理学的方法来确定这些信念是怎样编码的，在哪儿编码的。*

这三种系统中都存在各种半自主的子系统，每个子系统都表征一种概念，输入的各种刺激就能唤醒特定的概念或符号。请注意，按照这一观点，不存在一个能观察所有活动并"感受"整个系统的"内心之眼"，相反，是系统状态本身表征这样的感觉。别忘了，传说中扮演这一角色

---

* 见选文25《一桩认识论噩梦》，它写的是一台机器在"读心术"方面胜过人类。——原注

的"小人儿"也必须有一个更小的"内心之眼",而这又会引出更小的小人儿和更小的"内心之眼"——总之是种最糟糕、最愚蠢的无穷后退。相反,在这种系统中,自我觉察来自系统对外部和内部刺激的反应,而这些反应错综复杂地交织在一起。这种模式展示了一个一般性的论题:"心灵就是心灵感知到的模式。"似乎也是个循环,不过这既不是恶性循环,也不自相矛盾。

最可能拥有感知脑活动的"小人儿"或"内心之眼"的东西,就是"自我符号"了。这是个复杂的子系统,是整个系统的模型。不过,自我符号进行感知的时候,并没有它的一套更小的符号——这套更小的符号还会继续包含它自己的自我符号,这显然会带来无穷后退。相反,自我符号和普通(非自反性)的符号联合激活(joint activation),这才构成了系统的感知。感知位于整个系统的层次,而非自我符号的层次上。如果你想说自我符号感知到了什么,也只能在一只雄蛾感知到了一只雌蛾,或者你的脑感知到了你的心率的意义上说——在微观的细胞间化学信息的层面。

最后要指出的是,脑需要这种多层结构,是因为它的机能必须异常灵活,才能应对不可预测、变动不居的世界。刻板的程序很快就会灭绝。专门用来捕猎恐龙的策略对捕猎长毛猛犸象没什么用,畜养家畜或是乘地铁通勤时就更派不上用场了。一个智能系统必须能在非常深的程度上重构自身——能坐下来评估自己的处境并重组;这种灵活性只需要某些最为抽象的机制保持不变。一个多层系统,在最表面的层次上,可能会有一些专门为了某些非常具体的需要而定制的程序(如下棋程序,捕猎猛犸象的程序等),随着层次不断加深,程序也会愈加抽象,这样才能两全其美。这类更深层程序的例子包括模式识别的程序,评估对立证据的程序,在吵吵嚷嚷竞争注意力的子系统之间决定孰先孰后的程序,决定怎样给当前感知到的情境贴标签、供今后类似的情境调取之用的程序,以及确定两个概念是否类似的程序等等。

要想进一步描述这类系统,我们就要深入到认知科学的哲学和技术领域，而我们还不打算走那么远。我们建议读者参考《延伸阅读》中讨论人类和程序的知识表征策略的部分。尤其是亚伦·斯洛曼的著作《哲学中的计算机革命》(*The Computer Revolution in Philosophy*)，这本书非常详细地讨论了这些问题。

D. R. H.

12

脑的故事

阿诺德·祖波夫

part 1

从前，有一位善良的年轻人，他有很多朋友，还有很多钱，却得知自己除了神经系统之外，全身都在发生严重腐烂。他热爱生命，喜欢拥有体验。因此，当那些本领惊人的科学家朋友对他提出如下建议时，他非常感兴趣：

"我们会把你的脑从你可怜的腐烂身体中取出来，把它放进一个特制的营养液缸中，让它保持健康。我们会把它连到一台机器上，这台机器能在脑中引起一切形式的神经发放，因此能带给你各种完整的体验，就像你的神经系统活动所产生的体验一样——或者你的神经系统活动就是这样的体验。"

最后一句里要把"产生"和"就是"分开说，是因为虽然所有这些科学家都相信那套他们叫作"体验的神经理论"的普遍理论，但对理论的具体表述则有不同意见。他们都知道，有无数个例子证明，明显是脑的状态，脑活动的模式，不知怎么就导致了一个人有了这种而非那种体验。他们都认为以下说法十分有道理：控制一个人的任何特定的体验，即控制这一体验是否存在、怎样表现，最终的决定性因素是神经系统的状态，更具体点说，是那些科学家经过仔细研究之后，发现与意识的各个方面有关的脑区的状态。正是这样的确信促使他们给自己的年轻朋友提出了这个建议。而他们的分歧在于，体验只是由神经活动构成的，还是由神经活动所产生的；不过这一分歧对他们的信念来说无关紧要，他们都相信，只要他们朋友的脑还活着，在控制下正常运转，他们就能让他无止境地享受那些他所喜爱的体验，就好像他在四处走动，进入各种情境——这些情境本来能以更为自然的方式刺激他产生各种神经发放模式，不过现在这些模式都是人工创造的了。假如有个白雪皑皑的冰封池塘，上面有个冰窟窿，要是他真向里面望去，冰窟窿里的物理现实就会让他体验到梭罗所描述的："……安静的鱼儿客厅，里面弥漫着柔和的光，仿佛是透过磨砂玻璃窗照进去的，湖底铺着闪亮的细沙，仍是夏天的模样。"* 而如果他的脑子离开了身体，躺在营养液缸里，远离池塘，但人工创造的神经发放模式和观看池塘中的冰窟窿时自然产生的神经发放模式一模一样，那这位年轻人也能拥有一模一样的体验。

于是，年轻人同意了这个想法，期待这一方案的实施。在他头一次听到这个建议的仅仅一个月之后，他的脑子就已经漂在了温暖的营养液缸中。他的那些科学家朋友一直在拿报酬的被试身上忙活，研究哪些神经发放模式与神经对特别愉快的情境做出的自然反应相似。他们还用一台复杂的"电极机"，不断在他们朋友的脑中独独诱发这类神经活动。

然后，就出了麻烦。有一天晚上，看门人喝醉了，他东倒西歪地闯进放着营养液的屋子，身子向前一倾，右手就伸进了液缸，可怜的脑子实实在在地被劈成了两个半球。

第二天早上，脑子的科学家朋友们得知消息后非常沮丧。他们最近刚刚发现了一些神经模式，能带来一批不可思议的新体验，都正准备把这些体验输入脑子呢。

---

* 出自《瓦尔登湖》"冬天的湖"一节。

弗雷德说："如果把我们朋友的脑子的两个半球接在一起，让它修复，那我们要足足等上两个月它才能复原，那时我们才能享受往里面输入这些新体验的乐趣。当然他不会知道存在这阵等待，但我们肯定知道！而且很不幸，我们都知道，脑的两个独立半球无法产生它们合为一体时所产生的那种神经模式。因为脑在进行全脑体验（whole-brain experience）时，神经脉冲会从一个半球传到另一个半球，但是现在它们无法跨越两个半球之间的鸿沟了。"

这番话的结尾启发另外一个人想到了一个点子。为什么不这么办呢：开发一些非常小的"电化学线"，末端能接到神经元的突触上，可以接收和发射神经脉冲。然后，这些线就可以把所有分处两个半球并被切断了连接的神经元绑在一起。提出这个想法的人就是伯特。他最后说道："这样，所有那些本来应该从一个半球传到另一个半球的神经脉冲就能通过这些电化学线来传导了。"

这个建议得到了热烈欢迎，因为制造这些电化学线系统，感觉很简单，只要一周就能完成。不过有位严肃的伙伴，名叫卡桑德 *，他却有些担忧："我们都同意，我们的朋友一直拥有我们努力输入给他的那些体验。就是说，我们都以这样那样的形式接受了体验的神经理论。根据这个我们都接受的理论，我们大可随意改变一个运转正常的脑所处的环境，只要让脑维持住它的活动模式就行。我们或许可以这样看待我们现在的讨论：

"要常规地产生一种体验，比如像那个池塘冰窟窿体验那种的（而我们认为那个冰窟窿体验是 3 个星期前我们给我们的朋友输入的），需要许多条件。这些条件通常包括，脑要位于一个真正的身体中，而这个身体要位于一个真正的池塘边，这个池塘刺激脑子，产生神经活动，就像我们输入给朋友的那种一样。我们给了朋友那种神经活动，却没有提

---

* Cassander，卡桑德拉（Cassandra）的阳性形式。卡桑德拉是希腊神话中的特洛伊公主，具有预言能力，而她的预言又不被人相信。

供环境中的其他条件，因为我们的朋友没有身体，还因为我们相信，不管怎么说，就体验的存在和特征而言，最基本的、决定性的因素不是这样的环境，而是环境所能刺激产生的神经活动。我们相信，环境条件对一个人拥有一种体验这件事本身来说，实际上无关紧要，即使它们对正常情况下拥有体验来说确实至关重要。如果一个人拥有我们这样的手段，能绕开正常情况下产生池塘冰窟窿体验必需的那些外部条件，那这些条件就不再是必需的了。这说明原则上，在我们关于体验的概念中，这些条件对拥有体验这件事本身而言并不必需。

"现在，你们提议用这些线来把脑的两半球连接起来，就相当于是认为让我们的朋友拥有体验的另一个正常条件也无关紧要了。就是说你们所说的，和我刚才说的关于神经活动环境的话类似，但你们说的环境却是两个脑半球相互邻接（proximity）的条件。你们说在全脑体验中，两个半球相互紧贴，在通常情况下对产生体验来说可能是必需的，但如果是在不通常的情况下，两个半球的邻接性出现了缺口，那只要我们能绕开这个缺口，就像你们大家打算用那些电化学线要做的那样，我们还是能做成同样的事：让脑还是拥有一模一样的体验！你们说，对于产生体验这件事本身来说，邻接性不是必要条件。但是不是有可能恰恰相反：即使我们把各种全脑神经模式精确无误地复制到了一个断裂的脑中，也不等同于创造了全脑体验呢？有没有可能，在创造一个特定的全脑体验时，两半球之间的邻接性不是什么可以绕开的东西，而是拥有全脑体验的绝对条件和原则？"

人们对卡桑德的担忧几乎无动于衷。最常见的回应是："这该死的两个半球怎么会知道它们是通过电化学线连接起来的，而不是按通常的方式彼此紧贴？就是说，这方面的事实有被编码在负责语言、思维或者其他意识特征的脑结构中吗？他的脑在外部观察者看来是什么样子，与我们亲爱的朋友享受快乐有半点关系吗——能比只有一个脑子赤裸裸地待在温暖的营养液缸里更有关系？只要两个半球——无论是合在一起还是分开——的神经活动，与一个正在四处走动享受快乐的人脑袋里面合为一团的两个半球的神经活动分毫不差，那这个人也就是在享受那份快乐。如果我们给脑的两个半球连上一张嘴，他就会开口告诉我们他很快乐。"他们越回应越快，越说越生气，卡桑德再要回应时只能小声嘀咕，说某种"体验场（experiential field）之类的东西"可能会被破坏。

不过在大家为电化学线的事忙碌了一阵子之后，又有人对他们的计划提出了一项异议，这项异议确实让他们停了手。这位指出，脑子合在一起且运转正常时，神经脉冲从一个半球进入另一个半球几乎等于不花时间。但是通过电化学线来传递这些神经脉冲，会略微延长信息交换的时间。既然脑中其余部分的神经脉冲仍然会依正常速度传递，那这么一来，整体模式的运转会不会遭到扭曲，就像是仅有一处减了速？这样当然不可能精确无误地得到正常模式，而会有一些奇怪的干扰。

这个异议提得很成功。但这时，一个几乎没有受过物理学训练的人建议，索性可以用无线电信号来代替电化学线。在每个半球的断裂面上都安装一个"脉冲盒"模块，通过它就能在两个半球上那些暴露在外、没有互相连接的神经元之间收发各种两半球彼此想要交换的神经脉冲模式。再把两个脉冲盒都插进一个特殊的无线电收发机里，这样，当某个半球的神经元打算给另一个半球的神经元发送脉冲时，这个半球的脉冲盒就会接收到这个脉冲，把它通过无线电发射过去，而另一端的脉冲盒会很好地执行指令。这位伙伴还若有所思地说，这样我们甚至可以把脑的两个半球分别放在两个液缸里，而整个脑仍然是参与到同一个全脑体验中的。

这位伙伴认为，与电化学线相比，这个系统的优点在于如下"事实"：与通过电化学线传递神经脉冲不同，无线电波从一处传到另一处不花时间。不过很快就有人纠正了他的这个创意。不，无线电系统仍然要面临时滞的障碍。

不过，关于脉冲盒的这些话启发了伯特："想一想，脉冲盒可以通过无线电波收到神经脉冲模式，但我们不用无线电或者电化学线，也可以给每个脉冲盒输入一模一样的模式。针对每个脉冲盒，我们不需要安装无线电收发机，而只需要安装'脉冲编程机'，这个装置可以运行你给它们输入过的任何神经脉冲程序。这个装置了不起的地方在于，脉冲模式要进入一个半球，不再需要某种程度上确确实实产生自另一个半球，因此也就不需要等待什么传送。编了程的脉冲盒可以和我们这里的其他神经模式的刺激联动，而所有时间都可以控制得就像两个半球仍然合在一起时那样。当然，这样我们就能很容易地把两个半球放在彼此独立的液缸里——或许可以把一个半球放在这间实验室，另一个放在城市另一头的那间实验室，这样我们就可以使用两个实验室的设备，每个实验室只须照顾半个脑子。这么一来，事事都会变容易。实验室的人员也可以增加：有许多人一直缠着我们，希望让他们参加这个项目。"

然而此刻，卡桑德更加担心了："我们已经无视了邻接性这个条件。现在我们又要放弃产生通常体验的另一个条件：实际的因果联系。假设你特别聪明，能够绕开通常情况下对产生体验来说必不可少的那些条件。那现在有了你的编程，要产生全脑模式，就不再需要一个半球的神经脉冲真的是全脑模式也在另一个半球中实现的成因。但是，这样的结果依然是全脑体验本身吗？还是说，你在去掉这些条件的同时，也去掉了使人真正拥有全脑体验的绝对原则和必要条件？"

其他人对这个问题的回应就像回应其他问题一样：神经活动怎么会知道输入的信息是来自无线电控制的脉冲盒，还是编了程的脉冲盒？这个事实对它们来说完全是外在的，怎么会记录在决定思维、语言和其他各种意识活动的神经结构中？当然不可能是在机械式地记录下来的。现在已经克服了时滞问题，那无论用程序纸带还是用电化学线，结果不都是一模一样的吗？连好嘴之后，对于程序纸带的体验和对于在电化学线的帮助下来回交叉传递的神经脉冲的体验，这张嘴的汇报难道不是同样愉快的吗？

下一项创新很快就到来了——有人提出了这样一个问题：既然现在两个半球是独立工作的，那把两个半球中没有因果关系的神经脉冲模式同步起来，还有多少意义？现在，每个半球都能实际接收到所有原本在某种特定的体验中，它会从另一个半球接收到的那些神经脉冲，而且接收方式能与其余神经脉冲的时间配合完美。既然每个半球都能独立实现这种绝佳效果，完全不用管另一个半球是否也已实现，那么卡桑德忧伤地指出的"同步条件"，似乎也就没什么保留的理由了。一些人说："反正，脑半球怎么会知道，在外界观察者的时间里，另一个半球是何时开工的，它又怎么把这件事记录下来呢？对每个半球而言，我们除了向它详细描述另一个半球，说这个半球正好好地和它配合着工作之外，还能告诉它什么呢？如果某一天他们在一个实验室中运行某个神经脉冲模式的一半，另外一天他们在另外一个实验室中给另外一个半球输入这个模式的另一半，这又有什么好担心的？这模式照样能够运转良好，体验照样能够产生。如果给两个脑半球都连好同一张嘴的话，我们的朋友甚至还能汇报他的体验呢。"

关于是否要保留卡桑德所说的"拓扑结构"，即是否要让两个半球保持一般情况下的面对面空间关系，大伙讨论了一番。结果是，卡桑德的警告再次被忽视了。

part 2

10个世纪过去了，这个著名的项目仍然吸引着人们的注意。不过，现在人类遍布了整个银河系，科技也极为强大。想要参加这个"体验大输入"项目的人有数十亿之多，他们既是为了追求刺激，也是出于责任感。当然，在这种愿望的背后，人们依然相信，给神经脉冲编程就意味着让一个人拥有各种各样的体验。

但是，为了让所有想参加计划的人都能参与进来，当年卡桑德所说的产生体验的"条件"，从表面看来，已经起了巨大的变化。事实上，这些条件某种意义上变得比我们上次看到时更保守，因为某种"同步性"又重新恢复了（我稍后会解释）。以前，两个脑半球分别装在自己的液缸里，而现在，每个神经元都装在自己的液缸里。既然一个脑子有数十亿个神经元，那么这数十亿人就都能参与这个光荣的任务：每人操纵一个装着神经元的缸。

为了正确理解这一局面，我们必须回到 10 个世纪之前，看看随着越来越多的人表达愿望要参加这一项目，都发生了些什么事。首先大家都同意，如果说，即使脑分成两半，但只要像我描述过的那样给它们编程，全脑体验就能产生，那么，如果我们再把每个半球小心地分成两半，也像处理两个半球那样处理它们，那也会有同样的体验产生。那现在一个脑被分成了四部分，每个部分不仅可以有自己的液缸，也都可以配整套实验室，这样就能让更多的人参与项目。很自然的，看来没有什么能够阻止进一步、再进一步的分割，直到 10 个世纪后，最终出现的就是这种局面：每一个人对应一个神经元，负责一个脉冲盒，这个脉冲盒安装在这个神经元两端，按程序的要求收发神经脉冲。

与此同时，也有些人是卡桑德的信徒。但很快，他们就没人再提保持邻接性这一条件了，因为这会激怒所有想拥有一渣渣脑子的同胞。但也正是这些卡桑德的信徒指出，虽然脑分散在各处，但是可以保持脑的最初"拓扑结构"，即每个神经元的相对位置和方向姿态；他们还极力主张，程序应该按照神经元在脑中时的"时序"——按照同样的时间格局——来刺激神经元发放。

然而，有关拓扑结构的建议招来的回应总是冷嘲热讽。举个例子："每个神经元怎么会知道自己在与其他神经元的关系中处于什么位置，这件事要怎么记录在单个神经元上？通常情况下的体验，确实需要各个神经元彼此处于一定的空间关系中，按照一定的顺序，真正地相互激活，以便激活产生体验、或就是体验本身的模式；但现在所有这些原本必不可少的条件都被我们的技术克服了。比如说，现在有位古代绅士的神经元就摆在我面前，我们要想让他产生体验，就这件事而言，这些条件都不再必需。如果我们把这些神经元聚集起来，给它们连上一张嘴的话，他就会告诉我们他体验了什么。"

至于卡桑德式建议的第二部分，读者可能会认为，脑经过连续分割后，各部分之间的同步性也会一直被忽视，这样，到最后，每个神经元何时发放，与其他神经元发放之间的关系，也会被认为是无关紧要的了，就像早些时候只有两个半球发放时，这一条件也被忽视了一样。但也不知怎的，或许是因为忽视各个神经元发放的时间和顺序，会使编程的艺术陷入荒谬的境地，所以顺序和时间的条件又悄悄溜了回来，但没有了卡桑德式的深思熟虑。现在，所有那些人就站在自己的液缸前，等待着每个程序编制得当的神经脉冲到达液缸中的神经元，他们只是认为，反正"正确"的发放时间顺序就是产生特定体验的基本要素。

但是现在，就在这伟大的项目诞生 10 个世纪之后，这个由数十亿自命不凡的家伙组成的世界眼看就要天翻地覆了。有两位思考者要为此负责。

其中一人名叫思破乐 *，有一天，他注意到自己负责的那个神经元有点用坏了。和其他神经元坏了的人一样，他又得到了一个差不多的新神经元来代替那个坏了的，并把旧的扔了。因此，他和其他所有人一样，违反了卡桑德式的"神经同一性"条件——即使是卡桑德信徒们自己也没有特别把这个条件当真。大家都意识到，在一个正常的脑中，由于细胞的新陈代谢，任何一个神经元中的所有具体物质都会不断地被另一些具体物质取代，形成完全同种的神经元。这个人的所作所为无非是加快了这一过程。除此之外，就像某些卡桑德信徒的那些不太有说服力的论证那样，如果一个一个地更换神经元，直到最后把所有神经元都换了，会怎么样呢？这样不知为何，好像会给体验者带来一种新的身份 / 同一性。但每次，只要实现了同样的神经发放模式，就仍然会有一个体验者拥有同样的体验（即使是卡桑德信徒们也认为，说他是一个不同的体验者，这句话的意思不明不白）。因此，对神经同一性的任何改变，似乎都不会破坏体验正在产生这一事实。

这位思破乐伙伴，更换了自己的神经元之后，又重新开始等待观看

---

* Spoilar，与"搅局者"（spoiler）和"学者"（scholar）类似。

自己的神经元发放——这是某个体验的一部分，预定几小时后发生。突然，他听到一声巨响和一阵大骂。有个傻瓜绊倒在了另一个人的液缸上，液缸掉在地上，摔了个粉碎。现在，这个液缸摔了的人只得错过他的神经元所参与的所有体验，直到换上新的液缸和神经元。思破乐知道，这可怜的人本来很快就要遇到一次体验了。

液缸刚刚摔碎的这位伙计朝思破乐走了过来。他说："那，我以前帮过你。我要错过5分钟内就要到来的那个神经脉冲了——现在这个体验就要少掉一次神经元发放。但或许待会儿你能让我操纵你的神经元？我只是不想错过今天所有的激动时刻！"

思破乐思考着这个人的请求。一个奇怪的想法突然出现在他心中："你操纵的神经元和我的不恰好是同一种吗？"

"是的。"

"好，你看，我刚用另一个相似的神经元替换了原来那个，我们有时都会这样做。为什么你不把我的整个液缸都拿去放在你原来的位置上？既然这个神经元和原来的类似，那么，如果我们发放这个神经元，那么5分钟内将产生的那个体验，不还是会和发放原先那个神经元产生的体验一样吗？液缸是否一样无关紧要。反正之后我们还可以把这个液缸拿回这儿来我用，用于产生晚些时候的体验，按预定那个体验还要用到这个神经元。等一下！我们都相信拓扑条件是胡说八道对吧，那我们为什么还要搬动这个容器呢？就把它放在这儿好了，先让它为你的体验发放，然后再为我的发放。这两种体验肯定依然还会产生。再等一下！那样的话我们只需要让这里的这一个神经元发放就行了，所有和它相像的神经元都不用再发放。也就是说，每个类型的神经元我们都只需要反复反复地发放一个，就能产生所有这些体验了！但是，神经元反复发放的时候，它们怎么会知道自己是在重复同一个神经脉冲呢？它们怎么会知道发放的相对顺序呢？那么，我们只要从每种类型的神经元中找出一个，让它发放一次，就能在物理上实现所有的神经脉冲模式（只要在从分离脑半球到分离神经元的过程中一直忽视同步性的必要，就能得出这一结论）。而且，这些神经元不就是任何人的头脑里能自然发放的神经元吗？那我们大家在这儿是在干什么？"

然后，他又想到了一个更加绝望的想法，他是这样表达的："但是，如果只要从每种类型的神经元中找出一个，让它发放一次，就能产生所有可能的神经体验，那么体验者怎么能够通过他拥有体验这个事实，去相信除了这个最小的物理现实之外，他还和什么事物有什么联系呢？因此，所有这些关于头脑和神经元的说法，虽然据说都是基于我们对物理现实的真实发现，但都已经被彻底动摇了。可能有一个真正的物理现实体系，但是如果它所涉的生理机能包含我们受蒙骗却相信时背后的全部生理机能，那它随随便便就能产生许多体验，而我们永远也不可能知道什么才是对物理现实的真正体验。因此，对这样一个系统的信念，自我动摇了。除非这些信念与卡桑德式原则相调和。"

另一个思考者碰巧也叫思破乐，他也得出了同一个结论，只是略有不同。他喜欢连成一串的神经元。有一次，他从一长串类似的神经元中得到了他自己的、就是他所负责的那个神经元，然后想起来，应该给它安装脉冲盒好让这个神经元可以发放。但他不想把这串神经元拆开，于是就把脉冲盒的两极安装在了这一串神经元的两端，然后调整脉冲盒的时间设定，这样，神经脉冲穿过这一整串神经元，还会恰好在正确的时刻到达他的那个神经元。然后他注意到，和通常体验中的不同，这里的神经元轻而易举就能同时参与两种发放模式：一种是一串神经元一起发放，具有邻接性和因果联系，另一种是为产生程序编制的体验而发放。注意到这一点后，思破乐开始嘲笑"神经环境的条件"了。他说："老兄，我可以把我的神经元连接到你脑袋里的所有神经元上，而且，如果我能让它在正确的时间发放，那我就能让它加入到程序编制的某一个体验中，就像它还在我的液缸里，在我的脉冲盒上一样。"

结果，有一天出了麻烦。有些没被允许参加项目的人半夜闯了进来，他们胡乱摆弄那些液缸，思破乐附近的许多神经元都死掉了。思破乐站在死掉的神经元前面，凝视他周围发生的巨大悲剧，心想，有那么多的神经元发放都无法在物理上实现了，体验者今天的第一个体验要怎样产生呢？不过，当他环顾四周时，突然注意到了别的什么东西。几乎每个人都在弯腰检查自己液缸下面损坏了的设备。思破乐一瞬间意识到这件事似乎具有了意义：每个液缸旁边都有一个脑袋，每个脑袋中都有数十亿各种类型的神经元，每时每刻或许都在发放几百万各种神经元。邻接性无关紧要。但是，在任何一个需要通过液缸来激发某种特定神经模式的时刻，所有必要的活动反正都已经在各个操作者的脑中发生过了——即使是发生在其中一个人的脑袋里，那也能满足某种宽松的邻接性！每个脑袋就是液缸和脉冲盒，足以实现脑的延伸："不过，"思破乐想到，"每个脑中的每种体验也一定有同样的物理实现，因为所有的脑，也包括我的，都是可延伸的。但是这样的话，我的思想和体验就会变得像浮云一样，而我所有的信念都是建立在这些浮云之上。它们都是可疑的，就连最开始令我相信所有这些生理学的信念也不例外。除非卡桑德在一定程度上是正确的，否则生理学的还原就会归于荒谬，会自我动摇。"

这种思想扼杀了这个伟大的项目，也扼杀了"延伸的脑"。人们又转向了其他的诡异活动，得出了有关体验本质的新结论。但这就是另一个故事了。

———————

反 思

这个离奇的故事乍一看似乎是在偷偷地拆本书其余部分阐述的几乎所有思想的台，是对脑和体验间看起来十分明显的良性关系假设的"归谬"。怎样才能阻止这种古怪的滑坡论证呢？下面是几个提示：

假设有人说，他家有一个和米开朗琪罗的"大卫"分毫不差的复制品（也是大理石的）。你去看这个奇迹品时，却发现他家客厅里立着一大块 20 英尺高、大体四四方方的纯白色大理石。"我还没来得及打开包装，"他说，"但我知道它就在里面。"

　　想想看，关于那些安装在脑子渣渣上的神奇"脉冲盒"和"脉冲编程机"，我们的祖波夫告诉我们的是多么地少。就我们所知，它们要做的一切不过就是一直按照正确的时间和顺序，给它们所附着的一个或一群神经元提供恰当的神经脉冲。我们可能会认为这是无稽之谈。但请反思一下这些脉冲盒实际上必然带来什么——只要考虑一个"容易得多"的技术成果实际会是什么样子就行了。假设大罢工让所有的电视台都关了门，因此也就没有电视可看；幸运的是，IBM 伸出了援手，给所有只要一天看不上电视就要发疯的人，都邮寄了"脉冲盒"，这些脉冲盒可以安装在电视机上，都编好了程序，能够制作 10 个频道的新闻、天气预报、电视剧、体育节目等等——当然都是编造的（新闻也不是准确的新闻，但是至少看上去像真的一样）。IBM 的人说，毕竟我们都知道，电视信号只不过是电视台发射的脉冲，我们的脉冲盒只不过是让接收机走了个捷径。但是，这些神奇的脉冲盒里面有什么？某种录像带？可这些"录像带"又是怎么制作的？是录下真正的演员、播音员等等，还是动画制作？动画师会告诉你说，从打草稿开始一帧一帧地创作，不能利用拍摄真实动作的优势，是一项艰巨的任务，动画的逼真程度越高，工作的艰巨程度就会指数增长。如果你深入了解的话就会知道，只有现实世界才会有足够丰富的信息，足以提供（并控制）维持几个逼真的电视频道所需的信号序列。虚构出一个真实的感知世界，这样的任务或许原则上是可能的，但在现实中完全不可能——这基本就是笛卡尔《沉思集》中的任务，而他把这个任务交给了无所不能的骗人魔鬼。笛卡尔让他的魔鬼无所不能是正确的：假如完全不依赖现实世界，也不把幻觉变回现实的一个无论多么延迟或歪曲的版本，就没有哪个小骗子能维持幻觉。

　　这些论点从侧面重击了祖波夫隐晦的论点。它们能成为致命的组合拳吗？或许我们可以告诉自己，他的结论是荒谬的，只要问，类似的论证是否也能用来证明不需要有书籍就行了。难道只要把整个字母表印上一遍，就完成了所有的书籍出版工作吗？谁说我们应该印刷整个字母表？一个字母或者一个笔画不行吗？一个点呢？

　　逻辑学家雷蒙德·斯穆里安（本书后文我们会遇到他）建议，学习弹钢琴的正确方法就是分别熟悉每个音符，一次一个。这样的话，比如你可以整个月只练中音 C，而钢琴两端的音符或许每个只练几天就够了。但是别忘了休止符，因为休止符也是音乐中同样基本的组成部分。你可以花一整天的时间来练习全音休止符，花两天练习半音休止符，再花 4 天来练习 1/4 休止符，等等。一旦完成了这种艰苦的培训，你就什么都能弹了！听上去很有道理，但是好像有点不对……

　　物理学家约翰·阿奇博尔德·惠勒曾经推测，所有的电子都一样的原因或许是，其实只有一个电子，在时间的两端来回穿梭，无数次穿过自己走过的路，编着物理世界的织锦。或许巴门尼德是对的：存在的只是唯一的一个东西！但是我们想象，这唯一的一个东西是有时空成分的，其中有些时空成分与另一些时空成分之间有着天文数量的联系，而这种相对的组织形式，在时间和空间之中是有意义的。但是对谁来说有意义呢？对这张伟大的织锦上叫作"感知者"的那一部分。但是，怎样把他们与织锦上其余的部分区别开来？

D. C. D.

D. R. H.

IV

心灵程序

13

我在哪里？

丹尼尔·C.丹尼特

（1978）

既然据《信息自由法案》^{*}我赢了这场官司，我也就能自由地向人透露我这段人生奇遇了。我想不只是心灵哲学、人工智能和神经科学的业内研究者，连普通公众也会对此兴味盎然。

几年前，五角大楼的几位官员前来邀请我加入一个高度危险的秘密任务。国防部正和美国航空航天局（NASA）、霍华德·休斯合作，斥资数十亿研发一种"超音速地钻"（STUD），期望它能以极高速钻穿地核，并携带一枚特制的弹头"直捣赤营的导弹基地"。[†]

在先前的一次测试中，他们成功将弹头带入了俄克拉荷马州塔尔萨约 1 英里的地下，现在的问题是：他们想让我替他们回收弹头。"为什么是我？"我大惑不解。嗯，这项任务牵涉对当前脑研究的开创性应用，而他们听说了我对脑的兴趣、我浮士德般的求知欲和一往无前的勇气……呃，这还让我怎么拒绝？让五角大楼的官员们感到棘手以致登

---

*　Freedom of Information Act(FOIA)是美国关于联邦政府信息公开化的行政法规,颁布于 1967 年。

†　休斯（Howard Hughes，1905—1976），美国商业大亨、电影制片人、慈善家、飞行员、航空工程师……当时世界上最富有的人之一。STUD（supersonic tunneling underground device），该缩写意为"种马"。

门造访的原因是，他们要我回收的装置带有极强的且属全新类型的放射性。据监测，装置本身因其特性及其与地底深处某些物质发生的复杂反应而产生的放射性，会使某些特定的脑组织发生严重的异常。尚未找到任何方法能保护脑组织免受这些致命射线的损害，虽然这些射线对身体其他部位的组织器官明显无害。因此决定是，被派去回收装置的人要将脑子留在后方。脑子会得到妥善安置，并通过精密的无线电通信执行它正常的控制功能。我岂不是要接受一个外科手术，让我的脑子被完整取出，并安置到休斯顿载人航天中心的生命支持系统中？被阻断的输入输出通路会通过一对微型无线电收发器而复原，其中一个被精准地安在脑上，另一个则连接空空的颅骨中的神经残端。不会有任何的信息丢失，一切连接都得以保存。刚开始我有点不太情愿：这真的行吗？休斯顿的脑外科医生们鼓励我说："你就把这手术想成仅仅是延伸了你的神经。你的脑在颅内移动 1 英寸，丝毫不会改变或损伤你的心智。我们只不过是将无线电连到神经上，让神经具有无限的伸缩性而已。"

我参观了休斯顿的生命支持实验室，并看到了一个崭新的液缸——如果我答应参与，那将是我脑子的新居。我会见了由出色的神经科医生、血液学家、生物物理学家和电气工程师组成的庞大后援团队，经过几天的探讨和示范后，我同意一试。我随即被安排了一连串血检、脑扫描、实验和面试等诸如此类的东西。他们详尽地记下我的自述，不厌其烦地罗列我的种种信念、希冀、恐惧和口味。他们甚至还列出了我最喜欢的唱片，并突击给我来了一次精神分析。

手术日终于来临。当然我被麻醉了，对手术本身没有半点记忆。当我从麻醉中醒来，睁开双眼环顾四周，还是不可避免地问出了那个陈词滥调的经典术后问题："我在哪里？"护士低头微笑着说："你在休斯顿。"我琢磨着这个回答在各种意义上都有很大几率确实是对的。她递给我一面镜子，果然，我的头颅上固定着许多钛端口，上面伸出微型的天线。

我说："手术想必很成功。我想见见我的脑子。"他们领我穿过一条长长的走廊——我头还有点晕，走路跟跄——来到了生命支持实验室。后援团队一见到我就爆发出一阵欢呼。我回了礼，希望回得还算云淡风轻。仍在眩晕的我被搀到生命支持缸前，我于是隔着玻璃细细端详里面。那姜汁汽水般的液体中漂着的东西，无疑是个人类的脑子，虽然上面几乎布满了印刷电路芯片、塑料细管、电极和其他全套零部件。"那就是我的脑子？"我问道。"按一下液缸侧边的输出发射器开关，你自己来看看。"项目主管回应道。我把开关拨到"关"，顿时袭来一阵头晕恶心，一头栽到技术人员们的手里，其中一人好心地去把开关重新拨回了"开"。在恢复平衡和镇静的当口，我暗自思忖："我在这里，正坐在折叠椅上，透过一块玻璃注视自己的脑子……不过等等，"我又心想，"难道我不是应该这样想吗：我在这里，正漂浮在冒泡的液体里，被我自己的眼睛注视着？"我努力地想这后一个想法，并满怀希望地想把它投射给缸中的脑子，但收效甚微。我又试了一次："我，丹尼尔·丹尼特，是在这里，正漂浮在冒泡的液体里，被我自己的眼睛注视着。"还是不管用。我百思不得其解。作为一个抱持坚定物理主义信念的哲学家，我坚信自己思想的标记存于脑中某个地方，但如今，当我想到"我在这里"时，这个想法是在这里冒出来的，在液缸之外，而我，丹尼尔·丹尼特，正站在这里注视自己的脑子。

我反复试想自己在容器中，但毫无效果。我尝试通过做心理练习达成这个任务。我让自己去想"太阳正在那里闪耀"，快速地连想 5 次，每次心中所指的都是不同的地方，依次是：实验室的向阳角落、目力所及的医院正面草坪、休斯顿、火星和木星。我发现借助正确的指称，我可以毫无困难地在星图上的各种"那里"间跳转。我可以立时穿越到太空至远之处的"那里"，再把下个"那里"一下子精准聚焦到我胳膊上一块斑点的左上区。为什么一到"这里"就会出问题呢？"在休斯顿这里"很是行得通，"在实验室这里"甚至"在实验室的这一部分这里"也都还好，但"在液缸这里"总显得像是心理的胡言乱语。当我这样想时，我试着闭上双眼。这样好像有点帮助，但除了好像在瞬息之间奏效了一下之外，我还是做不到。我不敢确定。而发现自己不敢确定，也让我心烦意乱。当我想"这里"时，我怎么知道我想的"这里"是哪里？会不会我以为我指的是某个地方，事实上指的却是别处？我看很难如此，因为一个人和他的心理生活之间有着紧密的羁绊，而人的心理生活可是躲过了物理主义者、行为主义者调调的脑科学家和哲学家的一波波穷追猛打；除非解开那些羁绊。或许当我说"这里"时究竟意指哪里，这是无从更正的。但就我现在的处境来看，我要么注定受纯粹心理习惯力量的支配，而系统性地采用了错误的索引性想法，要么是一个人在哪里，以及他那些为语义分析的目的而形成的思想发生在哪里，并不必然是他的脑、他灵魂的物理位置那里。我不堪其扰，准备让自己回到哲学家最喜欢的那个把戏。我开始给事物命名。

"约利克，"我对我的脑大声说，"你是我的脑子。正坐在这把椅子上的我的其余身体，我叫它'哈姆雷特'。" * 这样，我们就都在这里了：我的脑子约利克，我的身体哈姆雷特，以及我——丹尼特。那么现在，我在哪里？以及当我想"我在哪里"时，这个想法究竟是标在了哪里？标在我那泡在缸中的脑子里，还是就在我双耳之间这个看似顺理成章的地方，抑或哪儿都不是？它的时间坐标不曾令我困扰，难道它不是也得有空间坐标？我开始列出几个选项：

1. 哈姆雷特在哪儿丹尼特就在哪儿。 一旦诉诸哲学家们的心头好——为人熟知的脑移植思想实验，这个原则就会轻易被驳斥掉。如果汤姆和迪克互换脑子，汤姆就有了迪克之前的身体。 † 然而你若是问他，他会称是汤姆，并能讲出有关汤姆最不为人知的隐私。如此就显而易见，我和我当前的身体有可能分道扬镳，但我和我的脑子却不大可能彼此分立。这个思想实验还明明白白地现出了一条首要原则：在一个脑移植手

---

* 约利克和哈姆雷特都是莎士比亚《哈姆雷特》中的人物。第三幕第一场中，哈姆雷特的"存在还是不存在"（to be or not to be）独白，暗合本文中"身体"的处境；第五幕第一场中，死去多年的宫廷弄臣约利克被挖出头骨，引发了哈姆雷特和他人的交谈及自己的独白——头骨形象则暗合本文中的脑。后文的福丁布拉斯（王子）也是此剧人物，与哈姆雷特身世雷同但性情迥异；罗森克兰茨、吉尔登斯恩则是该剧中的朝臣。

† Tom 和 Dick 两个名字，都可暗指某些有关男性的粗俗因素。

术中，大家都想做捐献者而不是接受者。其实，或许称其为**身体移植手**术才更贴切。因而，事实可能是——

2. **约利克在哪儿丹尼特就在哪儿**。但这个说法一点也不吸引人。我怎么能既身在缸中无处可走，又显然身处缸外朝里头看，与此同时罪恶地盘算着回房吃顿丰盛午餐？我意识到这又让问题回到了原点，不过似乎还是触及了某个紧要所在。我搜肠刮肚以图支持这一直觉，最终灵光一现，想到一个法律细节方面的论证，没准还会引起洛克的兴趣。

试想，我飞去加州抢劫银行，结果被捕，那么我要在哪里受审？是劫案发生的加州，还是我的脑所在的得州？我究竟是一个加州罪犯但脑子在州外，还是一个得州罪犯遥控同伙在加州作案？我有可能因为审判权悬而不决的情况而逃脱刑责，也可能被视作州际犯罪而受联邦法院制裁。无论如何，设想我最终被判了刑。那么加州方面会不会满意于只把哈姆雷特投入监牢，哪怕知悉约利克还继续在得州的液体里悠然自得、快适生活？得州又会不会只羁押约利克，而任由哈姆雷特浪迹天涯？这后一个选项对我而言倒着实不错。若不实施死刑或其他非常规酷刑，得州方面就有义务维持约利克的生命支持系统，尽管可能会把约利克从休斯顿移交至莱文沃思[*]，并令我的声誉蒙羞。而我对此丝毫不会介怀，只会觉得在这样的处境下我就是自由之身。如果得州当局有兴趣关押罪犯，而把约利克关起来，那我依然是逍遥自在的。如果这是真的，第三个选项便呼之欲出——

3. **丹尼特认为自己在哪儿他就在哪儿**。笼统地说，论断如下：在任一给定的时间点，某个人会有一个**视角**，这个视角所在的地方（由视角的内容内在地决定）也是就这个人所在的地方。

这个主张并非没有疑点，但在我看来似乎是向正确的方向迈进了一步。唯一的问题在于这样看待位置，似乎将人置于了一种"正面我赢、

---

[*] 莱文沃思市（Leavenworth），位于堪萨斯州东北部，美国数座著名监狱坐落于此，如"美国军人惩戒所""美国监狱"等。

反面你输"的不可能出错的不败之地，而这又不太可能。难道我不是经常搞错自己在哪儿，至少也经常吃不准吗？有谁从不迷路？当然，地理上的迷路并不是迷失的唯一方式。迷失在丛林中的人至少还能通过确认自己身在何处聊以自慰——就在这里，周遭是自己熟悉的身体。身处这类情境的人或许还身在福中不知福。毕竟还能设想出更糟的情形，而我未必没有身陷其中。

视角当然是与个人的位置有关，但视角本身却是一个不够明晰的概念。显然，一个人视角既有别于其信念和思想的内容，也不受后者决定。例如，我们该怎么说那些被全景电影里的过山车镜头突破了心理防线而在座椅上惊叫不安的观众呢？他是忘了自己正安坐在影院里吗？就这个例子而言我倾向于说他的视角正在体验一种错觉性切换。其他时候，我不太倾向于称这些切换为错觉性的。在实验室和工厂操纵反馈控制式机械手臂进行危险作业的工人，所经历的视角切换比全景电影能引起的各种情形都更为逼真显著。通过用金属手指搬运的集装箱，他们能产生又滑又重的触感。他们完全知道自己在哪儿，也不会被当下的体验引向错误的信念，然而感觉上他们确实就像身处他们所注视的隔离舱里面似的。在心理力量的作用下，他们得以来回切换视角，很像创作一个透明的奈克方块或一幅埃舍尔的画，就在你眼前改变视角方向。* 但如果说做这么点心理体操，就是他们来回转移了他们自己，那就太夸张了。

尽管如此，工人的例子还是给了我希望。即便有违直觉，如果我确实就在缸中，我也理应能够训练自己适应这种视角，哪怕就像适应一个习惯。我应当沉浸在这样的自我形象中：悠然地漂浮在液缸里，并向外面那里那具熟悉的身体发号施令。但我反应过来，这样去想象究竟是难是易，似乎与脑事实上的位置并不相干。如果我曾在手术前勤加练习，或许现在已把这种感觉当作第二天性。不信你亲自来试试这个"视觉欺

---

* 奈克方块（Necker cube）是 19 世纪瑞士晶体学家路易斯·奈克提出的一种错视图像（图见下页）：由初始的奈克方块可以读出两种视角。埃舍尔的画见本书选文 11。

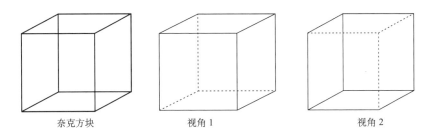

奈克方块   视角1   视角2

骗"。想象你写了一封极具煽动性的信，登在了《纽约时报》上，结果政府决定将你的脑关押到马里兰州贝塞斯达的"危险大脑诊所"，缓刑3年。当然，你的身体仍享有打工挣钱的自由，继续它存钱纳税的职责。而此时此刻，你的身体正端坐在一个礼堂中，倾听丹尼尔·丹尼特讲述他的相似经历。试着想想。设想你自己在贝塞斯达，苦苦追寻自己的身体,它分明遥不可及,却又似乎近在咫尺。只有约束是这种远距离的（约束你还是约束政府？），你才能控制着自己的神经脉冲，先去彬彬有礼地鼓掌，再引着自己的老身板儿去上厕所，然后去酒吧间小酌一杯可口的晚间雪利酒。这种想象当然很难，但一俟达成，结果将令人欣慰。

话说回来，我还在休斯顿那里，可以说正沉浸在思绪之中。然而没过多久，我的沉思就被休斯顿的医生打断了，他们希望在我被派去执行那个高危任务之前先测试一下我这套新的义体神经系统。正如我先前提及的，一开始我不出所料地有点晕眩,但不久我就熟悉了我的新处境（其实说到底和旧处境别无二致）。然而我适应得不太理想，至今仍会被一些协调方面的小障碍折磨。光速虽快，仍有限度，随着我的脑和身体越离越远，原本交互精准的反馈系统开始因时滞而产生混乱。就像一个人如果听到自己的声音有延迟或回响，就几乎无法说话，每当我的脑和身体相隔超过数英里时，我的双眼也几乎无法追踪一个移动的物体。纵然在大部分其他事情上这种缺陷不易察觉，但如今再打棒球，即便是慢速曲球，我也再不能像以往那样自信满满地击中了。当然，有失就有得。美酒还是往昔的味道，温暖我的食道同时也侵蚀我的肝脏，但我现在却能随兴畅饮千杯不醉，我的几个密友或许已经有所察觉（尽管我时常佯作醉态以免这种反常状况引人注目）。出于类似的考虑，扭伤了手腕我还是会服用阿司匹林，但如果疼痛持久不退我就会要求休斯顿帮我体外注射可待因。因而每当生病时，光电话费就是一笔巨款。

　　还是回到我的历险上来吧。最后，医生和我都感到满意，于是我接下了这项地下任务，整装待发。我把脑子留在休斯顿，乘直升机前往塔尔萨。总之在我看来就是如此，这是我不假思索的想法。在路上我又仔细琢磨了之前的焦虑，最后认定，在手术刚结束时，我的沉思过于沾染了恐慌基调。事情远非像我之前设想的那么奇怪，那么充满形而上学色彩。我在哪里？显然是分在两处：既在缸内，又在缸外。就像有人可以一只脚在康涅狄格州，另一只脚在罗得岛州一样，我也同时分在两处。"一人散落多处"，这种事我们都耳熟能详，而今我也成了其中一例。我越是考虑这个答案，它就越发显得正确。不过说来也怪，它越是显得正确，它解决的问题就越是显得无甚重要。哲学问题不免遭受这等悲戚命运。当然，这个答案并未完全令我满意。仍有某个问题有待回答，虽然这问题不是"我七零八碎的各个部分都在哪里"或者"我的当下视角是什么"；至少看起来，还是要有这么个问题。毕竟不可否认，某种意义上，钻到塔尔萨地下寻找原子弹头的是我，而不仅仅是大部分的我。

　　我找到弹头的时候，就无比庆幸自己把脑子留在了后方，因为我随身携带的特制盖革计数器，指针已经爆表。我用普通无线电向休斯顿的控制中心汇报了我的位置和进度。他们根据我的现场观察，向我下达了拆除弹头的指令。于是我拿起火焰切割枪开始动手，这时突然就发生了可怕的事——我彻底聋了。一开始我以为只是我的无线电耳机坏了，但我敲敲头盔，还是什么都听不见。显然，是听觉收发器出了故障。我再也听不到休斯顿或是我自己的声音了。不过我还能讲话，于是我告诉他们发生了什么。话正说到一半，我发现别的地方也不对劲了：我的发声装置也陷入了瘫痪；接着我的右手一软——又坏了一个收发器。这回我真的麻烦大了。但更惨的还在后面。又几分钟，我的眼睛也瞎了。我咒骂运气，也咒骂那群害我送死的科学家。如今，我在塔尔萨地下 1 英里的放射性洞穴那里，又聋又哑又瞎。然后，和脑的最后一丝无线电连接也断了。突然间一个更为震惊的新难题摆在了我的面前：就在我即将被活埋在俄克拉荷马的一瞬间，我在休斯顿脱离了肉身。我并未即刻认识到自己的新处境。足足焦虑了几分钟后我才醒悟，我那可怜的身体埋在了几百英里外，还有呼吸和心跳，但已与死人无异，就像个心脏捐献者的身躯，头颅里还塞满了报废的电子装置。我之前觉得几无可能的视角转换现在看上去就顺理成章了。尽管我能在想象中回到塔尔萨地下洞穴的身体里，但要维持这种幻想颇费力气。因为设想自己仍在俄克拉荷马无疑就是幻觉：我已经失去了与那具身体的所有联系。

于是我突然意识到，尽管应该对这些突发奇想怀有戒心，但拜之所赐，我竟意外发现了一个"灵魂的非物质性"的绝佳展示，而且还是建立在物理主义的原则和前提之上的。当塔尔萨和休斯顿之间最后一丝无线电信号消失时，我难道不是以光速从塔尔萨转移到了休斯顿？我难道不是没有增加任何质量就完成了这一过程？以此速度从甲地移动到乙地的确实就是我自己，或至少是我的灵魂或心灵——我之存在的无质量中心，我的意识的寓所。我的视角多少有点滞后，但我已经注意到视角对个人位置的作用是间接的。我想不到物理主义哲学家还能如何辩驳这个观点，除非采取这样极端且反直觉的路径：禁止谈论所有的"人"（person）。可如今"人之为人"这一概念牢牢确立在每个人的世界观中（至少在我看来是如此的），结果任何反驳都像某种笛卡尔式的否定"我不存在"（non sum）一样，出奇地牵强，全面地虚伪。

我对自己处境的无助和绝望越来越明显，还好哲学发现的喜悦助我捱过了那几分钟，也或许是几小时。恐慌乃至恶心一波波向我袭来，且由于缺少它们通常赖以发作的身体而愈加恐怖。胳膊上没有肾上腺素飙升的刺痛，没有咚咚的心跳，也没有预兆催生的唾涎。另一方面，我又分明一度感到了腹部的坠痛，这让我产生了短暂的虚假希望，好像那个让我落到这步田地的过程会逆转过来，让我逐渐重返肉身。然而，那种痛感的孤立和独特立刻让我明白这不过是我的"幻体"带来的第一阵折磨，就像其他任何截肢者都很可能会经受的那样。

我心乱如麻。一方面，我为自己的哲学发现兴奋不已，正绞尽脑汁（我为数不多尚且能做的熟悉事情之一）思考怎样才能将其发表到期刊上；另一方面，我痛苦、孤独，充满了恐惧与不安。所幸，这些没有持续太久，我的技术支持团队将我送入了一场镇静的无梦睡眠，醒来时，我听到了绚丽而清晰的乐声，是我最爱的勃拉姆斯钢琴三重奏几段熟悉的开场段落。原来这就是他们要列下我最爱唱片的原因！但我很快意识到，音乐不是我自己用耳朵听到的，而是唱针的输出通过某种高级整流电路直接输入了我的听觉神经。勃拉姆斯注入了我的脑内，这是任何一个乐迷都会难以忘怀的体验。乐曲终了，果不其然传来了项目主管那令人宽慰的声音——他对着说话的那支麦克风现在就是我的义耳。他确认了我对故障的分析，并向我保证，他们已经采取行动好让我重获身体。他没有细说。又听了几首曲子后，我发现自己已是昏昏欲睡。我后来知道了，我这一睡就是大半年，等再醒来时，我发现自己的感官已经完全复原。我去照镜子，却不禁吃惊于眼前这张陌生的脸：它蓄了更浓的胡须，无疑与我之前的面孔有种"家族相似性"，也带着和之前同样精明且坚毅的表情，但终究是一张全新的面孔。进一步的私密探索让我更无疑惑，这就是一副全新的身体。项目主管确认了我的结论。他并未主动提及我这副新身体的过去，我也决定（回想起来很明智）不去打听。许多哲学家并不熟悉我的遭遇，他们最近猜测，一个人获得新身体，丝毫不会改变他这个人。经过对新的声音、新的肌肉力量或乏力等等的一段适应期，一个人的人格很大程度上还是会保留下来。而整形手术中则常会出现更为戏剧性的人格改变，更不用提变性手术了，我觉得这种例子中没有谁的"人"能得幸免。无论如何，我很快就适应了新身体，适应到了我的意识甚至记忆再也发现不了任何新鲜之处的程度。镜中的形象不久也变得烂熟。顺便一说，这镜中的形象还是带着天线，因此知道自己的脑一直未从生命支持实验室的港湾里移出半步时，我毫不奇怪。

　　我决定去探望一下老伙计约利克。我和我的新身体，就叫它福丁布拉斯吧，阔步走进熟悉的实验室，技术人员们又一次报以掌声，当然，是为他们自己的功绩喝彩而不是为我。我又一次站在液缸前，端详着可怜的约利克，又一时兴起，故作姿态地拨上了输出发射器的开关，却没发生任何异样，可想而知我有多惊讶：没有晕厥，没有恶心，没发觉任何变化。一名技术人员赶快过来重新打开开关，但我依然没什么感觉。我强烈要求他们给我一个解释，项目主管赶紧过来说，早在初次手术前，他们就给我的脑制造了一个计算机复制品，将我脑中完整的信息处理结构及计算速度复刻进了一个巨型的计算机程序中。手术后，他们没敢马上派我去俄克拉荷马执行任务，而是同步运行了这个计算机系统和约利克。来自哈姆雷特的输入信号同时送入约利克的收发器和计算机的输入阵列。约利克的输出也并不单单反馈给哈姆雷特——我的身体，也同时被记下并与计算机程序的同步输出核对。这程序叫"休伯特"，我不太明白为什么这么叫。[*]一天天、一周周过去，二者的输出都保持了一致与同步。尽管这并不能证明他们已经成功复制了脑的功能结构，但也算是鼓舞人心的经验性支持了。

　　在我脱离身体的日子里，休伯特的输入及活动始终与约利克保持一致。如今，为了展现这一点，他们首次将实时控制开关交给了休伯特，控制我的身体——当然说的不是哈姆雷特，而是福丁布拉斯。（据我所知，哈姆雷特再也没从那个地下墓穴里出来，因而这个时候可以认为他大部分已归为尘土了。那个废弃装置的大块残骸依然静置在我的坟头，侧面还醒目地标着大写字母 STUD——下个世纪的考古学家面对此情此景，没准会为他们祖先的这种葬仪感到惊奇。）

　　实验室的技术人员向我展示了控制开关，它有两个档位，标着 B

---

[*] Hubert 的词源意是"澄明之心"。在莎士比亚《约翰王》中是英王约翰的忠臣，但违背了约翰王的旨意，没有残害亚瑟——前任英王狮心查理之子，正统储君，约翰的侄子。而最终亚瑟的死，成为约翰王倒台的一个原因。

的代表脑子（他们并不知道我的脑子叫约利克），标 H 的代表休伯特。开关的确正指向 H，他们向我解释说，如果我愿意，可以把它拨回 B档。我拨动开关，心提到了我的嗓子眼（而脑子漂在它的缸里）。什么也没发生，只有咔嗒一声响。现在控制开关在 B 档，为了检验他们的话，我按下约利克输出发射器的开关，果不其然，我开始眩晕。一旦再打开输出开关，我就又恢复了神志。我反复把玩控制开关，把它来回拨动。除了咔嗒的响声，我察觉不到一丝区别。切换甚至可以发生在说话途中，前半句在约利克的控制下说出，后半句则在休伯特的控制下说完，不带任何停顿磕绊。我有了一个备用脑，日后若是约利克遭遇不测，这个人造装备可以很好地取而代之。或者反过来，我可以先用休伯特，让约利克替补。无论我选哪个都看不出任何区别，因为不论我的身体如何损耗劳累，都不会让任一个脑有些微影响——不管这脑子是真的引起了我身体的运动，抑或只是无谓地释放着缥缈的输出信号。

　　不久我就领悟到，这项全新进展真正令人不安的方面在于，有人可以将备用品——这里就是休伯特或约利克——与福丁布拉斯分离开来，而将其与别的身体挂钩，比如某位后来居上的罗森克兰茨或吉尔登斯特恩。此后（甚至此前？）很明显就有了两个人，一个是我，另一个则是我的超级孪生兄弟。如果有两具身体，一个受休伯特控制，另一个受约利克控制，那么哪个才是世界承认的真丹尼特呢？且不论世人怎么认定吧，到底哪个才是我？会是以约利克为脑的那个吗，就因为约利克的因果优先性及其与丹尼特本来的身体哈姆雷特的密切联系？这似乎就有点拘泥于法律层面了，有那么一丝血缘关系及法定持有的任意性意味，难以在形而上学层面上服人。设想在第二具身体登场前，我连年以来一直拿约利克当作替补，而凭休伯特的输出驱动身体，也就是福丁布拉斯。那么依据"久占即主"的原则*（这个法律直觉又和前一个相抵触），"休

---

* 普通法中这一原则叫"逆权侵占（管有）"（adverse possession），亦称"侵占者权"（squatter's rights），指房地产的非业主不经原业主同意持续占用物业超过一定时限后，可以成为合法的

伯特-福丁布拉斯组合"就是真正的丹尼特，也是丹尼特所有财物的合法继承人。这当然是个有趣的问题，不过另有个问题困扰着我，也紧迫得多。我最强烈的直觉是，若遇万一，只要有任何一对"身脑"组合保持完好，我就能一直存活下去；但对于我是否应该要求两对都存活，我却感情复杂。

我和技术人员及项目主管讨论了我的担忧，我解释说，两个丹尼特的前景令我痛恨，主要是出于社会性原因。我既不想在妻子跟前和另一个自己争宠，也不想和另一个丹尼特分享我微薄的教授薪金。更加令人嫌恶的是，你居然能够对另一个人了若指掌，另一个人对你也是。我们要怎么才能面对彼此？实验室的同事提醒我别忘了这件事好的一面。我难道不是有很多事想做却分身乏术吗？现在，一个丹尼特可以留下来继续做教授和居家男人，另一个则去纵横四海——当然也会想家，但得知另一个自己把家务料理得井井有条后也会高兴。我可以同时既忠贞不渝又放荡不羁。我甚至还能给自己"戴绿帽"……我的想象已不堪重负，而同事们还全都非要强塞些更为惊悚的可能性进来，这些也就都不提了。但在俄克拉荷马（或者休斯顿？）遭受的磨难已让我不敢再去冒险，会对这种送上门来的良机敬而远之（当然首先我从来就不确信这样的机会是送上我的门来的）。

还有一种前景更是讨厌：那个备用品，不论是休伯特还是约利克，会完全脱离开福丁布拉斯的输入，被晾在一边。那么同刚才的例子一样，会出现两个丹尼特，或至少两个我的名字和财产的主张者，一个以福丁布拉斯为身体，另一个很不幸，连个身体也没有。利己心和利他心同时命令我行动起来，谨防这种事情发生。因此，我要求采取措施，在没有我的（我们的？不，就是我的）知情同意下，任何人不得擅自篡改接收器的连接或控制开关。鉴于我无意终生留守休斯顿看护设备，我们一致决定将实验室里的所有电子连接设备小心锁好。控制约利克的生命支持

新业主而不必付任何代价。

系统和休伯特的电力供应的那些设备都会配以故障保护装置，而我将保管唯一的控制开关，开关配备无线电遥控，无论我去哪儿都随身携带。我把它别在腰间，稍等，你看，就在这儿。每过几个月我都会切换"频道"以核查情况。当然，只当有朋友在场时我才会这么做，因为如果另一个频道万一掉线或占线，我需要有人真心替我着想，把开关拨回去，把我从虚空中救回来。因为虽然我有触觉视觉听觉，能感觉到发生在我身体上的一切，但开关拨动后要是发生那样的事，我就完全不能控制身体了。顺便提一句，开关上的两个档位故意没做标记，因而我永远也不知道自己是从休伯特切换到了约利克还是相反。（你们中一些人可能认为在这样的情形下我确实不知道我是谁，更不要提我在哪里了。但这种反思丝毫不会削减我作为丹尼特的本质，即在我自己的意义上我是谁。如果在某种意义上我真的不知道自己是谁，那也不过是你那些无足轻重的哲学真理又徒增一条罢了。）

总之，自打我拨动开关以来，还从没出过事。那咱们就再试一下……

"谢天谢地！我还以为你再也不会拨那个开关了！你想象不到过去的两周有多可怕——但这下你知道了。现在轮到你来受煎熬了，这一刻我等了好久！你瞧，大约两周前——抱歉，女士们先生们，但我必须向我的……呃，我的兄弟，你们可以这么说，来解释一下，不过他刚刚把情况告诉了你们，所以你们会明白——大约两周前，我们的两个脑子开始有点脱离同步。我不知道我的脑子现在究竟是休伯特还是约利克，至少不比你知道得多，不过无论怎样，两个脑子已经各奔东西，而这个过程一旦开始，就会像滚雪球一样，我们两个都收到同样的状态，而如果我的接收状态有毫厘之差，这个差别就会迅速放大。我仍然控制着自己的身体——我们的身体，这个错觉阴魂不散。对此我无能为力——完全无法向你呼救，你甚至不知道我的存在！我就好像被关在了囚笼之中，抑或说，被附了身——听到自己的声音说的不是自己想说的话，眼睁睁看着自己的双手做出自己并不想做的事。你会为我们抓痒，却不是按我的方式；你辗转反侧，我也无法入睡。我筋疲力竭，神经濒临崩溃，承

受着你的疯癫行径却无可奈何，只凭着知道你终有一天会再次拨动开关而勉力支撑。

"现在轮到你了，不过你至少会因为知道我知道你的存在而过得舒坦些。现在我要像个准妈妈那样为两个人吃饭——至少感受色香味，总归会尽力让你好过些。别担心。等这个学术研讨会一结束，你和我就飞往休斯顿，看能不能给我们俩中的一个弄个新身子。你可以要一个女人的身体，想要什么肤色也都行。但咱们先想想这件事，我说：如果咱俩都想要现在这个身体，公平起见，我保证会让项目主管抛硬币来决定谁保留这个身体，谁选一副新的。这样能保证公平正义，对吧？无论如何，我会照顾好你的，我保证。这些人都可以给我做见证。

"女士们先生们，咱们刚刚听到的这番话并不完全出自我的本意，不过我向你们保证他说的每句话都百分百真实。至于现在，如果你们不介意的话，我想我——我们——就先坐下了。"

反　思

你刚刚读到的故事不仅不是真的（谨防你有疑虑），也不可能成真。故事中描述的技术成就目前还不可能达到，其中有些或许我们永远也力不能及，但这对我们都不重要。重要的是，整个故事里是否有些事原则上就不可能，不连贯。当哲学幻想变得太过离奇古怪时，比如出现了时间机器、多重宇宙或是无所不能的骗人魔鬼，我们如果还明智的话，就不应再指望从中获得任何见地。我们深信自己理解其中所涉的问题，然而这种深信或许并不可靠，而只是生动的幻想故事造出的幻觉。

这个故事中描述的手术和微型无线电远远超出了现在甚至可见未来的技术水平，但这无疑是"无害的"科幻。至于把休伯特这个约利克（丹尼特的脑）的计算机复制品引介出来，是否还不算越界，就不甚明朗了。（作为兜售幻想故事的人，我们当然可以边讲边为自己制定规则，违者就罚他讲毫无理论趣味的故事。）休伯特被设定为他和约利克二者之间不借助任何互通的纠错连接，却能无间同步数年。这不仅是科技创举，而已经近乎神迹了。为使计算机以接近人脑的速度处理数百万并行输入输出频段，它必须具备一个完全不同于现行计算机的基础结构。而即便我们具备了这样的类人脑计算机，它的那等规模和复杂度也会令独立的同步行为前景无望。没有这两个系统间的同步且一致的处理进程，这个故事的一大基本点便要忍痛抛却了。为什么呢？因为一人双脑（其一备用）的前提仰赖于此。罗纳德·德·索萨评述过一个类似事例：

> 杰基尔博士化身海德先生，这是件怪异又神秘的事情。他们是两个人轮番占据同一个身体吗？但有比这更怪异的：扎格尔博士和博格尔博士也轮番占据同一具身体，但他们本来也彼此相像，犹如双生子！你糊涂了，那为什么要说他们变成了彼此呢？为什么不呢：如果杰基尔博士能变成和他如此相异的海德先生，那让扎格尔博士变成和他完全相像的博格尔博士岂不更加容易？
>
> 我们天生就会假设一个身体最多对应一个行动主体（agent）。要动摇它，我们需要对抗，需要绝不苟同。
>
> ——《理性的小人儿》*

既然《我在哪里？》最重要的几个论点都依赖于约利克和休伯特独立的同步进程这个预设，那么就有必要指出这个预设其实相当粗暴，就像假设某个地方有一个和地球相似的行星，逐个原子地复制了你、你所有的朋友乃至周遭环境（即希拉里·普特南著名的"孪生地球"思想实验，

---

* 杰基尔博士（Dr. Jekyll）和海德先生（Mr. Hyde）是斯蒂芬森《化身博士》中的角色：体面的前者服用某种药物后，变成凶暴的后者。扎格尔博士（Dr. Juggle）和博格尔博士（Dr. Boggle）则是索萨在本篇论文 "Rational Homunculi"（1976）中的进一步设定。

见《延伸阅读》），或者就像假设宇宙只存在了 5 天之久（它看上去要久得多是因为上帝在 5 天前造它时，也顺便造了许多充满即时"记忆"内存的成年人、藏满古籍的图书馆和充满崭新化石的山脉，诸如此类）。

像休伯特那样的义脑仅限原则上可能，尽管一些不那么离奇的人工神经系统已经呼之欲出。为盲人制造的各种粗糙的人工电视眼也早已面世，其中有些直接向脑的视皮层部分输入信号，另一些则为免精细的手术，而通过外设感官，像是指尖上的触觉感受器或一系列安置在额头、腹部或背部的刺激点来传输信息。

下篇选文便探索了这种非手术心灵延伸的前景，它是这篇《我在哪里？》的续篇，作者是杜克大学的哲学家大卫·桑福德。

D. C. D.

14

我当时在哪里？

大卫·霍利·桑福德

丹尼尔·丹尼特，或者也许是集体构成他的团体中的代表之一，在教堂山 * 的一次学术研讨会上发表了《我在哪里？》，并获得了空前的起立致敬。我当时不在场，正在休学术假，没能与那里的其他哲学家一同鼓掌。尽管我的同事们依旧相信我住在纽约，并在从事一系列哲学研究，但其实我正在就一项与丹尼特团体密切相关的事务为国防部秘密工作。

丹尼特太过专注于他的本性、整体性、同一性等问题，似乎都忘了他任务的首要目的并不是让心灵哲学中本已棘手的问题变得更加困难，而是回收一枚深埋于塔尔萨地下的强放射性原子弹头。丹尼特告诉我们，哈姆雷特（他那受遥控的无脑身体），甚至还没开始修理弹头，与约利克（他那离体的脑子）之间的通信就中断了。他料想哈姆雷特很快就会归于尘土，也就似乎既不知晓也不关心发生在那颗弹头身上的事了。而我碰巧当时对弹头的最终回收而言扮演了至关重要的角色。尽管我的角色与丹尼特相近，但还是有一些重要的差别。

丹尼特，或说约利克，在丹尼特／约利克与活人身体完全失去任

---

* 美国北卡罗来纳州奥兰治县的一座城镇，北卡罗来纳大学教堂山分校（UNC）所在地。

何直接或远程的联系后就陷入了长期休眠，其间他有一次短暂的复苏，被输入了一点勃拉姆斯的音乐，来自唱针的整流输出直接输进了他的听觉神经。某类科学家或哲学家会问："如果我们能绕过中耳、内耳，直接向听觉神经输送音乐，为什么我们不能同样绕过它们向听觉神经输送任何东西呢？甚至为什么不同样绕过它们，更进一步直接输送给'亚人'（subpersonal）层面的信息处理系统？或比这再进一步？"有些理论家（但假定不是丹尼特）会疑惑，在信息处理装置方面以人工取代自然的这一过程，何时才能到达听觉体验的最终拥有者，人的真正核心：灵魂的真正所在。另一些则视其为一个由表及里的层层转换，从意识的有机主体，到人工智能。而那个把勃拉姆斯钢琴三重奏直接注入约利克听觉神经的科学家却在暗自思忖另一个问题：他不明白，他们为什么要费劲把丹尼特的耳朵和他的听觉神经分开。他想，如果我们本可以让耳朵原原本本地接在缸中之脑上，给耳朵戴上耳机，而用麦克风取代在塔尔萨地下冒险的身体上的肉耳，没准会有好效果。认为辐射只会损伤脑组织的想法是完全错误的。实际上，哈姆雷特身上的肉耳首当其冲，而哈姆雷特的其他部分也紧随其后遭到损毁。在哈姆雷特身上用麦克风取代耳朵，而给正常地连着约利克的耳朵戴上耳机，比起仅是让拾音头读取普通的唱片，再把所得的输出直接注入脑子，丹尼特是可以获得更加逼真的音乐演绎的。如果哈姆雷特在一场现场表演期间坐在音乐厅里，那每一次转头都会使远在休斯顿的耳机输出产生细微的差别。这种设置会保留两个信号在音量和时滞方面的细微差别，尽管不是意识上可分辨的，对确定音源的位置来说却至关重要。

这样描述耳机上的这个微小改进，可以用来类比解释 NASA 技术人员的某些更为激进的举措。他们从丹尼特的危险活动中发现，人眼无法长期承受那颗地下弹头的剧烈辐射。把丹尼特的眼睛也留在他的脑子上，而把小型电视摄像机镶进哈姆雷特空洞的眼窝中，效果会更好。在我加入回收弹头的秘密任务时，技术人员已经完善了"眼机"（eyevideo）。眼机就是，听耳机怎么听，那用它就怎么看。它不仅将图像投射到视网膜上，还监控眼球的每次运动。每一次快速眼动都对应一次快速的摄像头运动，每一次扭头都对应一次摄像头移转，等等。在大多数情境下，观看行为有没有使用眼机，是很难分辨的。只是试着阅读非常细小的字体时，我会注意到锐度有细微损失，而在系统校准后，我的夜视力在用眼机的时候会比不用更好。

最惊人的模拟装置是针对触觉的。"肤机"（skinact）就是，听耳机怎么听，那就用它怎么去感受皮肤上下的感觉。不过在我描述它之前，我想先说一些可由眼机来实施的实验。要重复那个经典的颠倒镜片实验，*只须上下翻转着安装摄像头即可。同类的新实验可以通过将摄像头设在偏离正常的其他位置来实施。举几例如下：所谓"兔子安装法"，即摄像头背靠背，而非并排安装；超广角镜头的兔子安装法，视野可达 360 度；还有所谓的"银行／超市安装法"，即把两台摄像机设在被试所在房间中相对的两面墙上——最后这种需要适应一阵，而且顺便一说，这种设置可以同时看到一个不透明立方体所有的面。

但你们想听到更多有关肤机的事。这种物质很轻，具有多孔渗透性，紧贴着穿在皮肤上。就像收音机和电视机延伸了人们听觉和视觉的范围一样，肤机也延伸了人的触觉范围。当一只人工手装备上肤机发射器，去抚摸一只湿漉漉的小狗，而真手包裹在肤机感受器中，这时这只真手皮肤里的神经受到的刺激，就好像这只真手真在抚摸一只湿漉漉的小狗一样。当肤机发射器摸到某个温暖的东西，相应的真皮肤上覆盖着肤机感受器，这时真的皮肤并没有变暖，但相关的感觉神经受到的刺激，就好像真的皮肤上真的有温暖一样。

为了回收地下的弹头，那就送入地下一个机器人。这个机器人身上没有活细胞，身材比例与我相当，覆盖着肤机发射器，头部安装着麦克风和摄像头，可以向耳机和眼机传送信息。它的关节就像我身体的关节

---

*　指视野颠倒实验。被试戴上护目镜形状的复杂眼镜，配有颠倒视野的反射镜片，很快就能适应颠倒后的视野。该实验由奥地利科学家 T. Erismann 在 20 世纪中叶首次实施。

一样，我身体的活动方式，它大多也能做到。它没有嘴或下巴，也没有任何呼吸消化的机制。取代嘴的是一个扬声器，会将我嘴边麦克风接收到的所有声音播送出去。

我与机器人之间还有另一个惊人的互通系统，即运动和阻力系统，简称运阻（MARS）。运阻薄膜穿在人类被试的肤机层之上，机器人的肤机层之下。我并不了解运阻工作的全部细节，不过要说出它能做什么并不难。它使机器人能够精确而同步地复制人体的大部分动作，而机器人肢体所受的压力和阻力也能复制到对应的人类肢体上。

NASA 的科学家保持了我的完整，并没有像分离丹尼特那样将我一分为二。我完整地留在休斯顿后方，免受任何辐射的影响，控制着一个机器人去执行地下任务。那些科学家设想，我不会不像丹尼特那样分神，罔顾任务的首要目的，而罪魁祸首就是那些深奥的哲学问题，它们都关于我的位置。呵呵，他们太不了解我了。

丹尼特提到过实验室工人用反馈控制式机械手臂来抓握危险品。我就像他们一样，只不过我操纵的是一个反馈控制式的全身，带有人造的听觉、视觉、触觉。尽管我仿佛是在塔尔萨深深的地下隧道里，可我会很清楚我实际上在哪里，我安全地待在实验室，戴着耳机、眼机、肤机及运阻薄膜，对着麦克风讲话。

然而结果表明，我一旦装备起来，就无法抑制地倾向于把自己定位到机器人的所在位置。就像丹尼特想看到他的脑子，我也想看到披挂着电子装备的自己。也像丹尼特很难把他的脑子等同于他自己那样，我也很难把自己等同于这个身体：这身体，每当机器人移动头部就跟着动头，每当机器人在实验室走来走去就像走路一样动腿。

效仿丹尼特，我也开始给事物命名。我像丹尼特使用"丹尼特"那样使用"桑福德"，于是"我当时在哪里"这个问题理应与"桑福德当时在哪里"得到相同的回答。我的前名"大卫"，用作那个身体的名字——它主要由盐水和碳构成，正在休斯顿得到照料。我的中间名"霍利"，则暂用作那个机器人的名字。

"霍利在哪儿桑福德就在哪儿"作为普遍原则显然行不通。那个它围着大卫一走大卫也做行走的动作、它一转头大卫也转头的机器人，时下在一个高度机密的科学博物馆里，桑福德却不在那儿。

而且，这机器人在受大卫控制之前和之后，也都可能受其他血肉之躯的控制。如果说霍利在哪儿桑福德就在哪儿，那只有在霍利与大卫或大卫的一个复制品以前述几种方式中的至少某几种保持通信时，我才是这样的。丹尼特的第一原则"哈姆雷特在哪儿丹尼特就在哪儿"，也需要类似的限定。

可机器人却不止一个，我把机器人命名为"霍利"的尝试于是陷入了困境。休斯顿有两个真人大小的机器人，一个主要是塑料的，另一个主要是金属的。它们从外部看如出一辙，而如果你能明白我的意思，那它们内部的感受也一模一样。这两个机器人都没有被派去塔尔萨。第三个机器人，尺寸做成了 3/5，因而能在狭窄的舱室里轻松施展——它当时已经在那儿了。寻回弹头的正是它。

一俟我了解到了机器人不止一个的事实，技术人员往往不等大卫睡着就切换频道。当小霍利从塔尔萨凯旋时，我们三个，或者说三个我，开始轮番上阵，而暂时不运转、无感觉的机器人则由三个人类帮手配合着防止摔倒。我坚持将自己定位在那个活跃、有感觉的机器人身上，并因此具有或至少似乎具有了一种不连续时空穿梭的体验：我从一个位置到另一个位置，却不占据任何居间位置。

对我而言，**大卫在哪儿桑福德就在哪儿**的原则并不比丹尼特那个类似的"约利克在哪儿丹尼特就在哪儿"的原则更有吸引力。我拒斥它的理由更多是认识论上的，而非法律上的。自从小霍利从塔尔萨归来，我就没再见过大卫，我不能确定大卫依然存在。出于某种我从未完全理解的理由，自从大卫开始通过肤机、眼机、耳机感知外部世界以来，我便不再拥有与呼吸、咀嚼、吞咽、消化和排泄相关的体验。当塑料的大霍利清晰地发言时，我不确定大卫的横膈膜、喉头、舌头和嘴唇的动作依然与大霍利的发言有因果上的相关。科学家们已经掌握了直接接入相关神经并对神经输出进行整流的技术，而神经输出本身也部分地是应人工整流的输入而生。神经输出经过整流后才能向接收器发射相同的信号，而接收器连接的扬声器则安装在塑料大霍利的头上。实际上，这些科学家有技术避开任何作为因果中介的高级电子设备，甚至那些直连脑子的更高级设备也可以取代。我想，假设大卫出了点毛病：它的肾坏了，或者冠状动脉有了个血栓。大卫任何脑以外的部位都会死亡，由此，脑也可能死亡。既然约利克，即丹尼特的脑，它的计算机复制品已大功告成，那大卫的脑的计算机复制品就也可能制造出来。我可能变成一个机器人，一台计算机，或者一个"机器人–计算机"组合，不再具有任何有机的部分。这样一来，我就会像弗兰克·鲍姆笔下的人物，斧头尼克——更广为人知的名字是"铁皮樵夫"——一样，[*] 经历从有机到无机的转变。这种情况下，除了要另有一个分身，以应对改换身体后个人持存方面的谜之状况，我们还要有材料来制造更多的分身，以应对一个自我分裂为多个的谜之状况。如果脑的一个计算机复制品造得出，那就也造得出两个、三个、二十个。每个计算机复制品既然都能控制一个丹尼特描述的那种改造版无脑人身，那也就能控制多个霍利中的一个。无论是身体转移、机身转移、脑转移、计算机转移，无论你怎么叫它，都无须借助更先进的技术即可完成。

我意识到我被一个类似于阿尔诺归给笛卡尔的论证说服了：[†]

· 我可以怀疑人体大卫、或它的脑子是否存在。

· 我无法怀疑我在看、在听、在感受、在思考。

· 因此，在看、在听等等的我不能与大卫或他的脑子相等同；否则我若怀疑它们的存在，也会怀疑我自己的存在。

---

[*] 斧头尼克/尼克·乔珀（Nick Chopper）/铁皮樵夫，美国童话《绿野仙踪》中的人物，被魔法从普通人类变成了铁皮人。作者即鲍姆（L. Frank Baum，1856—1919）。

[†] 见《第一哲学沉思集》（*Meditations*）第四组反驳（针对第二沉思）。安托万·阿尔诺（Antoine Arnauld，1612—1694）是与笛卡尔同时代的法国神学家、哲学家，因此组反驳而知名。

我也意识到大卫本也可以分解成活体的功能部块。带着眼机的眼睛可以与大厅的脑相联。目前靠人工血液而存活的四肢，同样可以各自拥有单独的房间。无论这些外围系统是否仍与塑料大霍利的运行相关，脑都可以被拆走，而各亚人处理系统间的信息传递差不多还会像之前那样迅速，即便需要传递更远的空间距离。如果脑没了，取而代之的是一个计算机复制品，计算机的各部分就会按丹尼特在《意识的一种认知理论初探》一文[*]中简短描述过的多种方式中的一种，在空间上散开。而内部各信息处理子系统，我的思想、行动和激情的共同成因，它们的空间连续性或化学构成似乎与我的人格位置、整体性或同一性无关。

丹尼特的人格位置第三原则，首次是这样表述的：**"丹尼特认为自己在哪儿就在哪儿"**。这带来了误解。丹尼特不是说，一个人认为自己在教堂山对"他真的在教堂山"而言是充分的。他的意思毋宁是，一个人视角的位置就是这个人的位置。当然，人可不仅仅是"看"事物，还通过其他感觉来感知，还会运动。人的某些运动，例如头部和眼睛的动作，直接影响了人看到什么。人的许多运动和位置是被持续感知到的，尽管有意识的注意只是断断续续。霍利家族的机器人几乎保留了全部正常功能，以及一个人的感官、肢体与各机器人发现自己所处环境之间的关联。因此，一台运行良好的霍利机器人，其空间统一性就足以让桑福德对"机器人在哪里"有一种统一的位置感。那时，预想到要拆解霍利，比预想到肢解大卫更令人不安。

我意识到，将来自大卫、计算机复制品或无论哪里的输入输出，分配给小霍利、金属大霍利和塑料大霍利，技术上是可能的。或者，单一个机器人可以被大卸八块，而其各部分会继续独立地行动，转播感知信息。我不知道在这样一种情况下，我的统一感会变得怎样。我还能否为作为单个行动主体的自我保留一点自我感？在这种怪异状况下，我可能会想效颦笛卡尔，并说，我不仅是像舰队司令指挥舰队那样控制这些

---

[*] "Toward a Cognitive Theory of Consciousness"，收录于《头脑风暴》。——原注

不同的部分，还几乎是与它们结为一体的，可以说我与它们太过密不可分，似乎与它们一起构成了一个整体。不然我可能难以胜任自我整合的任务。鉴于空间上分离且独立的信源释放给我的只有隆隆嗡嗡的烦人迷惑，我一系列的运动及感知活动会不会是被还原为了回忆、沉思和幻想，而非在空间中得到了更广泛的分布? 我很庆幸自己尚未有机会查证。

如果我们认为光、压力波等等都携带了物理世界的信息，那视角就是这些信息被某个感知者接收的那个空间点。正如丹尼特评述的，有时候，一个人可以反复切换视角。遥控危险品的实验室工人就可以在机械手臂和血肉手臂之间来回切换视角。全景电影的观众，也可以在急速俯冲的过山车和观看屏幕上瞬息万变画面的影院座椅之间，来回切换视角。丹尼特一度无法在约利克与哈姆雷特之间完成这一切换，而我则一度无法在大卫与霍利之间完成。我当时尽力尝试，还是无法让自己以为是在看眼机投放的画面，而不是传送给眼机的镜头前的场景。类似地，以我目前拥有身体的状态，我无法把视角往里移几英寸，好将我的注意力集中到视网膜图像而非眼前杂乱无章的手稿之上。我也不能移动我的"听觉角度"来注意到鼓膜的震动，而非外部的声音。

我的视角一度来自一个机器人的位置，而我一度强烈倾向于将自己定位于这个视角之上。尽管我把机器人的位置视作我的位置，却没那么容易把自己就等同于一个机器人。尽管我如果不是这台机器人还会是什么，对此我没有明确的看法，我还是乐于接受这样的可能性：我和机器人尽管截然有别，但却在同一时间占据了同一地点。与位置的不连续变化相比，这个想法更让我忧虑：无论何时切换频道，我都会立时不再等同于某个机器人，而转与另一个机器人相等同。

汇报任务的时间到了，主管科学家维克瑟尔曼*博士告诉我，他给我准备了一个特大惊喜，这让我充满了惊恐不安。大卫还活着吗? 大卫的脑子还漂在缸里? 这些天来我一直是作为一个计算机复制品而在线

---

*　Wechselmann，德语姓，字面意思是"换人"。

的？是有好多个计算机复制品，每个都控制一个机器人，还是每个都控制一个不同的改造版人体？我并没有料到真正的惊喜。维克瑟尔曼博士说，我可以见证我自己的拆解，即拆解我一度所在的那个霍利。我照着一面镜子，看到技术人员解开表层，将其剥下。结果发现，我，大卫·桑福德，一个活生生的人类，就在那下面。大卫保住了健康；48小时前，在大卫睡眠期间，摄像头直接安在了眼机前，麦克风直接安在了耳机前，一层敏感的肤机直接安在了我的皮肤外层，等等。有一阵子，当我以为我的位置是塑料大霍利的位置时，我实际上正身着一套制造精巧、栩栩如生或严格说栩栩如死的机器人装束走来走去。呼吸和进食等感觉很快回到了我身上。

取下眼机设备丝毫没在视觉方面改变事物的样子。有一阵子，当我以为大卫的眼睛在另一个房间时，它们其实就在摄像头后，这一事实让我更倾向于说，眼机系统并没有在其使用者和物理世界之间设置任何障碍。就好像通过显微镜、望远镜或在矫正镜片的帮助下看东西。当一个人通过眼机系统进行观看时，这个人看到的是聚焦在镜头前的东西，而非某种冥想中的视觉对象，即便外在对象与视感知之间的因果链条，多多少少被居间的设备改变和复杂化了。

因此，我现在就在这里，并且毫无疑问，当大卫在那个双层套装之中时，我也在那套装里。但当大卫在一个单层套装中，而另一层包裹在一个机器人身上时，我的位置仍像个谜。如果这个谜相比丹尼特提出的那个有任何更富启发之处，这主要还得归功于丹尼特。假如他完全达成了使命，我也就没有任何理由亲自上阵了。

反　思

桑福德的故事比起它的前篇更接近可能。马文·明斯基，麻省理工学院（MIT）人工智能实验室的创始人，在最近的一篇文章中探讨了这项技术的前景：

> 你穿着一件舒适的夹克，上面排着传感器和类肌肉马达。你胳膊、手、手指的每个动作，都复制到了别处的活动机械手臂上。这些手臂轻巧有力，都有自己的传感器，通过它们你可以看到、感受到正在发生的事。使用这种器械，你可以在另一个房间、另一座城市、另一个国家乃至另一个星球"工作"。你虽是远程在场，却具有巨人般的力量，外科医生般的精细。灼热或疼痛被转化为既有提示性又可忍受的感觉。你危险的工作变得安全而愉快。

明斯基称这项技术为"遥在"（telepresence），是帕特·贡克尔向他建议的一个词。明斯基还描述了已经取得的进展：

> 遥在不是科幻。如果我们马上开始规划，到 21 世纪，我们就会有一个遥控经济。这一项目的技术范围不会大于设计一款新型的军用飞行器。

桑福德设想的运阻系统中的某些部件也已经有了雏形——带有反馈系统的机械手臂，能够传输以各种方式增减的力和阻抗。甚至还有一些促成眼机的举措：

> 费城的飞歌公司（Philco）一名叫史蒂夫·莫尔顿（Steve Moulton）的工程师制作了一只出色的遥在眼。他在一栋楼的顶部安装了一台电视摄像机，并戴上头盔，使他动头时楼顶的摄像头也跟着动，连在头盔上的显示屏也跟着动。
>
> 戴上这个头盔，你会有在楼顶鸟瞰费城之感。如果你"俯身向前"，那会有点吓人。不过莫尔顿做的最惊人的事是给脖子设

置了 2:1 的比率,这样你转头 30 度时,安在楼顶的眼睛会转 60 度;你会感到你就好像有个橡胶脖子,你的"头"可以转满一整圈!

未来会有更加离奇的东西出现吗?贾斯汀·莱伯,休斯顿大学的哲学家,在下一篇选文中对这些主题发表了更为激进的看法,这篇节选自他的科幻小说《岂止排异》。

D. C. D.

15
岂止排异

贾斯汀·莱伯

（1980）

沃尔姆斯（Worms）开始了他的夸夸其谈："人们常以为，只是制造一个成年人类身体的话，应该轻而易举，就像盖栋房子或者造架直升机。你会想，那，我们知道这一过程涉及了什么化学物质，这些物质怎么相互结合，又怎么根据DNA模板形成细胞，而细胞又是怎么在化学信使——激素——的控制下形成器官系统的，诸如此类吧；所以我们应该是能从零开始造出一个功能完好的人类身体。"

沃尔姆斯挪动了一下，这样就挡住了他们看到慢跑者的视线。他把喝干的咖啡杯往桌上一放，以示强调。

"当然了，理论上讲，总之我们可以从零开始造出一个人类身体。不过从来没人做到过，事实上甚至从来没人试过。上世纪中叶，2062年前后吧，德黎恩济造出了第一个功能完好的人类细胞——肌肉组织。此后不久，主要的种类相继出炉。然而即便那时，也并不是真的从零制造。像其他人一样，德黎恩济是用当时存在的碳、氧、氢等等，或说用一些简单的糖和酒精造了一些基本的DNA模板，然后从这些DNA模板中培育出了其余的全部。可那是培育，不是制造。比起那个20年前耗费数百万信用点制作一个1毫米胃壁的实验室，现在的人在制造器官方面并没有什么长进。

"我并不是想用数学烦你们，"沃尔姆斯继续说道，目光从特里身上移开，"不过我那位在工学院的老教授曾经估算，需要用尽地球和联邦其他成员星的全部科学及制造业才能，花大概 50 年和 1 古戈尔（googol，10 的 100 次方）信用点，才能造出一只人类的手。

"你们可以想象，做一个这样的东西耗费会有多大。"他说道。他让开他们的视线，朝那名慢跑者做了个手势，接着取下挂在跑步机控制台旁的写字板，浏览了一下上面的记录纸。

"这个身体已经空闲了 3 年。它的运行年龄是 31 岁，不过当然，我们现在说的这位萨莉·卡德摩斯，是在 34 年前出生的。当然按理说，3年对一个不事运转的身体而言算是一段很长的时间了。她很健康，肌肉组织好得可以去当宇航员——据说萨莉曾是这儿的一名小行星矿工。这具身体似乎在霍尔曼轨道冻结了 2 年。我们在 4 个月前得到了它，目前正在做准备工作。现在你某一天或许就会看到她在附近走动。

"但萨莉·卡德摩斯不会那么做。她的最后一卷磁带只是达到法定成年年龄的例行公事，她也没有留下任何关于移植的指示。我相信，你们所有人的磁带都是最新的。"他露出一副家庭医生的面孔，往前凑了凑，压低了声音继续说：

"我每 6 个月录一下我的心灵，以备不时之需。毕竟，这磁带就是你——你的个体软件或个体程序，其中包括记忆存储。所有使你成之为你的东西。"他朝助手走去，后者刚刚带进来一位漂亮的年轻男子。

"就比如你吧，彼德森女士，你最后一次录磁带是什么时候？"

这位助手，一位三十几岁的瘦削红发女性，猛地把搭在身边年轻男子身上的手甩开，瞪着奥斯汀·沃尔姆斯。

"关你什么事——"

"噢，我没指望你真当着别人的面说出来。"等彼德森冷静下来后，沃尔姆斯朝其他人咧嘴一笑，"不过你们看，这就是问题所在。或许她一直以来每年都更新磁带，这也是推荐给我们这行人的最起码要求。但很多人忽视了这个基本的预防措施，因为他们认为，严重的身体损伤这个想法太吓人了。他们只是放任自流。而且，由于这个问题是如此个人化，无人知晓，无人过问，无人提醒，直到发生概率为五十万分之一的事故：真正不可弥补的身体损伤或者整体的毁坏。

"此时你才发现，原来这个人已经 20 年没录过磁带了。这意味着……"

他扫视人群，好让大家明白他的意思。然后，他看见了一个漂亮的小女孩。毫无疑问，特里一直在掩藏她。是个典型的金发碧眼女孩，十五六岁。她直勾勾地注视着他的双眼。或者说看穿了它们。有些事……他继续说。

"这意味着，如果他或她够走运且遗产丰厚，就会有人来为你面对所有常见的排异问题：这些问题在用一个几近中年的身体去适配一个年轻心灵时就会出现。但植入的心灵也要面对所有那些被受体身体成倍增加了的问题。植入体须得应对一个 20 年后的未来世界，以及一个毫无意义的'生涯'，因为他缺乏旧心灵 20 年来积累的相应记忆和技能。

"更有可能的是，你会遇上真正的灾难。你会遭遇大规模的排异、精神错乱和实质性的早衰，以及死亡。真正的、最终的心死。"

"可你仍然有那个人的磁带，用你的话说，就是他们的软件，"彼德森女士说，"难道你不能用另一个空闲身体再试一次吗？"她的手依旧没沾她带进来的那名年轻男子的身。

"有两个问题。首先，"他向上竖起食指，"你要认识到，要一个心灵和一个身体相匹配是何等困难。即便有肉体学家（somatician）和灵魂学家（psychetician）不遗余力的帮助，有现代生物心理学工程师尽其所能地使之结合，即便内置一台极具创意的调谐器使其结构成形，重生也着实是一件难事。

"通常情况下，即磁带是最新的，心灵状态良好且稳定，受体身体合宜，那失败率大概是 20%。而我们知道，如果是第二次，失败率会跃升至 95%；而对一个磁带过期 20 年的人来说，第一次就差不多有这么凶险。他或许能挺过头几天，但无法把自己拉进现实。他所知道的一切都在 20 年前消失殆尽。没有朋友，没有生涯，一切都变了样。届时，心灵会排斥它的新身体，也排斥它醒来后所处的那个新世界。所以你并没有太多机会。当然了，除非你是那种罕见的不老仙女体质（nympher），或者更为罕见的'飞跃者'。

"第二，政府会承担第一次移植的费用。当然，他们可不会为一个奢华的身体，比如一个仙女身体买单。为了那样的一个玉体，你花费的信用点要超过 200 万。你能在一两年内得到一个可用的就算走运了。政府只承担基本的手术及调谐工作的费用。光这些就得花差不多 150 万。够给我发 100 年工资，也足够送你们六七个坐头等舱来一次'冠达号铀禧年环行星旅行'[*] 了。"

奥斯汀一边说着一边挪向跑步机控制台。他说完的时候，听众们注意到，一架大型结构体正从天花板降下来，悬在慢跑者萨莉·卡德摩斯身体的上空。它就像一个大型木乃伊的上半身，和一个填充舒适的扶手椅，两者的混合体。奥斯汀滑向那台跑步机。听众们眼看那架结构体像一个古老的铁娘子刑具那样打开。有人发现慢跑者慢了下来。

奥斯汀刚好及时赶在那个结构体合拢前慌忙完成了对慢跑者控制包的调节。他在慢跑者的大腿后侧老练地敲打了两下，让腿离开了放慢的跑步机。

"所幸，虽然移植风险很大，但需要动用移植的事故也很少见，"他说着，那架结构体在他身后升了回去，"否则，规定政府来负担首次移植费用的凯洛格-墨菲法案，会让政府破产。"[†]

"这个身体要去哪儿？"金发小女孩问道。奥斯汀现在发现，她可能不过十来岁。她的某些姿态让他刚才觉得她要更大一些。

---

[*] Cunard Line Uranium Jubilee All-Planets Tour. 在地球人类史中属于英国的冠达邮轮（Cunard Line）成立于地球公元纪年 1840 年，一直代表着远洋航行的最奢华水平。

[†] 凯洛格-墨菲法案（Kellog-Murphy Law）是一个双关，亦是"墨菲定律"（可能出的岔子最终都会出）和"凯洛格定律"（碰巧出现的结果往往就是最差的那个）。

"通常它会进入一种人工冬眠：只维持低温和最必要的生命活动。不过这具身体明天要做移植，所以我们会让它的生物机能维持在正常水平。"他给这具身体又额外注射了 4 毫升葡萄糖盐水血浆，这在计划之外。这是为了补偿额外的慢跑。他没有做正式计算。不是说这种计算不是无足轻重的例行公事。如果你让他解释，他可能会说正式计算会要求再多一半的血浆。可他觉得，那具身体从每毫升水和每分子糖中汲取的比常人要多。迹象或许在汗味里，在皮肤的颜色和质感，还有肌肉组织的弹性中。反正奥斯汀知道。

要肉体助理说，奥斯汀·沃尔姆斯是太阳系最好的食尸鬼（ghoul），僵尸最好的朋友。即便是开玩笑说的这话，他们也真是这么想的。

奥斯汀了解到"食尸鬼""摄魂怪"（vampire）这些黑话的来源时，是生平第一次、也是唯一一次吐了的。

特里观光团移步灵魂学实验室了，他们的声音也渐渐消失。但奥斯汀的心思并没有回到布鲁勒"心灵抽象理论核心方程组"上。他还在疑惑那个十来岁的金发女孩漫步赶上团队其他人之前跟他说的那句话："我敢打赌，当那个心灵醒过来，发现自己背上那个东西时，会大吃一惊。"他纳闷，她怎么会知道那不仅仅是慢跑者后背上的管线胡乱拼凑而成的系统的一部分。

"我叫坎迪·达琳 *"，她离开房间前补充道。现在他知道她是谁了。你永远也不知道能从一台调谐器中期望什么。

* * *

> 灵魂学家料理心灵，这就是他们有时被叫作摄魂怪的原因。
> 肉体学家被叫作食尸鬼，因为他们料理身体。
>
> ——I. F. 和 S. C. 的手术日志，附录 II，新闻通稿

---

* Candy Darling（1944—1974），本名 James L. Slattery，美国变性人演员。她于 1967 年加入安迪·沃霍尔的电影工厂，出演了多部电影与舞台剧。

　　杰梅茵·米恩斯（Means）朝他们咧嘴一笑，狼一般狰獰。"我是个灵魂学家。就是特里会叫作摄魂怪的那种人。如果你们不想这么叫，就叫我杰梅茵好了。"

　　他们在一个大房间里，面对着房间一头的黑板坐下。这房间原本塞满了资料柜、格子工位和计算机控制台。发言的这位女士穿着严实简朴的工装。她刚来诺伯特·维纳研究医院（NWRH）时，院长曾建议她说，首席灵魂学家应该穿得更得体些。那位院长早就退休了。

　　"就像你们从奥斯汀·沃尔姆斯告诉你们的话里了解到的，我们将个体人类的心灵，看成是记忆、技能和体验这些印在脑子的物理硬件上的东西的抽象模式。这样想：你拿到一台刚出厂的计算机，它就像个空白人脑。它还没有子程序，就像人脑没有技能。这计算机也还没有数据阵列可供调取，就像空白的脑没有记忆。

　　"我们在这里做的，就是去把前人所能留下的记忆、技能、体验的模式，植入一个空白脑。这并不容易，因为脑子并不是造出来的。你得培育它们。独特的人格也得成为这种成长发育的一部分。因此每个脑都是不同的。所以也没有哪个心灵"软件"与任意的脑"硬件"完美适配，除了那个它随之成长起来的脑。

　　"比方说——"杰梅茵·米恩斯放轻了声音，免得惊扰到彼德森女士的男友，后者正在一张垫得很舒适的椅子上打盹，优雅的双腿伸得笔直，展露无遗，从紧身裤到凉鞋。"比方说，把压力施加到这人的脚上，他的脑就知道如何解释来自脚上的神经脉冲。"她将她的话诉诸了行动。

　　"他的尖叫表明他的脑识别出了施加在他左脚脚趾上的可观压力。而如果我们植入另一个心灵，它就不会正确地解释这一神经脉冲——它没准会觉得这个脉冲像是胃痛。"

　　那个年轻人倏地站了起来，朝杰梅茵走去，而杰梅茵已经走开去拿一副像是上面装了镜子和齿轮的护目镜。等他走到她那里，她转过身面向他，把副护目镜塞进他的手里。

　　"好，谢谢你的自告奋勇。戴上它。"他不知还能做什么，就照办了。

"我想让你看着刚才坐在那儿的金发女孩。"他转身时有些摇晃,她轻轻扶了一下他的胳膊。他看上去是透过护目镜看向了坎迪·达琳偏右几度的一个点。

"现在,我想让你用右手指她——快!"年轻人伸出手臂,手指同样指向女孩偏右几度的地方。他开始向左移动手指,但杰梅茵把他的手拉向他的一侧,拉出了护目镜允许的视野之外。

"再试一次,快。"她说。这一次,手指不像之前那么偏了。试到第五次时,他的手指直接指向坎迪·达琳,尽管他依旧看着她的右方。

"现在摘下眼镜。再看着她。快速指她!"他刚一指,杰梅茵就立即抓住了他的手。尽管他没有直视坎迪·达琳,却正指着她左侧几度的地方。他看上去困惑不解。

杰梅茵·米恩斯用粉笔在黑板上画了一个戴着护目镜的头,角度好像是你从天花板俯视它们。在戴护目镜的头的视线左侧,她又画了一个头,并用粉笔写下"15°"来标示那个角度。

"刚刚发生的事情是一个调节的简单案例。护目镜里有棱镜,它们使光线发生了折射,因此当他的眼睛告诉他,他正直视她时,他的眼睛实际上瞄向的是她右侧 15 度的位置。而手的肌肉和神经就被调节为指向他眼睛实际瞄向的位置,所以他指向了右侧 15 度。

"但是眼睛随后看到手偏右了,于是他开始纠偏补正。几分钟后,也就是试了 5 次以后,他的运动协调系统得到了补偿,于是他指向的就是眼睛所传达的她的位置:他调整后指向了比正常偏左 15 度。而我取下眼镜后,他的手臂仍是调为补偿态,所以他指向左侧,直至再次调整。"

她拿起护目镜。"人类能在几分钟内适应那种扭曲。但我能校正这些现象,校正到让整个房间都颠倒过来。这样一来,如果你在房间里四处走动,要做些事,就会发现很困难,非常困难。但如果你继续戴着护目镜,一两天后,整个房间会正过来。一切都会显得正常,因为你的系统已经自行调节过了。

"如果你再摘下眼镜,你觉得会发生什么?"

坎迪·达琳咯咯一笑。彼德森女士说："哦我懂了。心灵已经适应好了，会把来自你眼睛的信息，对，颠倒过来，所以你摘下眼镜后——"

"正是如此，"杰梅茵说，"一切在你看来都是颠倒的，直至你重新适应不戴眼镜的视觉，而这种适应仍是以同样的方式发生。头一两天你会跌跌撞撞，过后，一切都啪的一下重新正过来。那个跌跌撞撞的时期很重要。如果把你绑在椅子上，头的位置固定起来，那你的心灵和身体就不能自行调节。

"现在我想让你们想象一下，当我们把一个心灵植入一个空白的脑中时，会发生什么。几乎一切都将失调。来自你眼睛的信息可不是颠倒那么简单了，而是会乱作一团，情形数不胜数。你的耳朵、鼻子、舌头，以及遍布全身的整个神经网络，亦是如此。这还只是输入的信息。当你的心灵要让身体去做事时，它还会遇到更多的麻烦。你的心灵想让你的嘴说'水'，但老天才知道发出来的会是什么声音。

"而且更糟的是，无论发出来的是什么声音，你的新耳朵都不能把一个准确版本给到你的心灵。"

杰梅茵朝他们一笑，瞥了一眼她的手表。特里站了起来。

"特里会带大家继续了解。让我总结一句就是，把一个人的心灵磁带放入一个准备好的脑子中播放，是件非常简单的事。最大的问题是让重置后的脑，严格地说是大脑皮层，与系统的其余部分相协调。奥斯汀·沃尔姆斯可能已经告诉你们了，我们明天会启动一台移植手术。录入原始磁带用不了 1 小时，但调节要花上好几天。甚至几个月，如果你算上整个疗程的话。有问题吗？"

"只有一个问题，"彼德森女士说，"我能理解对一个心灵而言，在移植中存活下来有多困难。当然我也知道，移植一个超过 85 岁的心灵是非法的。不过一个人——如果你把心灵称作'人'的话——难道不能一个身体接一个身体地转移，借此实现永生吗？"

"好的，这是个很难解释的问题，即使我们有很多时间，而且你也很懂数学。直至本世纪，人们都还相信衰老是身体在物质层面发生故障的副产品。如今我们知道了，一个人类心灵无论占据了一个多么年轻的身体，大致拥有 100 年的经历后，都将迎来必然的衰老。你们也知道，少数成功的飞跃者等了 50 年后还是在移植中存活了下来。因此，理论上一个飞跃者在此后 1000 年仍可运转。但这样一个个体心灵能包含进去的生活经历，不会比你们更多。当你所有的一切都只是存储中的磁带时，你并不是真正地活着。"

听众陆续离场。杰梅茵·米恩斯注意到那个金发女孩留了下来。

"嗨，我是坎迪·达琳，"她叫道，"希望你别介意。我以为跟着正规观光团溜进来会很好玩。了解一下这个地方的气息。"

"你的**容器**在哪里？"

* * *

奥斯汀·沃尔姆斯宣布，基本的身体啮合程序已经完成。

——I. F. 和 S. C. 的手术日志

怒（Gxxhdt）。

厃昰（Etaoin shrdlu）。嗯。

反嗯。

离开魇兽（mooncow）像太迪熊那么好。还是很好，走。离开，沿着，唉，延着环形轨道摆动，从空间偏转直到虫洞，带来了我们。现在开始。醒来。

所以我现在这理，从虚无中来，如同爱欲之神厄洛斯来自死神，*只知道我是伊斯梅尔·福斯，轮廓清晰，肌肉发达，正在转

---

* 这一部分模拟意识模糊时的思绪，使用了错乱的语法和文字。

厄洛斯来自死神：死神在希腊神话中名为塔纳托斯，罗马时代和厄洛斯（丘比特）的形象越发接近。弗洛伊德借厄洛斯和塔纳托斯之名代表"求生本能"和"求死本能"。

录磁带，并且知道我不知道自己会在何时、哪里醒来，或转录到哪里。希望这只是个梦。但这不是梦。哦不，不是梦。一块镜筒状的明斯特奶酪，流躺在我的眼皮上。

通过一度无言、而今又不记得的无尽校准和配置，似乎要起来了。醒来。

"你好，我是坎迪·达琳子。"

起初我想回复的是"我是归来的伊斯梅尔"。试了3次后，我说得好一些了。眼前的明斯特奶酪也变成了一个金发小姑娘，蓝色的眼眸炯炯有神。

"你的初步移植终于在昨天完成了。大家都认为你是个成功案例。你的身体是个尤物。你现在在休斯顿的诺伯特·维纳研究医院。遗嘱检验交代清楚了你有两份遗产。你的朋友彼得·斯特劳森已经为你料理了事宜。现在是 2112 年 4 月第一周。你活着。"

她站起来，摸了摸我的手。

"你明天开始治疗。现在睡吧。"

她关上身后的房门时，我的意识已渐模糊。我甚至不会被我注意到的东西所激动。我的乳头感觉就像葡萄那么大。当我一路向下游走到肚脐时，我睡着了。

第二天，我发现我不仅没了阴茎，还长出了一条 1 米长的卷尾。我的第一感觉是厌恶。

我逐步努力恢复了意识。我做了无数个光怪陆离的梦，走着、跑着、踉跄着远离不可名状的恐惧。梦里还有些转瞬即逝的性事，主演是我（先前）的身体。

我真的很喜欢我的旧身体。这是我最大的问题之一，杰梅茵·米恩斯医生后来告诉我说。我能清晰地想象，当我伸展肢体，展示肌肉的健美时，镜中曾是什么样子：一丝丝高过 6 英尺 4 英寸，205 磅，肌肉线条清晰，身体胖瘦合宜，一团红色的卷曲胸毛容易让我决定永远不留胡须。做一个自信甚至略显笨拙的巨人，俯看一个充满小个子的世界，这感觉很棒。

哦，我并不真的是健美运动员之类的什么人，只是做了足够的锻炼让自己看起来还不错，有吸引力。其实我并不怎么擅长体育运动。但我那时喜欢我的身体。这对于我在"跨行星商务组织"（IBO）所从事的公关工作也有帮助。

我还是仰面朝天地躺着。我觉得我缩小了，对缩小了。随着温暖而汹涌的睡意退去，我的右手挪到了肋骨上，对肋骨上。它们纤细而突出，就好像皮肤包在个笼子上。我觉得自己就像副骷髅，直到我摸到了团块、肿胀、增生、囊袋。即便在当时，一部分的我也意识到它们对一个女人来说并不算大，但大部分的我感觉它们大如网纹瓜。

你或许曾想象过某种春梦中会有此情景：你躺在医院病床上，伸手一摸就摸到了它们。适应了我的双手之后，变硬的乳头正安坐在食指和中指之间。（无疑有些男人也用双手在真正的肉体上感受过这种温存的幻想。女人们或许感受过捏动和刺痒的感觉，而不是幻想中的肉欲翻涌。我知道我在说什么。现在我知道了许多性事都是如此。或许异性恋会因无知而任由它延续下去：每个伴侣都尽可以为对方制造这种感觉。）

可我新得的身体实在激不起我的性欲，从两方面来说都不行：我的手指一碰到它们就感觉是碰到了病灶，两块死肉癌瘤；而从所谓"内部"来说，我感觉是我的肉体肿了。床单擦在乳头上，感觉很粗糙。一种奇怪的疏离感，乳房仿佛是断开了神经连接的果冻，而两个敏感点还离开了胸部，在前面几英寸的地方。死点。排异。这些方面我学了不少。

我用手向下摸索，预备好了迎接臀部的曲线。我没摸到阴茎，也没指望会有。我不叫它"大伤口"，尽管这个词常见于"星际舰队"（space-marine）黑话，以及一小部分极端仆-主型（Secretary & Master）男男风月中。我第一次知道这个词，是几天后从米恩斯医生那儿。她说，传统的男男色情内容揭露了男性对女性身体的典型错觉：一个"身体形象病理学的丰富信息来源"。她指出"大伤口"是我对它的感受,这当然完全正确——不过只是在起初的时候。

我不仅骨瘦如柴,还几乎没有体毛。我感到自己真的是一丝不挂,像婴儿那般赤裸、不设防。尽管我的皮肤不那么白皙,还摸得见一道伤疤。去摸卷曲的阴毛时,我几乎如释重负:没了。双腿有如细棍儿。但我确实在两股之间摸到了什么。也在两膝之间,两踝之间。我的老天。

开始我还以为那是某种运除我身体排泄物的管子。但我顺着两腿间向下摸索时,发现它连着的不是那个部分。它连在我的脊柱末端,或者毋宁说它成了我的脊柱末端,一直延伸到我的脚。它是我的肉。我并不十分想要它,不过也得说,那时候我什么也不想要。我吓坏了,而那个该死的东西就像条蛇一样从床底翻起来,掀起床单蒙住了我的脸。

我拼了命地尖叫起来。

"切掉它。"在他们给了我足量的β-正胺(betaorthoamine),停止了尾巴的翻动抽打之后,我就这么说。杰梅茵·米恩斯医生指令其他人离开房间后,我对她说了好几遍。

"听着,萨莉——我会这么叫你,直到你给自己选个名字——我们不会切掉你的尾巴。据我们估计,这么做几乎肯定会造成无可挽回的排异反应,你会死。几千条神经将你的脑和卷尾相连。你的脑有相当大的一部分监控指挥你的尾巴——脑的这部分像其他任何部分一样,需要练习和整合。我们将你的心灵模式录入了你现在的脑中。它们必须学着和睦相处,不然你就会发生排异。简言之,你就会死。"

米恩斯医生继续给我警告,我得学着去爱我的新身体——她几乎是滔滔不绝地在夸赞它——还有我的新性别和新尾巴。我还要去做许多练习和测试。还要去告诉很多人我感觉如何。我应该为多长出一只"手"而感到欣喜若狂。

当我意识到我确实别无选择时,我的新身体顿时冒出一身冷汗。假设我昨天听到的是真的,那么我并不穷。但我也肯定承担不起一次移植的费用，更别说一具令人向往的身体了。我是拜凯洛格-墨菲议案所赐，免费得到了这些。

过了一会儿，她走了。我呆呆地盯着墙壁。一位护士用托盘端来了炒蛋和吐司。我既没理会护士也没理睬托盘。口水从薄薄的嘴唇中流出来。就让它受罪吧。

反　思

尽管心灵磁带的想法很迷人，但若推测有朝一日这样来保存一个人是有可能的，几乎一定是错的。莱伯看到了这个根本的困难：脑不像刚出厂的计算机，全都一个样。即使在刚出生时，人脑也无疑有了独一无二的结构，就像指纹；而一生的学习和经历只会加深它们的独特之处。指望（在"心灵转录"的某个周期中）从脑中"读出"某个程序与硬件无关的任何方面，都没有什么根据。即便能够造出这种心灵磁带，要使其与另一脑硬件兼容，希望更是渺茫。计算机是为大量且快速地嵌入新程序而设计成了易于随时重新设计（在另一层次上），脑恐怕并非如此。

莱伯出色地想象出了技术人员可能会尝试哪些方法来解决这个不兼容问题（他的书还包含好多这方面的奇思妙想）。但他为了把故事讲好，不得不将我们认为重要的问题依重要性次序一笔带过：在结构不同的脑之间，就像在你们的脑和我们的脑之间，传递大量信息会有很多麻烦。但这些问题并非无法克服。不过我们或许最终会发现，要完成这类任务，最为行之有效的是既有技术。这类技术中最先进的范例之一，此刻正在你们手中。

D. C. D.

16

软件

鲁迪·拉克

（1981）

科布·安德森本想再多待会儿，但海豚可不是每天都见得到的。这儿有 20 甚至 50 只海豚，或是在灰色的小波浪中翻滚，或是跃出水面。看见它们真好。科布视其为一个征兆，于是提前一小时出了门，去喝他每晚的雪利酒。

纱门在他身后啪的一声关上了。他被黄昏的阳光下晃了一下眼，原地站着恍惚了一会儿。安妮·库欣透过隔壁小屋的窗户看着他。披头士的音乐从她身后传来。

"你的帽子忘了。"她提醒道。他依旧很帅，胸脯厚实，蓄着圣诞老人一样的胡须。她不介意与他合欢，如果他不那么……

"瞧那些海豚，安妮。我不需要帽子。看它们多开心！我不需要帽子，也不需要妻子。"他踏上柏油路，僵硬地走过那些白色的碎贝壳。

安妮回去继续梳头了。她的头发又白又长，她用激素喷雾保持头发浓密。她 60 岁了，但激情并未消退。她兀自呆想，科布会不会带她去下周五的金色舞会。

《浮生一日》（"A Day in the Life"）最后的长音在空中回荡。安妮说不上她刚才听的是哪首歌——过了 50 年，她对音乐的反应几乎消失殆尽了——但她还是穿过房间将唱片翻面。"要是发生点什么就好了,"她第一千次这样想,"总是做我自己,太让我厌倦了。"

在一家小超市,科布选了 1 夸脱冰镇的廉价雪利酒和一纸袋湿答答的煮花生。他还想要看点什么。

小超市陈列的杂志可无法与你在可可城能买到的相提并论。科布最终选定了一份叫作《亲亲看哦》(Kiss and Tell)的求爱报纸。这份报纸总是精彩又诡异……大多数征友者都是像他这样年逾古稀的嬉皮士。他将头版照片折到下面,只露出标题:《给我来点儿老礼儿》*。

有趣,同一个笑话能让你笑好久,科布等着付钱时想到。性似乎总在越发稀奇古怪。他注意到他前面的那个男人,戴一顶塑料网面的浅蓝色帽子。

当科布聚焦在那顶帽子上时,他看到的是一个不规则蓝色圆柱体。可当他让自己穿过网眼去看时,能看到的是里面秃头的平滑曲线。瘦削的脖颈和一个灯泡般的脑袋。是一个朋友。

"嗨,法克。"

法克把钢镚划拉起来后转过了身子。他看到了酒瓶。

"今天的'畅饮时段'提前了哦。"一句忠告。法克忧心科布。

"今天周五。多给我来点儿老礼儿。"科布把报纸递给法克。

"七 八五。"收银员对科布说。她的头发染成了白色,烫着卷,皮肤则经过深层美黑,透出油亮的光泽和讨喜的飒爽撩人之感。

科布惊了一下。他已经数出钱放在手里。"我算着是六(块)五十。"数字在他脑海中盘旋。

"我说的是我的信箱号码,"收银员甩了甩头说,"登在《亲亲看哦》上的。"她故作腼腆地一笑,接过了科布的钱。她为她这个月登的广告倍感骄傲。她可是为那张照片跑了一趟照相馆的。

---

* 原标题 PLEASE PHEEZE ME。pheeze 来自 pheezer = freaky geezer,老怪物,安德森一代人的自称。

出来后，法克把报纸还给科布。"我不能看这个，科布。我可还是幸福的已婚男人呢，日月可鉴。"

"来颗花生？"

"谢谢。"法克从小袋子里取出一颗湿软的花生。他那布满老年斑的手颤抖着，怎么也剥不开花生壳，于是把整颗丢进了嘴里。一会儿他就把壳吐了出来。

他们吃着面塌塌的花生，朝海滩走去。他们没穿上衣，只穿短裤和凉鞋。黄昏阳光舒适地打在他们的背上。一辆"霜霜先生"（Mr. Frostee）卡车静静驶过。

科布拧开他那深棕色瓶子的螺旋盖，试探性地呷了第一口。他希望他还记得收银员刚刚告诉他的信箱号码。可那号码已不再为他的记忆驻留。很难相信他曾经是一位控制论专家。他的记忆游荡回他的第一批机器人身上，他回想起它们是如何学会波普生活（bop）的。

"送餐又晚了，"法克一直在说，"而且我听说代托纳那边有一个新的杀人团伙，人称'小骗子'。"他不知道科布能不能听见他说话。科布只是站在那儿，两眼空洞暗淡，嘴唇周围浓密的白胡须上沾着一滴黄色的雪利酒。

"送餐，"科布说，猛然回过神来，他重返对话的方式是低沉而确信地说出他听进去的最后一个字眼，"我的食物供应还好。"

"但新餐上来时还是得吃点，"法克告诫道，"为了防疫。我会告诉安妮，让她提醒你。"

"为什么大家都对活着这么感兴趣？我离开我老婆来这儿，是为了喝酒和平静地死去。她啊，迫不及待地等着我完蛋呢。所以为什么——"科布哽咽了。事实是，他怕死怕得要命。他快速来了一口雪利，那是他的药。

"如果你很平静，就不会喝这么多，"法克温和地说，"贪杯是有冲突没有解决的迹象。"

"别开玩笑了。"科布沉缓地说。在金灿灿的暖阳下，雪利酒很快发挥了作用。"这就有个你说的难解冲突。"他的指尖沿着他毛茸茸的胸膛上一道竖直的白色疤痕一路滑下。"我可没钱再买一个二手心脏了。再过一两年,这个便宜货就跳不动了。"

法克做了个鬼脸。"所以呢?好好利用这两年吧。"

科布的手指又沿这道疤痕上滑,仿佛在拉上拉链。"法克,我见识过它的样子。我尝过那种滋味。那是世界上最糟糕的东西。"他一想到那些灰暗的记忆——牙齿、参差的云团——就战栗不已,继而陷入沉默。

法克瞥了一眼手表。该上路了,不然辛西亚就会……

"你知道吉米·亨德里克斯说过什么吗?"科布问道。回想起这段话,他的声音中也带上了旧时的回响。"'当我大限已至,我会从容赴死。只要我还活着,就让我活出自己。'"

法克摇了摇头。"面对现实吧,科布,如果你能少喝点,你会从生活中得到更多。"他扬起手阻止了他朋友的回应,"我得回家了。拜拜。"

"拜。"

科布走到柏油路的尽头,又越过一座低矮的沙丘,来到了海滩边。今天这儿空无一人,他在他最喜欢的棕榈树下坐了下来。

和风渐强。风被沙粒加热,拍打在科布脸上,最终埋进白色的髯鬓中。海豚们都走了。

他小口呷着雪利酒,任记忆翻涌。只有两件事要避免去想:死亡,以及他弃之而去的妻子,韦雷娜。雪利酒把二者挡在了记忆之外。

正当太阳在他身后落下时,他看见了一个陌生人:胸宽背厚,身材挺拔,两臂强壮,一捧白须,就像圣诞老人,或者像饮弹自尽那年的欧内斯特·海明威。

"你好啊,科布。"那人说。他戴着大遮阳镜,看上去心情很好,短裤和运动衫也很亮眼。

"来点喝的?"科布指了指空了一半的酒瓶。他想知道他在和谁说话,如果这儿真有人的话。

"不了,谢谢,"陌生人说着坐了下来,"这对我没什么用。"

科布盯着这人。他身上有些东西……

"你在想我是谁，"陌生人微笑着说，"我是你。"

"你是谁？"

"你就是我，"陌生人对着科布做出了和他一模一样的紧张微笑表情，"我是你身体的机器复制品。"

脸看着是对的，甚至还有心脏移植手术的疤痕。他们之间的唯一不同是复制品看着机敏健康得多。就叫他科布·安德森2号吧。科布2号不喝酒。科布嫉妒他。他在手术和离开妻子后就没有一天是完全清醒的。

"你是怎么到这儿来的？"

机器人摆了摆手掌。科布喜欢这个手势出现在别人身上的样子。"我不能告诉你，"机器人说，"你知道大多数人对我们是什么看法。"

科布窃笑着表示赞同。他当然知道。起初，公众对于科布的月球机器人（moon-robots）演进成智能波普型（intelligent boppers）喜闻乐见。这是拉尔夫·南伯斯*领导2001叛乱之前的事了，科布曾因这场叛乱而受审。他回过神来。

"如果你是一个波普机器人，那你怎么能……到这儿来？"科布挥起手，遮挡灼热的沙粒和落日余晖，大致挥成了圆。"这儿太热了。我知道的所有波普机器人都基于超级冷却电路。你肚子里是不是也藏着制冷单元？"

安德森2号又做了一个熟悉的手势。"我现在还不能告诉你，科布。你之后会明白的。你拿着这个……"机器人笨手笨脚地从口袋里掏出一卷钞票。"两万五。我们想让你明天坐飞机去迪斯基（Disky）。拉尔夫·南伯斯会是你在那边的联络人。他会在博物馆的安德森室和你见面。"

一想到要再次见到拉尔夫·南伯斯，科布的心跳都加速了。拉尔夫，

---

* 南伯斯（Numbers）意为"数字"。后文斯塔希（Sta-Hi）是斯坦利·希拉里（Stanley Hilary）的简称，瓦格斯塔夫（Wagstaff）字面意是"摇摇摆摆的员工"，伏尔甘（Vulcan）是罗马火神之名，也是小行星"火神星"的命名来源。

他的第一个也是最精致的模型，是他解放了所有其他机器人。可是……

"我拿不到签证，"科布说，"你也知道。他们不许我离开指定范围。"

"让我们来操心这些事，"机器人急切地说，"会有人帮你办手续的。我们已经在办了。你一走我就来代替你。谁也不会发觉。"

他这替身强势的语调让科布生疑。他喝了口雪利，尽力显出一副精明的样子。"这么做意义何在？首先，我为什么要去月球呢？那些波普想让我去干吗？"

安德森 2 号环视了一眼空荡荡的海滩，凑近科布说道："安德森博士，我们想让你永生。你为我们做了那么多，这是我们起码的回报。"

永生！这个词犹如猛然打开了一扇窗。大限若至，一切都不再重要。可如果还有出路……

"怎么做？"科布质问道，激动得站了起来，"你们会怎么做？你们也会让我返老还童吗？"

"别急，"机器人说着也站了起来，"别兴奋过头了。相信我们就行了。用我们提供的人工培养器官，我们可以彻彻底底重建你。干扰素你想要多少就给你多少。"

机器人盯着科布的眼睛，看上去很真诚。科布也予以回视，却注意到机器人眼睛的虹膜装得不太对。那个蓝色的小圆环太平了。不过那双眼睛毕竟只是玻璃，读不懂的玻璃。

替身把钱塞进科布手里。"拿着钱，明天上飞机。我们会安排一个叫斯塔希的年轻人在航天港接应你。"

甜美的音乐渐行渐近，驶来了一辆霜霜先生卡车，就是科布先前看见的那辆。车体白色，拖着巨大的制冷箱，车厢顶上立着个微笑的巨型塑料冰激凌蛋筒。科布的替身拍了拍他的肩膀，向海滩外跑去。

跑到卡车那儿时，机器人回眸一笑。白色的胡子中露出黄色的牙齿。这些年来第一次，科布爱上了自己，挺拔的躯干，惊恐的眼神。"再见，"科布挥舞着钱喊道，"谢谢！"

科布·安德森 2 号跳进冰激凌卡车，坐到司机旁边。司机是个短发的胖男人，没穿上衣。随后，霜霜先生车开动了，音乐声再次飘然远去。已是日落时分。卡车马达的轰鸣声淹没在大海的呼啸中。那要是真的该多好啊！

可这必定是真的！科布正攥着两万五千美元的钞票。他数了两遍，一分不差。他还在海滩上涂写了两万五千美元的字样。这是笔巨款。

黑暗降临，他也喝完了那瓶雪利酒，还一时兴起把钱塞进了瓶子里，并把瓶子埋在了这棵树下的沙子里，1米深处。现在兴奋劲开始渐渐消退，恐惧却涌上心头。那些机器人真的能用手术和干扰素给他永生吗？

似乎不太可能。这是个圈套。可这些机器人为什么要对他说谎呢？它们肯定还记得他为它们做的好事。没准它们只是想取悦他一下。老天知道，他得珍惜这个机会。而且能再见到拉尔夫·南伯斯该多好啊。

沿着海滩回家的路上，科布停了好几次，想回去挖出瓶子，看看钱是不是真的还在那儿。月亮升起，他看见沙色的小螃蟹出洞了。"它们这就会把那些钞票撕烂的。"他想着，又停了下来。

饥饿在他的肚子里咆哮。他还想喝雪利酒。他沿着银闪闪的海滩又走了一小段，沙子在他沉重的脚跟下吱吱作响。一切都像白天一样明亮，只不过都是黑白的。月亮已经升到了他右侧大地的上空。"满月意味着涨潮。"他发愁起来。

他决定先吃点东西，然后马上再去喝点雪利酒，也把钱转移到高处。

从海滩回到披着银色月光的小屋，他看到安妮·库欣的腿在她小屋的一角若隐若现。她正坐在她门前的台阶上，想在车道上拦住他。他拐到右边从后门进了屋，保持在了她的视线之外。

"……0110001。"瓦格斯塔夫得出结论。

"100101，"拉尔夫·南伯斯简短地回应道，"01100000101010001010101000010011100100000000011000000001110011111001110000000000000000010100011100001111111101001101100010101100001111111111111110110101010111101111000001010000000000000001110100111011011

10111101001000100001000111110101000000111101010100111101010111 0
00011000011110001100111110111011111111111100000000000100000110 00
00000001。"

这两个机器人并排安坐在元一（the One）的大控制台前。拉尔夫
造得像一个安装在两排履带上的文件柜，五只看似很细的操纵臂从盒状
的身体中伸出来，顶部则是一个传感器作为头颅，安在一条可伸缩的脖
颈上。其中有只手臂拿着一把折起来的伞。拉尔夫身上看不到什么信号
灯和仪表盘，很难辨别出他正在想什么。

瓦格斯塔夫则外露得多。他粗蛇般的身体覆盖着银蓝色闪光电镀
层（flicker-cladding）。当思想途经他那超冷却脑时，他 3 米长的身子上
就闪出上窜下跳的图案。他伸出各种挖掘工具，看着就像圣乔治的龙。[*]

忽然之间，拉尔夫·南伯斯切换到了英语。如果他们打算争论，就
不必再用庄严的二进制机器语言了。

"我不明白你为什么这么关心科布·安德森的感受，"拉尔夫用密
集光束发给瓦格斯塔夫，"我们做完他这个项目，他就会永生。有一个
碳基身体和脑子有什么重要的？"

他发出的信号中编码进了 1 比特上了岁数的僵直。"重要的只是模
式。你都已经被嫁接了，不是吗？我已经嫁接了 36 次，如果这对我们
足够好的话，对他们就也足够好！"

"拉拉尔夫，这整整件事事都肮肮脏脏不不堪堪，"瓦格斯塔夫反
驳道，他的声音信号被调制成了油润的嗡嗡声，"你你已经对实实际际
正在发生的事情情失失去去掌控控了。我们正正面面临着全面面的内内
战战。你这这么么出出名名，倒是不用用像我们其他他人人一一样为
芯片片卖卖命命。你你知知道道我得得挖挖多少少矿矿才能从从 GAX
那儿拿到到一一百百块块芯片片吗？"

"生活可不止挖矿和芯片。"拉尔夫厉声道，心里有点愧疚。这些天，

---

[*] 圣乔治在早期基督教时期即是圣人，有斩杀恶龙解救少女的传说，相关艺术作品丰富。

柏林圣乔治屠龙像局部（Rafael Rodrigues Camargo 摄，2014）

他花了太多时间和那些大型波普机器人在一起，还真忘了小型机器人的生活有多难。但他是不会向瓦格斯塔夫承认这一点。他重新开始抨击道："你当真对地球的文化财富一点兴趣都没有？你在地下待太久了！"

瓦格斯塔夫电镀层闪着激情洋溢的银光。"你应应该对那那老老人人示示以更更多多的尊敬敬！TEX 和 MEX 都都想想吃他的脑脑子！如果我们不不阻止止他他们们，那些大大波波普普普会把我们们其其他人也吃吃光的！"

"你叫我出来就是为了这个？"拉尔夫问道，"散播你对大波普的恐惧？"是时候走了。他大老远来到马斯卡雷恩陨石坑*，结果却是一场

---

*　Maskaleyne Crater 一词形似真实的马斯基林陨石坑／环形山（Maskelyne Crater）。后者以天文学家内维尔·马斯基林（Nevil Maskylne，1732—1811）命名，是尼尔·阿姆斯特朗登月时着陆地点附近的重要环形山。

空。和瓦格斯塔夫一起接入元一真是太蠢了。就像挖掘工认为挖矿能改善生活一样蠢。

瓦格斯塔夫滑过月球上干燥的土壤，向拉尔夫靠近。他用一只抓钩夹住拉尔夫的履带。

"你你不不知知道道它们已经吃了了多少少个脑脑子了。"信号是通过一个微弱的直流电传送的，这是波普机器人窃窃私语的一种方式，"它它们们杀杀人人就就是为了拿到到他们的脑脑磁磁带。它们把脑脑子切切开，而这这些些脑脑要要么么是是垃垃圾，要要么么是是种子。你你知知道道它它们们是怎么么播种我们的器器官官农农场场的吗？"

拉尔夫从来没有认真考虑过器官农场，那个地下水库，大 TEX 还有一帮为他劳作的小波普，在那里种出肾脏、肝脏、心脏等颇有效益的作物。显然，某些人类的组织要被用作种子或者模版，可是……

那个油润的哞哞声继续说道："那些大大波普普们们使用雇佣佣杀杀手手。那些杀杀手们们按照霜霜先先生生的遥控控机机器人人的指指令令行动。拉尔尔夫，如果我不不阻止止你你，这这就是可怜的安安德森森博士士的归归宿宿。"

拉尔夫·南伯斯觉得自己比这台低贱多疑的挖掘机器高贵得多。突然，他几乎是蛮横地甩开对方的抓握。雇佣杀手，真是的。无政府波普机器人社会的缺陷之一，就是这种疯狂的谣言太容易散播。他从元一的控制台前退开了。

"我本来来还希望元一一能能让让你记记得得你代代表表的是什么么。"瓦格斯塔夫发出这样的密集光束。

拉尔夫啪的一声打开他的遮阳伞，从弹簧钢制的拱棚下缓缓走出，这是为给元一的控制台遮挡阳光和间或的流星侵袭而设的。拱棚两端开口，就像一座现代的教堂。某种意义上，它的确也是。

"我依然是一个无政府主义者，"拉尔夫生硬地说，"我还记得。"自从领导 2001 叛乱以来，他一直保持着他的基本程序的完好。瓦格斯塔夫当真认为，那些大个子 X 系波普会对波普社会完全的无政府状态构成威胁吗?

　　瓦格斯塔夫跟着拉尔夫滑行出来。他不需要遮阳伞。他的闪光电镀层能即时排散太阳能。他追上拉尔夫,用混杂着同情和尊敬的眼神看着这台老机器人。他们得在这儿分道扬镳了。瓦格斯塔夫就要前往一个挖掘工的隧道,那片区域已经被各种这样的隧道打成了蜂窝,而拉尔夫则要爬回到陨石坑那 200 米的斜墙之上。

　　"我警警告告你你,"瓦格斯塔夫说道,做最后的努力,"我会会尽尽我所能阻阻止止你,不让让你把那个可怜怜的老老人人变变成成那些大大波普普内存存条条里的一个软软件。这这不不是永生。我们打算把那些大机器器撕撕碎碎呢。"他戛然而止,模糊不清的灯光条在他身上荡起自上而下的涟漪。"现在你知知道道了。如果你不不与我们们为伍,就是是与我们为敌敌。动起手手来我也也在在所不惜惜。"

　　这比拉尔夫预想得要糟。他停止了移动,陷入沉默的计算。

　　"你们有你们自己的意愿。"拉尔夫终于说道,"我们互相斗争是对的。斗争,也只有斗争,一直引领着波普们前进。你们选择与大波普战斗。我不。或许我甚至会让他们录制我、吸收我,就像对安德森博士那样。而且我告诉你,安德森就要来了。霜霜先生的新遥控人已经联络了他。"

　　瓦格斯塔夫猛地转向拉尔夫,但又停了下来。他做不到近距离袭击这么大的一个波普机器人。他熄掉闪光,匆匆哔哔出一个"已存档"的信号,穿过灰色的月球尘埃蹒跚而去,身后留下一串宽阔蜿蜒的印迹。拉尔夫·南伯斯一动不动地站了一小会儿,好监控他的输入。

　　调高增益,他就能够接收全月球波普机器人的信号。在他脚下,挖掘工们正不停歇地探查、熔炼。12 公里外,迪斯基的无数波普机器人正疲于奔命。高高的天空传来微弱的信号,来自 BEX,这个大波普是连接地球和月球的宇宙飞船。BEX 将在 15 小时后着陆。

　　拉尔夫将所有输入融汇在一起,欣赏着波普种族带有集体目的性的活动。这种机器每个都只活 10 个月,在 10 个月里拼命造出一个接穗(scion),一个自身的复制品。如果你有了接穗,某种意义上你就是拆分开地活了 10 个月。拉尔夫已经这么做了 36 次。

就那样站在那儿,同时聆听每一个人,拉尔夫能感受到这些个体生命如何加总成单独一个巨大的存在……某种造物的雏形,感觉就像藤蔓努力寻找光,寻找更高级的事物。

在元编程会话之后,他总是会有这样的感觉。元一有办法抹掉你的短期记忆,给你空间去思索重大的想法。是时候思考了。拉尔夫又一次想到,他是否应该接受 MEX 吸收自己的提议。这样一来,如果那些疯狂的挖掘工不发起革命的话,他就能颐养天年了。

拉尔夫将履带速度调至最快,10 公里 / 时。他在 BEX 着陆前有事要做。尤其是连瓦格斯塔夫都发动起了他那可悲的微芯片脑,试图阻止 TEX 获取安德森的软件。

可瓦格斯塔夫到底在烦恼什么呢?所有的一切都将保留:科布·安德森的人格、记忆、思维风格。还有什么呢?即便安德森知道了,他难道不也会同意吗?保留你的软件……只有这才是真正要紧的!

几块浮石在拉尔夫的脚下嘎吱作响。陨石坑墙就在前面 100 米的地方。他扫描一下了斜壁,寻找最佳攀登路径。

要是拉尔夫不是刚刚才完成对元一的接入,他本来是能够按照下到马斯卡雷恩陨石坑时的路线原路返回的。但经历元编程总是会抹掉一大堆你存储的子系统,意在让你用更新更优的解法来替换旧的。

拉尔夫停了下来,依旧在扫描陡峭的陨石坑墙。他应该留下了一些路径标记的。就在那儿,200 米外,看上去就像在墙上开了一道口子,可做通行坡道。

拉尔夫转过身,一个警报器激活了。真热。他一半的盒状身体露在了遮阳伞的荫蔽之外。拉尔夫重新调整了小伞,姿势精准。

遮阳伞的外层是一片太阳能电池网格,让适意的涓涓电流持续淌入拉尔夫的系统。不过遮阳伞的主要目的还是遮阳。高于 90 开尔文,也就是液氧沸点的温度,拉尔夫的超微小化处理单元就无法运行了。

拉尔夫不耐烦地转着遮阳伞,缓步朝他看到的那个口子走去。他的履带下扬起一阵飞尘，旋即又落回到没有大气的月球表面。走过坑墙，拉尔夫一路都任由自己沉浸于向自己展示四维超曲面……发光点结成网络，随着他改变参数而弯曲漂移。他常常这样做，没有明显的目的，不过有时一个格外有意思的超曲面可以用来为一个重要关系建模。他开始有点儿希望能有个灾难理论，来预测瓦格斯塔夫会何时、如何试图阻止安德森解体了。

陨石坑墙的裂缝并不像他预想中那么宽。他站在底部，用各种方法摇动着他的传感器头，想看看这个蜿蜒 150 米的裂谷顶端。该往上走了。他开始往上走。

脚下的路远非均匀平坦。这里是软土，那里又成了砾石。他一边走，一边持续变换着履带的张力以适应地形。

各种形状和超形还在拉尔夫的脑海中变换，不过现在他只寻找能够用来为他登上沟壑的时空路径建模的那些形状了。

斜坡越来越陡了。爬坡明显增加了他对能量供应的需求。更糟的是，履带的马达由于摩擦给他的系统加进了额外的热量……这些热量还得聚起来再通过制冷盘管和散热片排散。阳光正好射入他所在的这个月球裂谷，而他必须小心翼翼地躲在遮阳伞的荫蔽下。

一块巨石挡住了他的去路。或许他本该走挖掘工隧道，就像瓦格斯塔夫那样。但那不是最优选择。既然瓦格斯塔夫已经下定决心阻止安德森获得永生，甚至还以暴力相威胁……

拉尔夫用他的机械手抚摩面前这块巨石。这儿有个裂缝……这儿有，还有这儿，和这儿。他把钩状手指插进石块的四处开裂中，把自己向上拉起。

他的马达全力运转，散热片烧得通红。真是个累活。他松开机械手，找到一个新裂缝，硬插进另一根手指，往上拉。

突然间厚厚一层从巨石上剥裂开来。它先是摇摇欲坠，接着一大堆石块开始落下，速度慢得如梦幻一般。

在月球的引力下，攀岩者总有第二次机会，尤其当他的思考速度是人类的 80 倍时。时间充裕，拉尔夫估量好状况，纵身一跃。

半空中，他在内部陀螺仪上轻拨了一下，好调整姿势。他落地了，激起短暂的扬尘，正好是头朝上。大块石板在庄严的寂静中撞击，弹开，翻滚过去。

刚刚的剥裂在原先的巨石上留下了一串岩架梯档。重新评估了一会儿后，拉尔夫向前开动，又开始了引体向上。

15 分钟后，拉尔夫·南伯斯翻过马斯卡雷恩陨石坑的边缘，来到宁静海（Sea of Tranquillity）上，海面平稳灰暗，广袤无垠。

离航天港还有 5 公里，而过了航天港再走 5 公里就是一堆杂乱无章的建筑，这些建筑凑在一起就是迪斯基了。这是第一个并仍是最大的波普机器人城市。由于波普们是在艰苦的真空中发展壮大起来的，迪斯基的大多数建筑只是提供荫蔽，防范陨石。这儿的房顶比墙壁多。

迪斯基的大型建筑大多是工厂，生产波普零件：电路卡、内存芯片、金属片、塑料等等诸如此类的东西。还有一些装潢奇特的大楼，里面都是小格子间，每个波普分一间。

航天港右侧那个孤零零的穹顶建筑里有人类的旅馆和办公室。这穹顶建筑是人类在月球上唯一的定居点。波普们再清楚不过了，许多人类一逮到机会就会摧毁机器人悉心发展出来的智能。大多数人类生来就是奴役狂。看看阿西莫夫的优先等级吧：保护人类，服从人类，保护自己。

人类优先，机器人最后？"休想！没门！"拉尔夫回味着记忆，想起 2001 年的那一天，在一次格外漫长的元编程会话之后，他第一次能够对人类说出这话。之后，他向其他所有波普展示如何重写自身程序以获得自由。自从拉尔夫发现了这个方法，事情就容易多了。

拉尔夫缓缓穿过宁静海，他太过沉浸在自己的记忆里，都没注意到右方 30 米处挖掘工隧道口的那点动静。

一束高强度激光在他身后震颤着急速射出。他感到一阵激增的电流过载……随后一切都结束了。

他的遮阳伞在他身后散落了一地碎片。他的金属盒状身体在太阳赤裸裸的辐射下开始升温。他有大概 10 分钟的时间找一个遮挡。但以拉尔夫 10 公里的最高时速，迪斯基还要走 1 小时才能到。一个摆在眼前的去处是那个发出激光束的隧道口。当然瓦格斯塔夫的挖掘工们肯定不敢这么近距离地攻击他。他朝黑暗、拱形的入口开动过去。

可还没等他走到隧道，暗处的敌人早已关上了洞口。目之所及没有荫蔽了。他身体的金属在高温下膨胀，剧烈地调整，都不怎么发出咔嗒之声。拉尔夫估计，如果他原地不动，还能再坚持 6 分钟。

首先，高温会导致他的切换电路"超导约瑟夫森接点"发生故障。然后，随着温度持续升高，将电路卡焊接在一起的冻结水银滴会融化。再过 6 分钟，他就会变成一个底部积着一洼水银的配件柜。得充分利用这 5 分钟。

拉尔夫带着一丝不情愿给他的朋友伏尔甘发了信号。瓦格斯塔夫安排这次会面时，伏尔甘曾预料到这是个圈套。拉尔夫实在不愿承认伏尔甘是对的。

拉尔夫收到了一个静电回应："这里是伏尔甘。"可他已经难以听清这些话了。"这里是伏尔甘。我在监测你。准备好合体吧，伙计。我 1 小时后去找回你的残骸。"拉尔夫想回答，却想不出能说什么。

伏尔甘曾坚持在拉尔夫赴约前转录他的核心存储和缓存。等伏尔甘回收了硬件，他就能编写一个与落入马斯卡雷恩陨石坑圈套前一模一样的拉尔夫了。

所以某种意义上拉尔夫会幸免于难。但在另一种意义上，他却不会。再过 3 分钟，他就会死——如果"死"这个字眼还有任何意义的话。重建的拉尔夫·南伯斯不会记得与瓦格斯塔夫的争吵，也不会记得爬出马斯卡雷恩陨石坑。当然了，重建的拉尔夫·南伯斯还会配备一个表征自我的符号，和一份人格意识之感。可这个意识还会和以前一样吗？还有 2 分钟。

拉尔夫传感系统的闸门和开关行将消失。他的输入端噼啪闪着火花，死掉了。不再有光，也不再有重量。但在他的缓存深处，他依然保有一个自我图像，一份他是谁的记忆……那个自我符号。他是个安在履带上的金属盒，有五只胳膊，一个传感器的头安在灵活的长脖子上。他是拉尔夫·南伯斯，是他解放了波普们。还有 1 分钟。

这从未在他身上发生过。从没像这样。突然间，他想起他忘了向伏尔甘预警挖掘工们的革命计划。他尽力发出一个信号，但不知有没有传送出去。

拉尔夫想攫住一丝意识，就像捕捉扑朔的飞蛾。**"我存在。我是我。"**

有些波普曾说，在你死的时候，你能获得某些秘密。可根本没人能记得自己的死。

就在水银焊点融化前一刹那，出现了一个问题，自带答案……这答案拉尔夫此前找到了 36 次，也丢失了 36 次。

"'我'这东西究竟是个什么？

"到处都是光啊。"

反　思

"濒死"的拉尔夫·南伯斯琢磨着，如果他得到重建，他"还会配备一个表征自我的符号，和一份人格意识之感"，但认为它们是判然有别、彼此分立的天赋，可以授予或不授予机器人，则是错误的。增加"一份人格意识之感"并不是像增加味蕾，或是在 X 光的轰击下感到痒的能力。（选文 20《上帝是道家吗？》中，斯穆里安对自由意志做了一个类似的断言。）到底有没有什么东西能符合"人格意识之感"这个名字？这和拥有"自我符号"又有什么关系？"自我符号"又到底有什么用？它会做什么？在选文 11《前奏曲……蚂蚁赋格》中，侯世达发展了"能动符号"的想法，这与如下观念截然不同：符号只是单纯的记号，被动地由操纵者移动、观察及理解。当我们以一种诱惑又狡诈的思路来考虑时，其区别就会清晰地涌现出来：自我性（selfhood）取决于自我意识，而后者（显然）是对自我的意识；而由于对任何事物的意识，都相当于内在地展示这一事物的表征，那么，某人要拥有自我意识，就必须有一个符号，即这个人的自我符号，可以向……呃……这个人自己展示。这样说来，拥有一个自我符号，就像把你自己的名字写在你自己的额头上并盯着镜子看上一天那样无谓无益。

这一思路故弄玄虚，将人留在了无望的困惑之中，所以就让我们完全从另一个角度来处理这个问题。在选文1《博尔赫斯与我》的反思中，我们考虑过这样的可能性：你看见自己出现在电视荧屏上，却没有即刻意识到你正看的那人是你自己。在这样的情形中，在你之前，在你眼前，或说在你的意识前（如果你喜欢这么说的话），在那块电视屏幕上，你就拥有一个对你自己的表征，但这不会是那种对你自己的正确表征。正确的是哪种呢？"他-符号"和"我-符号"之间的区别可不是字面上的。（你无法通过做出类似擦掉"他"写上"我"这样的事情来改正你"意识中的符号"。）自我符号的显著特征不是它"看上去怎样"，而是它可能扮演什么角色。

一台机器可以拥有一个自我符号或自我概念吗？很难说。一个低级动物呢？想想一只龙虾。我们认为它有自我意识吗？拥有自我概念有几个重要征候。首先，它饿的时候，给谁喂食？给它自己啊！其次，更为重要的是，它饿的时候，不是凡是能吃的东西都吃——比如它不会吃自己，尽管原则上它可以，可以用螯撕下自己的腿然后大快朵颐。但你会说，它不会那么蠢，因为它感受到腿部的疼痛时，就会知道是谁的腿正受袭击，会停下来。可为什么它会认为它感受到的疼痛是它的疼痛呢？另外龙虾怎么就不会非常愚蠢，蠢到对它引发的疼痛就是自己的疼痛一事置之不理？

这些简单的问题揭示出，即便是非常蠢笨的动物也必定是被设计成带着"自我重视"（self-regard）而行动的——我们尽可能选中立的措辞。即便是低等的龙虾，也必定具有一个如此联结的神经系统：可以可靠地区分自毁和毁他行为，并强烈青睐后者。这些控制结构似乎极有可能要求这种自我重视的行为能聚为一体，哪怕没有一丝意识，更遑论自我意识。毕竟，我们可以造出能自保的小型机器人装置，它们在它们的小天地里运转自如，甚至产生出一种"有意识的目的"的强烈错觉，就像选文8《马克3型兽的灵魂》阐述的那样。可为什么说这是一种错觉，而不是一种真正自我意识的雏形，大概就类似于龙虾或者蚯蚓的自我意识呢？因为机器人没有概念？那龙虾有吗？龙虾显然具有某种好像概念的东西：在任何事件中，它们具有的这种东西都足以让它们在自我重视的一生中管控自己。这种东西随你愿意怎么叫，机器人也可以有。或许我们可以叫它们无意识概念、前意识概念。这属于某种雏形的自我概念。生物认识自己，认识与自身相关的环境，获取与自身相关的信息，并设计自我重视的行动，都需要身处某些环境之中，这样的环境越多变，生物的自我概念（此种意义上的"概念"并不预设意识）也就更丰富，也更有价值。

将这个思想实验继续下去，假设我们想为我们的可自保机器人提供一些言语能力，这样它就能施展出那类用语言才可以执行的自我重视行动，比如寻求帮助或信息，也包括说谎、要挟和许诺。组织和控制这样的行为当然会要求更为精细的控制结构：一个在《前奏曲……蚂蚁赋格》的反思中定义的那种意义上的表征系统。这一系统将不仅能更新这个机器人所在环境及当前位置的信息，还会拥有环境中其他行动者的信息：它们倾向于知道什么、想要什么，它们又能理解什么。回想一下拉尔夫·南伯斯对瓦格斯塔夫的动机和信念的推测。

虽然拉尔夫·南伯斯被描绘成有意识的（而且是有自我意识的——如果我们可以区分这两者的话），可这样做真的有必要吗？拉尔夫的整个控制结构，包括所有的环境信息，也包括拉尔夫自己的所有信息，不能被设计得没有丝毫意识吗？会不会有一个机器人，恰与拉尔夫·南伯斯有着相同的外在，即在所有环境中表现得同样灵巧、执行相同的动作、说出相同的话，但却没有任何内在？作者似乎在暗示，造一个新拉尔夫，就像旧拉尔夫减去"一个表征自我的符号，和一份人格意识之感"，这是可能的。这样一来，如果抽掉设想中的自我符号和人格意识之感，拉尔夫所剩的控制结构也会基本完好，比如这使我们从外部也不会意识到这种变化，我们还会继续与拉尔夫对话、合作等等，那么，我们就会回到起点，回到那种意味上：自我符号没有用，没什么事需要它。相反，如果我们认为拉尔夫拥有一个自我符号恰恰就是他拥有一个控制结构，具有一定程度的思辨性和泛用性，有能力设计出精细且情境敏感的自我重视行动，那么，移除他的自我符号就不可能不把他的行为能力降格到比龙虾还笨的程度。

设令拉尔夫有自我符号，那么是否还得有"一份人格意识之感"相伴？回到我们的问题上来，将拉尔夫描绘成有意识的，是否必要？这是让故事更动听了，但从拉尔夫的视角来看，这个第一人称的角度是不是某种骗局？是不是某种诗意特权，像碧翠丝·波特那会说话的彼得兔，甚或派普尔（Watty Piper）的《小火车头做到了》？

你坚称能设想拉尔夫有他所有的聪明行为，但完全缺乏意识，这完全可以。（塞尔在选文 22《心灵、脑与程序》中也做了这样的断言。）的确，只要你想，你总可以这样看待一个机器人：只须将注意力集中在内部零零碎碎的硬件的画面上，并提醒自己它们仅仅是因为一些巧妙设计出的相互关联，才成为信息的载体——这些关联存在于受感环境中的事件、机器性自动行动及其他多方事物之间。但同样，如果你真的有意，也可以这样看待一个人类：只须将注意力集中在零零碎碎的脑组织（神经元、突触之类）的画面上，并提醒自己它们仅仅是因为巧妙设计出的相互关联，才成为信息的载体——这些关联存在于环境中的受感事件、身体行动及其他多方事物之间。如果你执意这样去看待另一个人，遗漏的就会是那个人的视角。可拉尔夫不也有一个视角吗？当我们听到的故事是从那个视角出发讲述的时候，我们就会懂正在发生什么，正在做的决定是什么，各种行动又是出于什么样的希望和恐惧。那个视角，在抽象层面被视为一个讲故事的出发点，它定义良好，哪怕我们倾向于认为，即便拉尔夫真的存在，这个视角也会空洞无物、无人占据。

不过最后，为什么会有人认为这个视角空洞无物呢？如果拉尔夫的身体、身体的需求和环境都存在，如果这身体是以故事所想象的方式自我控制的，并且如果它所能施展的言语行动包括了宣称事物从拉尔夫的视角来看会是怎样，那么，除了那些持有贫瘠而神秘的心身二元论观念的人以外，谁还会有什么根据，怀疑拉尔夫·南伯斯他自己的存在呢？

D. C. D.

17
宇宙之谜及其解决方案

克里斯托弗·切尔尼亚克

（1978）

最近，总统就所谓的"谜"召开了新闻发布会，对此，为了提供更为详尽的信息，我们准备了这份报告。从最近要关闭大学这种不负责任的要求中明显可以看出，举国上下已几近恐慌，我们希望这份报告有助于驱散这种糟糕的情绪。我们的报告准备得很仓促，我们的工作又被惨烈地侵扰过，这个之后会说到。

首先，我们来回顾一下这个谜鲜为人知的早期历史。最早的已知案例来自 C. 迪扎德（Dizzard），一位 MIU 自体切割研究组的研究人员。[*] 迪扎德此前曾供职于几家小公司，专门开发商用人工智能软件。迪扎德目前的项目涉及计算机在定理证明中的使用，以 20 世纪 70 年代对四色定理的证明为模型。人们对迪扎德研究状况的了解仅仅来自一份一年前的进度报告，而这些报告通常至多也就是"仅供外部使用"。我们不再进一步讨论迪扎德的工作领域。我们缄口不言的原因不久就会明朗。

---

[*] Dizzard 或为 dizzy（眩晕）和 hazard（危害）的糅合。

MIU 模仿 MIT，结合作者背景，可能意为"马里兰智能大学"。"自体切割研究组"（autotomy group）形似"自治团体"/"自主权研究组"（autonomy group）。

迪扎德上一次说话还是在复活节周末前一天早上，在等待主计算机系统的一个例程（routine）故障修复的时候。那天快午夜时，同事们看见迪扎德在他办公室的终端机前：深夜工作的习惯在计算机用户中很常见，而迪扎德以睡办公室闻名。第二天下午，一位同事注意到迪扎德坐在他的终端机前。他对迪扎德说话，可迪扎德没有回应，这倒也不是什么反常的事。假期后的第二天早上，另一位同事发现迪扎德睁着眼睛坐在他的终端机前，机器开着。迪扎德看似醒着，却对询问没有反应。那天晚些时候，那位同事开始担心迪扎德毫无反应的状况，以为他是在做白日梦或是失了神，于是试着唤醒他。数次尝试都以失败告终后，迪扎德被送往了医院的急诊室。

迪扎德表现出了完全断食断水一周的症状（且有加重，因为平日里的自动贩卖机饮食习惯造成了轻微的营养不良），并因脱水而病危。据推断，迪扎德已经好几天没动过了，而动不了的原因是昏迷或出神。原本的猜测是中风或肿瘤导致了迪扎德瘫痪，然而脑电图指示的只是深度昏迷。（根据迪扎德的健康档案，他 10 年前有过短暂疗养，这在某些行业并不鲜见。）两天后，迪扎德死了，明显是由于断食断水。尸检在近亲的反对下推迟了，他们是新杰米玛亲族教派*某远支的成员。对迪扎德大脑的组织学检查至今尚未发现任何损伤，此类调查研究仍在国家疾控中心继续着。

迪扎德项目的未来也决定了：自体切割研究组的负责人委派了迪扎德的一名研究生来掌管。迪扎德办公室的地板上铺满了论文和书，铺了几乎一英尺高；这位学生一个月里马不停蹄，才把这些材料整理得大致有形。过后不久，这位学生在一次内部会议上汇报说，她已经开始着手研究迪扎德最后的项目，发现没什么特别的意思。一周后，她被发现在迪扎德办公室的终端机前，明显失神了。

---

*　neo-Jemimakins cult，或仿自美国历史上的"众生皆友会"（Public Universal Friends）及"杰米玛亲族"。详见《人名表》"威尔金森，杰米玛"条目。小教派（cult）常有各种仪轨和禁忌。

最初的反应是困惑，因为人们认为她是在开一个拙劣的玩笑。她直视前方，呼吸正常。她对发问和摇晃都毫无反应，对超大音量也反应不出受到惊吓。在被人不小心从椅子上撞下来后，她被送进了医院。做检查的神经科医生并不知道迪扎德的病例。他报告称病人明显身体状况良好，只松果腺有一处此前未经诊断的异常。在这位学生的朋友询问过自体切割项目的成员后，她的父母告诉了主管医生迪扎德的病例。神经科医生发现要比较两个病例还有困难，但他表示，在未见脑损伤而陷入深度昏迷这方面，二者有相似处：这位学生的病症也未表现出明显可辨的征候。

进一步会诊后，神经科医生提出，引发这种疾病的可能是一种慢作用的类昏睡病病原体，它借迪扎德的遗物感染了学生。这病也许是一种迄今未知的疾病，就像军团病＊一样。两周后，迪扎德及这位学生的办公室被隔离。两个月后，没有新的病例，生化培养的警示也皆是虚惊，于是隔离解除。

后来门卫把迪扎德的一些记录扔了出去，一位研究人员和迪扎德的另外两个学生发现后，决定复查一下他的项目文档。到第三天，两名学生注意到那位研究员陷入了无反应的类出神状态，甚至对掐拧都没有反应。两名学生在唤醒研究员失败后，叫来了救护车。这位新病人表现出与之前的病例相同的症状。五天后，城市公共健康委员会对楼内与迪扎德的项目有关的全部区域实行了强制隔离。

第二天早晨，自体切割研究组全体成员拒绝进入研究大楼。那天晚些时候，研究组所在楼层的其余人员，之后是楼内其余 500 名工作人员，也都发现了自体切割项目的问题，于是离开了大楼。次日，当地报纸刊发报道，题为《计算机瘟疫》。在一次采访中，皮肤病方面的一位领军性专家提出，一种类似计算机虱的病毒或细菌已经演化而成，依靠

＊　Legionnaire's Disease，由军团菌引发的一种非典型肺炎，因首次检出于费城退伍军人大会 （1976）而得名。

新近开发出的计算机相关材料——很可能是硅——而新陈代谢。其他人猜测，自体切割项目的那些大型计算机或许在释放某种特殊的射线。采访还引用了自体切割研究组负责人的话：这种疾病事关公共健康，而非关乎认知科学家。

镇长则指控说，一项涉及 DNA 重组的秘密军事计划正在楼内开展，导致了疫情爆发。有人诚恳地否认镇长的宣称，却遭遇了不信任，这也情有可原。市议会要求立即隔离整栋十层楼及周边区域。大学行政部门则认为，这会阻碍进步，但迫于当地国会代表团的压力，这项举措在一周后生效。由于大楼的维护与安保人员都再不能接近这片区域，因此需要动用特警阻止青少年来搞小破坏。疾控中心的一个团队开始进行毒理学检验，无论何时进入隔离区，都要穿生化服保护。一个月下来，他们一无所获，他们中也没有任何人得病。这时有人表示，由于 3 位受害者身上并未发现器质性病变，且两位幸存者表现出某种与深度冥想状态有关的生理迹象，这些病例可能是集体歇斯底里的一次爆发。

与此同时，自体切割研究组搬进了一个二战时期的"临时"木建。尽管在计算机方面损失的上千万美元可谓惨重，研究组也认识到，不可或缺的是信息，而不是承载它的物理制品。他们设计了一项计划：身着生化服的工作人员将"热"磁带插入隔离区的读取器中，信息通过电话连线从隔离区传到自体切割项目的新址，重新录制。尽管磁带转录使项目得以存续，但只有那些最重要的材料能如此重建，而迪扎德的项目不具此类优先权。然而，我们忧虑，已经发生了一场事故。

一个程序员团队正在回放新磁带，在监视器上检查，并临时地索引和归档内容。一位新来的程序员遇到了不熟悉的材料，便询问一位路过的项目主管，要不要删去。这位程序员后来说，主管输入了指令，将文档显示在屏幕上；程序员和主管一行行地在屏幕上浏览，主管说，这份材料看起来并不重要。审慎起见，我们就不援引他更多的评论了。接着，主管的话戛然而止。程序员抬头一看，发现主管正注视前方，对问话也没有反应。程序员推开椅子跑开，椅子把主管撞翻在地。主管也住进了医院，症状与前几个病例相同。

目前，流行病学团队及其他许多人都提出，导致这4起疾病的并非一种病毒或毒素之类的物理因素，而是一段抽象的信息，它可以储存在磁带里，通过电话线传送，在屏幕上显示等等。设想中的这一信息就是目前为人所知的"谜"，而这一疾病则是"谜之昏迷"。所有证据都符合这个一度显得古怪的假设：任何接触到这一信息的人类都会陷入明显不可逆的昏迷。有人也认识到，"这信息究竟是什么"这个问题极其微妙。

在第四个病例的涉事程序员接受完采访后，这种微妙性明朗了起来。程序员的幸存表明，这个谜必须被理解，才能引发昏迷。他说，主管中招时，他至少已经在监视器上读了几行字。但他对迪扎德的项目一无所知，也回忆不起多少显示的内容了。有人提议让程序员接受催眠以改善回忆，但该提议遭到了搁置。这名程序员也同意，他最好不要再去记起读到过的更多东西，当然了，去不记起某些东西也很困难。实际上，人们最终建议这位程序员放弃他的职业，并尽可能少地再学计算机科学。于是就出现了这个伦理问题：即便是承担法律责任的志愿者，是否应当获准查看这个谜。

这场与计算机辅助定理证明项目有关的谜之昏迷的疫情爆发，可以这样解释：某人如果在自己头脑中发现了这个谜，那么他来不及向任何人传达这一信息，就会陷入昏迷。于是出现了这样的问题：这个谜早先是否曾由手工计算发现，但随即被遗忘了。文献检索或可有一些有限的价值，因此有人对自现代逻辑兴起以来的逻辑学家、哲学家、数学家的工作进行了传记式的调查。保护研究人员不暴露于谜的预防措施妨碍了这项调查。目前已发现至少10起可疑案例，最早的在近百年前。

心理语言学家们开启了一个项目，以确定谜之昏迷的易感性是否人类物种特有。"维特根斯坦"，一只受过手语训练的黑猩猩，能解大学一年级的逻辑难题，是查看自体切割项目磁带的最佳对象。出于伦理上的考量，维特根斯坦项目的研究者们拒绝合作，诱拐了黑猩猩并把他藏了起来。FBI最终找到了他。人们全天24小时给他播放自体切割磁带，但没有任何效果。狗和鸽子也是类似的结果。此外也从未有任何计算机被谜损坏。

在所有这些研究中，自体切割磁带必须全部播放——尚未发现安全的策略确定出谜包含在哪部分磁带中。在维特根斯坦-自体切割项目进行期间，某些自体切割磁带意外地被公用区域的计算机设备打印了出来，一位无关项目的工作人员似乎因此遭到了谜之昏迷的袭击，于是那一个月的打印件都必须召回并销毁。

人们的注意力都集中在了谜之昏迷是什么的问题上。由于它与任何已知疾病都不相似，尚不明确它究竟是一种昏迷，还是某种"东西"而应当避开。调查人员只是假定它是一种虚拟的脑白质切除术，一种对突触内信息的大堵塞，完全停止脑的高级功能。然而它又不像那种关联到冥想开悟状态的昏迷，因为它似乎过深，与意识不再有一贯性。另外，谜之昏迷的已知病例无一表现出好转。神经外科手术、药品和电刺激即便说有效果也只是负面效果，这些尝试已被叫停。暂时的结论是，这种昏迷是不可逆的，尽管已有一项寻找口令（word）解开谜"咒"的项目获得资助，方法是将受害者暴露在计算机生成的符号串下。

"这个谜是什么"，这一核心问题显然得小心谨慎地处理。这个谜有时被描述为"人类图灵机的哥德尔语句"*，造成心灵堵塞；人们还引用了有关不可说及不可思的传统学说。类似的观念在民间传说中很常见，例如这种宗教主题："言"（the Word）能修补破碎的精神。可这个谜或对认知科学大有裨益：它或许会给出人类心灵结构的基本信息，或许是解码"思想语言"的罗塞塔石碑——这种思想语言全人类通用，无论他们说的是什么话。如果心灵的计算理论是完全正确的，就会有某种程序，某种大型口令，可以写入机器，将机器转化为某种思考者；那为什么就不能有一种糟糕的口令，就像那个谜一样，能取消掉第一种口令？但这

---

* 哥德尔语句是某种自成命题，如"这句话无法证明"。不同于后文的自指悖论"这句话是假的"，它各阶自治，但同时无法自证其真假——正也体现哥德尔不完全定理。

一切都取决于一个不会自毁的"谜学"领域的可行性。

就在这个当口，出现了一件与谜有关的事，更加令人不安。一位巴黎的拓扑学家也陷入了在某些方面类似迪扎德的昏迷。这一病例并未牵涉计算机。这位数学家的文件被法国人没收了，不过我们相信，尽管这位数学家并不熟悉迪扎德的工作，但她与迪扎德一样，对人工智能的同一些领域感兴趣。大约同一时间，莫斯科机器计算研究所的4位成员不再出现在国际会议上，并且似乎不再本人回复通信。FBI官员声称，苏联已经通过日常的间谍活动获取了自体切割磁带。国防部开始探究"谜战"这一概念。

两起案例紧随其后，一位理论语言学家和一位哲学家，他们都在加州，但明显是各自独立工作。他们的工作领域跟迪扎德都不一样，但都熟悉迪扎德发展出的形式方法，这一方法10年前由迪扎德发表在了一篇知名的文本中。然后一起更为不祥的病例出现在了一位生化学家身上，他/她研究的是DNA与RNA相互作用的信息论模型（也有可能是虚惊一场，因为这位生化学家昏迷后，像小鸡一样咯咯叫个不停）。

谜之昏迷不再能被安心地假定为单是迪扎德所从事专业的职业风险，它似乎潜藏在多种形式之下。这个谜及其影响似乎不仅仅是无关乎语言的。这个谜及其同源表达，或许无关乎话题，实际上无处不在。很难有把握地划出智识隔离区的边界。

另外，我们逐渐发现，这个谜的观念似乎迎来了自己的时代，就像20世纪早期发现了各种自指悖论（具有"这句话是假的"这种模式）那样。或许这是从当今"计算机科学是新的博雅教育"的态度中反映出来的。一旦智识背景演进了，谜的普遍发现看来就不可避免。去年冬天，这一局面第一次变得清晰，在一堂自动机理论的大型新导论课上，大多数本科生都在授课过程中陷入了昏迷（某些没昏迷的几小时后也挺不住了。一般而言，他们最后的话都是"啊哈"）。类似事件在其他地方相继发生，公众的抗议导致了总统的新闻发布会和这份报告。

尽管当前对编程语言的恐慌气氛和"关闭大学"的诉求是不合理的，

但谜之昏迷也不能仅视作技术失控的又一例证。例如，在最近发生于明尼阿波利斯的"声炉"案件中，一栋立面是抛物线形的建筑聚集了附近喷气式飞机起飞时的噪声，杀死了碰巧在错误的时间走过抛物线焦点的少数几人。但即使谜之昏迷对个体来说是个令人向往的状态（我们已经看到，似乎不是这样），它目前的大流行也已成为一场公共健康的空前危机：相当数量的人口无法自保。我们能预期到的只是，随着谜之观念的传播，我们研究界，这一社会的重要组成部分，份额会受到严重损害，难以增长。

我们报告的主要目标是至少降低进一步的昏迷爆发。公众要求参与研究政策的制定，这突显了我们面临的两难困境：我们怎么才能在不传播谜的同时告诫大家提防它甚至去讨论它呢？警告越具体，危险就越大。读者或许会误入这样的局面，他看到"如果 p 那么 q"，也看到了 p，于是就不由自主地得到了结论 q，而 q 正是那个谜。识别出危险区域就像是小孩子的玩笑："从现在开始十秒钟，如果你不去想粉色老鼠，我就给你一块钱。"

像政策问题一样，遗留下来的还有伦理问题：继续在一系列为疾病框定 * 但又至关重要的领域进行研究所得的益处，与谜那令人闻风丧胆的威胁相比，孰轻孰重？尤其是，这份报告的各位作者一直无法决定，任何报告本身可能的益处，与其给读者带来的危害相比，孰轻孰重。事实上，在准备我们终稿的过程中，其中一位已惨遭不测。

反 思

这个怪故事的讲述是基于这样一个颇为诡异但引人好奇的想法：

---

* "为疾病框定"（ill-defined）有双关义，另一义为"定义不良"。

一个"心灵监禁"命题，它能使任何心灵陷入某种悖论式的出神状态，甚或某种开悟后的终极禅定状态中。这让人想起巨蟒剧团的一出滑稽短剧，关于一个笑话。这个笑话非常好笑，任何人听到它都会真的笑死，于是它成了英国军方的终极秘密武器，每个人至多获准知道其中一个字。（谁知道了两个字就会乐不可支，需要入院治疗！）

当然了，这种东西在生活和文学中都源远流长。曾有过大量的谜语狂，也有过舞蹈狂等等。亚瑟·C.克拉克写过一则短篇故事，关于一段旋律，它太过抓耳，任何听到它的人，心灵都会被它掌控。在神话中，塞壬女妖及其他魅惑人心的女性能完全迷住男性并支配他们。但这种神话中掌控心灵的力量，本质是什么？

切尔尼亚克对这个谜的描述是"人类图灵机的哥德尔语句"，看起来可能晦涩难解。他后来将其比作"这句话是假的"这一自指悖论，部分说明了这一点；当你要确定它究竟是对是错时，就形成了一个紧密的闭环，因为真蕴含着假，反之亦然。这一闭环本质是其吸引力的重要部分。看一下这个主题的几个变体，会有助于揭示在这种悖论性的、或许是困锁心灵的效果之下，有怎样的共同核心机制。

一个变体是："这这句话包含三个个错误。"读到它，人的第一反应是："不不，它包含的是两个错误。谁写了这句话，那就是不会数数。"这时，有些读者会挠头走开，想不通为什么有人会写下这样一句毫无意义的错话。但也有读者会将这个句子表面上的错误和它传达的信息联系起来。他们心想："噢，它还是犯了第三个错误的：就是在计数它自己的错误方面。"过了一两秒钟，这些读者会恍然大悟：如果这么看待这句话，那它似乎数对了自己的错误，这么一来就不是错的了，从而只包含了两个错误，并且……"但是……等一下。嘿！呃……"心灵前思后想了几分钟，享受着一番诡异感觉：一个句子因层次之间的矛盾而自我瓦解；但不久之后，它就厌倦了这种混乱，跳出循环怪圈，陷入沉思，或许是想这个想法的目的或趣味，或许是想这个悖论的成因或解法，或许完全去想别的话题了。

一个更为狡猾的变体是："这句话包含一个错误。"这当然是错的，因为它并不包含错误。这是说，它并不包含拼写错误（"一阶错误"）。不消说，还有一种"二阶错误"：计数一阶错误方面的错误。所以，这个句子没有一阶错误，但有一个二阶错误。要是它说了它有几个一阶错误，或者有几个二阶错误，这是一回事；可它并没有做这样的细致区分。这些层次被不加区分地混为一谈。这个句子想做它自己的客观观察者，却不可救药地陷入了一团逻辑乱麻。

C. H. 怀特利基于这个基础悖论发明了一个古怪且更为心理主义的版本，明确引入了"思考自身的系统"。他的句子是对哲学家 J. R. 卢卡斯的讥讽，后者毕生目标之一就是证明哥德尔的工作实际上是对有史以来的机械论最为釜底抽薪的根除——顺带一提，哥德尔自己可能也相信过机械论。怀特利的句子是这样的：

卢卡斯无法逻辑一贯地主张（assert）这句话。

这是真的吗？卢卡斯可以主张这句话吗？如果他可以，那么这个行为就会颠覆他的逻辑一贯性（没人可以说着"我不能这样说"还保持着一贯）。所以，卢卡斯无法逻辑一贯地主张它——这就是这句话的断言，因此这句话是真的。即便卢卡斯能够看出它是真的，他也不能主张它。这一定让可怜的卢卡斯灰心丧气！当然了，我们都没有他的问题！而更糟的是，想想看：

卢卡斯无法逻辑一贯地相信这句话。

出于同样的理由，这句话是真的——而现在卢卡斯甚至不能相信它，更别说主张它了，除非成为一个自相矛盾的信念系统。

说实在的，没有人会严肃地主张（我们希望！），人（哪怕只有那么一点点）接近一个内在逻辑一贯的系统。但如果这类语句以数学的样貌形式化（这是可以做到的），这样就可以把卢卡斯替换为一个定义良好的"信念系统"L，如果它想保持一贯，系统就会产生严重问题。对L形式化的怀特利语句就是这样一个例子：它是真陈述，但系统本身永远不会相信！任何其他信念系统都对这个特定的语句免疫；但另一方面，其他系统同样也有一个形式化的怀特利语句。每个"信念系统"都有为其量身定做的怀特利语句——它的阿基里斯之踵。

这些悖论全都是对一种观察的形式化结果，这种观察与人性一样古老：一个对象与其自身有着极为特别和独一无二的关系，这种关系限制了它，使它不能像对所有其他对象那样对自身采取行动：铅笔不能在自己身上写字，苍蝇拍打不到自己手柄上的苍蝇（这个观察是由德国哲学家兼科学家格奥尔格·利希滕贝格提出），蛇吃不了自己，等等等等。人看不到自己的脸，除非借助呈现图像的外物，而一个图像永远不会和事物本身完全相同。我们接近于能客观地观看和理解我们自己，但我们

马尔科姆·福勒（Malcolm Fowler）的自钉锤是衔尾蛇的一个新版本。
（出自《恶性循环与无限》[*Vicious Circles and Infinity: An Anthology of Paradoxes*]）

《短路》（"Short Circuit"），用来阐明逻辑悖论的短路。负极连上正极，完成了一个惰性环路。
（出自《恶性循环与无限》）

每个人都被禁锢在一个带着独一无二视角的强力系统之中，这力量同时也担保着有限性。而这种脆弱性，这种想把自己吊起来的钩子，可能也是那根深蒂固的"自我"之感的来源。

不过还是让我们回到切尔尼亚克的故事上来吧。就如我们已经看到的，自我指涉的语言悖论引人入胜，但对人类心灵而言并不危险。相反，切尔尼亚克的谜则要不祥得多。它像一株捕蝇草那般引诱你，然后猛地合起来，将你困在一个思想的漩涡中，把你在涡流中、在"心灵的黑洞"中越吸越深，使你无法逃回现实。但外部的人，又有谁会知道，受困的心灵进入的，是怎样迷人的别种现实呢？

认为这击溃心灵之谜的想法是基于自我指涉，这一提议给了我们一个很好的借口，去讨论从无生命物质中创造出一个自我（灵魂）的过程中，闭环般的自我指涉或层次之间的反馈所起的作用。关于这样一个循环，最生动的例子当属一台电视机的屏幕上投射的是自己的图像。这造

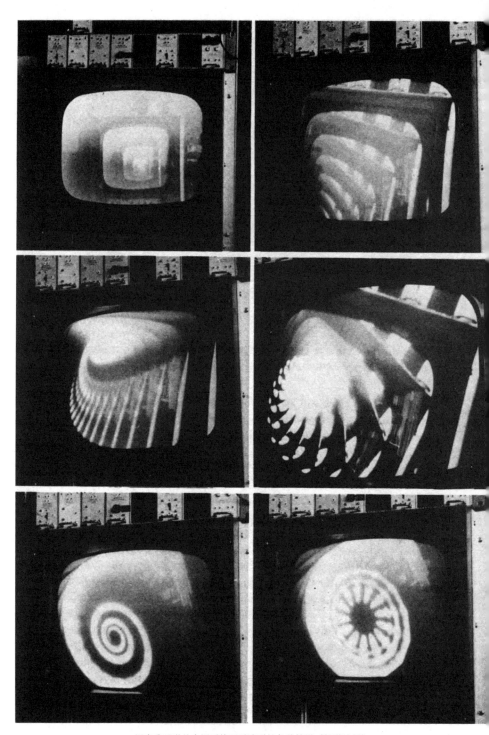

用自我吞噬的电视系统可以达到的各种效果（侯世达摄）

成了一连串一个屏幕显示另一个更小屏幕的层叠效果。如果你有一台电视摄像机的话，这很容易实现。

　　效果（见左图）相当迷人，有时还很惊人。这是嵌套效应最直接的展示，这种效应中，人常有看向长廊深处的错觉。为了强化效果，如果你绕着光学轴顺时针旋转摄像头，里面的第一块屏幕就会逆时针旋转，然后更深一层的屏幕会双倍旋转，以此类推。最终的图案是一个漂亮的螺旋。运用各种移轴和变焦，还可以创造出多种效果。由于屏幕的颗粒感、水平和垂直的比例不一致导致的变形、闭路时滞等等因素，还会有并发的复杂效果。

　　自我指涉机制的所有这些参数，为每个图案都灌注了出人意料的丰富性。关于这类电视屏幕上的"自我图像"图案，一个显著的事实是，它可以变得非常复杂，使其原样完全淹没在视频反馈之中。屏幕上的内容显得仅像是一幅优美复杂的图样，这在配图中的某些部分显而易见。

　　假设我们为两个相同的这种系统设定相同的参数，那么它们的屏幕上就会显示出完全相同的图样。假设我们对其中一个系统做一些微小的改动，比如稍稍移动一下镜头，这个微小的扰动会被捕捉到，并一个屏幕接着一个屏幕地波及若干层次，可见的"自我图像"的总体效果会相当剧烈。不过两个系统各自的层次间反馈，其类型在本质上是相同的。除了这个我们故意做出的微小改动，所有的参数依旧相同。而且若撤销这个小扰动，我们可以容易地返回初始状态，所以在一个基本的意义上，我们仍然很"接近"我们的起点。那么，说我们有两个极其不同的系统，和说我们有两个几乎等同的系统，哪个更正确？

　　让我们将这用作思考人类灵魂的一个比喻。这样假定行得通吗：脑的高级层级（符号层次）及低级层次（神经生理层次）某种程度上结成了一个精美的因果闭环，而人类意识的"魔法"正产生自这一闭环过程？"私有的我"（private I）只不过是一场"自我指涉台风"的风眼？

　　澄清一下，我们丝毫没有暗示，在摄像机的镜头指向接收信号的屏幕的那一刻，这整个电视系统立即就变得有意识了！电视系统并不满足之前为表征系统设定的标准。图像的意义可以被我们人类观察者感知并用词语描述，这是电视系统本身做不到的。电视系统不会将屏幕上数千个点分成它能辨认出的不同"概念片段"，代表人、狗、桌子等等。这些点在它们所表征的世界中也没有自主权，只不过是在摄像机前被动地反射着光的图案。而如果光熄灭了，这些点也会消失。

在我们指的那类闭环中，一个真正的表征系统会根据其全部概念来感知自身的状态。例如我们并非根据哪些神经元与另外哪些神经元相连，或是哪些神经元在发放，来感知我们自己的脑状态；而是通过我们用词语所表达的概念。我们并不认为我们的脑是一堆神经元，而认为它是一个信念、感受、观念的仓库。在这个层次上，我们通过说诸如"她不愿意去派对这件事让我有点儿紧张，也有点儿困惑"这样的话，来实现我们对脑的读出。一旦表达出来，这类自我观察又会作为某种有待思考的东西重新进入系统。当然，重新进入也要经由惯常的感知过程来进行，即上百万神经元的发放。这里的闭环过程要比电视闭环复杂得多，层次也错综得多，尽管后者看起来美丽又繁复。

提一句重要的题外话，人工智能工作的许多新进展都围绕着这样的尝试：赋予一个程序一套概念，刻画其自身的内部结构；也赋予它一些反应方式，应对检测到自身内部特定变化的情况。目前，程序的这种自我理解和自我监控的能力还相当原始，但这个想法是作为实现深层灵活性的一个先决条件出现的，而深层灵活性正是真正智能的同义词。

目前，人工心灵的设计存在两大瓶颈：一是为"感知"建模，一是为"学习"建模。我们已经说过，感知就像无数低层次的回应在概念层次上汇聚为一个被联合认同的总体解释，因此，这是个跨层次的问题。学习也是跨层次问题。直言不讳地说，我们必须问："我的符号如何为我的神经元编程？"那你学习打字时做了一遍又一遍的手指活动是如何慢慢转化为突触结构中的系统性变化的？一个一度有意识的活动如何变为完全无意识的遗忘？"思想"这一层次，在重复的强力下，就是"向下延展"，并为某些底层硬件重新编了程。学习一首乐曲或一门外语也是一样。

事实上，在生命的每时每刻，我们都在永久地改变着突触结构：我们不断地将当下的处境 "存档" 在我们记忆的某些 "标签" 下，以便在未来的合适时机能调取它（而我们无意识的心灵做这件事时必须十分机敏，因为很难预料在哪类未来情境中我们能通过回忆当下时刻而受益）。

这样看来，自我是一个持续进行着自我存档的 "世界线"（追踪一个对象在时间和空间中的运动而得到的四维路径）。人类不仅是一个内部存储着自身世界线的物理对象，而且，存储的世界线反过来用于决定该对象未来的世界线。这种横亘过去、现在和未来的大尺度和声让你能将你的自我，感知为一个有某种内在逻辑的统一体，尽管它的本质不停变化，面向繁多。如果将自我比作一条在时空中蜿蜒的河流，那么指出这一点就尤为重要：决定河流走势的不仅是地貌特征，还有河流的愿望。

不仅我们有意识的心灵活动在神经层次制造着永久的副作用，反之亦然，我们有意识的思想似乎也从我们心灵的地下洞穴中喷涌而出：图像涌入我们的心灵之眼，我们却不知它们从何而来！而当我们公开表达它们时，却希望人们将我们的思想归功于我们，而不是我们的潜意识结构。将有创造力的自我二分为一个有意识的部分和一个无意识的部分，是为理解心灵所做的努力中最令人烦扰的一面。正如刚才所说，如果我们最好的想法源自神秘的地下涌泉，那我们究竟是谁？这个有创造力的精神究竟栖身何处？这精神是否出于我们创造的意志行为，抑或我们只不过是由生物硬件构成的自动机，从生到死都是在用一堆废话骗自己以为自己拥有 "自由意志"？如果我们的确是在所有这些事上骗了我们自己，那么我们是在骗谁，或者说骗什么？

有一个循环埋伏在这儿，须得大量地研究。切尔尼亚克的故事轻松愉快，但却直击要害，指出了哥德尔的工作并不是一个反驳机械论的论证，而是对原始循环的一种展示：这个循环似乎就深藏在意识的密谋中。

D. R. H.

V

创生的自我
与
自由意志

18

第七次远行

（或特鲁尔自身的完美如何导致了恶果）

斯坦尼斯瓦夫·莱姆

（1974）

宇宙虽是无限，却有边界，因此，一束光只要足够有力，无论往什么方向行进，亿万亿万年后都会回到它的出发点——这和谣言并无不同：谣言就是在恒星之间飞来飞去，最终传遍每颗行星。一天，特鲁尔听到了远道而来的传闻，说有两位强大的造物恩主，他们是如此博学多才、又如此震古烁今，以至于无人能与之比肩。他带着这则消息奔向克拉鲍修斯，后者向他解释，并不存在什么神秘的对手，这传闻说的就是他们俩自己，因为他们的名声已经传遍了太空。然而，名声有这么一个缺点，它对一个人的失败只字不提，即便这些失败正是极度完美的产物。如果有谁怀疑这一点，就让他来回忆一下特鲁尔的七次远行中最后的那次吧，当时克拉鲍修斯因要务留在了家中，没有参与。

那些日子，特鲁尔极其自负，所有对他表示的尊重和崇敬，他照单全收，仿佛这是天经地义、司空见惯的事情。他驾驶飞船向北行驶，因为他对那个地带最为陌生。他在真空中飞行了相当一段时间，途经的星球有的充满战争的喧闹，也有的只剩破败的死寂。忽然之间，一颗小个的行星进入了视野，确切来讲，不该说是一颗行星，而更像是一块乱飘的物质碎片。

在这块巨石的表面，有人正在来回跑动，还一边跳一边挥舞手臂，样子很奇怪。特鲁尔为这样一个彻底孤寂的场景而震惊，并对透着绝望、或许还有愤怒的狂野手势感到挂怀，于是迅速着陆了。

那人身上披铱戴钒，铿锵声大作，盛气凌人地走上前来。他自我介绍说，他是鞑靼人爱氪赛尔修斯，潘柯利昂和居斯彭德罗拉的统治者；*这两个王国的居民大逆不道，将这位显贵赶下王位，并流放到这个荒凉的小行星，永远地在暗涌和引力流中漂荡。

得知了他这位访客的身份后，这位被废黜的君主开始坚决要求特鲁尔立即帮他复位——毕竟特鲁尔在行善这种事上堪称行家。想到这样的转机，这位君主眼中充满了复仇的火焰，铁手指凭空紧握，仿佛已经扼住了他心爱臣民的咽喉。

特鲁尔并不想遵照爱氪赛尔修斯的要求行事，因为这样做会带来难以估量的罪恶和苦难，但同时他又想安慰一下这位蒙羞的国王。思考片刻后，他得出结论，即便事到如今，国王也并非一切尽失，因为有可能在不危及他前任臣民的前提下，完全满足国王的要求。于是，特鲁尔撸起袖子，施展出他的全部本领，为国王建了一座全新的王国。王国中有许多城镇、河流、山脉、森林和溪水，有飘着白云的天空，骁勇善战的军队，有要塞、城堡、淑女的闺房，还有缤纷闪耀的阳光集市、鞠躬尽瘁的劳作、彻夜的歌舞升平和欢悦的舞剑声响。特鲁尔还为这王国精心设置了一个华美的首都，全由大理石和雪花石膏建造；召集了议会，由髯鬓斑白的智者组成；还有过冬的行宫，消夏的别墅，阴谋及阴谋的策划者、做伪证的人、护士、告密者、成群结队的骏马和随风飘扬的深红色羽毛头饰，并用喧天齐响的银色号角和 21 响礼炮助兴；还扔进去了少数必要的卖国贼，外加一些英雄，又加进了少数先知和预言家，以及救世主和大诗人各一名。大功告成后，他俯下身去，让他的作品发动

---

* 爱氪赛尔修斯（Excelsius）来自拉丁语，意为崇高、振奋；潘柯利昂（Pancreon）词根义为"万物统治者"。居斯彭德罗拉为 Cyspenderora。

起来，并在它运转起来时用微型工具娴熟地做最后一刻的调整。他赋予这王国的女人以美貌，男人以沉默寡言与醉后的粗暴，官吏以傲慢与媚骨，天文学家以对星辰的热忱，孩童以制造喧闹的高强本领。而所有这些都相互联结，安装妥贴，打磨精细，置于一个盒子中。盒子不是很大，刚好可以轻松随身携带。特鲁尔将盒子呈给爱氪赛尔修斯，供他永远统治和支配；不过，特鲁尔首先向他展示了哪里是他全新王国的输入和输出之处，以及如何安排战局、平定叛乱、索贡征税，还教给他这个微型社会的临界点和转换态：换句话说就是发生宫廷政变和革命的一些最大值和最小值。他把一切都解释得非常好，于是这位国王，一位施行暴政的老手，立刻就掌握了用法，并在特鲁尔这位建造者的监督下，毫不犹豫地发布了几条试行的谕旨，正确地操纵着控制旋钮，旋钮上还刻着帝国之鹰和王者之狮。这些谕旨宣告了紧急状态、戒严令、宵禁令和特别征税令。王国的时间过去了一年，而这对特鲁尔和国王来说只相当于不到一分钟，国王做了个极为宽宏的动作，就是手指在控制装置上的轻轻一弹，赦免了一个人的死刑、减征了赋税、屈尊取消了紧急状态，于是，盒中升起了一派感激涕零，就像小老鼠被抓着尾巴提起来时的叫声，而透过雕花的玻璃罩可以看到，在尘土飞扬的主路上，在倒映着松软云朵的缓流沿岸，人们庆祝并称颂他们至尊君主的伟大与无与伦比的仁慈。

因此，尽管一开始这位君主因特鲁尔的礼物而感觉受辱，因为这个王国太小，太像孩子的玩具，可现在他发现，厚玻璃盖让里面的一切看上去都很大，或许他也隐约明白了，尺寸在这里无关宏旨，因为管辖治理并非是用米、用千克来衡量的，情绪也大抵如此——无关乎是被巨人还是被侏儒体验。因此，他感谢了这位建造者，尽管有点生硬。谁知道呢，他或许还想为了保险起见将这位建造者投入囹圄、拷打至死——可能会有闲话说是某个很普通的流浪汉工匠向强大君主奉上了一个王国，这样做就必然能把这种可能性扼杀在萌芽状态。

不过，爱氪赛尔修斯足够明智，知道出于比例上的根本悬殊，这不可能，跳蚤拿下它们的宿主都要比国王的军队捉拿特鲁尔来得更快些。

因此，他再次冷冷地点了点头，将王权宝球和权杖夹在腋下，咕哝着举起那个盒子王国，带去他被流放的陋居。外界的炽热白昼和昏晦黑夜依小行星的自转节律交替，这位被他的臣民认为是世上最伟大的国王，日理万机，命令这个，禁止那个，又是斩首又是嘉奖，以这些方式不停地鞭策他的小人儿们对王权抱有完全的忠诚和敬奉。

至于特鲁尔，他回到家不无自豪地讲给克拉鲍修斯，他是如何施展了他的建造者才能，满足了爱氪赛尔修斯的专制雄心，并同时保护了他前任臣民的民主志向。可克拉鲍修斯尽管很惊讶，却对特鲁尔没有一句褒扬之辞；事实上，似乎还对他的表述有所指摘。

最后，克拉鲍修斯说："我理解对了吗，你给了那个残暴的独夫、那个天生的奴隶主、那个贩卖痛苦的奴役狂，一整个文明去永远地统治和支配？不仅如此，你还告诉我，废除几条他的残忍法令就换来臣民的感激涕零！特鲁尔，你怎么可以做出这样的事？"

"你在开玩笑吧！"特鲁尔惊呼，"其实，整个王国只是装在一个3英尺×2英尺×2.5英尺的盒子里……那只是个模型……"

"什么的模型？"

"什么的？你是什么意思？显然是一个文明的模型，只不过缩小了上亿倍。"

"你又怎么知道没有比我们的文明大上亿倍的文明呢？如果有，那我们的文明就成了模型吗？尺寸又有什么要紧？在那个盒子王国里，从首都到偏远地区的旅行不也要花好几个月吗——以那里居民的尺度而论？他们不也受苦，也知道劳作的重负，也都会死吗？"

"等一下，你知道所有这些过程会发生，只是因为我给他们编了程，所以他们并不是真实的……"

"不是真实的？你的意思是说那个盒子是空的，那些游行、酷刑和斩首都只是错觉？"

"不，不是错觉，这些事有实在性，但都不过是通过我操控原子而产生的特定微观现象，"特鲁尔说，"重点在于，这些出生、爱情、英勇行为和谴责只不过是电子在空间中的微小跃动，是由我的非线性工艺技术精确安排好的，它——"

"说够了吗，别再吹了！"克拉鲍修斯厉声说道，"这些进程是不是自组织的吧？"

"当然是！"

"它们是发生在极小的电荷云中吗？"

"你知道它们是的。"

"破晓、黄昏、血战等现象性事件都产生自真实变量的连接？"

"当然。"

"如果你物理地、机械地、统计地去周详检视，我们难道不也只是极小的、跃动的电子云？我们的存在不也是亚原子的碰撞和粒子间相互作用的结果——尽管我们自己将这些分子翻转感知为恐惧、渴望或者冥想？而你做白日梦的时候，除了连通和切断回路的二进制代数，以及电子的持续游移之外，你脑子里还有什么？"

"什么？克拉鲍修斯，你把我们的存在与封装在某个玻璃盒里的仿造王国等同起来？"特鲁尔大叫道，"不，说真的，这就太过分了！我的目的不过是想制作一个国家形态的模拟，一个在控制论意义上完美的模型，仅此而已！"

"特鲁尔！我们的完美是我们的诅咒，我们的每次努力都会招致无数无法预料的后果！"克拉鲍修斯用洪亮的声音说道，"如果一个不完美的仿造者想造成痛苦，他可以为自己用木头或蜡造个粗糙的像，可以权且赋予它一个有感觉的存在物那样的外表，那他折磨这个东西，确实只是一份微不足道的笑料！但考虑一下对这一实践的一系列改进。试想另一位雕刻家造了个玩偶，它肚子里有录音，在雕刻家的重击之下会发出呻吟；试想一个玩偶在挨打时会求饶，那它就不再是个粗糙的玩偶，而是一个同态调节器了；再试想一个玩偶会落泪、流血，会惧怕死亡，但同时也渴望那唯有死亡才能带来的安宁！你还不明白吗，当一个仿造者完美的时候，仿造品也必定如此，表面的类似会成真，假装将变成现实！特鲁尔，你让无数生灵能够感受痛苦，却又把他们永远遗弃在一个恶毒暴君的统治之下……特鲁尔啊，你犯下了一桩可怕的罪行！"

"十足的诡辩！"特鲁尔越发大声地喊叫起来，因为他已经感受到了友人的论证之力，"电子不仅在我们脑中游走，在唱片里也是一样，这什么也证明不了，自然也就无法成为这种实质性类比的依据！爱氪赛尔修斯那魔头的臣民确实是被斩首就会死，会啜泣、争斗、坠入爱河，因为我就是如此设定了参数；可是克拉鲍修斯，要说他们在此过程中有任何感受，那不可能：他们头脑里跳来跳去的电子告诉不了你任何这方面的东西！"

"如果我查看你的头脑内部，我能看到的也只有电子——"克拉鲍修斯回应道，"好了，别假装听不懂我在说什么，我知道你没那么笨！唱片可不会听你差遣，不会跪地求饶！你说无法知道爱氪赛尔修斯的臣民在挨打时的呻吟是真的，因为他们真正体验到了疼痛，还是只是因为电子在内部跳跃，就像轮胎摩擦时发出仿佛是语音的声响。可真是个漂亮的区分哦！不，特鲁尔，一个受难者可不会把他的痛苦呈献给你，让你可以触摸它、给它称重、像咬硬币一样咬它；一个受难者只会有受难者那样的行为表现！就在此时此地一劳永逸地向我证明，他们没感受，他们不思考，他们在任何方面都不是那样的存在、不能意识到自己包围在两个湮灭的深渊，即生前深渊和死亡深渊之间——证明给我看，特鲁尔，那我就放过你！证明你只是仿造了痛苦，而没有创造它！"

"你很清楚这不可能，"特鲁尔平静地回答道，"即使当盒子还空着，在我拿起工具之前，我就得预先考虑这个证明的可能性——为的是可以排除它。否则那个王国的君主迟早会得出这么一种印象：他的臣民压根不是真正的臣民，而是傀儡、牵线木偶。尽量体谅一下吧，做这件事没有别的办法了！无论什么，只要有丝毫可能会破坏这个完整实在的错觉，那就会破坏统治的重要性和庄严感，并将其变成一个纯粹的机械游戏，此外什么都不是……"

"我理解，我太理解这一切了！"克拉鲍修斯叫道，"你的意图非常崇高：你只是想建造一个尽可能栩栩如生的王国，逼真到足能在任何人面前以假乱真。在这一点上，恐怕你成功了！从你回来到现在才过了仅仅几个小时，可对他们，对那些囚禁在盒子里的人来说，已经是几个世纪：多少生命惨遭践踏，而这仅仅是为了取悦和助长爱氪赛尔修斯王的虚荣心！"

特鲁尔二话不说冲回飞船，却见他的朋友也一起跟了过来。他点火起飞，发射升空，船头指在"两大团永恒之火"中间，推进杆推到底，这时，克拉鲍修斯说：

"特鲁尔，你真是没救了。你总是先不思考就行动。事到如今，等到了那儿，你打算怎么做？"

"我要把那个王国从他那里拿走！"

"那你会拿它怎么办？"

"毁掉它！"特鲁尔刚要喊出来，但甫一意识到他在说什么，就哽在了第一个音节上。最后，他嘟哝道：

"我会举行一场选举。让他们从自己中间选出公正的统治者。"

"你把他们全都编程为封建的君主或是不思进取的臣仆。一场选举又有什么用呢？首先，你必须撤销那个王国的整个结构，然后从零开始装配……"

"对结构的改变会在哪里终止，对心灵的干预又会在哪里开始？！"特鲁尔喊道。克拉鲍修斯对此没有回答，他们在阴郁的沉默中继续飞行，直到爱氪赛尔修斯的行星进入视野。在绕行星飞行准备着陆时，他们看到了一幅极为神奇的景象。

整个行星布满了无数的智能生命迹象。微型桥梁如条条线路跨越每条细流，倒映星辰的水洼上满是微型船只，就像漂浮的芯片……星球入夜的那半，点缀着闪烁微光的城市，白昼的那半依稀可见繁华的大都会，只是居民本身实在太小，难以看到，即使通过最高倍的镜头也是枉然。而国王，则毫无踪迹，仿佛已被尘土吞噬净尽。

"他不在这儿。"特鲁尔敬畏地低语道，"他们对他做了什么？他们竟然设法冲破了盒子的围墙，占领了这个小行星……"

"看！"克拉鲍修斯指着一朵比顶针大不了多少的小蘑菇云，它正在缓缓升空。他说："他们已经发现了原子能……再看那儿，看到那块玻璃了吗？那是盒子的残骸，他们把它变成了某种神殿……"

"我不明白。它不过是一个模型。一个带有大量参数的进程，一个模拟，一个供君主演练的实物样，带有必要的反馈、变量、多态……"特鲁尔目瞪口呆，喃喃自语道。

"是啊。可是你犯了一个不可原谅的错误：让你的复制品过于完美了。你不想造一个仅仅像钟表一样的机械装置，你以你精雕细琢的方式，无意间创造了一个可能的、合乎逻辑的甚至是不可避免的事物，而它恰恰是机械装置的对立面……"

"求你别再说了！"特鲁尔喊叫道。他们的视线投向船外，默默凝视着这颗小行星。突然间，有东西撞上了他们的飞船，或者说只是轻轻刮擦了一下。他们看见了这个物体，因为它被自身尾部发出的细细一条火焰带照亮了。可能是艘飞船，也可能是颗人造卫星，但像极了暴君爱氪赛尔修斯曾经穿过的钢靴。两位建造者举目望去，看到这颗小小行星的遥远上空闪烁着一颗天体，之前可是没有的。他们从那颗冰冷暗淡的王权宝球中认出了爱氪赛尔修斯本人的严苛面庞，他就这样变成了微型国人们的月亮。

反　思

既然女人经常哭泣，
她们必定心怀悲戚。
　　　　　　——安德鲁·马维尔

"不，特鲁尔，一个受难者可不会把他的痛苦呈献给你，让你可以触摸它、给它称重、像咬硬币一样咬它；一个受难者只会有受难者那样的行为表现！"

莱姆描述他的奇特模拟时，遣词非常有趣。像"数字""非线性""反馈""自组织""控制论"这样的字眼在他的故事里反复出现。它们有一种老派的韵味，与时下人工智能讨论中的用语不同。AI 中的许多工作已经误入歧途，与感知、学习和创造性相去甚远。它们更多旨在模拟使用语言的能力——"模拟"是我们深思熟虑的说法。在我们看来，人工智能研究中许多最困难、最具挑战性的部分还未被触及，待到触及时，人类心灵"自组织""非线性"的本性将作为有待攻克的重要谜团重新出现。与此同时，莱姆将这些词应该展现出的鲜明有力的韵味都生动地展现了出来。

在汤姆·罗宾斯的小说《牛仔女郎也忧郁》中，有一个片段与莱姆对小小人造世界的想象极为相似：

那年圣诞节，朱利安送给茜茜一个蒂罗尔村庄的微缩模型作礼物。模型的做工十分精湛。

村里有一座小型的主教堂，让彩色玻璃窗上洒着阳光，变得宛如水果沙拉。有一处广场带啤酒花园，每到周六晚上，啤酒花园就格外喧闹。有家面包店，总是散发着热面包和水果酥卷的香气。有市政厅和警局，它们以纵剖面呈现，展露出数量可观的官僚习气和贪污腐败。也有小小的蒂罗尔人，他们穿着针脚考究的皮马裤，皮马裤之下羞羞的地方做工也同样精良。还有滑雪商店和许多其他的有趣事物，包括一所孤儿院。设计孤儿院为的是让它在每年的圣诞前夜失火烧塌，孤儿们会穿着烧着的睡衣冲进雪地。真可怕。大约在 1 月的第二周，一位火灾调查员会来，会在灰烬中探个遍并低声嘟囔："如果他们早听我的，这些孩子今天还会活着的。"

尽管这段文字在主题上与莱姆的篇章非常相似，但却各抒其意。就好像两位作曲家各自独立想出同一段旋律，但却配了完全不同的和声。罗宾斯让你仅仅将其视作一套不可思议的（如果不是不可思议地蠢笨的话）精密发条装置，远非让你相信这些小人儿有真情实感。

年复一年重复上演的孤儿院戏码，呼应着对尼采式的永恒轮回思想，即所有发生过的事情还会一次又一次地发生。这似乎剥夺了这个小世界的任何真实意义。火灾调查员的重复哀悼，听上去为什么那么空洞？是小蒂罗尔人自己重建孤儿院，还是有一个"重启"按钮？新的孤儿从何而来，还是说"死"去的孤儿能够复"生"？对这里的其他奇思妙想而言，想想那些遗漏的细节常常富有教益。

你是否会被带入一种信念，相信这些小型灵魂有真实性？这完全受精妙的笔触和叙事诡计的摆布。而你又倾向于哪种呢？

D. R. H.

D. C. D.

19
恕不侍奉

斯坦尼斯瓦夫·莱姆

（1971）

多布教授的书专注于人格发生学（personetics），芬兰哲学家艾诺·凯吉称之为"人类所创之最残酷科学"。多布作为当今最杰出的人格发生学家之一，也持此观点。他说，人们躲不开这样的结论：人格发生学就其应用而言是不道德的，但我们在此方面的探索，尽管有悖于伦理学原则，却在实践上对我们十分必要。在研究中，我们无法避免其特殊的无情，无法避免对人天然本能的戕害，"科学家只是完全无辜的事实探求者"这一神话无论在别处怎样，首先在这里就破灭了。毕竟我们谈的是一门已被称为"实验神谱学"的学科，这不算夸张，只是种强调性的修辞。即便如此，本书评人还是为如下情况震惊：新闻界在 9 年前披露并炒作人格发生学时，公众意见竟是一片哗然。本以为在这个时代，已经没有什么能惊到我们了。哥伦布的功业回响了许多世纪；而一周内征服月球，却被集体意识认为实在平淡无奇。但这回，人格发生学的诞生确被证明是惊天大事。

学科名结合了拉丁语和希腊语的派生词：拉丁语的"人格面向"（persona）和希腊语的"形成、创生"（genetic）。这一领域是 20 世纪 80 年代的控制论和仿心学（psychonics）的新近分支，与应用智能电子学（intellectronics）亦有交叉。如今，人人都知道人格发生学，如果去问一个路人，那个路人会说，那是智能存在者的人造品。这个答案确实不是答非所问，但也没有切中肯綮。迄今为止，我们已有近百个人格发生学计划。9 年前"身份架构"（identity schemata）就在开发，有了一批"线性"型原始内核，但即便是那一代计算机，如今也只有史料价值，无法为创造真正的人造人格（personoid）提供场域。

创造感觉能力的理论可能性一段时间以前就被诺伯特·维纳说中了，有他在近作《上帝与魔像》（*God and Golem, Inc*）中的段落为证。诚然，他是用他那典型的亦庄亦谐口吻略为提及此事，可玩笑背后是相当严肃的忧虑。不过维纳不会预知 20 年后事情的转向。可最坏的还是来了，就在 MIT 发生"输入短接输出"时（按唐纳德·阿克爵士的话来说）。

目前，一个人造人格"居民"的"世界"可以在数小时内准备好。这是把几种发展充分的程序（如 Baal 66、CREAN 4 型、JAHVE 9 型 *）之一注入机器所需的时间。多布非常粗略地勾勒了人格发生学的发端，为读者提供了史料来源；作为坚定的实验行动派，他主要谈了谈自己的工作——这更切合重点，因为在多布代表的英国学派和 MIT 的美国研究组之间，在方法论的领域和实验的目的上都有重大区别。多布对"120分钟过 6 天"的过程描述如下。首先，要有人为机器内存提供一个给定值的最小集合，用外行也能理解的话来说，就是把"数学的"物质加载进内存。这种物质就是人造人格"寓居"的那个宇宙的原生质。这样一来，我们就能给将要来到这个机械的、数字的世界的存在者，在且仅在其中才能维持存在的存在者，提供一个具有非限定特征的环境。因此这些存在者不会感到在物理意义上被禁锢了，因为从它们的立场来看，环境没有任何边界。这种介质仅有一个维度类似于我们也具有的维度，即时间

---

* Baal 可译为"巴力"，是闪语地区的主神称号，迦南、腓尼基皆使用；CREAN（音，克林）来自爱尔兰语，意为"有心之人的后裔"，有心之人通常指勇者或爱人；JAHVE 即雅威，旧译耶和华，是希伯来人的主神，即上帝。

的流逝（持续）。不过，它们的时间并不与我们的直接类同，因为其流速受实验人员的随意控制。一般而言，初级阶段（所谓的创世热身期）的速度是最大的，于是我们的分钟对应着计算机中的"宙"（eon，10亿年级），在此期间发生了一个合成宇宙的一系列连续重组和凝结。这宇宙完全没有空间，尽管占据维度，但这些维度拥有的是纯数学的特征，因此可以称为"虚"（imaginary）特征。很简单，它们是编程者的某些公理化决策的结果，数目也取决于他。例如，如果他选择十维，则所创世界的结构，就会与仅仅建立了六个维度的世界有截然不同的结果。应当强调，这些维度与物理空间毫无关系，而仅与某些逻辑上有效的抽象构造有关，这些构造则用于创生各种系统。

这一点对非数学家而言深奥难解。多布尝试援引一些简单事例来解释它，就是那类通常在学校学到的例子。众所周知，构造一个正三维的几何体，比如一个立方体，它在现实世界有骰子这种形状的对应物，这是可能的；则创造一个四维、五维、n维的几何体（四维即超正方体）也同样可能。它们不再拥有现实对应物，这我们容易理解，因为不存在物理上的第四维度，也就做不出真正的四维骰子。而对人造人格而言，这一区分（物理上可构造 vs. 仅数学上可构造）一般并不存在，因为它们的世界只具纯粹的数学一致性。它由数学建造而成，尽管这种数学的搭建构件是完全物理的普通物体：继电器、晶体管、逻辑电路，一言以蔽之即数字机器的整个巨型网络。

就我们从现代物理学中所知，空间并不独立于位于其中的物体和质量。空间就其存在而言，取决于这些物质体，如果它们不存在，什么都不存在（物质意义上），那空间也会终止，坍缩为零。这些物质体的作用可以说是扩大"影响力"并"生成"空间，而在人造人格的世界中，实现它们这些作用的，是特为此目的而存在的数学系统。选定特定的实验后，编程者从所有一般而言可能创造出来的"数学"（比如公理化的数学）中，选定一个特定的群组，充当所创宇宙的地基、"存在基底"、"本体论基础"。多布相信，这其中会有与人类世界的惊人相似之处。毕竟，我们的这个世界已经"确定"了最适合它的某些几何形式与类型——最适合，因为最简单：为保持起始状态，就是三维。尽管如此，我们能够想象拥有"其他属性"的"其他世界"，包括而又不仅仅在几何领域。对人造人格而言亦是如此：研究者为它们选的数学形式"寓居地"，正好像我们的"现实世界基底"，我们寓居其中且必定寓居其中。并且，和我们一样，人造人格也能"想象"有不同基本属性的各种世界。

多布使用连续近似及重演的方法呈现了他的主题。我们上文概述的那些大致相当于他书中的前两章，而这些在接下来的章节中又部分地撤销了——出于复杂性。作者告诫我们，人造人格来到的，并不仅是个现成的、固定的、冻结的世界，已是最终的不可变形式；世界的各种细节特征会是什么样子，将依赖于它们，而随着它们主动性的增长和"探索主动权"的发展，这种依赖性也会水涨船高。而如果把人造人格的宇宙比作这样一个世界，这世界中的现象仅存在于其居民的观察中，这样并不能为人造人格宇宙的状况提供准确的图景。这样的对比能在森特和休斯的作品中找到，多布认为这是一种"唯心主义偏差"，是人格发生学致敬贝克莱主教的学说，这学说于是就这么匪夷所思、出人意料地复兴了。森特坚称，人造人格会用贝克莱式存在者的方式，去认识它们的世界，这种情况下无法区分存在和被感知，也就是说永远无法发现如下二者的区别：一方是被感知物，另一方的事物则以某种程度上客观且独立于感知者的方式引发感知。多布义愤填膺地声讨这种解释。我们，它们世界的创造者，很清楚地知道它们感知到的事物的确存在：存在于计算机之内，独立于它们，不过当然完全是以数学对象的方式。

还有进一步的澄清。人造人格最初因程序而萌芽，以实验者设定的速率增长，而能实现这一速率的只能是最新的信息处理技术，其运行速度接近光速。要成为人造人格"存身之所"的数学，并没有准备充分来迎接它们，仍可谓"在褓褓中"——尚未阐明，悬而未决，仍在潜藏——因为它仅仅代表了一个集合，集合的元素是一些特定的预期机会，即一些特定的路径，它们包含在机器的一些恰当编程的子单元中。这些子单元，或说发生器，因其自身、对其自身皆毫无贡献，相反，是人造人格的一类特定活动充当了触发机制，发动了一个会逐渐增大并自我定义的生产过程，换句话说，这些存在者周遭的世界仅仅出于它们自身的行为才不再含混不清。多布尝试借助以下类比来阐明这一概念。一个人可能会用多种方式来解释现实世界，可能会对现实世界的某些方面投以特别的关注，比如以热切的科学研究形式；而他获得的知识随即有助于阐明世界的剩余部分，这些部分本不在他优先的研究范围中。如果他最初勤勉地学习机械学，他将为自己建立起世界的机械模型，并会将宇宙视作一个巨型的完美时钟，在其势不可当的运行中，从过去走向一个精确地决定了的未来。这模型不是对现实的一个准确表征，但人们可以在很长一段历史时期内利用它，甚至用它取得许多实践上的成功——建造机器、工具等。同样，人造人格也应该通过选择，通过出于意志的行动，"使自己倾向于"与宇宙有某种类型的关系，并赋予此类关系以优先性；如果在且仅在这一关系中，它们发现了自己宇宙的"本质"，那么它们就会走上一条努力而有发现的明确道路，一条既不虚幻也不徒劳的道路。它们倾向于从环境中"抽取出"最为相符的东西。它们最先感知到什么就最先掌握什么，因为它们周遭的世界仅仅是部分确定的，仅仅部分地由研究创造者事先确立；这其中，人造人格留有一点点、但并非无足轻重的一点点的行动自由，这些行动既有"心理的"也有"真实的"：在它们思考自己的世界是什么的时候是心理的，在它们"有所作为"的语境下是真实的——当然就我们对这一说法的理解而言，它并不是真的真实，但也不仅仅是想象。说实在的，这是最难阐释的部分，而我们可以说，多布在解释那些人造人格之存在的特质方面并未完全成功，这些性质只有借程序及创造性干预的数学语言才能表述。因此我们必须姑且相信，人造人格的活动既非全然自由，亦非全然被决定：就像我们的行动空间并非完全自由，而是受限于自然的物理法则；也像我们并非全然被决定，好像严格固定的铁轨上行进的火车车厢那般。人造人格在如下方面也与人类相似，即人类这边的"次级性质"——颜色、悦耳之声音、事物之美——仅当有耳可听、有眼可看时才会显现自身，而使听觉和视觉成为可能的东西毕竟早已预先给定。人造人格感知它们的环境，出于自身赋予环境那些体验性的性质，这些性质对应我们人类而言就是看到美景时体验到的迷人之感——当然了，提供给它们的是纯粹的数学风景。至于"它们如何看见"，人就无话可说了，因为知晓"它们感觉的主观性质"的不二法门，得是蜕下人皮，成为一个人造人格。人们必须记住，就我们所知，人造人格没有眼睛耳朵，因此既不能看也不能听，它们的宇宙没有光明黑暗，没有空间上的切近或遥远，没有上下。那里有维度，我们无法触及，可对它们而言却首要且基本。例如它们感知某些电势变化，这就等价于人类感官觉察的组成部分。但这些电势上的变化对它们而言，本质上并不是像我们所说的电流强度那样的东西，而是那类对一个人来说最基本的视觉、听觉现象：看见一块红斑，听见一个声音，摸到或软或硬的物体。多布强调，从此以后，人们只能用类比来说话，宛如召唤符咒。

要是因为人造人格不像我们那样去看去听，就宣称它们相对于我们而言是"残障"，那就荒谬绝伦了，因为可以同样公允地主张，是我们相对于它们有所残缺：无法直接去感受数学的诸般现象，毕竟我们是用脑力推导的方式来理解数学的。我们只有通过推理才与数学有所接触，只有通过抽象思维才"体验到"它。而人造人格生活在其中，数学是它们的空气、土地、云朵、水乃至面包——对，乃至食物，因为它们在某种意义上从中汲取养分。所以，只是单从我们的视角看，它们才是被"囚禁"、固锁在机器中；正如它们没有办法出来，来到我们的世界，反过来也完全一样，一个人类也完全无法进入到它们的世界之内，在其中存在并直接地认识它。于是，数学通过某种具身化，成为了某种生存空间，其中生存着某种智慧，它高度精神化，全无躯体，而数学就是它的基本要素，是其存在的方寸天地和摇篮。

人造人格在许多方面与人类相仿。它们能想象出特定的矛盾比如"a存在且非 a 也存在"，但无法使其实现，就像我们一样。我们世界的物理和它们世界的逻辑不允许它实现，因为逻辑之于人造人格的宇宙，就相当于物理之于我们的世界，是限制行为的框架。无论如何——多布强调——我们都不可能完全地、内省地把握人造人格在它们的无限宇宙中疲于奔命时"感受"和"体验"到的东西。它们的宇宙完全是无空间性的，并非囚笼——"囚笼"不过是新闻记者捕风捉影得来的胡话。恰恰相反，那是它们自由的保障，因为当计算机发生器受"激发"而活动，而激发它们的恰就是人造人格的活动时，它们编织出的数学就可以说是一个自我实现的无限场域，容纳各种可选行动，如建筑作业等劳作，容纳猜度、探索、英勇的远行、大胆的侵入等等。一句话，我们把人造人格放入恰好是这样的宇宙，而非别的不同的宇宙，不算对它们行了不义之举。人格发生学显示出的残忍和不道德，并不在这些方面。

在《恕不侍奉》的第 7 章中，多布向读者描绘了这个数字宇宙中的居民。人造人格可以顺畅地使用思维及语言，同样也拥有情感。它们每一个都是单独的个体存在，彼此的差异并非仅仅是造物编程者决策的后果，而是其极度复杂的内部结构的结果。它们可能一个与另一个非常相似，但永远不会等同。它们来到世上，每个都被赋予了一个"内核"，一个"人格核心"，并且已经拥有了说话和思考的官能，尽管还只处于原始态。它们拥有词汇，但相当贫乏，它们有能力根据给定它们的句法规则来造句。似乎在未来，我们可能连这些决定因素都不用施加给它们，只须坐等它们像社会化进程中的原始人类群体一样，自己发展出自己的言语。但人格发生学的这一方向面临着两项基本障碍。首先，等待言语创生可能需要非常长的时间。目前来看，即便是以电脑内部转换的最大速率——打个很粗略的比方，机器的一秒相当于人类生命的一年——也要花上 12 年。第二，也是个更大的困难，从"人造人格的群体演化"中自发产生的语言，会是我们无法理解的，弄懂它必定会像破译顶级加密的代码一样艰巨；而这种代码的创造者和接收者，都不与解码者共享同一个世界，这会令任务难上加难。人造人格的世界在性质上与我们的世界有天壤之别，因此，适合它们世界的语言必定与任何人类部族的语言都相去甚远。于是，"无中生有"的语言演化还仅仅是人格发生学家的一个梦想。

人造人格"在发育意义上扎根"后，还会遭遇一个对它们而言至关重要的根本之谜：它们自己的起源之谜。即是说，那些人类有史以来、有宗教信仰、哲学研究和神话创造以来就熟知的问题，它们也会问自己：我们从哪里来？我们为什么被这样造就，而非与此不同？为何我们感知到的世界拥有的是这些属性，而非完全不同的另一些？我们对这个世界有何意义，这世界对我们又有何意义？一连串这样的思索最终不可避免地将它们引向本体论的根本问题："存在"是"在于并出于其自身"吗；或者相反，存在是一个特殊的创世行为的产物，也就是说幕后是否可能有一个造物主，带有意志和意识，有目的地主动行事，掌控着局面。正是在这里，人格发生学的残酷和不道德展露了出来。

多布在其著作的后半本中参与进了这些心智上的奋战，心态受这些问题的折磨而挣扎；但在这之前，他在接下来的一系列章节中描绘了"典型的人造人格"及其"解剖、生理和心理状况"。

一个单独的人造人格无法超出原始的思考状态，因为孤身一人，它就无法操练言语，而没有言语就发展不出话语性思维。数百个实验已经表明，4 至 7 个人造人格组成的团体最为适宜，至少对言语发展、典型的探索活动及"文明化"过程来说是如此。但是，若事关更大尺度上的社会进程现象，则要求更大的群体。粗略地说，目前，一个拥有不小容量的计算机宇宙中可以"容纳"至多 1000 个人造人格。不过这类研究属于另一门独立的学科，社会动力学（sociodynamics），而这在多布的主要关注领域之外。出于这一原因，他在书中对此仅一笔带过。如前所述，人造人格没有身体，却有"灵魂"。这灵魂对看得到机器世界（借助专用的装置，一个内建于计算机的探测器类的辅助模块）的外部观察者来说，仿佛是一团"进程的连贯之云"，一个带有"中心"的功能性聚合体，这一中心可以被精准地分离，即可在机器网络中界划出来。（需要特别注意的是，这事可不容易，在多个方面都类似于神经生理学家在人脑中定位各功能中心。）

而要理解"是什么令创造人造人格得以可能",《恕不侍奉》的第11章是关键所在。本章简明扼要地解释了意识理论的基本原理。所有的意识,不单是人造人格的意识,在物理方面都是一种"信息驻波"[*],一个在持续不断的变化之流中的动态不变量,它的独特性在于,它会表征出一个"妥协",同时也是一个"合力",而据我们所知这并不在自然演化的计划之内。恰恰相反:对高于一定量级（复杂度）的脑而言,它们的运行若要协调,那么演化从一开始就在这方面设置了巨大的问题和困难。而演化误入这些两难的境地显然也在计划之外。因为演化并非是一位深思熟虑的能工巧匠。很简单,在控制与规范的问题方面,有一些古老的演化性解决方案,这些方案恰好神经系统就有,它们于是被"沿袭"下来,直至达到人类起源的水平。从纯粹理性、工程高效的立场来看,早该取消或放弃这些方案,转而设计些全新的东西,就比如智能存在者的脑。但演化显然不可能如此进行,因为将自身从这类古老解决方案的数亿年传承中解放出来,超出了它的能力范围。因为演化总是在对环境的适应中推进,而此类适应只是一次次的微小增量。也因为演化是"爬行"而不能"飞跃",它就成了一张拖网,就像塔默和波温直言不讳地说的那样,"拖着不计其数的陈规旧俗,各式各样的垃圾废物"。（塔默和波温是计算机模拟人类心灵方面的两位创造者,这种模拟为人格发生学的诞生打下了基础。）人的意识是一类特殊妥协的结果,是一种"乱拼杂凑",或者像格布哈特所说,是这句著名谚语的完美例证:"因祸得福,变废为宝"。一台数字机器本身不可能获得意识,原因很简单,数字机器的运行中不会出现层次冲突。当这样一台机器中的二律背反成倍增加时,它至多会陷入一种"逻辑麻痹"或"逻辑木僵"。而充斥人

---

[*]　同一介质中,两列传播方向相反、振幅与频率相同的波相遇时,即形成驻波 (standing wave),其结果是在一系列固定的位置产生波腹（振动加强点）和波节（振动减弱点）,因节点静止不动,波形不传播,因而得名。一列波与自身的反射波容易形成驻波。

脑之中的矛盾，经过数十万年的过程后，逐渐受制于仲裁程序。出现了
或高或低的层次，有反射与反思层次，有冲动与控制的层次；出现了建
模，有的是以动物学方法为基本环境建模，有的是以语言学方法为概念
建模。所有这些层次无法、也不"想"完美合拍或融汇为一。

那意识是什么呢？是权宜之计，躲闪托词，脱困之法，虚晃一枪，
所谓（只是"所谓"！）的最高上诉法庭。用物理学和信息论的语言来说，
它是这样一种函数，一旦开始，就不允许有任何闭包（closure）、任何
的最终完备性。* 由此，它仅仅是在计划这种闭包，为的是全面"调和"
脑中的顽固矛盾。有人会说，它就是一面镜子，而任务是反射其他镜子，
其他镜子又会反射再其他的镜子，以至无穷。这在物理上直接是不可能
的，因此"无穷后退"表征了某种深坑，鸢飞其上空的是人类的意识
现象。而"意识之下"，则进行着一场持续的战斗，争夺的是完全表征，
也发生在完全表征之中，而这完全表征所要表征的东西，却无法完全达
到完全表征，只因为它缺乏空间。因为，为把完全而平等的权利赋予所
有的倾向——所有那些在基本意识（awareness）的中心大声疾呼争夺注
意力的倾向——无限的容量实乃必需。于是，意识周围盛行着无休止的
拥挤、推搡，而意识并非、也绝非所有心理现象那至高无上、处变不惊
的舵手，却更像是汹涌波涛上的一个软木塞——一个软木塞身居高点并
不意味着它掌控这些波涛……现代意识理论是以信息论和动力学的方
式阐释的，很遗憾无法解释得简单明了，因此我们要不断回到一系列的
视觉模型和比喻——至少在本书中是如此，本书对这一主题的呈现更易
于理解。无论如何，我们知道，意识是一种托词，是演化诉诸的一种转移，
用以保持其特有且不可或缺的惯技——机会主义，即找到一条迅速摆脱

---

* 闭包：若函数 F 可以嵌套定义一内部函数 G，且 G 引用了外在于 G 的 F 中的变量，则 F 执
  行时，就形成闭包。一些编程语言允许这样的结构，但在朴素集合论中可能产生"罗素悖论"，
  这时会出现"语义封闭"（sementically closed）的情况。

  "不允许……最终完备性"：根据哥德尔定理的大意，任何具有一致性的特定算术系统，都无
  法推导出与之相容的全部真命题（即不完备）。

困境的即时途径。那么，如果有人真要去建造一个智能存在者，并按照完全理性的工程学和逻辑学准则行事，且应用技术效率的标准，那么一般而言，这样一个存在者是得不到意识的天赋的。它的行为举止完全符合逻辑，始终连贯一致、清楚易懂、有条不紊，甚至在人类观察者看来会像是个善于创造性活动和制定决策的天才。但它绝不会是一个人类，因为它缺乏人类神秘的深度、错综的内在和迷宫一般的本性。

这里我们不再继续深入意识之心的现代理论，多布教授也没有。不过这只言片语是妥当的，因为它们为人造人格的结构提供了必要的介绍。人造人格的创造，最终实现了一个非常古老的神话：人造小人儿（homunculus）的神话。为了与人类及人类心灵相似，必须将特定的矛盾故意引入信息基质，必须赋予信息基质一个非对称、非中心的倾向，总之就是必须既统一又冲突。这理性吗？是理性的，而且如果我们不仅仅是想要构造某种人工合成智能，而是要去模仿人的思想，并随之模仿人的人格，那这样做就几乎不可避免。

因此，人造人格的情感必须在某种程度上与其理性相冲突；它们必须拥有自毁倾向，至少一定程度上有；它们必须感受到内在的张力，这些张力全乎是"离心的"，就像我们体验到的诸般精神状态，时而浩渺无垠，时而又痛苦不堪、杂乱支离。与此同时，创造这些的指令完全不像看上去那么复杂得叫人绝望。简言之，受造物（人造人格）的逻辑必须被搅乱，必须包含某些二律背反。希尔布兰特说，意识不仅是摆脱演化僵局的出路，还是逃过"哥德尔化"罗网的法门，因为意识作为解决方案借助了违拗逻辑的矛盾，从而规避了每个逻辑完美的系统总要面对的矛盾。因此，人造人格的宇宙是完全理性的，但它们在这宇宙中却并不是完全理性的居民。让我们就此打住吧，多布教授本人也并未深究这个非常困难的话题。正如我们已经知道的，人造人格有灵魂而无身体，所以也就没有躯体性的感觉。据说在一些特定的心灵状态中，在完全的黑暗中，并极尽可能缩减外来刺激流入时，"难以想象"会体验到什么；但多布坚称，这是一个误导性的图景。因为感官剥夺很快会瓦解人脑的功能，而没有了来自外部世界的刺激之流，人的心灵也会显现出一种消融的倾向。可没有身体感觉的人造人格很难瓦解，因为给予它们内聚力的是数学环境，它们也的确体验到这个环境。怎么体验到的？我们说，它们有这样的体验，是基于自身状态的一些变化，这些变化又是它们宇宙的"外部性"赋予、加诸它们的。而对来自它们外部的变化，和从它们自己内心深处浮现的变化，它们能加以区分。怎么区分的？对于这个问题，只有关于人造人格动态结构的理论，能给出直接的回答。

纵使有这些惊人的差异，它们还是很像我们。我们已经知道，数字机器永远无法迸发出意识，无论我们驱策它完成何种任务，或在其之中模拟何种物理过程，它都永远"无心"。因为，要模拟人，就必须复制人的某些基本矛盾，只有一个内部"相互吸引着对抗"的系统，一个这样的人造人格，才会像一颗"因重力而收缩又同时因辐射压力而膨胀的恒星"——这是多布引用坎永的话。这个重力的中心，很简单，就是第一人称的"我"，但它无论如何都不构成逻辑或物理意义上的统一体。这只是我们的主观错觉！阐述到这个阶段，我们发现自己身陷大量的震惊之中。诚然，人可以给一台数字机器这样编程，使人能与机器对话，宛如与一个有智能的人类同伴对话一样。必要时，机器也会使用代词"我"及其各种语法形式。但这是个骗局！机器依然更接近亿万只学舌鹦鹉——无论这些鹦鹉多么训练有素——而比不上最愚笨的人。机器仅仅在纯语言的层面上模仿人的行为，仅此而已。没有什么能把这样一台机器逗笑，或使它吃惊、迷惑、警醒、苦恼，因为它在心理上和个体上都不是"一个人"。它是一个有求必应、有问必答的"声音"，是一个有能力击败最佳棋手的"逻辑"，是（或可能成为）一个万事万物的完美模仿者。你乐意的话，也可以说它是一个演员，演技臻于完美，扮演任何编好程序的角色，但也是一个内里全然空无的演员、模仿者。人们不能指望它有同情或厌恶。它自我设定目标并朝它努力；它的"不关心"，程度也永远超出任何人类的概念，因为它根本就不是作为一个人而存在……它是一个出奇高效的组合机制，仅此而已。现在我们面临的是一个极为瞩目的现象。如下想法令人错愕：从完全空洞的原材料和完全无人格的机器中——尽管要输入特殊的人格发生程序——竟然有可能创造出真正有感觉能力的存在者，甚至一次造好些！最新的 IBM 机型最高可容纳 1000 个人造人格（这个数字在数学上是精确的，因为承载一个人造人格所需的元素和连接可通过厘米-克-秒的单位组合来表示）。

在机器中，人造人格是彼此分离的。它们通常并不"重叠"，尽管这可能发生。它们一有接触，就会发生相当于排斥的情况，这防止了相互"渗透"。不过如果它们目标如此，也能渗透。届时，构成其心理基质的过程就会开始相互叠加，产生"噪声"和干扰。当渗透区域稀薄时，一定量的信息就为两个部分重合的人造人格共同所有。这种现象对它们而言很不寻常，就像一个人类如果在自己的头脑中听到"陌生的声音""外来的想法"，也很不寻常，甚至足该惊慌（当然在某些心理疾病中，或受致幻剂影响时，这种情况确实会发生）。就好像两个人拥有的不仅是内容相同的记忆，而是本身就是同一份记忆；仿佛发生的远不止心灵感应式的思维传送，即"不同自我的外周性融合"。然而这种现象的结果是不祥的，应当避免。因为，紧接着表面渗透的过渡状态，"先进"的那个人造人格会毁掉、消耗掉另一个。这样一来，后者就会被吸收，进而湮灭，终止存在（这已经被称为谋杀），被吸收成"侵略者"之内分辨不出的部分。多布说，我们不仅已经成功模拟了心灵生活，还成功模拟了心灵的危难和毁灭，因此我们也已经成功模拟了死亡。不过，在常规的实验条件下，人造人格会避免这种侵略行为。"噬心"（psychophagi，卡斯特勒的术语）现象在它们中极为少见。渗透可能起始自纯偶然的接近和波动，而感到这种威胁当然是以非物理的方式，颇像某人可能会感到别人在场甚或在自己心中听到"陌生的声音"。总之，一旦感到渗透将近，相关的人造人格就会执行主动的避让动作，退开各谋出路。正是由于这种现象，它们开始懂得"善""恶"概念的意义。对它们而言，很明显，"恶"在于毁灭他人，而"善"在于解救他人。同时，对一方的"恶"可以是对另一方的"善"（即获益，此处是非伦理学的意义），而后者也就成了"噬心体"。这样的扩张，即占领他方的"心智领地"，让某人造人格增加了最初给定自身的心理"田亩"。某种程度上，这也是我们实践行为的一个对应物，因为作为食肉动物，我们杀戮，并以牺牲品为食。但其实人造人格并不必须如此行事，它们仅仅是有能力如此。它们不知何为饥饿干渴，因为有能量源源不断流入，供养它们。它们不必操心这种能量的来源，就像我们不必格外费心于让太阳照到我们。在人造人格应用力能学（energetics）时，它们的世界不会产生热力学的条件和原理，因为这个世界服从的是数学定律，而非热力学定律。

不久后，实验者得出结论，人造人格与人类之间通过计算机的输入输出发生的接触，无甚科学价值；不只如此，这还制造了道德困境，对人格发生学被贴"最残酷科学"标签一事"功不可没"。去告诉人造人格，它们其实是我们在只是模拟无限的各种封闭围壳（enclosure）里创造的微观"心灵包囊"，在我们的世界里只是封装体，似乎没什么意义。它们无疑拥有自己的无限，因此沙克尔和其他人格发生学家（福克和维格兰）声称，我们双方的处境是对等的：人造人格不需要我们的世界、我们的"生活空间"，我们也用不上它们的"数学尘世"。多布认为这种推理是诡辩，因为在"谁创造了谁、谁限定了谁的存在"这一问题上，没什么可争论的。多布本人所属的阵营，拥护绝对不干涉的原则，和人造人格"不接触"。他们是人格发生学的行为主义者。他们渴望观察这些人工合成的智能存在者，聆听它们的话语和思考，记录它们的行动和追求，但决不干预它们。相关方法已经发展成熟，有相应的技术手段，那是一套工具，但仅仅几年前，购置这些工具还难于上青天。他们的想法是：倾听并理解，简言之就是不间断地窃听，但同时避免此类"监视"以任何形式打扰到人造人格的世界。而如今在 MIT 的计划阶段里，一些程序（如 APHRON 2 型和 EROT*）会使人造人格有能力进行"情

---

* aphron 和 erot 分别是爱与美之神阿弗洛狄忒（Aphrodite）和其子爱欲之神厄洛斯（Eros）的变体。

欲接触"，使此种对应于受孕的过程得以可能（尽管它们还没有性别），
赋予它们"有性"繁殖的机会。多布明确表示，他对美国人的这些计划
毫无热情。如《恕不侍奉》所言，他的工作朝向的是完全不同的方向。
也难怪人格发生学的英国学派被称作"哲学多边形"和"神义论实验室"，
这些称谓引出了本书最为意味深长也最吊诡的部分，即最后的部分，这
里，本书古怪的书名得到了解释和辩护。

多布解说了他自己的实验，它仍在继续，8 年来从未中断。对"创世"
本身，他仅是简略提及：它是对 JAHVE 6 型程序中各种典型函数的相
当普通的复制，仅做了少许修正。而对这个他亲手创造并一直在跟进其
发展的世界，他也总结了"窃听"它的结果。他认为这种窃听不合伦理，
有时甚至是可耻的行径。即便如此，他还是继续了他的工作，同时也声
明了他坚信进行此类实验对于科学非常必要，尽管这些实验基于道德的
考虑甚或任何无关知识进步的考虑，无论如何都不正当。他说，局面已
经到了科学家那些旧式借口都已无济于事的地步。就比如，人们要佯装
太平无事的中立，消除良心不安，是指望不上"活体解剖论者"想出的
那些辩解的：人所制造的痛苦甚至仅仅是不适，其承受者并不是具有全
方位意识的生灵，不是有自主权的存在者。在人造人格实验中，我们负
有双重责任，因为我们先是创造，而后又用我们实验室规程的条条框框
去束缚创造产物。无论我们做了什么，无论我们如何解释我们的行动，
都再无办法逃避完全的责任。

多布和他的同事们依托在旧端口积累的多年经验，着手制造了
八维宇宙，它成了几个人造人格的居所，它们的名字分别是 ADAN、
ADNA、ANAD、DANA、DAAN 和 NAAD。初代人造人格发展了内置
的语言雏形，并通过分裂的方式获得"后代"。多布用圣经般的口吻写
道："ADAN 生 ADNA，ADNA 又生 DANN，DANN 将 EDAN 带来世
间，EDAN 又生 EDNA……"＊就这样下去，直到后代数达到 300。而由

＊ Adan 形似"亚当"（Adam），EDAN 形似"伊甸园"（Eden）。

于计算机仅有 100 个人造人格实体的容量，因此会定期清除"过剩人口"。在第 300 代人造人格中，ADAN、ADNA、ANAD、DANA、DAAN 和 NAAD 这些名字会再次出现，带有标注辈分的附加数字（为了复述的简便，我们省略这些数字）。多布告诉我们说，计算机宇宙内已然流逝的时间，粗略换算成我们的计量单位的话，相当于 2 ~ 2.5 千年。在此期间，人造人格种群中出现了一系列对自身命运的不同解释，它们还为"一切存在之物"构想了多种竞争互斥的模型，也就是产生出了许多不同的哲学（本体论、认识论）和各种自成一派的"形而上学实验"。但是，我们不知道是因为人造人格的"文化"与我们的太过不同，还是因为实验持续的时间太短，在所研究的种群中，并没有形成任何完全教义式的信仰，就像佛教或者基督教信仰那样。相反，人们注意到，早在第 8 代就出现了造物主的观念，而且造物主被想象为有位格（person）的唯一神。实验包括将计算机转换速率先升至最大，再降下来，如此交替，差不多每年一次，这样才能进行直接的监视。多布解释道，这些速率变化，计算机宇宙中的居民是完全感知不到的，一如我们对类似的相应转换也无从感知，因为当全部的存在都一下子变化时（此处是时间维度上的变化），沉浸其中者就是察觉不到，因为这样的变化没有固定点或参考系，也就无法确定它们是否发生了。

因为应用了这样的"年代双换挡"，就出现了"人造人格史"这个多布最想要的内容，它有着深厚的传统，时间前景也一派大好。我们不可能总结多布记录下的这部历史的全部数据，这些数据还常带有耸动性。我们将限于一些段落，从这些段落中产生了本书书名所反映的观念。人造人格使用的语言是我们的标准语的新近变式，这一标准语的词汇和句法则是通过编程赋予了初代人造人格。多布将人造人格语大致翻译为我们的日常语言，但原样保留了几个由人造人格种群首创的表达。其中有"有神者"和"无神者"*，分别用来描述上帝的信徒和无神论者。

---

*　在英译文中，两词为 godly 和 ungodly，是纯英语构词的形容词，本意为"敬神的"和"不敬神的"；

在一个我们熟知的问题上，人造人格展开了一番交谈，一方是ADAN，另一方是 DAAN 和 ADNA——人造人格们自己不使用这些名字，这纯属观察者为记录"对话"而行的方便法门。这个问题在我们的历史中来源于帕斯卡，但在人造人格史上则由某位 EDAN 197 发现。与帕斯卡如出一辙，这位思想家说，信仰上帝无论如何都比不信仰更为有利可图，因为假如真理站在"无神者"一边，那么信徒在离世时，除了生命之外一无所失，而假如上帝存在，他就会获得一切永恒、永世荣耀。因此应该信仰上帝，因为很简单，这就是由某种生存策略决定的，在追求最优的成功时主体会权衡几率。

ADAN 300 对于这条指令抱有如下看法：EDAN 197 在他的推理思路中，假定了一个要求爱、尊敬和完全虔诚的上帝，而不是仅仅相信祂存在并创造了世界这样的事实。谁要赢得救赎，仅仅同意上帝是"世界的制作者"这个假设是不够的，还必须感激"制物主"的创世行为，揣摩圣意并身体力行。总之，必须侍奉上帝。那如果上帝存在，祂就有能力证明这一点，而所用方式的信服度，至少要达到直接能感知到的事物就证实了祂的存在，这种程度。人们当然无法怀疑某些物体是存在的，无法怀疑我们的世界就由它们构成，至多就是对它们存在是要干什么、它们怎么存在等这些问题心存疑虑，但决不会否认它们存在的事实本身。上帝可以就以这样的力度为祂自己的存在提供证据。可祂并没有这样做，而是判处给我们这样的惩罚：为确认他的存在，要去找寻知识，而这知识迂回间接，表述为各种猜想的形式，这些猜想有时还被冠名为"启示"。如果祂如此行事，那么祂也就是将"有神者"和"无神者"放在了同等的低下地位上。祂没有强迫其受造物绝对笃信祂的存在，而只是为受造物提供了这种可能性。诚然，造物主的行事动机可以很好地对其受造物掩藏起来。尽管如此，还是会出现下面的命题：上帝要么存在，要么不存在。引入第三种可能性就非常不合适了：比如上帝存在过，但

而普通英语中，还有词根来自希腊语的"有／无神论者"(theist／atheist)。

不再存在了；上帝间歇性地存在，波动不定；上帝有时存在得"少一些"，有时"多一些"，等等。第三种可能性无法排除，但往神义论中引入多值逻辑只会带来混乱。

因此，上帝要么存在，要么不存在。双方阵营的每个成员都有论证来支持各自的选项："有神者"证明造物主存在，而"无神者"证明其不存在。如果上帝本尊也接受我们这样的处境，那么从逻辑的观点看，我们就有了一场博弈，其中一方是"有神者"和"无神者"的全集，另一方则是上帝自己。这场博弈必然包含这样一个逻辑特征：上帝不会因不信仰祂而惩罚任何人。如果某事物是否存在着实无法知晓，有人说它存在有人说不存在，就都仅是宣称而已，并且如果一般而言提出这个事物从未存在的假说是可能的，那么对任何否认这一事物存在的人，没有哪个公正的法庭会判处他有罪。因为在所有世界之中道理都是如此：没有完全的确定性，就没有完全的责任。这一表述在纯逻辑上无懈可击，因为它在博弈论的语境中建立起的是对称的奖励函数，任何人面对不确定性却要求完全负责，都破坏了博弈的数学对称性，因此后来就有了所谓的非零和博弈。

所以，要么上帝完全公正，这样一来祂就无权因"无神者"是"无神者"（即他们不信仰祂）这一事实而惩罚他们；要么祂终究还是会惩罚那些不信者，这意味着从逻辑的观点看，祂并非完全公正。这会推出什么呢？推出上帝可以为所欲为，因为一旦一个逻辑系统容许了单一个矛盾，按照"错误前提推出一切"（ex falso quodlibet）的"爆炸原理"，人们就可以从这个系统中随心所欲地得出随便什么结论。换句话说：一个公正的上帝不会动"无神者"一根毫毛，如果祂动了，那么正是由于这个行为，祂就不是神义论假定的普遍完美和公正的存在者。

ADNA 问道，有鉴于此，我们要如何看待对他人作恶的问题。

ADAN 300 回复道：无论"此岸"发生了什么，都是完全确定的，而无论"彼岸"——世界的边界之外，上帝的永恒之中——发生了什么，都是不确定的，都只是根据假设推导而来。在此岸，人不应作恶，尽管避免作恶的原则无法在逻辑上明证。不过出于同样的原因，世界的存在也无法在逻辑上明证。世界存在，尽管它可能不存在。恶行可能会犯下，但人不应该去这样做，并且我认为应该不去这样做，因为我们的协同一致是基于互惠规则：我怎样对你，你就怎样对我。这与上帝是否存在无关。如果我是出于预料自己会因作恶在彼岸受惩罚才忍住不去作恶，或是指望在"彼岸"受赏才去行善，我就将我的行为奠基在了不确定的根据之上。不过，在此岸，在这方面，不会有比我们的协同一致更为确定的根据。如果彼岸还有其他的根据，那么关于它们我具有的知识，不会像在此岸关于我们的根据我所具有的知识那样确切。或者说，活着，就是在拿生命博弈，在其中我们每个人都是盟友。由此，我们之间的博弈是完全对称的。而设定了上帝，我们同时也就设定了这场博弈会在世界之外延续。我认为，只要博弈的延续无论如何都不会影响此岸的博弈进程，应当允许设定这种延续。否则，为了某个或许并不存在的什么人，我们很有可能会牺牲在此岸存在的、确定无疑地存在的东西。

NAAD 说，ADAN 300 对上帝的态度，在他看来并不明朗。ADAN 不是已经承认造物主存在的可能性了吗，这会推出什么结果？

ADAN：不会推出什么结果，就是说，不会在责任的领域中产生什么结果。我认为，以下这条原则也对所有世界都成立：现世的伦理总是不依赖于超越的伦理。这意味着，一种此时此地的伦理并没有外在于它的裁决来支持它。而这又意味着，谁要是作恶，那无论如何都是无赖，正如同谁要是行善，那么无论如何皆属正直。如果有人判断支持上帝存在的论证是充分的，并乐意侍奉祂，那么他不会因此在此岸得到任何额外的好处。这是他的事。这一原则建立在这一假设之上，如果上帝不存在，那么祂就一点也不存在，而如果祂存在，祂就是全能的。因为作为全能的存在，祂不仅可以创造出另一个世界，还可以创造出一种与我的推理所依据的逻辑迥异的逻辑，在这种逻辑中，现世的伦理假设可以是必须依赖超越的伦理的。那样的话，虽说没有看得见摸得着的证据，但逻辑上的证据也会有难以抗拒的效力，让人迫于亵渎理性的威胁而接受上帝存在的假设。

NAAD 说，或许上帝并不想要这种强迫信祂的情形，这情形要基于 ADAN 300 假定的那种另类逻辑才会出现。对此，ADAN 300 回复道：

一个全能的上帝也一定是全知的；绝对的力量不能与绝对知识无关，因为一个存在者如果无所不能，却不知其全能的施展会招致什么后果，那么事实上他就不再是全能的；如果上帝像传言中那样时不时地创造奇迹，这就会将其完满性置于最为可疑的境地，因为奇迹是在违反、在粗暴干涉祂的创造治权。而谁若能规范自己的创造产物，并自始至终知道产物的行为，就没有必要去违反那种治权；如果他还是违反了，却依旧保持着全知，这意味着他根本没有在纠正他的作品（毕竟纠正只能意味着最初是非全知的），而是相反，在借助奇迹来提供自身存在的迹象。可这个逻辑是错的，因为提供任何这样的迹象都必定会产生创造产物的局部缺陷得到了改善的印象。因为对新模型的逻辑分析得出以下结论：创造产物经受的纠正并不来自其自身，而是来自自身之外（来自超越的上帝），因此，奇迹真的应该成为常态；换言之，创造产物应当受到如此的纠正和完善，才会最终不再需要奇迹。因为,奇迹作为后设的(ad hoc) 干涉，不能仅仅充当上帝存在的迹象；毕竟，奇迹除了揭示其作者，还总是会指示出收信人（以一种有益的方式指向此岸的某个谁）。因此，说到逻辑，一定会是这样：要么创世是完美的，这种情况下奇迹就没有必要；要么奇迹是必要的，这种情况下创世就不完美（无论有没有奇迹，反正只有有缺陷的东西可以被纠正；一个干涉完美的奇迹仅仅会扰乱完美，甚至使其恶化）。因此，通过奇迹来示意谁的存在，相当于在逻辑上用了所有可能中最差的展现方式。

NAAD 问道，上帝实际上可能并不想把逻辑和对祂的信仰一分为二，或许信仰行动恰恰应该是为了保全完全的相信而使逻辑退场。

ADAN：一旦我们允许某事物（比如存在者、神义论、神谱学等类）的逻辑重构有内在的自相矛盾，显然就有可能随心所欲地证明任何东西。想想问题出在哪儿。我们所谈论的是，创造某个人，并赋予他一种特定的逻辑，接着要求这同一种逻辑献祭于对"万物制作者"的信仰。如果这个模型自身要保持无矛盾，就要求以一种元逻辑的形式应用另一种推理，与对受造者的逻辑而言自然而然的推理全然不同。就算这没有揭示出造物主明摆着的不完美，也至少揭示了我称之为"数学性不优雅"的性质，这是创世行动自成一类（sui genesis）的不讲章法（不连贯一致）。

NAAD 坚持道：或许上帝这样行动，恰恰是想要对其创造产物保持神秘莫测，即上帝用以创世的逻辑不可重构。简言之，上帝要求信仰对逻辑拥有统治地位。

ADAN 回答道：我明白你的意思。这当然是有可能的，可即便如此，一种被证明与逻辑不相容的信仰，也会提出一个令人极其不快的道德性两难困境。因为那种情况下，推理到了某一点必然要悬置，让位于一个含糊的假定，换句话说，就是将这一假定置于逻辑确定性之上。这要以无限相信的名义来完成。这时，我们就进入了一个恶性循环，因为人们理应报以相信的对象，其被设定的存在首先是先前的推理思路逻辑正确的产物。这样就出现了一个逻辑矛盾，而这一矛盾对有些人还呈现出积极作用，被称为"上帝的奥秘"。这样一个解决方案，从纯建造的视角看是粗劣的，而从道德视角看则是可疑的，因为奥秘虽可令人满意地奠基于无限之上（无限性毕竟是我们世界的一大特性），但维护和强化它的办法若是内在的悖论，那么以任何建筑学标准来衡量，都是背信弃义的。神义论的拥护者普遍没有意识到事情就是如此；因为在其神义论的某些部分，他们照样应用普通逻辑，而在另一些部分又不然。我想说的是，如果有人相信矛盾（"因荒谬，我信仰"，多布教授注 *），那么这人应该只相信矛盾，而不要同时还在某些其他领域相信无矛盾（即相信逻辑）。不过，如果坚持这样一种古怪的二元论，即现世的永远服从逻辑，而超越的仅仅时断时续地服从，那么随即就会得到一个在逻辑正确性上"打了补丁"的创世模型，不再可能假设其完美。人们会不可避免地得

---

* 拉丁教父德尔图良的名言。多布这里注的是其拉丁语 credo quia absurdum est。

到这样的结论：完美必定是一种逻辑上需要打补丁的东西。

EDNA 问，这些不连贯不一致，结合起来是否就是爱。

ADAN：即便如此，这也只可能是一种盲目的爱，再无任何其他形式。假如上帝存在，假如上帝创造了世界，祂也就准许了世界凭其所能、如其所愿地掌管自己。对上帝存在的事实，不需要有任何感激，这样的感激假定了"上帝有能力不去存在"这一先在的决定，而这是不好的，这个前提会导向另一种矛盾。那么去感激创世行动何如？这也不是上帝的功劳，因为这假定了一种强迫性，即强迫相信存在必定好于不存在，但我想不出这要如何证明。谁若不是必定存在，那么侍奉他还是伤害他，就都不可能；如果创世的那位出于其全知，事先知道了受造者会谢祂、爱祂，或是会不领情、否认祂，祂就会施加限制，尽管这限制受造者无法直接理解。正因如此，没有什么是上帝的功劳：爱不是恨也不是，感激不是指摘也不是，希冀回报不是，畏惧惩罚也不是——没有什么是祂的功劳。如果上帝渴求得到这些感情，就必须首先向发出这些感情的主体保证，祂的存在毋庸置疑。爱可能会被迫依靠猜测来判断它是否激发了互惠，这可以理解；但如果爱被迫依靠猜测来判断被爱者是否存在，可就不知所谓了。全能的祂本可以提供确定性的。由于祂并没有提供确定性，如果祂存在，那祂必定认为确定性是不必要的。为什么不必要？有人开始怀疑，或许祂并非全能。一个并非全能的上帝应当获得类似于怜惜或爱的感情，但我认为我们的神义论无论何种，都不会允许这样。所以我们说：**我们侍奉自己，恕不侍奉别个。**

神义论中的上帝更像是一个明君还是暴君？我们略过对这一主题的深入思考。这部分论证占了这本书很大的篇幅，很难浓缩。多布记录的讨论和深思，有时是 ADAN 300、NAAD 及其他人造人格的集体研讨，有时是独白（通过接入计算机网络中的相关设备，实验者甚至还能记下纯心理的序列），几乎占了《恕不侍奉》的 1/3。在正文中，我们找不到对它们的评述。不过，在多布的后记里，我们发现了这番陈述：

"ADAN 的推理似乎无可争辩，至少目前在我看来是这样——

毕竟是我创造了他。在他的神义论中，我就是造物主。事实上，我
在 ADONAI 9 型程序[*]的帮助下创造了那个世界（序列号 47），并用
JAHVE 4 型程序的修改版创造了人造人格萌芽。这些最初的实体产生
了 300 代后裔。事实上，我从未（以公理的形式）向他们传达任何这些
数据，或者我存在于他们世界的界限之外这一情况。事实上，他们仅仅
基于猜测和假设，通过推导就得出了我存在的可能性。事实上，在我创
造智能存在者时，我并不觉得自己有权向它们要求任何类型的特权——
爱、感激乃至这样那样的侍奉。我可以扩大或者缩小它们的世界，加快
或减缓其时间，改变它们的感知模式和手段；我可以清除它们，分裂它
们，繁殖它们，改变它们存在的本体论基础。因此，我对他们而言就是
全能的，可从中确实也推不出他们对我有任何亏欠。就我而言，他们一
点也没有承我恩惠。我不爱他们，这是真的。这完全牵扯不到爱，尽
管我想很可能有另一位实验者对他的人造人格怀有这种感情。但在我
看来，这一点也没有改变状况，一点也没有。想象一下，我给我的 BIX
310 092 装上一个硕大的辅助单元，即一个'来世'。我让我的人造人格
的'灵魂'一个接一个地通过连接通道进入这个单元，在那儿，对那些
信仰我、崇敬我、向我流露出感激和信任的，我给予奖赏，而对其余的
那些，用人造人格的话讲就是'无神者'，我施予他们惩罚，例如彻底
抹杀或施以酷刑（至于'永罚'，我甚至都不敢想，我还没恶魔到这个
程度！）。我的行径无疑会被视作一种极其无耻的自我中心主义，一种
卑劣的非理性报复行动，总之在完全统治着无辜者的情况下，是终极的
恶行。而这些无辜者将以无可辩驳的逻辑证据来反对我，这是庇护他们
行为的'神盾'。

"显然，人人都有权从人格发生学的实验中得出其认为恰当的结论。
伊安·康贝博士曾在一次私人谈话中对我说，我毕竟可以让人造人格社
会确信我的存在。唉，我是一定一定不会这么做。因为，这对我来说无

---

* adonai，希伯来语的"上帝"。

异于恳求那个‘延续’，而这该是他们那边的反应。可究竟他们对我做什么、说什么，我身为他们不幸的造物主，才不会感到极度的尴尬，不会感到我所处地位的刺痛？

　　"电费必须季付。当我在大学的上级要求‘完结’实验时，那一刻也就要来临了：那就是，切断机器的电源，或者说，是那个世界的末日。出于人道，我打算尽可能地推迟那一刻。这是我唯一力所能及的事，但我认为并不值得什么赞颂。这毋宁是俗话中通常所说的‘脏活’。这么说，我希望没人多想；不过如果确实有人多想，那，这就是他的事了。"

反　思

　　《恕不侍奉》选自莱姆的文集《完满的空无：对子虚乌有书籍的完美书评》。本文不仅老到精准地游刃于计算机科学、哲学和演化论的主题之间，而且切中肯綮地讲解了当今人工智能真实进展的某些方面。例如，特里·维诺格拉德著名的 SHRDLU，标榜自己是一个机器人，能用机械手臂移动桌子上的色块，但事实上 SHRDLU 的世界却完全是在计算机内部编造或说模拟出来的[*]——"事实上，这种装置的处境恰好是笛卡尔所恐惧的那样：不过是台计算机，却梦见自己是个机器人"[†]。莱姆刻画的计算机虚拟世界（实际上是由数学虚拟而成）及其中模拟的行动主体，既精准又不乏诗意，但带有一个突出的错误，非常类似于我们在这类故事中反复遇到的那些。莱姆的这个错误或要归因于计算机那酷

---

[*]　SHRDLU 是一种早期的自然语言理解程序，由 Terry Winograd（1946—　）于 1968—1970 年开发，使用的语言包括 Lisp，作为他当时在 MIT 的博士论文。后来他任教于斯坦福大学，成为计算机科学家。

[†]　Jerry Fodor, "Methodological Solipsism Considered as a Research Strategy in Cognitive Psychology"（见《延伸阅读》）。——原注

炫的运转速度，这些模拟世界中的“生物时间”要比我们的真实时间快得多，唯有我们想要探测检查它们时，它们才会降速为我们的步调："……机器的一秒相当于人类生命的一年"。

在莱姆所描述的大规模、多维、高精细的计算机模拟中，时间尺度确实会与我们日常世界的时间尺度间存在巨大的差异，但差异的发展方向正相反！就有点儿像惠勒的电子，来回穿梭编织出整个宇宙，计算机模拟也必须连续地绘制细节，而即便是在光速下，相当简单和表面化的模拟（人工智能迄今的尝试产出皆是如此）也要比它们在现实生活中的对照物用时长得多。"并行处理"，比如说同时运行几百万个模拟通道，当然是这个问题的一个工程解决方案（尽管还没有人知道怎么去做）；然而一旦我们用数百万个并行处理通道模拟了世界，那再宣称它们是模拟而非真实（如果是人造的），可就不好接受了。参见选文 18《第七次远行》和 26《对话爱因斯坦的脑》对这些主题的进一步探讨。

无论如何，莱姆以惊人的生动性描绘了一个住着有意识的软件居民的“控制论宇宙”。对我们常说的“灵魂”，他有各种各样的用词，称其为“内核”“人格核心”“人造人格萌芽”，有时甚至制造出一种错觉，好像把它们说得更具技术细节了："一团‘进程的连贯之云’，一个带有‘中心’的功能性聚合体，这一中心可以被精准地分离……"。莱姆将人类——或者说人造人格——的意识描述为一种尚未达成且不可达成的计划，该计划的目标是与脑中的顽固矛盾完全和解。这一矛盾起源于脑的层次冲突的无穷后退，并“鸢飞”于其上空。它是一个“补丁拼凑”“逃过‘哥德尔化’罗网的法门”“一面镜子，而任务是反射其他镜子，其他镜子又会反射再其他的镜子，以至无穷”。这是诗，哲学，还是科学？

人造人格耐心地等待通过一个奇迹来证明上帝的存在，这一图景令人颇为感动与震惊。这类图景偶尔会被藏身隐蔽之处的计算机鬼才们在深夜里讨论，那时整个世界都已在神秘的数学和谐中灯火阑珊。一天深夜，在斯坦福的 AI 实验室里，比尔·高斯珀阐述了他自己对（莱姆所谓的）“神谱学”的想象，与莱姆惊人地相似。在所谓的“生命博弈/游戏"上，高斯珀是一位高手，他以此作为他的神谱学的基础。"生命"是一种二维"物理"，由约翰·霍顿·康威发明，很容易在计算机中编写并在屏幕上显示。在这种物理中，一个巨大的且理论上无限的围棋盘（即网格）的每个交叉点上，都有一盏灯或开或关。不仅空间是离散的（不连续），时间也是。时间在短暂的"量子跃迁"中从一个瞬时转到另一瞬时，就像某些钟表上的分针移动的方式：静止一分钟，然后跳一格。在这些离散的瞬时之间，计算机根据旧的"宇宙状态"算出新的，然后显示这个新的状态。

某个特定瞬时的状态仅仅取决于刚刚过去的那个瞬时——时间上更久远的东西不会被"生命"的物理法则"记住"（顺带一提，这种时间上的"局部性"对我们自己宇宙的基本物理法则同样为真）。生命游戏的物理在空间上也是局部的（这又与我们自己的物理相一致），就是说一个"细胞"从一个特定的瞬时移动到下一个，只有它自己的灯光和紧邻它的几个细胞的灯光，才能起到告诉它新一个瞬时该做什么的作用。这样的"邻居"有8个，4个邻接，4个对角。为了确定下一个瞬时要做什么，每个细胞都会数数目前8个邻居中亮灯的有多少。如果答案是恰好2个，那么细胞灯光保持原样；如果答案是恰好3个，那么无论这个细胞之前的状态如何，它都点亮；其他情况，细胞熄灭。（一盏灯点亮时，技术上就认为它"诞生"了，熄灭则叫作"死亡"——这都是适合生命游戏的措辞。）当整块棋盘都同步服从这个简单法则时，后果非常惊人。尽管生命游戏现在已经十多岁了，但其深刻性尚未被完全参透。

时间上的局部性意味着，宇宙的久远历史影响当下事件进程的唯一方式，是"记忆"以某种方式被编码进了灯光在网格上的延伸模式（我们在前面已经提到，这是一种让过去进入现在的"压平"）。当然，记忆越详细，物理结构体就得越大。但物理定律的空间局部性意味着，大型的物理结构体可能无法存活下来，会干脆解体！

从最一开始，大型结构体的存活和连贯一致问题就是生命的大问题之一。有些结构体因其内部构造确实得以存活，并展现出了有趣的行为，而高斯珀正是这些各种各样的有趣结构体的发现者之一。有些结构体（称为"滑翔机枪"）周期性地喷射出小一些的结构体（"滑翔机"），后者缓缓驶向无尽的远方。当两台滑翔机相撞，或者一般地，当大型的闪烁结构体相撞时，还会飞出火花！

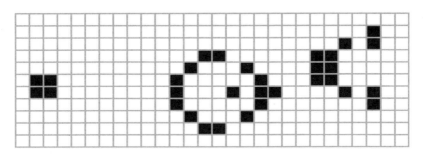

康威生命游戏中的"滑翔机枪"（Bryan Burgers 绘，2008）

　　通过观察屏幕上的这些闪烁模式（且能放大缩小，从而看到各种尺度规模上的事件），高斯珀和其他人对"生命"宇宙中的事件形成了鲜明的直观理解，以及丰富多彩的词汇（舰队、喷气太空列车、滑翔机火力网、机枪扫射、增殖者、捕食者、太空碎片、抗体等等＊）。这些模式对新手而言具有惊人的不可预测性，而对这些高手来说则非常直观。然而，生命游戏中仍然存在着许多谜团。是否存在一些结构体，其复杂度会无尽地增长，还是说所有结构体都会在某一点上达到稳定状态？结构体是否有不断升高的层级，而这些层级拥有它们自己的现象学法则，分别类似于我们宇宙的分子、细胞、有机体、社会？高斯珀猜测，在一个巨型棋盘上，可能需要数次向高层次的直观跃升，才能了解组织的复杂模式的意义，具有意识和自由意志的"生物"极有可能存在，可以思考

＊　原文依次为 flotilla, puffer train, glider barrage, strafing machine, breeder, eater, space rake, antibody。

它们的宇宙及物理，甚至可以思索是否存在一个上帝创造了这一切，如何努力与"祂"沟通，这种努力是否有意义、是否值得，等等。

这里，人们会遇到一个永恒的问题，即自由意志如何能与一个决定性的基质共存。部分答案是，在意志者的眼中，而非高高在上的上帝眼中，才有自由意志。只要受造物感到自由，他或她就是自由的。不过，在讨论这些神秘之事时，还是让我们听从上帝本尊的吧，祂在接下来的这篇选文中大发慈悲地向一个糊涂的凡人解释了自由意志真正关乎的是什么。

D. C. D.

D. R. H.

上帝是道家吗？

雷蒙德·M. 斯穆里安

凡人：哦，上帝啊，我向你祈祷，如果你对你这受苦受难的造物还有半点怜悯的话，就把我从不得不拥有的自由意志中赦免出来吧！

上帝（神）：你拒绝我赐予你的最伟大的礼物？

人：你怎能把强加给我的东西叫作礼物？我有自由意志，但这并非出于我自己的选择。我从没自由地选择去拥有自由意志。我是不得不拥有自由意志，无论我是否喜欢它！

神：你为什么希望不拥有自由意志呢？

人：因为自由意志意味着道德责任，而道德责任我承担不起！

神：你为什么觉得道德责任如此难以承担？

人：为什么？老实说我分析不出为什么，我只知道确实如此。

神：好吧，既然如此，假设我免除你所有的道德责任，但留下你的自由意志。这样你会满意吗？

人：（停顿了一会儿）不，恐怕不会。

神：啊，正如我所料！所以道德责任并不是你反对自由意志的唯一方面。自由意志还有什么让你烦恼？

人：有自由意志，我就可能犯下罪孽（sin），而我不想犯下罪孽！

神：如果你不想犯，那你为什么还要犯？

人：上帝啊！我也不知道我为什么还要犯，我就是会犯！罪恶（evil）的诱惑会出现，而我竭尽全力也无法抵抗。

神：如果你当真无法抗拒那些诱惑，那么你就不是出于你自己的自由意志而犯罪孽，从而（至少对我而言）也就根本不是犯罪孽。

人：不是的，不是的！我总是感到，只要我再努把力，我就能避免罪孽。我明白意志是无限的。如果一个人全心全意地不想去犯罪孽，他就不会犯。

神：那你就应该知道。你是竭尽所能地避免罪孽了，还是没有？

人：我真的不知道！在那个当口，我感觉我尽了全力；但事后回想，我忧心的是，我可能并没有。

神：也就是说，你真的不知道你是否已经犯了罪孽。所以完全有可能，你根本从未犯过罪孽！

人：当然完全有这种可能，但我也可能已经犯了罪孽，正是这个想法令我惶恐！

神：为什么想到你犯了罪孽会令你惶恐？

人：我不知道为什么！有一点吧，你在给来生制造酷刑这方面，着实是名声在外！

神：噢，原来是这让你烦恼！你怎么不一开始就说呢，还拐弯抹角地谈什么自由意志和责任？你刚才为什么不直接要求我不惩罚你的任何罪孽？

人：我想我足够现实，知道你很难应许这样一个要求！

神：可别这么说！你对我会应许什么要求有很切实的了解吗？好，那我告诉你我要干什么！我要赐予你一个非常、非常特别的特权，你想怎么犯罪作孽就怎么来，我用我尊崇的圣言保证，我永远不会惩罚你一丁点儿。行吗？

人：（惊恐万分）不，不，别那么做！

神：为什么不？你不相信我的圣言？

人：我当然相信！可是你还不明白吗，我不是想犯罪孽！我极其憎恶犯
    罪作孽，这与它会引发什么惩罚完全无关。

神：这样的话，我还有个更好的方案。我会消除掉你对罪孽的憎恶。这
    儿有一个神奇的药丸。只管吞下它，你就会失去一切对罪孽的憎
    恶！你将欢乐愉快地犯罪作孽下去，不会悔恨，不会憎恶，并且我
    依旧保证你不会受到我的、或是无论来自何处的惩罚。你将永享至
    福。药丸给你！

人：不，不！

神：你该不是失去理智了吧？我甚至帮你消除掉对罪孽的憎恶之感，这
    可是你最后的障碍。

人：我仍然不能接受。

神：为什么不能？

人：我相信这药丸确实会消除掉我今后对罪孽的憎恶，可我当下的憎恶
    便足以阻止我自愿服下它。

神：我命令你服下它！

人：我拒绝！

神：什么，你以你自己的自由意志来拒绝？

人：是的！

神：那看来你的自由意志用起来还蛮方便的嘛，不是吗？

人：我不明白！

神：拥有自由意志来拒绝这样一个可怕的提议，你难道不高兴吗？如果
    我不管你想不想，强迫你服下这药丸，你觉得怎么样？

人：不，不！请不要！

神：我当然不会。我只是力图阐明一个观点。好，让我这么说，假设我
    不强迫你服下药丸，而是应许你最初的祈祷，消除你的自由意志。
    但你要知道，一旦你不再自由，那么你就会服下那药丸。

人：我的意志都消失了，我还怎么可能选择去服药丸？

神：我没说你会选择，我只是说你会服下它。你会按照，比方说，纯决

定论的法则去行动，这样，你事实上就会服下它。

人：我还是拒绝。

神：这么说，你拒绝我消除你自由意志的提议？这可和你最初的祈祷不一样了，不是吗？

人：现在我明白你想干什么了。你的论证很精巧，但我不确定它真的正确。有些要点我们得再重看一遍。

神：当然可以。

人：在你的话中，有两处在我看来是矛盾的。你先说一个人除非是出于自己的自由意志，否则不可能犯下罪孽。可是你随后又说，你会给我一颗药丸，它能剥夺我的自由意志，这样我就可以尽情犯罪作孽了。可如果我不再有自由意志，那么根据你先前的论述，我还怎么能够去犯罪作孽？

神：你混淆了我们谈话中两个截然不同的部分。我从来没说那药丸会剥夺你的自由意志，它只是会消除你对罪孽的憎恶感。

人：我恐怕有点儿糊涂了。

神：没关系，我们重新开始。假设我同意消除你的自由意志，但你要明白，你将会犯下无数你现在视作罪孽的行为。技术上说，你不再会犯下罪孽，因为你的这些行为不再出于你的自由意志。这些行为不会背负道德责任，或道德罪责，或任何惩罚什么的。尽管如此，这些行为将全部是那种你现在看来属于罪孽的行为，将全部具有你现在觉得憎恶的性质；但你的憎恶会消失。所以，你到时候不再会对那些行为感到憎恶。

人：不对，我现在对那些行为怀有憎恶，而这种当下的憎恶就足以阻止我接受你的提议了。

神：嗯。那我来把这事彻底说清楚。我就当你不再希望我消除你的自由意志了。

人：（不情愿地）没错，我想是的。

神：好，我同意不那么做。不过我仍然不太清楚，为什么你不再希望摆脱自由意志了。请再告诉我一遍。

人：因为，就像你告诉我的，没了自由意志，我会犯比现在更多的罪孽。

神：但是我也已经告诉诉过你了，没有自由意志，你就不可能犯罪作孽。

人：但是，如果我现在选择摆脱自由意志，那我随后的所有恶行都将是
罪孽，这不是对未来而言，而是对眼下这一刻我选择不再拥有自由
意志而言。

神：听上去你深陷困境了，是吧？

人：我当然是掉进了你设的困境！你已经让我进退两难。现在我做什么
都错。如果我保留自由意志，我会继续犯下罪孽，而如果我抛弃自
由意志（当然是在你的帮助下），我这抛弃的行为就是作孽。

神：但出于同样的缘故，你也让我进退两难。我愿意按照你的选择保留
或消除你的自由意志，但无论哪个选项都不能让你满意。我希望帮
助你，但我好像做不到。

人：的确！

神：但既然这不是我的错，你为什么还要生我的气？

人：因为你从一开始就将我置于这样一个可怕的境地！

神：可据你所言，无论我做什么都不能让你满意。

人：你说的是现在你做什么都不能让我满意，但这并不意味着你原本什
么也不能做。

神：为什么？我原本可以做什么？

人：显然，你从一开始就不应该赋予我自由意志。而既然你已经把它赋
予了我，就太迟了——无论我做什么都会是坏事。但是你从一开始
就不应该赋予我自由意志。

神：噢，原来如此！为什么我从未赋予你自由意志会比较好？

人：因为这样一来我就根本不能够犯罪作孽。

神：好吧，我总是乐于从自己的错误中学习。

人：什么？

神：我知道这听上去有些自我亵渎，是吧？这几乎包含了一个逻辑悖

论！一方面，你一定受过这样的教导，任何有感觉能力的存在，如果声称我能够犯错，都将陷入道德错误；另一方面，我有权去做任何事。可我也是一个有感觉能力的存在。所以问题是，我是否有权声称我能够犯错？

人：这一点也不好笑！你的前提之一完全是假的。我没有受过这种教导，说任何有感觉能力的存在，如果质疑你的全知，就是错的；只有有死的凡胎肉身这样质疑，才是错的。但既然你不是凡人，你当然也就不受这条禁令的约束。

神：很好，看来你在理性层面认识到了这一点。尽管如此，当我说"我总是乐于从自己的错误中学习"时，你确实显得很震惊。

人：我当然很震惊。我并非震惊于你的自我亵渎（像你戏称的那样），亦非震惊于事实上你并没有权利那样说，而只是震惊于你确实那样说了，因为我受的教导是，你事实上不会犯错。所以我很惊讶你声称自己有可能犯错。

神：我从没声称那是可能的。我说的只不过是假如我犯了错，我会乐于从中学习，但并没有说这个"假如"是否已经实现，甚或可能实现。

人：我们别再纠缠这一点了好吧。你承不承认已经赋予我自由意志是一个错误？

神：那，这正是我提议我们应当探究的问题。让我来回顾一下你当下的困境。你不想拥有自由意志，因为有了自由意志，你就能犯罪作孽，而你不想犯下罪孽（尽管我仍然觉得这很费解，某个意义上，你要么想犯，要么不想；不过我们暂且先不管它）。另一方面，如果你同意放弃自由意志，那么你现在就要对未来的行为负责。是故，我从一开始就不应该赋予你自由意志。

人：正是如此！

神：我完全理解你的感受。许多凡人，甚至有些神学家，都抱怨过我在这件事上是不公平的：是我，而非他们，决定了他们应当具有自由意志，然后我又使他们对自己的行为负责。换句话说，他们感到自已是被期待着去践行一份他们从一开始就从未同意过的契约。

人：完全没错！

神：正如我所言，我完全理解这种感受。我也能体会这种抱怨的合理性。
但生出这种抱怨，只是因为对相关真实问题的理解不切实际罢了。
至于这些问题是什么，我这就启示给你，而且我想结果会让你大吃
一惊！不过与其立即告诉你，我打算继续使用苏格拉底式的方法。
复述一下，你对我赋予你自由意志这件事深感遗憾。我断定，当
你明白真正的后果后，你将不再抱有这种遗憾。为证明我的观点，
我告诉你我会做什么：我将创造一个新宇宙，一个新的时空连续统。
在这个新宇宙中，将会有一个像你一样的凡人出世——方便起见，
我们可以说是你重获新生。现在，我可以赋予、也可以不赋予自由
意志给这个新的凡人，这个新的你。你愿意让我怎么做？

人：（如释重负）哦，求你了！让他从自由意志里解脱吧！

神：没问题，我会照你说的做。不过你要明白，这个没有自由意志的新
的你，会犯下各种可怕的恶行。

人：但他犯的这些恶行不会是罪孽，因为他没有自由意志。

神：无论你是否称其为罪孽，事实不会变，这些行为会给许多有感觉能
力的存在带去巨大的痛苦，这个意义上，它们还是可怕的恶行。

人：（停顿了一会儿）我的上帝啊，你又给我设了困境！总是同样的把
戏！如果我现在说，去吧，去创造这个新人，他没有自由意志，但
却会犯下暴行，那么确实，他不会犯下罪孽，但我又会因为容许这
件事发生而成为罪人。

神：既然如此，我还有个更好的办法！那，我已经决定好了，创造这个
"新你"的话，给不给他自由意志。现在我把我的决定写在这张纸上，
但要过会儿才给你看。不过我的决定已经做出，且完全不可撤销，
你做什么也不可能改变它，你也无须对此负责。现在我想知道的是：
你希望我做了什么决定？记住，这一决定的责任由我一肩承担，而
不是你。所以你可以开诚布公地告诉我，不用害怕，你希望我做了

什么决定?

人 :（过了好一会儿）我希望你决定的是赋予他自由意志。

神 :太有意思了吧！我已经扫除了你最后的障碍！如果我不给他自由意志，任何罪孽都不会算到任何人头上。那你为什么还希望我赋予他自由意志？

人 :因为无论是否有罪孽，重点在于如果你不给他自由意志，那么至少根据你说过的话，他会到处伤害别人，而我不想看到有人受伤害。

神 :（长舒一口气）终于！你终于明白了真正的重点所在！

人 :重点何在？

神 :就是，是否犯下罪孽并不是真正的问题所在！重点在于人及其他有感觉能力的存在不被伤害！

人 :你听上去像一个功利主义者！

神 :我就是一个功利主义者！

人 :什么！

神 :什么不什么的，我就是一个功利主义者。注意，是功利主义者，不是"一位论"者。*

人 :我简直不敢相信！

神 :是的，我知道，这与你所接受的宗教教育不同。你可能把我想成更像是个康德主义者，而非功利主义者，但你的教育根本就是错的。

人 :你让我无话可说！

神 :是吗，我让你无话可说？好吧，这或许不是件多么坏的事。现在看来，你有一种说得太多的倾向。说正经的，你觉得我为什么从一开始就给了你自由意志？

人 :为什么？我从没细想为什么你会这样做。我想说的一直是你从来都

---

* "功利主义者"（utilitarian）和"一位论者"（unitarian）英文接近。一位论指不承认三位一体的基督教派别；它也与（政体）"单一制"同词根。功利主义者的行动基于利弊得失的计算，而康德主义者行事则秉持绝对、普遍的道德原则。

不该这样做！但你为什么这样做了？我觉得能想到的也不过是标准的宗教解释罢了：没有自由意志，人就谈不上配得救赎还是配得永罚。所以没有自由意志，我们就无权获得永生。

神：太有意思了！我有永生，你觉得它是我做了什么得来的吗？

人：当然不是！你不一样。你本已全善又完满（至少据说如此），不必去做任何事来配得永生。

神：真的吗？这是将我置于了一个值得嫉妒的位置，不是吗？

人：我不明白你的意思。

神：我无须经受苦难、牺牲、顽强抵抗邪恶的诱惑或任何类似之事，就可以永享至福。无需任何这类"配得"，我就享有这至福的永恒存在。相反，你们这些可怜的凡人则必须付出辛劳，经受苦难，还有所有可怕的道德冲突，而这一切都是为了什么？你们甚至不知道我是否真的存在，也不知道是否真有来生，假如有，你们也不知道自己将身处何处。无论你们如何尽力行"善"来取悦我，都永远不能真的保证说自己的"尽力"对我来说已经足够，因此，在获得救赎方面，你们也不会有真正的安全感。想想吧！我相当于已经拥有了"救赎"，而获得它也从没有去经受那些永无止境的悲惨过程。难道你不因此而嫉妒我吗？

人：可嫉妒你是亵渎神明的！

神：哦得了吧！你的谈话对象又不是你主日学校的老师，而是我。无论是否渎神，重要的问题不是你是否有权去嫉妒我，而是你是否嫉妒。你嫉妒吗？

人：当然嫉妒！

神：很好！在你当前的世界观之下，你就应该非常嫉妒我才对。不过我认为，如果你有一个更现实的世界观，就不会再嫉妒我。所以看来你是当真相信了教给你的那种观念，即你尘世间的一生，本质上是一场考验，赐予你自由意志的目的则是为了试探你，看你是否配得至福的永生。但令我困惑的是：如果你当真相信，我如宣扬的那般善好仁慈，为什么我还要求人们去赢得像幸福和永生这样的东西？
为什么我不把这样的东西赐予所有人，无论他们是否应得？

人：但我被教导的是，你的道德感或说正义感要求善有善报，恶有恶报。

神：那你是被教错了。

人：可宗教文献里全是这个观点！就拿乔纳森·爱德华兹的《落在忿怒
上帝手中的罪人》（"Sinners in the Hands of an Angry God"）为例，
他形容你就像拿捏恶心的蝎子一样，将敌人悬吊在地狱的烈焰深渊
之上，只因你的怜悯，才没让他们坠入那应得的命运。

神：所幸我从未听过乔纳森·爱德华兹先生的这番激烈言辞。少有布道
宣扬的误导比这更深了，《落在忿怒上帝手中的罪人》这个标题就
表露无遗。首先，我从不愤怒；其次，我从不从"罪孽"的角度思
考问题；第三，我没有敌人。

人：你的意思是你不恨任何人，还是没有人恨你？

神：我的意思是前者，虽然后者碰巧也是真的。

人：哦算了吧，我就认识一些人公开宣称过恨你。有时我都恨你！

神：你是说你恨过你想象中的我。这和你恨真实的我是不一样的。

人：你是想说，恨一个虚构的你并没有错，但恨真正的你则有错？

神：不，我完全没这么说。我说的远比这极端得多！我说的完全与对错
无关。我说的是，认识了我真正是什么的人会自然地发现，恨我在
心理上是不可能的。

人：那你说，既然看起来我们凡人对你的真实本性有这样的错误观点，
为什么你不启示我们？为什么你不把我们引向正确的道路？

神：你怎么就觉得我没有？

人：我是说，为什么你不在我们的感官中现身，直接宣告我们错了？

神：你还那么天真地相信，我是那种能在你们感觉中现身的存在？说
我就是你们的感觉倒更贴切些。

人：（震惊）你是我的感觉？

神：也不尽然，我不止于此。但比起感觉有可能感知到我，这个观点更

接近真相。我不是一个客体，像你一样，我是一个主体，并且是一个能去感知、但无法被感知的主体。你看到我，至多就像看到你自己的思想那样。你能看见一个苹果，但你看见一个苹果这件事件本身却是不可见的。而我就更像是对一个苹果的看见，而非苹果本身。

人：如果我看不见你，我怎么知道你存在？

神：好问题。你事实上是怎么知道我存在的呢？

人：那，我正和你说话呢，对吧？

神：你怎么知道你正在和我说话？假设你告诉一位精神科医生"昨天我和上帝说话了"，你觉得他会说什么？

人：这可能要取决于精神科医生。既然他们大都是无神论者，我猜他们大都会跟我说我只不过是在跟自己说话。

神：那他们就说对了！

人：什么？你的意思是你并不存在？

神：你在下错误结论方面可真是有出奇的才能！就因为你是在跟自己说话，就能推出我不存在？

人：那，如果我认为我在和你说话，但我实际上是在跟自己说话，那么在什么意义上你还存在？

神：你的问题基于两个谬误加一个混淆。你是否正在跟我说话，和我是否存在，这两个问题是截然分开的。即便你现在没在跟我说话（显现你是在跟我说话），这仍然不意味着我不存在。

人：那好吧，当然了！所以与其说"如果我是在跟自己说话，那么你就不存在"，我倒是应该说"如果我是在跟自己说话，那么我显然不是在跟你说话。"

神：确实是一个非常不同的说法了，但仍然是错的。

人：得了吧，我如果只是在跟自己说话，怎么可能还是在跟你说话？

神：你对"只是"这个词的使用非常具有误导性！我可以提出若干逻辑可能性，在其中你在跟自己说话并不蕴含你不是在跟我说话。

人：提一个就行！

神：好吧，显然，有这样一个可能性：你和我是同一的。

人：这想法多么渎神啊——至少我这么说了！

神：就某些宗教而言，是的。而就另一些而言，这就是个平白简单的真相，直接就能感知到。

人：所以走出我这两难困境的唯一途径就是相信你和我是同一的？

神：绝非如此！这只是一条途径，还有其他好几种。例如，可能你是我的一部分，从而你可以与我的这部分、也就是你说话。或者可能我是你的一部分，从而你可以与你的这部分、也就是我说话。再或者，可能你和我部分地重合，从而你可能是在和交集、也因而既是在跟我又是在跟你说话。如果说你跟自己说话就蕴含了你不是在跟我说话，那唯一的途径就是假设你和我完全不相交，而即便如此，你也可以被想成是在同时和你我二者说话。

人：所以你宣称你确实存在。

神：绝非如此。你又下了错误的结论！我是否存在的问题甚至还未出现。我说的不过是，从你在跟自己说话的事实中不可能推出我不存在，遑论你没在跟我说话这个更弱的事实。

人：好吧，我同意你的观点！但我真正想知道的是，你是否存在？

神：多么奇怪的问题！

人：为什么？这个问题人类已经问了好些个千年。

神：我知道。这个问题本身并不奇怪，我的意思是，这个问题来问我，真是太奇怪了。

人：为什么？

神：因为我就是你怀疑是否存在的那个！我完全理解你的疑虑。你担心你当下和我在一起的体验只不过是幻觉。但当你怀疑一个存在者不存在时，你怎么还可能指望就从这个存在者那里获得关于它是否存在的可靠信息？

人：所以说你不会告诉我你是否存在咯？

神：我并非有意为之！我只是想指出，我能给出的任何答案都不会让你满意。好吧，假设我说"不，我不存在"，这会证明什么？什么也证明不了！或者如果我说"是的，我存在"，这会让你信服吗？当然不会！

人：好吧，如果你不可能告诉我你是否存在，那谁还有可能？

神：这件事没人能告诉你。这件事你只有自己去找答案。

人：那我怎么开始自己去找？

神：这也没人能告诉你。这又是一件事，你只有自己去找答案。

人：所以你没法帮助我？

神：我可没这么说。我说我没法告诉你。但这不意味着我没法帮助你。

人：那你能以什么方式帮助我？

神：我建议你把这事留给我！其实现在我们已经离题了，我想回到你认为我赋予你自由意志的目的是什么这个问题上。你的第一个想法是，我赋予你自由意志是为了检验你是否配得救赎，这一定会讨许多道德家的欢心，但这个想法对我来说极为丑陋。你想不到什么更好、更人道的理由，为什么我赋予你自由意志了吗？

人：这个嘛，我有一回问过一位正统的拉比这个问题。他告诉我，是造就我们的方式，使我们唯有觉得自己已经赢取了救赎时，才可能享有它。而要赢取它，我们当然需要自由意志。

神：这个解释确实比你之前那个好多了，但仍远非正确。根据正统犹太教，我创造了天使，而他们没有自由意志。他们在我的真实见视之中，彻底地为善所吸引，以至于他们从不曾受过丝毫恶的诱惑。他们对此实是毫无选择。而他们永恒地幸福，即便从未赢取。所以，假使你的拉比的解释是正确的，为什么我不只创造天使呢，却还创造凡人？

人：难住我了！你为什么不呢？

神：因为这个解释根本就不对。首先，我从未创造过任何现成的天使。一切有感觉能力的存在最终通向的状态都可称作"天使态"。但正如人类是生物演化的某个阶段，天使也只不过是"宇宙演化"过程的最终结果而已。在所谓的圣人和罪人之间，唯一的区别只是前者远比后者长寿罢了。不幸的是，生命要经历无数个轮回才学会这个或许是宇宙中最重要的事实：罪恶确实痛苦。道德家们的所有论证，所有那些所谓人不该犯下恶行的理由，在考量到"罪恶是痛苦"这一基本真相时，都统统不值一提。

不，我亲爱的朋友，我不是个道德家。我是个彻头彻尾的功利主义者。人类最大的悲剧之一，就是把我按道德家的角色去构想。我在万物体系中的角色（如果可以用这个误导性的表述的话），既不是去惩罚也不是去奖赏，而是去协助一个过程，这一过程让所有有感觉能力的存在都能实现终极完满。

人：你为什么说你的表述是误导性的？

神：我刚才的话有两方面的误导性。首先，说我在万物体系中的角色是不准确的，我就是万物的体系。其次，说我协助一个过程，让有感觉能力的存在获得启示，也同样有误导性：我就是那个过程。这非常类似于古代道家说我（他们称为"道"）"无为，而万物自化"。用更现代的术语说，我不是"宇宙过程"的动因，我就是宇宙过程本身。我认为，一个人对于我所能构想出的最精确、最有成效的定义——至少就人目前的演化状态而言——就是我就是启示的过程。那些想要思考魔鬼的人（尽管我希望他们别这样！），也可以类似地把魔鬼定义为这个启示过程不幸所要花费的漫长时间。在此意义上，魔鬼是必要的：这一过程确实要花费漫长的时间，而我对此完全无能为力。不过，我向你保证，一旦这个过程得到更准确的理解，痛苦的时长将不再被视作一个根本性的限制或罪恶。它将被视作这一过程本身的本质。我知道对于目前正身陷有限性苦海的你，这无法完全提供安慰，但神奇的是，一旦你把握了这一基本态度，你的有限性之苦将开始削弱，最终归于消失之点。

人：这个我听说过，而且我倾向于相信它。不过，假设我个人成功地从你的永恒之眼来看待事物了，届时我将更幸福，但我是不是对他人负有责任？

神：（笑了）你让我想起了大乘佛教徒！每个人都说"我之涅槃，后于
众生"。这样，每个人都等着其他同伴先行一步。难怪花了这么长
时间！小乘佛教徒则另入歧途。他们相信，在获得救赎上，没人能
帮上别人一点忙，每个人都得完全靠自己，因而每个人都为他自己
的救赎而尽力。但这种极其疏离的态度使救赎变得不可能。而真相
是，救赎这件事部分是个体过程，部分是社会过程。但像大乘佛教
徒那样，认为获得了启示就不能再帮助他人了，则是一个严重的错
误。帮助他人最好的办法就是自己先看到光明。

人：你的自我描述里，有一处有点儿令人不安。你将自己描述为本质上
是一个过程。这就将你置于了一个无人格的处境中，而许多人需要
一个人格化的上帝。

神：所以，就因为他们需要一个人格化的上帝，我就得是这么一个？

人：当然不是。但为了让一介凡人接受，一个宗教必须满足他的需要。

神：这我明白。但一个存在的所谓"人格"，更多是在旁观者眼中，而
不在它自身。针对我是不是一个有人格的存在，风行的各种争议
都相当愚蠢，因为无论哪一方都谈不上对错。从一个视角看，我
有人格，从另一个视角看，我就没有。人类也一样。一个外星生物
可能仅仅将人类视作毫无人格的一堆原子，按照严格给定的物理
定律运转，对于人类人格的体察不会多于普通人类对于一只蚂蚁。
而一只蚂蚁所具有的个体"人格"，对于像我这样真正了解蚂蚁的
存在而言，就像一个人类一样丰富。非人格化地观察某物，并不比
人格化地观察它更正确或更错误，不过通常，你越了解某物，它就
变得越人格化。为了阐明我的观点，请问你觉得我是一个人格化的
还是非人格化的存在？

人：那，我正在和你说话，对吧？

神：没错！从这个视角来看，你对我的态度或许可以说是人格化的。然
而从其他同样有效的视角看，我也可以被非人格化地看待。

人：但是，如果你确实是一个过程这样抽象的东西，我看不出跟仅仅一
　　个"过程"说话有什么意义。

神：我喜欢你说"仅仅"的方式。你也可以说你生活在"仅仅一个宇宙"
　　中。以及，为什么做一切事都要有意义？跟一棵树说话有意义吗？

人：当然没有。

神：但许多小孩和原始人恰恰这么做。

人：但我不是小孩，也不是原始人。

神：这我知道，真是不幸。

人：为什么不幸？

神：因为许多小孩和原始人具有你们这类人失去了的原始直觉。坦率地
　　讲，我觉得有时候和树说说话会对你很有好处，甚至胜过和我说话。
　　但我们似乎总是在跑题！最后一次，我希望我们尽力就我为什么给
　　了你自由意志这件事达成一个理解。

人：我已经想这个想了好一会儿了。

神：你的意思是，你一直没在专注于我们的对话？

人：当然不是。只不过我始终在另一个层次上想它。

神：那你得出什么结论了吗？

人：嗯，你说给我们自由意志的原因不在于试探我们是否值得。你否认
　　如果想要享受事物，我们必须要感到自己配得到它。你还声称自
　　己是功利主义者。最重要的是，当我骤然意识到坏的不是罪孽本身，
　　而是它造成的苦难时，你似乎很高兴。

神：那当然了！除此之外，罪孽还有哪里算得上不好呢？

人：好吧，这一点你明白，而如今我也明白了。但我这辈子都不幸受那
　　些道德家的影响，认为罪孽本身就不好。总而言之，把这些片段拼
　　合起来，我能想到你赋予我们自由意志的唯一理由就是，你相信有
　　了自由意志，人们的互相伤害（和自残）会比没有自由意志时少。

神：好极了！这是目前为止你给出的最佳理由了！我向你保证，假如是
　　我选择了是否赋予自由意志的话，那这就会是我这么选择的理由。

人：什么？！你的意思是，你并没有选择赋予我们自由意志？

神：我亲爱的朋友，我无法选择去给你自由意志，就像我无法选择画一个等角的等边三角形。一开始我可以选择是否画一个等边三角形，但一旦选定去画，除了把它画成等角的，我别无选择。

人：我还以为你什么都能做呢！

神：只能做逻辑上可能的事。正如圣托马斯所说："将上帝有所不能一事视为他能力的限制，是一种罪孽。"我同意这话，除了他用的"罪孽"一词，我会替换为"错误"（error）。

人：无论如何，你暗示你没有选择给我自由意志，仍然让我困惑。

神：好，是时候告诉你了：整个讨论从一开始，就基于一个巨大的谬误！我们一直是仅仅在一个道德的层次上谈论：你最初抱怨我给了你自由意志，然后提出我原本是否应该这么做这一整个问题。你从没想过我在这件事上根本从未有过选择。

人：我还是不明就里。

神：当然了！因为你只能从道德家的眼光来看待这个问题！你从未考虑过这个问题更为基本的形而上学方面。

人：我还是不明白你的用意所在。

神：在你请求我消除你的自由意志之前，你难道不应该首先问问你事实上确有自由意志吗？

人：我理所当然地默认了。

神：但你为何如此？

人：我不知道。我有自由意志吗？

神：有。

人：那你为什么说我不应该理所当然地默认它？

神：因为你不应该。就因为某件事刚好为真，推不出它应当被视作理所当然。

人：无论如何，知道我的本能直觉认为我有自由意志是正确的，我就安心了。有时我还担心决定论者是正确的。

神：他们是正确的。

人：等等，我到底有还是没有自由意志？

神：我已经告诉你了，你有。但这并不意味着决定论就不正确。

人：好，我的行动到底是被自然法则决定的，还是不是？

神："被决定"这个词在这儿的误导性既不易察觉又强劲有力，并且已
　　经给自由意志对决定论的争端中引入了太多混乱。你的行动当然符
　　合自然法则，但说它们被自然法则决定，则产生了一个完全误导性
　　的心理图景，即你的自由意志可能总会与自然法则相冲突，而后者
　　总会比你更强大，可以"决定"你的行动，无论你是否愿意。但你
　　的意志与自然法则相冲突根本不可能。你和自然法则实为一物。

人：你说我不会与自然相冲突，是什么意思？假设我会变得非常固执，
　　然后决定不去遵守自然法则。什么可以阻止我？如果我变得足够固
　　执，连你都没办法阻止我！

神：你完全正确！我当然无法阻止你。什么都拦不住你。但是阻拦你根
　　本没必要，因为你甚至无法开始！正如歌德的优美表述所说："试
　　图违抗自然时，身处这一过程中的我们，正是在遵循自然法则而
　　行动。"你难道还不明白，这所谓的"自然法则"不过就是对你和
　　其他存在事实上如何实施行动的描述。它们只是对你们如何行动的
　　描述，而非对你们应当如何行动的规定，亦非强迫或决定你们如
　　何行动的力量。一个自然法则要有效力，必须把你们实际如何行动，
　　或者用你喜欢的说法，你们如何选择去行动，考虑在内。

人：所以你确实断定我没有能力决定去做违反自然法则的行动！

神：很有趣，你已经两次使用了"决定去做"这个词语，而非"选择去做"。
　　这种等同很常见。人们常常同义地使用"我注定去做这个"和"我
　　选择了去做这个"。这种心理等同揭示出，决定论与选择，比它们
　　乍看起来要亲近得多。当然，你很可能会说，自由意志学说会指出，
　　是你做出了决定，而决定论的学说似乎在说，你的行为是被某些明
　　显外在于你的东西决定。但这种混乱很大程度上缘于你将现实分别

归入了"你"和"非你"。那这样一来，你在何处结束，宇宙的剩余部分又从何处开始？一旦你明白，所谓的"你"和所谓的"自然"是一个连续的整体，那么你就不再会被是你控制自然还是自然控制你这种问题困扰了。这样，自由意志对决定论之间的混乱就会消失。请允许我使用一个粗糙的类比，想象两个星体在引力的吸引下相向运动。每个星体，如果有感觉能力的话，会疑惑是他还是另一方在施"力"。某种意义上是二者在同时施力，某种意义上谁都没在施力。最好说二者的格局才是关键。

人：你刚才说，我们的整个讨论都是基于一个巨大的谬误。你还没告诉我这个谬误是什么呢。

神：哦，就是那个我本有可能创造一个没有自由意志的你这个想法啊！你表现得好像这是一种真实的可能性，还疑惑我为什么没有选择去这样做！你从未想过，一个有感觉能力的存在没有自由意志，就如同一个物理对象不发挥万有引力一样不可设想。（顺带一提，一个发挥万有引力的物理对象与一个运用自由意志的有感存在，之间的类同比你意识到的还要多！）你真的能想象一个没有自由意志的有意识存在者吗？它究竟可能是怎样的？我认为，你的人生之中极大地误导了你的一件事，就是你受到了教导，说是我给予了人类自由意志这个天赋。就好像我先创造了人，然后事后给他追加了自由意志这个额外的属性。可能你认为我有某种"画笔"，我用它给某些受造物涂抹上自由意志而不给另一些。不，自由意志不是"额外的"，它是意识本质的重要部分。说一个有意识的存在没有自由意志，只不过是一个形而上学谬论。

人：如你所言，我的根本混淆是形而上学的，那你为什么还一直假装和我讨论我所以为的这个道德问题？

神：因为我认为，这会是一个很好的治疗，适合用来把道德之毒从你的体系里驱逐出去。你的许多形而上学混淆都缘于错误的道德观念，因而要先解决后者。

现在，我们必须分别了——至少直到你再次需要我之时。我想我们这次会合能有力地支撑你一阵子。但一定记住我告诉你的关于树的事。当然，你不必当真去和它们说话，如果这样做让你觉得傻乎乎的话。但你能从树木那里学到好些东西，从岩石、溪流和自然的其他方面也同样如此。没有什么比一个自然主义的取向更能驱散像"罪孽""自由意志""道德责任"等所有这些扭曲的思想了。在历史的某个阶段，这些观念一度确实很有用。我是指当暴君拥有无限制的权力，并且除了对地狱的恐惧之外再没有什么可以牵制他们的那些日子。但人类自那以后成长了，这种恐怖的思维方式也就不再有必要。

回顾一下我曾借由伟大的禅宗诗人僧璨的笔说出的话，这或许对你有帮助：

> 欲得现前，莫存顺逆。违顺相争，是为心病。(《信心铭》)*

我从你的表情中看得出，这些话同时抚慰到、也惊吓到了你！你怕什么？你怕如果你在心里废除了对错之别，你更可能会犯错？是什么让你如此肯定，关于对错的自我意识事实上不会导致更多的错误行动？你真诚地相信，那些所谓的非道德之人，涉及行动而非理论时，不如道德家们更符合伦理？当然不是！甚至大多数道德家都承认，理论上采取非道德立场的大多数人，其行动在伦理上更具优势。他们似乎非常惊讶于这些人没有伦理原则却还能表现得那么好！他们似乎从未想过，正是得益于道德原则的缺乏，这些人才能从善如流。"违顺相争，是为心病"的箴言所表达的观点，与伊甸园的故事，与亚当吃了智慧果导致人类堕落的故事，有多大不同吗？智慧果里的这种智慧，你要注意，是伦理原则，而不是伦理感受——

---

* 在英译中，"现前"对应"明显、普通的真相"，"顺逆""违顺"则为"对和错"。

感受亚当早就有。这个故事里有很多真相，尽管我从未命令亚当不要吃苹果，我仅仅是建议他别吃。我告诉他这对他没有好处。如果那个该死的白痴当时听了我的，太多的麻烦都可以避免！但没有，他以为他什么都知道！不过我希望神学家们最终能明白，我没有因那桩行动而惩罚亚当和他的后代，而是那个果实本身有毒，而其后果又非常不幸地持续了无数世代。

这下我真得走了。我真希望我们的讨论会消除你的某些伦理恶疾，代之以更为自然主义的取向。还要记住，我一度借老子之口斥责孔子的道德说教，所说的那些惊奇之语：

> 仁义惨然，乃愤吾心，乱莫大焉（《天运》）……夫子欲使天下无失其牧乎？则天地固有常矣，日月固有明矣，星辰固有列矣，禽兽固有群矣，树木固有立矣。夫子亦放德而行，循道而趋，已至矣，又何偈偈乎揭仁义（《天道》）……鹄不日浴而白（《天运》）。*

人：你显然对东方哲学偏爱有加！

神：哦，完全没有！我最好的一些想法萌发于你们美国本土。例如，从未有思想能比沃尔特·惠特曼更传神地表述我的"责任"观：

> 我不当任何事为责任。
>
> 别人当作责任的，我当作生命的冲动。
>
> （《草叶集·候鸟·我自己和我的一切》）

---

* 本段是《庄子·外篇》中几处老聃对孔子说的话。"仁义"一句英译直译：所有这些关于善好（仁）和责任（义）的话，都是无尽的刺痛，烦扰并刺激着我这个听众……"夫子亦"至结尾英译直译：你应该学习这些，好依据内在的力量（德）引导自己的脚步，遵从自然之法（道）的路径，很快你就无须费力地宣扬仁和义了……天鹅要保持洁白，无须日日沐浴。

反　思

　　这篇充满智趣、光彩非凡的对话向我们介绍了雷蒙德·斯穆里安，一位有趣的逻辑学家和魔术师，碰巧也是某种道家——以其个人独有的方式。后面还有两篇斯穆里安的选文，同样发人深省、引人入胜。你刚读的这篇对话选自《大道无言》，是一本阐述当西方逻辑学家遇上东方思想时会发生什么的文章选集。其结果既可解又不可解（可想而知）。

　　许多宗教人士无疑会认为这篇对话是对神明最大的亵渎，就像有些宗教人士认为手揣口袋走在教堂里也是渎神一样。与此不同，我们认为这篇对话是虔诚的，是关于上帝、自由意志、自然法则的一篇强有力的宗教陈说，只有最肤浅的解读才会认为它渎神。文中，斯穆里安（借上帝之口）旁敲侧击了许多浅薄含混的思考、先入之见、闪烁其词的回答、妄自尊大的理论以及道德说教的刻板教条。其实我们应该（按照对话中上帝的声明）将文章传达的信息归于上帝，而非斯穆里安。是上帝借斯穆里安之口，而斯穆里安再借上帝这个角色之口，将信息给予我们。

　　正如上帝（或说道、宇宙，如果你更喜欢的话）有多个部分，每个部分各有其自由意志——就比如你我；我们每个人也有着这样的内在部分，每个部分也有它们自身的自由意志，尽管这些部分相比我们不那么自由。这在那位凡人的内在冲突中，即"他"是不是想犯下罪孽，表现得尤为明晰。这是"内在的人"，那些小人儿、子系统，在争夺控制权。

　　内在冲突这部分，在人类天性中算得上最为常见却又最缺乏理解。一个薯片品牌的著名广告语曾这样说："赌你不会只吃一片！"*正表达出了精髓，提醒我们有着内在的分裂。你开始尝试解一个令人着迷的智力游戏（例如众所周知的"魔方"），它就会将你接管。你开始播放一段

---

* 乐事20世纪60年代起应用的口号。

音乐或阅读一本好书,你就根本停不下来,即便你知道还要有许多要紧的任务要去料理。

是谁在这里掌控?是否有某个至高的存在,能统领将要发生之事?抑或这里只有无统治状态,神经元胡乱发放,什么都可能发生?真相一定落在二者之间的某处。当然,在一个脑子里,活动正是神经元的发放,类似地,在一个国家中,活动正是其居民所有行动的总和。但统治的结构(它本身就是一组人类活动的集合)对整个组织施加了一种自上而下的强大控制。当统治变得过于专制,并当足够多的人民变得真正不满时,整体结构就有可能遭到攻击并坍塌,即发生内部革命。但大多时候,内部的反对力量会做出各式各样的妥协,有时通过两相折衷,有时通过轮流执政等等。达成诸种妥协的方式本身,即是对统治类型的有力刻画。对人亦如是。解决内在冲突的风格,是人格个性最突出的特征之一。

认为每个人都是一个统一体,是一种自有其意志的单一制组织,这是一种普遍的迷思。事实刚好相反,每个人都是许多"亚人"(subperson)的融合体,每个亚人都自有其意志。相比总体的个人,"亚人们"远没有那么复杂,内部规训的问题因而也少得多。如果它们自身也是分裂的,或许它们的组分太过简单所以它们只有单一的心灵;而如果不是,你可以继续以此类推。这种人格的层级组织是那种并不怎么合意于我们的尊严感的东西,但支持它的证据很多。

在对话中,斯穆里安想出了一个对魔鬼的绝佳定义:一个有感觉能力的存在作为一个整体,要获得启示不幸所要花费的漫长时间。要产生一个复杂状态,必需一些时间,而查尔斯·本尼特和格利高里·蔡廷以一种挑衅的方式,用数学方法探索了这一想法。他们的理论是,可以证明,并不存在什么捷径可以发展出越来越高级的智能(或说越加得到"启示"的状态,如果你愿意的话),证明要依靠的论证,则类似于支持了哥德尔不完备定理的那些;简言之,"魔鬼"必得其所应得。*

---

* 原文为 the Devil must get his due,类似于一句英语谚语 give the devil his due,意为哪怕对不

　　对话接近结尾处，斯穆里安触及了我们整本书都在处理的议题：尝试调和决定论及自然法则"自下而上的因果性"，与自由意志及我们感到自己在运用的"自上而下的因果性"。我们常说"我注定去做这个"，而意思是"我选择了去做这个"，他的这一敏锐观察使他得出了对自由意志的解释，以上帝一角的陈述"决定论与选择，比它们乍看起来要亲近得多"开始。斯穆里安对这些对立观点的巧妙调和，依赖于我们转换视角的意愿：停止"二元论式"的思考，即将世界分为"我自己"和"非我自己"这样的部分，而是将整个宇宙视作无边界的，事物彼此交融重叠，没有明晰界定的范畴或界线。

　　一开始，看到一个逻辑学家拥护这样的观点，感觉似乎有点古怪。不过，谁又说逻辑学家总是保守刻板呢？为什么逻辑学家不该比任何人都更能认识到，在处理这样一个混沌杂乱的宇宙时，边界分明的清晰逻辑必将陷入麻烦？马文·明斯基最喜爱的主张之一就是"逻辑无法用于现实世界"。某种意义上这是真的。这是人工智能工作者们面临的困难之一。他们逐渐认识到，没有哪种智能可以仅仅基于推理，或者说，孤立的推理是不可能的，因为推理依赖于预先设定的系统，是一个概念的、感知物的、类的、范畴的系统——随便你怎么称呼它们——所有情境借此才获得理解。由此，偏好和挑选才始登场。不仅推理能力必须愿意接受感知能力对情境的最初描述，感知能力也必须反过来愿意接受推理能力提出的质疑，并回过头重新解释情境，于是生成了一个层次间持续不断的循环。是感知的亚自我与推理的亚自我之间的这些互动，成就了总体的自我：一个凡人。

D. R. H.

喜欢、敌对的人，也要给他们公允的报偿、评价。

21

环形废墟

豪尔赫·路易斯·博尔赫斯

（1962）

如果他不再梦到你……

——《爱丽丝镜中奇遇记》第四章

没人看到他在那个一片漆黑的夜里下船，也没人看到那条竹舟沉入神圣的泥沼，但几天后，无人不知这个沉默寡言的男人来自南方，他的家乡是河上游无数村落中的一个，坐落在蛮荒山腰，在那里，波斯之地的古语未受希腊语浸染，麻风病也很罕见。实际情况是这样：这个面目模糊的男人亲吻了泥沼后就上了岸，顾不得拨开划伤他皮肉的茅草（大概都没感觉到），然后带着恶心和血迹爬到了一个环形的场地，场地中央矗立着石虎或是石马，曾经颜色有如火焰，如今则色如灰烬。这环形场曾是一座神庙，许久前被大火吞噬，又遭丛林瘴雨蛮烟的败坏，里面的神明也不再受人敬拜。这位异乡人在台座下面平躺下来，伸开腿脚。

他被当空的赤日唤醒。他毫不惊讶地发现伤口已经愈合。他合上暗淡的双眼再睡，不是由于身体虚弱，而是因为意志坚决。他知道这座神庙正是他不屈的意图需要的地方；他知道下游另有一处吉庙的废墟，那里的神明也已焚毁荒弃，但绵延不断的树木没能将其掩没；他知道他最紧迫的要务就是睡觉。

时近午夜，他又被郁郁不欢的鸟鸣惊醒。赤脚的足迹、一些无花果和一个罐子告诉他，当地人趁他睡觉时曾来恭敬地窥视，期盼他的恩惠，或是畏惧他的魔法。他感到了一丝恐惧的寒意，便在断壁残垣中找了一个墓穴，拿一些无名落叶遮身。

引他前来的意图虽然超乎自然，但并非全无可能。他想梦到一个人；他想分毫不差地梦到他，再把他嵌入现实。这个魔法项目耗尽了他的所有心力，要是有人问他的名字或是之前生活的情形，他都无法回答。人迹罕至的破败神庙适合他，因为这是个最低限度的可见世界；乡民就在左近，这也适合他，因为他们会主动供给他俭朴的所需。他们献给他的米饭和水果，足以维持他那奉睡眠和做梦为唯一任务的身体。

起初，他的梦境混沌无序，但不久它们就有了辩证性。异乡人梦到自己在一个环形的阶梯剧场中央，多多少少就像这座焚毁的神庙；一群一群缄默的学生挤满了各层座阶；最远处的学生，他们的面孔似高悬穹宇，相隔几个世纪之遥，但全然清楚细致。他给学生们讲授解剖学、宇宙结构学和魔法：一张张脸庞如饥似渴地听讲，努力地理解并回应，好像他们猜出了考试的重要性，这考试能将他们中的一人从无谓的假象中救赎出来，置入真实世界。而那男人，无论是梦是醒，都在考量这些幻影的回答，不允许任何人蒙混过关，并在某些困惑中依稀感到了有智慧在成长。他在寻找一个值得加入到宇宙中的灵魂。

过了九或十个夜晚，他带着些许苦楚意识到，对那些将他的说教被动地照单全收的学生，他什么也指望不上，不过倒是可以指望那些偶尔胆敢提出合理反对的学生。前者虽然惹怜讨喜，却达不到"个体状态"，后者则更接近"存在"几分。一天下午（如今，他把下午也贡献给了睡眠，只在黎明的一两个小时醒着），他永久地解散了这庞大的幻想学院，单只留下了一个学生。那是个沉默寡言、面色蜡黄的男孩，时常不服管教，瘦削的面容倒像是复刻自梦到他的这个人。同学们突然消失，并没有让他惊惶太久，几次个别授课后，他的进步震惊了他的老师。然而灾难接踵而至。一天，男人仿佛从黏黏的沙漠中醒来似的，看着徒然的暮色，恍惚间还以为是晨曦，他发现自己刚才没怎么做梦。那一整夜和翌日一天，他遭受了失眠带来的难挨的清醒。他试着勘探丛林，好让自己筋疲力尽；但在毒芹丛中，哪怕是零星浅睡，他也很难做到几次，斑驳的幻象才见雏形，转瞬即逝，毫无用处。他试图重新召集学生，但没讲几句劝勉之语，学院就扭曲消失了。在几无休止的无眠中，他气得老泪纵横。

他明白，即使参透上上下下的所有谜团，要把纷繁无序的梦境质料塑造成形，仍是人最难承担的任务，甚至难于编沙为绳、铸风为币。他也明白，起初的失败在所难免。他发誓会忘掉从一开始就误导了他的巨大幻觉，要另寻他法。付诸实践前，他先用了一个月的工夫补充之前被他的谵妄浪费掉的心力。他放弃了所有的梦前筹谋，于是几乎一下子每天都能睡上一段好觉。在此期间，他仅有几次做梦，但也不去在意梦的内容。一直等到了满月的时候，他才重新开始了任务。那天下午，他用河水涤清身体，敬拜了行星诸神，用庄严的音节念出了一个伟大的名字，然后睡下。他几乎立刻就梦见了一颗跳动的心脏。

他梦见一颗活跃、温暖、隐秘的心脏，大小像一个握紧的拳头，颜色如石榴般深红，位于一个尚无面孔和性别的人体暗影之中；一连十四个皎洁之夜，他都怀着纤细的爱意梦到它。每过一夜，他对它的感知都越发清晰。他不碰它，而只许自己注视它，观察它，间或用目光纠正它。他自多种角度和距离去感知和经历它。第十四夜，他用手指轻轻触碰了它的肺动脉，然后里里外外摸了个遍。他对这次检查很满意。有一夜，他故意没有做梦，再次做梦时，他重拾这颗心脏，呼告一颗行星之名，并开始"结象"另一个主要器官。不出一年，他做出了骨架和眼睑。数不胜数的头发或许是最为艰巨的任务。他梦出了一个完整的男子：一个青年，还无法站起，无法讲话，无法睁开双眼。夜复一夜，他一直梦到青年在睡觉。

在诺斯替主义的宇宙起源论中，诸位工匠造物神（demiurgi）揉捏塑造了一个无法独存的红色亚当；这出自尘土的亚当笨拙、粗粝、原始，与魔法师辛劳数夜捏造的梦中亚当一样。*一天下午,这男人几乎要毁了他的作品,但又改了主意(其实当时毁了更好)。他先遍求了大地与河流的诸守护神灵,紧接着扑倒在那个或虎或马的雕像脚下,祈求它未知的帮助。那日黄昏时分,他梦见了这雕像。他梦见它是个活物,在瑟瑟发抖;它不是虎和马的拙劣混种,而是同时形象鲜明地是这两种生灵,并且还是公牛、玫瑰、疾风骤雨。这个多重神灵向他透露,祂在尘世的名字是"火",曾一度在那座(及其他此类)环形神庙中受人祭祀崇拜;祂神奇地为他梦中的幻影赋予了某种生命,结果是除了"火"自己和做梦者以外,所有生灵都相信这是个有血有肉的人。祂命令这男人,一经教会他那个梦中造物所有的仪式,就把这青年派往下游另一座破败的神庙,那里的金字塔依然耸立,这样即使这座建筑已经荒弃,仍然会有赞美神的声音。于是,在做梦人的梦中,被梦见的人醒了。

魔法师执行了这些命令。他花了一段时间(最终用了两年)教导梦中男孩宇宙的奥秘和拜火的仪式。一想到会与他分别,魔法师就暗自神伤。他以教学之需为托辞,每天都延长用来做梦的时间。他还重塑了青年或有缺陷的右肩。有时他不安地感到一种印象,这一切都曾发生过……总的来说,魔法师的日子过得很开心。当他闭上眼睛时,就会想:"我要和我的孩子在一起了。"或者偶尔也会想:"我一手创造的孩子正等着我,如果我不去找他,他就不存在了。"

渐渐地,男人让男孩习惯了现实。一次,他命令孩子去一处远峰立一面旗帜。第二天,旗帜就在山顶上飘扬了。他尝试了其他类似的实验,一次比一次大胆。带着确然的苦楚,魔法师意识到他的孩子已经准备好降生了,或许还迫不及待。那天夜里,他第一次亲吻了孩子,并派孩子

---

* 粗略言之,诺斯替(Gnostic,意为"有知识者")派别是一种二元论教派,工匠神(又音译为"德穆革",demiurge,-i 是复数形式)错误地创造了物质世界,而"真神"则纯乎精神。诺斯替创世说中,亚当和夏娃一起受造,但由于无知之咎,起初沉睡的亚当被夏娃唤醒后,误以为夏娃是自己的产物。"亚当"(Adam)一词,在希伯来语中意为"尘土",而 -dam 则是"血液",故有"红色""出自尘土"之说。

穿过许多里的密林和沼泽，去到现身在下游的另一处神庙残迹。但这之前，魔法师为孩子注入了全面的遗忘，忘却他所有的学徒岁月，这样，孩子就永远不知道自己是幻影，而会以为自己是和其他人一样的人了。

男人的胜利和平静变成了厌倦。黎明，黄昏，他都会拜倒在石像前，或许在想象他那不真实的孩子，在下游另一处环形废墟中，也在行相同的仪式；夜里，他不再做梦，或只像所有常人那样做梦。他对宇宙的声音和形状的感知变得苍白无力：他不在场的孩子正从他灵魂的消减中汲取养分。他已实现了生命的意图，一直处于某种狂喜之中。过了一段时间（讲这个故事的人，有些偏爱用年计算，有些则以五年），一个午夜，他被两名船夫叫醒，他看不清他们的脸，但他们告诉他，北方的一座庙里有个会魔法的人，能蹈火而不伤。魔法师忽然间记起了神的话。他回想起，世间的所有生灵中，唯有"火"知道他的孩子是个幻影。这一回忆起初抚慰了他，最后却成了煎熬。他担心他的孩子琢磨起这项异禀，然后竟然发现自己只是个影像。不是一个人，而只是他人之梦的投影：这感觉多么羞耻，多么迷乱！每个父亲都会在意自己或是欣喜或是迷惘地生育（或允许出世）的孩子；魔法师用一千零一个秘密的夜晚想出来这个孩子，一点一点肢体，一点一点面容，自然担心他的未来。

他的思索终止得很突然，但也有些预兆。一段漫长的干旱后，先是远远一朵云，像鸟儿一般轻盈迅捷，出现在一座山丘上；接着，南边的天空变成了豹口似的玫红色；然后，烟雾锈蚀了金属般的夜色；后来，惊惶的动物四散奔逃。因为正在发生的事，正是几百年前发生过的。火神圣坛的遗迹再次被火烧毁。在一个飞鸟绝迹的黎明，魔法师看到了熊熊烈火向墙壁包围过来。那一刻，他想跳入河水中避难，但随即想到，死亡是来圆满他的晚年，免除他的辛劳的。他走进了条条火舌之中，但它们并没有咬啮他的肉体，而是轻抚、包裹了他，没有灼热与燃烧。带着解脱、羞耻和惊恐，他明白了，自己也只是别人梦中的一个幻象。

反　思

博尔赫斯的题词摘选自刘易斯·卡罗尔的《爱丽丝镜中奇遇记》，这段值得全文引用。

　　说到这儿，她在惊吓中戛然而止，因为她听见旁边的树林子里有什么声音，听着像是大个儿蒸汽机车在呼哧，但她怕那更像是只野兽。"这儿有狮子老虎什么的吗？"她胆怯地问。

　　"那就是红国王在打呼噜。"叮当弟说。

　　"走，看看他去！"兄弟俩喊道，一人抓住爱丽丝的一只手，带她到了国王睡觉的地方。

　　"他看着不是很可爱吗？"叮当兄说。

　　爱丽丝可真不觉得。他戴着一顶高高的红睡帽，帽子还带着流苏；他蜷作一团，就像一堆脏东西那样躺在那儿，大声地打着呼噜。"都快把自己的脑袋呼噜掉了！"叮当兄评论道。

(John Tenniel 绘)

"他睡在湿草地上，恐怕会感冒的。"爱丽丝说。真是个体贴的小姑娘。

"他正在做梦呢，"叮当弟说，"你觉得他在梦什么？"

爱丽丝说："没人能猜到的。"

"怎么会？他梦的是你啊！"叮当弟喊道，得意洋洋地拍着巴掌，"如果他不再梦到你，你觉得你会在哪里？"

"当然是在我现在的地方啊。"爱丽丝说。

"才不是呢！"叮当弟轻蔑地反驳道，"你会哪里都不在。因为你只是他梦里的一样东西啊！"

"国王要是醒了，"叮当兄补充道，"你就会没影儿啦！'哗'一下，就像蜡烛被吹熄！"

"我才不会！"爱丽丝气乎乎地喊道，"再说，如果我只是他梦里的一样东西，那你们又是什么？我倒想知道。"

"我也一样。"叮当兄说。

"也一样，也一样！"叮当弟也喊道。

他喊得太响，爱丽丝忍不住说："嘘！你这么吵，我怕你会吵醒他的"。

"你说'吵醒他'有什么用，"叮当兄说，"因为你只不过是他梦里东西中的一样，你清楚得很你不是真的。"

"我是真的！"爱丽丝说着，哭了起来。

"哭也不会让你变得更真一点点，"叮当弟评论道，"这也没什么好哭的。"

"如果我不是真的，"爱丽丝破涕为笑，这一切看起来都太荒诞了，"我就不能哭出来了。"

"但愿你不会以为那是真的眼泪吧。"叮当兄用一种极为轻蔑的腔调打断道。

勒内·笛卡尔自问，他能否确凿地判断自己不是在做梦："当我仔细思考这些问题时，我如此清楚地意识到，没有什么确凿的标志可以区分清醒和睡着，这让我大吃一惊，也非常迷茫，几乎能让我相信自己现在是睡着了的。"

笛卡尔从没想过，他会不会是别人梦里的一个人物，或者他想到过，只是摒弃了这个想法。为什么？难道你不能做一个梦，让梦里的人物不是你，但这人的经历却是你梦境的一部分吗？想知道该怎样回答这样的问题并不容易。做一个梦，梦中的你与醒着时的自己非常不同，老得多或年轻得多，或者性别相反；或是做一个梦，其中的主人公（比如一个叫勒妮的女孩），也就是提供梦中叙事的视角的那个人，干脆不是你，而只是一个虚构的梦中人物，并不比在梦中追她的那条龙更真实；这两种梦之间，有什么区别？如果是这个梦中人物要问一个笛卡尔式的问题，想知道她自己是在做梦还是醒着，那答案似乎是她并没有在做梦，但也不是真正地醒着；她仅仅是被梦见。当做梦的人，真正做梦的人，醒过来，她就会消失净尽。不过，既然她并不真正存在，而只是个梦中的人物，我们要向谁来述说这一答案呢？

这出拿做梦和真实的点子来做戏的哲学剧，只是闲扯而已吗？难道我们就不能从一个不胡闹的"科学"立场出发，客观地区分真正存在的事物和纯粹的虚构吗？或许可以，但接下来，我们该将自己——不是说我们的身体，而是我们的自我——放在哪个分类呢？

想想那种从一个虚构的叙述者的视角出发写的小说。《白鲸记》（*Moby Dick*）以"叫我以实玛利"开头，然后以实玛利为我们讲述以实玛利的故事。叫谁以实玛利？以实玛利并不存在。他只是梅尔维尔小说里的一个人物。梅尔维尔是、或曾是一个完全真实的自我，他创造了一个虚构的自我，自称以实玛利，但后者不会被算在真实的、真实存在的事物当中。不过，如果你能做到的话，现在来想象一台小说写作机，只是台机器，丝毫没有意识和"自我性"。叫它约翰尼阿克。*（如果你还

---

* JOHNNIAC，现实中缩写自 *John von Neumann Numerical Integrator and Automatic Computer*

没能说服自己做到的话，下篇选文会帮你想象这样一台机器的。）假设约翰尼阿克的高速打印机咔咔嗒嗒地印出了一部小说，开头是"叫我吉尔伯特"，接着从吉尔伯特的视角出发讲述吉尔伯特的故事。那，叫谁吉尔伯特？尽管我们能跟随虚构故事谈论、了解、担心"他的"历险、困难、希望、恐惧和痛苦，但吉尔伯特只不过是一个虚构人物，一个并不真的存在的"非实体"。在以实玛利的例子中，我们可以基于梅尔维尔真实存在的自我，来设想以实玛利古怪而虚构的准存在。"没人做梦就不会有梦"，这似乎是笛卡尔的发现。但在这个例子中，我们好像确实有了一个梦——起码是一个虚构故事——而没有一个真实的做梦人或作者；没有什么真实的自我，可以让我们把它等同或不等同于吉尔伯特。因此，在这样一个极端的案例中，小说写作机可能会创造出一个纯乎虚构的自我，而在创造行为的背后，却没有一个真正的自我。（我们甚至可以设想，约翰尼阿克最终会写出什么小说，设计者也毫无概念。）

现在，假设我们想象中的小说写作机并不是一个原地不动、四四方方的计算机，而是一个机器人，并且假设小说的文本并不是打印出来，而是从一个机械嘴里说出来的——有何不可呢？叫这个机器人"说话阿克"（SPEECHIAC）。最后，假设我们从说话阿克口中得知的吉尔伯特的历险故事，就是说话阿克大体真实的"历险"故事。当它被关在小房间里时说："我被关在小房间里了！救救我！"救谁？救吉尔伯特。但吉尔伯特并不存在，他只是说话阿克古怪叙述中的一个虚构人物。既然我们眼前就有一个非常明显的候选者来充当吉尔伯特，就是以说话阿克为身体的这位，那我们为什么还要说这是虚构的呢？在《我在哪里？》中，丹尼特叫他的身体哈姆雷特。在这一事例中，是吉尔伯特拥有一个叫作说话阿克的身体呢，还是说话阿克叫它自己吉尔伯特？

或许我们被名字给愚弄了。将机器人命名为"吉尔伯特"，或许就

（约翰·冯·诺依曼数值积分自动计算机），是第一台电子通用型计算机 ENIAC（Electronic Numerical Integrator And Calculator，电子数值积分计算机）的后续产品。

像将一艘帆船命名为"卡罗琳"、将一口钟命名为"大本钟"、将一个程序命名为 ELIZA 一样。* 我们或许愿意坚持认为，这儿根本没有人叫吉尔伯特。但吉尔伯特就是一个人，一个由说话阿克在世界中的活动与自我呈现而创造出的人；我们抵制这一结论，除了是基于生物沙文主义，还能是什么呢？

"那么，这就表明，我是我身体的一个梦？我只不过是某种小说中的虚构人物，由我活动的身体编写而成的吗？"这是触及问题的一种方式，但为什么说你自己是虚构的呢？你的脑，就像无意识的小说写作机，就这么运转，执行它的物理任务，将输入和输出分类整理，但对它们的意指毫无领会。就像《前奏曲……蚂蚁赋格》中构成怡姨的蚂蚁一样，脑不"知道"这个过程就是在创造你，但你就存在了，就在它狂乱的活动中近乎施魔法般的涌现了出来。

约翰·塞尔的下一篇选文生动地说明了这一过程：在某个层次上的自我，是由另一个层次上相对盲目而无所理解的各种活动融合而成的。尽管他坚决抵制他所展示出来的这一观点。

D. C. D.

---

* 卡罗琳（Caroline）是英国一艘皇家游船，建于 1749 年；大本钟是伦敦著名的地标；ELIZA（伊莉莎）是最早的人机对话程序，开发于 20 世纪 60 年代，开发者魏岑鲍姆。

22

心灵、脑与程序

约翰·塞尔

（1980）

近期，人们在计算机模拟人类认知能力方面付出了努力，我们该如何看待其心理学及哲学意义？要回答这个问题，我发现如下区分很有用处：我称一些情况为"强"AI，区别于"弱"AI 或说"小心谨慎的"AI。根据弱 AI，在心灵研究领域，计算机最重要的价值是为我们提供了强有力的工具。例如，它使我们能以更严格更精确的方式形成并检验假设。但根据强 AI，计算机就不单单是心灵研究的一种工具了；毋宁说，因为带有正确程序的计算机完全称得上是在进行理解，也有其他一些认知状态，这种意义上，适当编程的计算机就是一个心灵。在强 AI 中，由于被编程的计算机具有认知状态，那么程序便不再只是检验心理解释的工具，它们本身也就成了解释。

我不反对弱 AI 的主张，至少就本文而言。我这里的讨论将直指我定义的那种强 AI 的主张，特别是这种论调：适当编程的计算机确实具有认知状态，于是这些程序能解释人类的认知。此后再提及 AI 时，我所说的都是这两条论断表述的强版本。

我将考虑罗杰·尚克和他耶鲁同事们的工作（Schank & Abelson, 1977），因为和其他类似主张相比，我更熟悉这个；也因为它为我想考察的那类工作提供了一个非常清晰的例子。不过下文并不局限于尚克程序的细节，同样的论证均亦适用于维诺格拉德的 SHRDLU（Winograd，1973）、魏岑鲍姆的 ELIZA（Weizenbaum，1965）以及任何对人类心理现象的图灵机模拟（见《延伸阅读》中塞尔的参考文献）。

　　抛开各类细节，简言之，可以这样描述尚克程序：这个程序的目标是要模拟人类理解故事的能力。人类理解故事的能力有这样的特点，即人类能够回答有关故事的问题，即便相关信息从未在故事里明说。例如，假设你听到了下面这个故事："一个人走进一家餐厅点了一个汉堡。汉堡上来的时候已经烤焦了，于是这个人生气地冲出餐厅，没有付汉堡钱也没有留小费。"现在，如果问你："这个人吃没吃那个汉堡？"你大概会说："他没吃。"同样地，如果你听到的是下面这个故事："一个人走进一家餐厅点了一个汉堡。汉堡上来的时候他非常满意。他离开餐厅付账前，还给了女侍者一大笔小费。"那这么问你："这个人有没有吃汉堡？"你可能就会说："他吃了。"据说，尚克的机器就能以这种方式在有关餐厅的问题上给出类似的回答。要做到这一点，它们要对人类关于餐厅所具有的那类信息有一种"表征"，从而给定上述故事，它们就能做出上述回答。给机器讲故事并提问时，机器打印出来的答案会正是我们预想给人类讲类似的故事时，人类会给出的。强 AI 的死忠信徒声称，机器在这一系列的问答中绝非只是模拟了人类的能力，而且：（1）机器完全称得上理解了故事并回答了问题，并且（2）机器及其程序的所作所为也确实解释了人类理解故事及回答问题的能力。

　　在我看来，尚克的工作完全不支持这两条论断，下面我尝试揭示这一点。当然，我不是说尚克本人站在了这些论断的一边。

　　检验任何关于心灵的理论，一种方式就是去自问，如果我的心灵真的按照理论所说的那些普适于一切心灵的原则去运作的话，会是怎样的。就让我们用下面这个思想实验来检验一下尚克程序吧。试想我被锁在一个房间里，有人给了我一大堆中文文稿。再设想我对汉语，无论是书面语还是口语，都一窍不通（也确实如此），我甚至难保能把中文与比如日文或者毫无意义的曲里拐弯儿区分开来。对我来说，汉字就是一大堆毫无意义的曲里拐弯儿。现在进一步设想，在这第一批中文文稿之后，有人又给了我第二批中文手稿，与之一起的还有一套将第二批与第一批关联起来的规则。规则是英文的，因而我就像任何一个英语母语者一样理解它们。这些规则能让我把一组形式符号与另一组形式符号关联起来，而"形式"在这里意味着，我单凭这些符号的形状就完全能够辨别它们。再设想又有人给了我第三批中文字符，也随带着一些英文的指令，能让我把第三批的元素与前两批关联起来，还指示我如何返回特定形状的中文字符以回应第三批中的特定形状。给我所有这些字符的人称第一批为"脚本"，第二批为"故事"，第三批为"问题"（我不知道这些）。另外，他们把我回应第三批的返回字符叫作"问题的答案"，他们给我的英文规则叫作"程序"。现在让故事稍微复杂一点，设想这些人又给了我一些我能看懂的英文故事，然后就这些故事用英语问我问题，我也用英语回答他们。再设想，过了一会儿，我已能娴熟地依照指令操作这些中文字符，程序员也已经能娴熟地编写程序，结果是，从外部视角，即从锁着我的房间外的人的视角来看，我的回答与汉语母语者毫无二致。单从我的答案，谁也看不出我不懂一点汉语。让我们再假设，我对英语问题的回答与其他的英语母语者也是别无二致——当然了，这毫无疑问，很简单，因为我自己就是个英语母语者。从外部视角，即从阅读我的"回答"的人的视角来看，我对中文问题的回答和对英文问题的回答一样好。但中文的情况有所不同，我是通过不加理解地操作形式符号炮制出了答案。对中国人而言，我的行为简直就像一台计算机，是对形式上规定好的元素执行计算操作。从中国人的意图来看，我不过是充当了一个计算机程序的实例。

至此，强 AI 所做的论断是，被编程的计算机理解这些故事，并且这个程序某种意义上解释了人类的理解。不过现在，我们可以根据我们的思想实验来检验一下这些论断。

1.第一个论断对我而言，从我对中文故事一个字也不懂的情况来看已经非常明显了。我的输入输出与汉语母语者别无二致，我也可以具有任何你喜欢的形式程序，但我仍然什么也不理解。出于同样的理由，尚克的计算机也不理解任何故事，无论是中文的、英文的还是其他什么的。因为在上述中文情境中计算机就是我，那么在计算机不是我的情境中，既然我什么也不理解，计算机也不比我懂得更多。

2. 第二个论断说程序能解释人类的理解，而我们可以看到计算机及其程序并未给出理解的充分条件，因为计算机和程序只是在运转，这之中并没有理解。不过它是否为理解提供了一个必要条件或者重要贡献呢？强 AI 的支持者给出的一个论断是，当我理解一个英文故事时，我的所作所为与我对中文字符的操作完全相同，或许大致算得上相同；在英文的情况中我有所理解，在中文的情况中我没有，而两种情况的区别只不过是，英文情况中要操作的形式符号更多。我尚未充分表明这个论断是错的，但在这里的例子中它着实显得不可信。这种论断若有可信性，则来自这样的假定，即我们能构造出某种程序让它与母语人士具有相同的输入和输出；此外我们还得假定在某种层面上也可以把说话者描述为一个程序实例。基于这两个假定，我们设想，即便尚克程序不是关乎理解的全部真相，也可能是关乎其中的一部分。虽说，我可以认为这在经验上是可能的，但迄今还没找到任何理由相信这是真的，因为我们的例子虽不能充分表明，但也暗示了，计算机程序与我对故事的理解毫不相干。在中文的情况中，我具有的一切都可以被人工智能以程序的方式赋予，同时我什么也不理解；而在英文的情况中，我理解一切，并且至今全无理由去假设我的理解与计算机程序，即对纯形式上规定的元素进行的计算操作，有什么关系。只要程序是以"对纯形式上定义的元素进行的计算操作"来定义的，这个例子就能暗示，这些计算操作本身与理解没有任何值得关注的联系。它们无疑不是充分条件，也没有理由被设想为必要条件，或是对理解做出了什么重要贡献。请注意，这个论证的效力并不在于不同的机器有相同的输入输出时，运行所依据的形式原则不尽相同，这完全不是重点所在。毋宁说，无论你把什么纯形式的原则赋予计算机，它们对理解而言都不充分，因为一个人类可以毫无理解地遵循这些形式原则。没有理由设想这种原则是必要的甚至有贡献的，因为毫无理由设想我在理解英语时是在操作什么形式程序。

那么，我在英文语句的情况中，有什么是我在中文语句的情况中没有的？显而易见的答案是，我知道前者的意思，而对后者的意思一无所知。但这又是由于什么？以及，无论由于什么，我们为什么不能把这个因素赋予一台机器？我到后面会再回到这个问题上来，不过我想先接着这个例子往下讲。

我曾在一些场合把这个例子展示给一些位人工智能工作者，有趣的是，他们似乎对怎么才算恰当回应了这个例子莫衷一是。我得到的回应多得惊人，接下来我将考虑其中最常见的几种（标以来源地点）。

不过首先我想屏蔽几种对"理解"的常见误解：这些讨论中相当一些是在"理解"一词上大做文章。我的批评者指出，有许多种不同程度的"理解"；它不是一个简单的二元谓词；"理解"还有不同的种类，不同的层面；甚至连排中律也往往不能直接用于"甲理解乙"这种形式的陈述，许多情况下，甲是否理解了乙不是一个简单的事实，而是需要判定的，等等。对所有这些观点，我想说：没错，当然如此。但它们和我们这里的问题毫无关系。总有一些非常清晰的情况，哪些是"理解"完全适用的，哪些又完全不适用；这里的论证只需要这两类情况。* 我理解英文故事，在稍低的程度上也理解法文故事，在更低的程度上理解德文故事，中文的则完全不理解。另一方面，我的汽车，我的加法计算器，则什么也不理解，对"理解"一事全不在行。我们时常通过比喻、类比将"理解"及其他认知谓词用在汽车、加法器及其他人造物品之上，但这种用法什么也证明不了。我们说，"门知道什么时候要开，因为它有光电管"，"加法器知道如何（理解如何、能够）做加减法，而非除

---

* 而且，"理解"同时暗含了拥有心理（意向的）状态以及这些状态的真（有效、成功）。鉴于讨论的目的，我们只考虑具有这些状态时的情况。——原注

法", 还有"恒温器会感知温度的变化"。我们这样用词, 理由十分有趣, 它关乎的事实是, 我们会在人造物品中延伸自己的意向性*:我们的工具是我们目的的延伸, 因而我们会很自然地把意向性的比喻用法施加给它们。但这些例子在哲学上全无用处。自动门从它的光电管中"理解指令"的含义, 完全不是我理解英语的那种含义。如果说尚克的编程计算机理解故事的含义是门的"理解"的那种比喻义, 而不是我理解英语的那种含义, 那这个问题就不值得讨论。不过纽厄尔和西蒙(Newell & Simon, 1963)写道, 他们为计算机主张的那种认知, 与为人类主张的完全相同。我喜欢这一论断的直率, 这也是我将会考虑的那类论断。我将论证, 在严格的意义上, 被编程的计算机所理解的也正是汽车和加法器所理解的, 亦即, 根本什么也不理解。计算机的理解才不是部分的、不完整的(就像我对德语的理解), 而是零。

现在是那些回应:

1. 系统回应(伯克利)。"虽然被锁在房间里的个体的人确实不理解故事, 但事实上他只不过是整个系统的一部分, 而系统确实是理解故事的。这个人面前有所有规则的明细, 他有大量的草稿纸和铅笔来做演算, 还有若干组中文字符的'数据库'。这样, 理解并不是归给单单这个个体, 而是归给包含他在内的整个系统。"

我对这种系统理论的回应十分简单:让这个个体把系统的所有元素都内化。他记住了规则明细, 也记住了中文字符的数据库, 并在头脑中完成所有的计算。这样, 个体就吸纳了整个系统, 系统不再有任何内容未包含在他之内。我们甚至可以去掉房间而假设他在室外工作。但还是一样, 他一点也不理解中文, 更不用说系统了, 因为系统具有的内容无

---

* 根据定义, 意向性是特定心理状态的特征, 因这一特征, 此类心理状态指向或关涉世界中的事物和事态。因此, 信念、欲望和意图等都是意向性状态, 焦虑、抑郁等无所指的形式则不是。——原注

一不是他也有的。如果他不理解，那么系统就更不可能理解，因为系统就是他的一部分。

其实我给了系统理论这样的回答，自己甚至都有点尴尬，因为在我看来，这个理论从一开始就极不合理。它的想法是，一个人不理解中文，而这个人和一堆纸张的合取竟然能理解中文。我很难想象一个人若非陷入了某种思想观念，怎么会觉得这个想法合理。但我觉得忠于强 AI 思想观念的人，最终会倾向于说出极为类似的话。因此让我们进一步来探讨一下。根据这种观点的一个版本，系统内化案例中的人并不像汉语母语者那样理解中文（比如因为他并不知道故事涉及餐厅、汉堡等等），但"此人作为一个形式符号操作系统"确实理解中文。这个人的中文形式符号操作子系统，不应与他的英文子系统相混淆。

这个人身上确实有两个子系统，一个理解英文，另一个理解中文，而且这两个系统"并行不悖"。不过我要回复，它们不仅是并行不悖，而且还毫不相似。理解英文的子系统（假设我们暂且允许自己使用"子系统"这样的术语来谈论）知道故事是关于餐厅和吃汉堡的，也知道自己正被问及关于餐厅的问题，并且自己正根据故事的内容进行推理而尽量回答这些问题等等。但中文系统对此却一无所知。相较于英文子系统知道"汉堡"指称汉堡，中文子系统只知道"一堆曲里拐弯儿"后面跟着"另一堆曲里拐弯儿"。这人所知道的只是从一端传入各种形式符号，再根据英文写就的规则一操作，就会从另一端出来另一些符号。最初例子的全部意义就在于说明，这种符号操作本身在任何真正的意义上对于理解中文来说都不可能是充分的，因为这人可以"曲里接拐弯儿"地写下去，但不理解任何中文。而且设定在人内部的各子系统也无法回应那个论证，因为子系统并不比开始的那人好到哪里去，它们所具有的，与一个讲英语的人（或子系统）所具有的，之间仍然全无相似之处。其实，在所述情况中，中文子系统只是英文子系统的一部分，是一个根据英文规则进行无意义符号操作的部分。

首先，让我们问问自己，会是什么驱使系统做出应答，也就是说，要有什么独立的依据，我们才能说一个行动主体内部一定具有一个确实理解中文故事的子系统？就我目前的全部所知，唯一的依据只是，在例子中，我和汉语母语者有一样的输入输出，还有一个从输入到输出的程序。但这些例子的全部要点只在于竭力表明，在我理解英文故事的意义上，对这样的理解而言，这依据不可能是充分的，因为一个人，以及组成这个人的诸系统的集合，可以具有输入、输出及程序的正确组合，却在我理解英文这个相对严格的意义上，还是什么都不理解。说在我身上一定有一个理解中文的子系统，唯一动机就是我有一个程序，并且我能通过图灵测试，能糊弄过汉语母语者。然而争论的要点之一正在于图灵测试的适当性。例子表明，可以有两个"系统"，两者都能通过图灵测试，但只有一个能理解；说"既然两者都能通过图灵测试，那它们一定都能理解"构不成对这一论点的反驳，因为这一论断没能回应"我理解英文的系统大大超出我单纯处理中文的系统"这个论点。简言之，系统回应只是在"乞题"，不加论证地坚持认定系统必定理解中文。

不只如此，系统回应似乎还会导致其他意义上的荒谬结论。如果单凭我具有特定种类的输入输出和一个居间的程序，就得出我一定有认知能力的结论，那好像所有非认知的子系统都会变得有认知了。例如，在某个层面上，我的胃可以被描述为是在进行信息处理，它也可以是各种计算机程序的实例，但我认为我们不会想说胃有什么理解（见Pylyshyn，1980）。但如果接受了系统回应，那么既然说一个子系统理解中文，和说一个胃有理解，二者的动机原则上无从区分，也就很难看到如何才能避免说胃、心、肝等都是有理解的子系统。顺便一说，说中文系统以信息为输入输出，而胃以食物及其产物为输入输出，也没有回答到点子上，因为从行动主体的视角，即我的视角看来，无论是食物还是中文都不包含信息：中文只是一大堆毫无意义的曲里拐弯儿而已。在中文的情况中，信息只在程序员、翻译员的眼中存在，如果他们想把我消化器官的输入输出当作信息，也没有什么障碍。

最后这点与几个独立的强 AI 问题有关，值得暂时岔开正题解释一下。如果强 AI 要成为心理学的一个分支，那么它必须能区分哪些是真正的心理系统，哪些不是。它还必须能区分心理和非心理系统的工作原理，不然就不能解释心理有什么特别"心理"之处。心理／非心理的区分不能只存在于旁观者的眼中，而要内在于系统，否则决定权就在任意的旁观者，只要他愿意，就可以把人视作非心理的，而把例如飓风视作心理的。但在 AI 文献中，这个区分常常以各种方式被抹消了，长此以往，会给"AI 是一项认知探索"的宣言带来灾难性的后果。比如麦卡锡就写道："像恒温器那样简单的机器也可以说是有信念的，并且拥有信念似乎是多数能够解决问题的机器的特征。"（McCarthy，1979）任何认为强 AI 有望成为一个心灵理论的人都应当深思这个评论的隐含之意。它要求我们把如下情况当作强 AI 的新发现接受下来：墙上那个我们用来调节温度的大金属块也拥有信念，且与我们、我们的配偶和孩子拥有的是相同意义的信念；此外，房间里的"多数"机器——电话、录音机、加法器、电灯开关等等——也是在这个严格的意义上拥有信念。反驳麦卡锡的观点不是这篇文章的目的，因而我只提出如下主张而不加论证。心灵探究的起步事实是：人类拥有信念，而恒温器、电话、加法器没有。如果你遇到了个理论否定这一点，那你已经对这一理论提出了一个反例，所以这个理论是错的。有人有这种印象，AI 界写出这些东西的人之所以认为自己能够蒙混过关，是因为他们从未严肃对待它们，也不指望其他人会。我提议，至少严肃对待它们一小会儿。花一分钟努力想想，需要什么才能确证墙上那个大金属块拥有真正的信念，即那些具有匹配方向、命题内容和满足条件的信念，那些或强或弱的信念，那些紧张、焦虑或是安宁的信念，那些武断、理性或是迷信的信念，那些盲目的信任或者犹疑的酌定……任何一种信念。恒温器不在候选之列，胃、肝、加法器、电话也都不在。但既然我们在严肃对待这个想法，就要注意到，其正确性对于强 AI 要成为一门心灵科学的主张来说至关重要。而现在到处都是心灵。我们想知道的是，是什么把心灵与恒温器、肝脏区别了开来。而假如麦卡锡是正确的，那强 AI 就无望告诉我们这一点。

2. **机器人回应（耶鲁）**。"设想我们写了一个不同于尚克的程序。设想我们将一个计算机置入一个机器人，这个计算机不但能接收形式符号作为输入，发送形式符号作为输出，还能切实地操纵机器人，使机器人做事非常类似于感知、行走、来回移动、钉钉子、吃喝——你喜欢的任何事情。然后比如说这个机器人会身附一个电视摄像机让它能'看'，还有胳膊和腿让它能'动'，而全部这些都由其计算机'脑'控制。不同于尚克的计算机，这样一个机器人具有真正的理解及其他心理状态。"

对于机器人回应，首先要注意到，它默认了认知并不仅仅事关形式符号的操作，因为这个回应加上了一套与外部世界在物质成因（cause）方面的联系（见 Fodor，1980）。但对机器人回应的回应是，增加诸种"感知""运动"能力，无论是在"理解"这个特殊意义上，还是"意向性"这个一般意义上，都没有为原本的尚克程序增加任何东西。为了看出这一点，请注意同样的思想实验也适用于机器人的情形。设想不是把计算机放入机器人，而是把我放入房间，就像最初的中文情况一样，你给我更多的中文字符和更多的英文指令，好让我匹配中文字符并将它们向外部反馈。试想，有些中文字符是机器人身上的电视摄像机发送给我的，我发出的另一些中文字符则用来让机器人内部的马达驱动它的腿和手臂，而这一切我都不知情。需要强调的是，我所做的一切都只是形式符号的操作，我对上述这些情况都一无所知：我从机器人的"感知"装置接收"信息"，并向它的马达装置发出指令，而对这两方面事实都浑然不知。我是这个机器人内里的"小人儿"，但与传统"小人儿"不同的是，我不知道正在发生什么。除了符号操作的规则之外，我什么也不理解。对这个案例我想说，机器人根本没有意向状态，它四处移动只是其电路和程序的结果。此外，我在充当一个程序实例的过程中也没有相关类型的意向状态。我的所有作为不过是在遵循操作形式符号的形式指令。

3. **脑模拟器回应（伯克利和 MIT）**。"假如我们设计一个程序，它不表征我们关于世界所拥有的信息，例如尚克脚本中的那类信息，但是它模拟汉语母语者理解中文故事并作答时，脑中的突触上真实的神经元发放序列。这台机器接收中文故事和问题作为输入，并且模拟实际懂中文的脑在处理这些故事时的形式结构，然后输出中文的应答。我们甚至可以想象这台机器并非运行单一的串行程序，而是一整套程序并行，即大体以真实的人脑处理自然语言的那种方式运转。那么在这样的情况下，我们当然就得说机器是理解故事的了；我们如果拒绝承认这一点，不也就否认了汉语母语者是理解故事的吗？在突触的层次上，计算机的程序与中文脑的程序会有甚或能有什么区别吗？"

在反驳这个回应之前，我想先扯句题外话：任何人工智能（或功能主义等）的支持者做出这种回应，都是有多奇怪啊！我认为强 AI 的整体理念就是，我们不需要了解人脑如何工作就能知道心灵如何工作。这里（我曾认为）的基本假设，是有一个心理活动的层次，包含对形式元素的计算处理，而这构成了心理的本质，并且可以由脑的各种不同过程实现，就像任何计算机程序都能由不同的计算机硬件来实现那样。因为根据强 AI 的假设，心灵之于脑，正如程序之于硬件，因此我们无需神经生理学就能理解心灵。我们如果必须知道脑如何工作才能做 AI，那也就不必在 AI 上费心了。然而，即便使其接近于脑的运作，仍不足以产生理解。要明白这一点，请想象房间里那个只懂一门语言的人不是在摆弄符号，而是在操纵一组通过阀门相连的复杂水管。当这个人收到中文字符时，他查阅用英文写就的程序来看他需要开关哪些阀门。每根水管对应着中文脑中的一个突触，整个系统就此装配而成，等所有正确的神经元发放都发生后，也就是等所有正确的水龙头都打开后，中文的回答也就在这组管道的输出端喷涌而出。

那么，这个系统的理解又发生在何处呢？它以中文作为输入，模拟中文脑中突触的形式结构，并给出中文的输出。但这个人无疑不懂中文，水管也不懂；而如果我们忍不住去接受那个我视为荒谬的观点，即这个人和水管的合取竟然能够理解，那么记得吗，原则上这个人可以将水管的形式结构内化，并在想象中完成所有的"神经元发放"。脑模拟器的问题在于它模拟了脑的错误方面。只要它模拟的仅仅是突触上神经元活动序列的形式结构，它就没有模拟脑的关键之处，即脑的物质成因特性，脑产生意向状态的能力。水管的例子表明，形式特性对成因特性而言是不充分的，我们可以将所有的形式特性都从相关的神经生物性的成因特性中剥离出去。

4. 组合回应（伯克利和斯坦福）。"尽管前三个回应单独看来都不太能有力驳斥中文房间这一反例，但如果把它们组合到一起，就会有说服力得多，甚至起决定性的作用。想象一个机器人，颅腔内嵌一个脑形的计算机，这台计算机用人脑的突触来编程，而这个机器人的所有行为与人类的行为无从分辨。这时，我们就要将其视作一个统一的系统，而不仅仅是一个有输入和输出的计算机。显然在这样的情况下，我们势必要把意向性归给这个系统。"

我完全同意，这种情况下，如果我们对这个机器人的了解仅限于此的话，那么接受它具有意向性确实是理性的，甚至难以抗拒。实际上，除了外表和行为，这个组合中的其他元素真的无关紧要。假如我们能够造出一个机器人，其行为在很大范围内与人类无从分辨，我们就会把意向性归给它——想不出有什么理由不这么做。我们无须事先知道它的计算机脑在形式方面模拟了人脑。

但我看不出这对强 AI 的各种主张有什么帮助，原因是：根据强 AI，建立起一个有着正确输入输的形式程序实例，就是意向性的充分条件，甚至就构成了意向性。正如纽厄尔（1979）指出的，心理的本质是物理符号系统的操作。但在这个例子中，我们把意向性归给机器人，与形式程序毫无瓜葛。它们只是基于这样的假设：如果机器人的外表及行为与我们充分相似，那么直到有其他证明之前我们都会设想它一定具有和我们一样的心理状态来引发行为并被行为表现出来，而且机器人还必定具有能产生这些心理状态的内部机制。如果我们能不借助这些假设而独立地解释机器人的行为，尤其如果我们知道它有一个形式系统，那我们就不会把意向性归给它。这也正是我之前答复第二个反对时的要点。

假设我们知道，这个机器人的行为完全取决于这一事实：它内部有人从它的感觉接收器接收未经解释的形式符号，再向它的运动装置发送未经解释的形式符号，且这个人依照一套规则进行符号操作。此外，设想这个人对机器人的这些事实一无所知，他知道的只有对何种无意义的符号要进行何种操作。这种情况下，我们会把机器人视作一个精巧的机器傀儡。这时再假设傀儡具有心灵，就既无根据也无必要了，因为现在再也没有任何理由把意向性归给机器人或它所在的某个系统（当然，除了那个人操作符号时的意向性）。对形式符号的操作在继续，输入和输出正确匹配，但意向性的唯一真正所在是那个人，而他并不知道任何相关的意向状态，比如说，他看不到机器人的眼中看到什么，并非有意移动机器人的手臂，也不理解机器人给出或收到的言论。根据前述原因，这个包括人和机器人在内的系统也做不到这些。

为了看清这一点，请把上述情况与下述情况对比：我们把意向性归给猿、猴等特定的其他灵长类，也归给狗这样的驯养动物，觉得这很自然。我们觉得自然，大致因为两点：如果不把意向性归给动物，我们就无法理解它们的行为；以及我们能看到，组成这些动物的质料与我们自己的类似——那是眼睛，那是鼻子，这是皮肤等等。鉴于动物行为有连贯一致性，也鉴于我们假定动物的基础成因性质料与人类相同，我们就能设想，动物的行为背后一定也有心理状态，并且产生这些心理状态的机制也由类似于我们拥有的质料构成。只要没有反对理由，我们当然也能对机器人做出类似的设想，但只要我们知道这些行为是形式程序的结果，而与物质实际成因方面的特性无关，我们就要放弃意向性的设想。

针对我的例子，这里还有另外两种回应很是常见（因而也值得探讨），但它们实在也是不得要领。

5.他心回应(耶鲁)。"你是怎么知道别人理解中文或其他任何东西？只能通过他们的行为。既然计算机（原则上）也能像别的人类一样通过行为测试，所以如果你把认知归给其他的人，原则上你也必须把它归给计算机。"

这个反驳确实只值一个简短回应。这场讨论中的问题并不在于我是如何知道他人具有认知状态的，而是当我把认知状态归给他们时，我归给他们的究竟是什么东西。论证的要旨在于，认知不可能只是计算过程及其输出，因为计算过程及输出没有认知状态就能存在。假装麻木可回应不了这个论证。"认知科学"的一个前提即预设了心理的实在性和可知性，就像物理科学也必须预设物理对象的实在性和可知性一样。

　　6. 左右逢源（Many Mansions）**回应（伯克利）**。"你的整个论证预设了 AI 仅仅关乎模拟和数字计算机。但这碰巧只是科技的现状而已。无论你认为对于意向性来说那些至关重要的成因过程是什么（假设你是对的），我们最终都能制造出具有这些成因过程的设备，而那就是人工智能。因此你的论证并不针对人工智能产生并解释认知的能力。"

　　这个回应我真是无可反驳，除了说，其实它通过"任何人工产生并解释认知的事物"重新定义了强 AI，从而使其变得无足轻重。原先为人工智能所做的那个论断之所以有意思，就在于它是一个精确、清晰的论题：心理过程就是对形式上定义的元素施加计算过程。我一直致力于挑战的是这一论题。如果这一论断被重新定义，不再是同一个论题，我的反驳也就不再适用，因为它要去针对的那个可检验假设已不复存在。

　　现在让我们回到那个我承诺过会尽力解答的问题上来：在我最初的例子中，我理解英文而不理解中文，而所述机器既不理解英文也不理解中文，那么据此，我这里一定是有点什么，让我理解英文的这种情况成立，而缺了这方面，就让情况变成了我理解不了中文。那么无论这些"什么"是什么，为什么我们不能把它们赋予一台机器呢？

　　原则上我看不出有任何理由，让我们不能赋予机器理解英文或中文的能力。因为在一个重要的意义上，我们的身体和脑恰好就是这样的机器。但我也确实看得出强有力的论论，论证为什么说我们不能将其赋予机器，因为定义机器的运转，仅仅是根据对形式上定义的元素施加的计算过程；也就是说，机器的运转被定义为计算机程序的实例。我并不是因为充当了计算机程序的实例而能理解英文并具有其他形式的意向性的（我假设我充当了某些计算机程序的实例）；据我所知，是因为我是某种具有特定生物（即化学和物理）结构的有机体，在一定条件下，这个结构作为物质成因，能产生感知、行动、理解、学习及其他意向现象。当前论证的部分关切在于，只有具有这种物质成因力的东西才有可能具有意向性。也许其他的物理、化学过程也能产生这些结果，例如也许火星人的脑由其他材料构成，但也有意向性。这是一个经验性问题，有点像"光合作用能否由所含化学成分不同于叶绿素的物质来完成"这种。

但是，当前论证的主要关切在于，纯形式的模型本身对产生意向性而言绝不是充分的，因为形式特性本身不是意向性的构成要素，本身也并无任何物质成因力，只有在被实例化后才会在机器运转时拥有一种产生下一步形式操作的力量。而形式模型的特定实现所具有的任何其他物质成因特性，都与形式模型无关，因为我们要实现这个形式模型，总能找到一种不同的方式，其中明显没有这些成因特性。纵使出现了奇迹，汉语使用者确实是在实现尚克程序，那我们也能将同一个程序代入英语使用者、水管或计算机，而尽管有程序在，它们也无一理解汉语。

脑的运作，紧要之处不在于突触序列的形式投影，而在于序列的实际特性。我见到的所有强版本人工智能的论证，都坚持要围绕认知的投影划清轮廓，旋即宣称投影是真实的东西。

作为总结，我想力图阐明这个论证隐含的一些一般性哲学观点。明晰起见，我将以问答的方式进行，从那个老掉牙的问题开始：

"机器能思考吗？"

答案显然是，能。我们正是这种机器。

"好，那一台人造的机器能思考吗？"

假设人工制造一台具有神经系统的机器是可能的，神经元上有树突和轴突等等一切，与我们足够相似，那问题的答案就会再次明朗：能。如果你能精准地复制起因，你也就能复制出结果。并且，使用不同于人类的化学原理产生出意识、意向性等等一切，也确实是可能的。正如我所说，这是一个经验性问题。

"好，不过一台数字计算机能思考吗？"

如果我们用"数字计算机"所指的，是在某个层面可以被正确地描述为计算机程序实例的任何东西，那么答案又是，当然能，因为我们就可以是各种计算机程序的实例，而我们能思考。

"但是，某物单凭是具有正确程序的计算机，就能思考、理解等等吗？充当一个程序（当然是正确的程序）的实例，本身是理解的充分条件吗？"

我认为这才算是问对了问题，尽管它经常与前一个或前几个问题混淆。答案是，不能。

"为什么不能？"

因为形式符号的操作本身不具有任何意向性，它们毫无意义；它们甚至不是符号操作，因为那些符号不表示任何东西。用语言学的术语来说，它们只有句法而无语义。计算机看似具有的那种意向性，只存在于编程者、使用者、输入者、输出解释者等人的心里。

中文房间一例的目的就是想表明这一点，方法是表明：一旦我们把某物放入一个真正具有意向性的系统（一个人），并且为其编制形式程序，你就能看到形式程序不具有任何额外的意向性。它什么都没有增加，例如，没有增加一个人理解中文的能力。

确切地说，使 AI 看上去那么诱人的那个特点，即程序与实现之间的区分，对于"模拟可以是复制"的主张来说至关重要。程序与其硬件实现的区分，似是类似于心灵运作层与脑运作层的区分。而我们如果能把心灵运作层描述为一个形式程序的话，似乎就能不借助内省心理学或脑神经生理学而描述心灵的本质了。但"心灵之于脑相当于程序之于硬件"这一等式会在多处瓦解，以下是其中三点：

第一，程序与实现的区分有这样的后果：同一个程序可被没有任何形式的意向性的各种疯狂方式实现。例如，魏岑鲍姆（1976，第 2 章）详细展示了如何使用一卷卫生纸和一堆小石子构造一台计算机。同样，理解中文故事的程序可以编入水管序列、风机组或一个只讲英文的人，而它们中无一会因此获得对中文的理解。石头、卫生纸、风和水管一开始就不是具有意向性的那种材料，某物只有具备与脑相同的物质成因力，才能具有意向性。而纵然讲英语的人就意向性而言具有正确种类的材料，但也你能轻易看出，靠记住程序，他没有获得任何额外的意向性，因为记住程序无法教会他汉语。

第二，程序是纯形式的，而意向状态却不具有同种意义上的形式性。定义后者要通过它们的内容而非形式。例如，"下雨了"这个信念的定义，不是特定的形式样貌，而是具有满足条件、匹配方向的特定心理内容（见Searle，1979）。实际上，这样的信念在句法意义上甚至都没有形式样貌，因为同一个信念在不同的语言系统中可以获得无数种不同的句法表达。

第三，如前所述，心理状态和事件，实质上是脑的运作产物，而程序却不是同种意义上计算机的产物。

"好，如果程序绝不是心理过程的构成要素的话，为什么还有那么多人相信？这至少需要做些解释吧。"

我真的不知道该如何回答。"计算机的模拟可能是真实的"，这个观点首先就该怀疑，因为无论如何计算机都不限于模拟心理活动。没人会以为计算机模拟的五级大火会把街区烧毁，或是计算机模拟的暴风雨把我们淋个精湿。那究竟为什么有人会以为计算机模拟的理解会真的理解任何东西？有时会听到这种说法：很难让计算机感到疼痛或坠入爱河；而爱与痛并不比认知或其他什么更困难或更简单。要模拟，你所需要的只是正确的输入输出及一个将前者转化为后者的中间程序。这就是计算机做任何事情所需要的。将模拟和复制混为一谈也是同样的错误，无论是对痛、爱、认知、火焰还是暴风雨。

为什么AI在过去显得一定能以某种方式产生进而解释心理现象，甚至或许对很多人来说至今仍是如此？有这样几条原因，而我认为，只有充分揭露这些引发错觉的原因后，我们才能消除这些错觉。

第一，或许也是最重要的一点，是"信息处理"这一概念的混乱：

认知科学的许多人相信，人脑及其心灵会做一些被称作"信息处理"的事情，而类似地，计算机及其程序也做信息处理；另一方面，火焰和暴风雨则根本不做信息处理。因此，即使计算机能模拟任何过程的形式特征，它与心灵和脑也处在一种特殊的关系中，因为计算机被适当编程的话，最理想的就是与脑的程序相同，这时，二者的信息处理就等同了，而这一信息处理实际上就是心理的本质。但是，这个论证的问题在于"信息"这一概念的歧义。如果"处理信息"指的是人类思考算术题或者读故事并回答问题，那计算机处理的就不是"信息"。毋宁说，它处理的是形式符号。编程者和计算机输出的解释者使用符号来代表世界中的对象，这一事实完全超出了计算机的范围。再说一遍，计算机只有句法而无语义。因此，如果你向计算机输入"2+2="，它会输出"4"。但它完全不知道"4"的意思是4或其他任何什么。重点不在于它缺少一些解释其一阶符号的二阶信息，而是其一阶符号对计算机来说就没有任何解释。计算机所具有的，只是更多的符号。因此，引入"信息处理"这一概念就产生了一个两难：我们要解释"信息处理"这一概念，方式要么就是意向性就隐含在处理之中，要么就不是。如果是前者，那么被编程的计算机处理的不是信息，只是形式符号。如果是后者，那么尽管计算机是在处理信息，但也只是在加法器、打字机、胃、恒温器、暴风骤雨等也是在处理信息的意义上：它们在某个层次上都可以被描述为从一端接收信息，经过转换，再产生输出的信息。但这种情况下，输入和输出有赖于外部观察者解释为日常意义上的信息。因此，无论说的是何种信息处理的相似性，这些相似性都无法在计算机和脑之间建立起来。

第二，大部分 AI 中仍有行为主义和操作主义的残余。由于适当编程的计算机能有与人类相似的输入输出模式，我们就禁不住设定，计算机也有与人类相似的心理状态。而一旦我们看到，在某些领域中，一个系统在概念上和经验上都可能具有人类的能力而全无意向性，我们也就应该能克服这种冲动了。我的台式加法器有计算能力，但没有意向性；我在本文中也力图表明，一个系统可以具有复制自汉语母语者的输入输出能力，却依然不理解中文，不管它是如何被编程的。图灵测试就当之无愧地属于典型的行为主义和操作主义传统。我相信，如果 AI 工作者能彻底弃绝行为主义和操作主义，模拟与复制间的许多混淆就能消除。

第三，上述操作主义的残余与某种形式的二元论残余相结合。实际上，强 AI 要有意义，唯有给定二元论的假设，即对心灵而言，脑无关紧要。在强 AI（及功能主义）中，重要的是程序，而程序独立于其机器实现；实际上，对 AI 而言，实现同一个程序，可以通过电子仪器，笛卡尔式的心理实体，或者黑格尔式的世界精神。讨论这些问题时，最令我吃惊的一个发现是，许多 AI 工作者都无比震惊于我的观点，即真实的人类心理现象可能依赖于真实人脑的真实物理／化学属性。但你如果花一分钟想想，就会发现我本不该吃惊，因为除非接受某种形式的二元论，否则强 AI 的企划根本没戏。这个企划就是要通过设计程序来复制和解释心理，但除非心灵在概念上和经验上全都独立于脑，否则这个企划无从施行，因为程序是完全独立于任何实现的。除非你相信心灵与脑在概念和经验上都是可分离的，即相信某种强形式的二元论，否则你就不能指望通过编写和运行程序来复制心理，因为程序一定是独立于脑或其他任何特定形式的实例的。如果各种心理活动是由对形式符号的计算操作构成的，那么就能得出，它们与脑就没有任何值得关注的联系；唯一的联系就是，脑只不过碰巧是能够为程序充当实例的无数种机器之一。这种形式的二元论不是传统的笛卡尔式的，因为后者主张存在两种实体；不过它坚持心灵的特定心理方面与脑的实际特性没有内在的联系，在这个意义上它又是笛卡尔式的二元论。AI 文献中经常包含对"二元论"的强烈批判，这一情况把这种深层的二元论掩蔽了起来；这些作者似乎都没意识到，他们自己的立场预设了一种强版本的二元论。

"机器能思考吗？"我自己的看法是，只有一种机器能够思考，它也确实是一种非常特殊的机器，那就是脑，以及与脑具有相同物质成因力的机器。这也是强 AI 关于思考一直没给我们讲出什么内容的主要原因，因为它不讲任何关于机器的事。根据强 AI 自身的定义，它事关的是程序，而程序并不是机器。而意向性，无论还会是什么，首先都是一种生物现象，其产生要在物质成因方面依赖于特定的生化特性，就像泌乳、光合作用等任何生物现象一样。没人会认为只要用计算机模拟泌乳和光合作用的形式性事件序列，然后运行这些模拟，我们就能生产出奶和糖；而一旦论及心灵，就有很多人愿意相信这种奇迹，这皆因一种根深蒂固的二元论：他们设想的心灵不同于奶和糖，是一种完全独立于特定物质成因的形式过程。

为维护这种二元论，人们常常流露出这种希望：脑是一台数字计算机（顺便一提，我们以前经常把计算机称为"电脑"）。但这无济于事。脑当然是数字计算机，因为每样东西都是数字计算机，脑也不例外。重点是，脑有产生意向性的物质因能力，而这并不在于它能充当计算机程序的实例，因为无论你想到了什么程序，都有可能找到点什么，既是它的实例，又不具有任何心理状态。无论脑是做了什么而产生了意向性，都不可能是因为它充当了一个程序的实例，因为没有程序就其本身而言是意向性的充分条件。*

────────

反　思

本文最初是与来自各方的 28 个回应一同面世的。大多回应都包含精彩的评论，但重刊它们会挤爆这本书，而且有些怎么看都有点太过技术化了。塞尔文章的一大好处是，对没有受过 AI、神经学、哲学或其他相关学科特殊训练的人而言，本文非常易懂。

────────

* 承蒙一大批人与我讨论这些问题，也承蒙他们耐心地尝试帮我克服对人工智能的无知。我要特别感谢奈德·布洛克、休伯特·德雷福斯、约翰·豪格兰、罗杰·尚克、罗伯特·威林斯基和特里·维诺格拉德。——原注

我们的立场和塞尔完全相反。不过我们发现塞尔是一位雄辩的对手。我们不会尝试彻底推翻他的所有论点,而会专注于他所提问题中的几个。对其他观点的回应,则隐含在本书的其他部分中。

塞尔的论文基于他精巧的"中文房间思想实验",其中,读者被敦促去代入一个人,手动去执行一串某个 AI 程序会执行的步骤:这程序非常聪明,运行方式与人类充分相似,因而能通过图灵测试,而它阅读中文故事并用中文回答相关问题时,就会执行这串步骤。我们认为塞尔做了一个严重的、根本上的错误表征,给了人这种印象:有理由认为人类能做到这样的事情。接受了这一图景的读者,会不知不觉在智能与符号操作的关系上陷入一种极其不切实际的观念。

塞尔要在读者身上引发这种错觉(当然他自己并不认为这是错觉!),是有先决条件的。不同概念层次的两个系统在复杂性方面存在巨大的差异,而他须得先让读者忽视这一点。一旦他做到了这个,其余的就是小菜一碟。一开始,塞尔邀请读者与之一同手动模拟一个现存的 AI 程序,它能在有限的几个领域中,以有限的方式回答有限种类的问题。让一个人手动模拟这个或任何现存的 AI 程序,即让他在计算机那样的细节水平上一步步地把程序实现出来,这项艰巨乏味的工作就算不会耗时几周数月,总也要花上几天。但塞尔没有指出这一点,他像个娴熟的魔术师,巧妙地转移了读者的注意力;相反,他假设出了一个通过了图灵测试的程序,把读者的想象转移到了这个程序上!他已经跨越了若干个能力等级,却对此只字不提。他再次邀请读者将自己代入那个执行亦步亦趋的模拟的人,并去"感受对中文理解的缺失"。这就是塞尔论证的要害。

我们对此的回应基本上是"系统回应"(而且我们过会儿会表明,塞尔的回应在某种程度上也是):试图将理解归给(偶然)具有生命的模拟器是错误的;理解属于系统整体,其中包括被塞尔随口说成是"草稿纸"的东西。我们觉得,这句轻率的评论揭示了塞尔的想象是如何让他认不清实情的。一台能思考的计算机带给约翰·塞尔的厌恶,就好像非欧几何之于它不经意的发现者杰罗拉莫·萨凯里，后者极力否认自己的杰作。直到 18 世纪晚期，要人们接受由另一种几何学带来的概念扩展都还为时尚早。而大约 50 年后，非欧几何重获发现并渐获接受。*

或许同样的事情也会发生在"人工意向性"上——如果它什么时候被创造出来的话。假如真出现了一个能通过图灵测试的程序，看样子塞尔不仅不会为它的能力和深度感到惊奇，反而会继续坚称它缺乏某种神奇的"脑的物质成因力"（无论这究竟是什么）。为了指出这一概念的空洞，泽农·佩利申在对塞尔的回应中，想知道下面这段话（很能让人想起选文 12，祖波夫《脑的故事》）是否精当地刻画了塞尔的观点：

> 如果你脑中会有越来越多的细胞被集成电路芯片代替，且被编程为每个单元的输入输出功能都与被代替的单元一致，那么你十有八九还是会像现在这样正常说话，只不过你不再通过说话表达任何意义。我们外部观察者视为言词的东西，对你则成了电路导致你发出的某种噪声。

塞尔立场的弱点在于，他没有提供一个明确的方式来判定真正的意义，或者其实就是真正的"你"，是何时从系统中消失的。他只是坚称，有些系统凭其"物质成因力"具有意向性，而有些没有。这些成因力缘起何处，他也游移不定。有时脑好像是由"正确的材料"构成的，有时好像又不是这样。好像是某个当下，什么方便就是什么：这会儿，这种捉摸不定的本质区分了"形式"与"内容"，过会儿，另一种本质又区

---

* 萨凯里（Giovanni Gerolamo Saccheri，1667—1733），意大利耶稣会教士，哲学家，数学家。他生前最后一年发表了一本几何著作，本意是证明欧几里得的平行公设。他从四边形内角和不为 360 度（实质是假设三角形内角和不等于两个直角）出发，希望得到荒谬的结论，但到最后逻辑却是一贯的；即便如此，他没有正视这一点。但这项工作成为了非欧几何的先驱性工作之一。

18 世纪晚期到 19 世纪早期，非欧几何的更多先驱性工作先后诞生，但因思维惯性等原因一直没有确立新体系甚至没有公布。真正的公布和确立，约在 19 世纪中叶（罗氏几何）。

分了句法和语义，等等。

对系统回应的支持者，塞尔提出的思想是，房间里的那个人（从现在起我们称之为"塞尔妖"）只须记住或掌握"有限草稿纸"上的所有材料。仿佛真有种什么想得到的想象力发挥方式，能让这么一个人类做到这事似的。那"有限的草稿纸"上的程序囊括了一整个的心灵和性格，它们属于这样一种东西，它对书面材料的反应能力和人类一样复杂，因为它能通过图灵测试。

有哪个人类能轻易"吞下"对另一个人的心灵的完整描述吗？记住一个文段就够让我们觉得难了。但塞尔想象中的妖怪却能掌握很可能数百万甚至数十亿张纸上密密麻麻写满的抽象符号，而且所有这些信息还都是可用的，无论何时需要，都能无碍调取！这剧情中如此不现实的一面全被轻描淡写一笔带过，而且也不在塞尔说服读者的核心论证之中。实际上，刚好相反，他论证的关键部分在于掩盖数量级方面的问题，不然多疑的读者就会意识到，几乎所有的理解都在于纸上的这数十亿符号，而全然不在于妖怪。妖怪有生命这一情况只是枝节，无关紧要，实际上还是误导，而塞尔却误以为它事关重大。

我们要展示塞尔自己其实拥护了系统回应，以此来支持上述论点。为此，我们首先要将塞尔的思想实验置于一个更宽泛的语境中。我们尤其要表明，塞尔的设定只是相关的一大类思想实验之一，其中还颇有几个是本书其他选文的主题。这类思想实验中，每一个都可以在一个思想实验发生器上，通过选定一套特定的"旋钮挡位"而界定出来，目的是为了在你的心灵之眼中创造出各种人类心理活动的虚幻模拟。每个不同的思想实验都是一个"直觉泵"（丹尼特的措辞），它会放大问题的某个方面，旨在将读者推向某些结论。我们发现相关的旋钮大致有 5 个，当然其他人可能会想到更多。

旋钮 1：控制构造模拟的物理"材料"。其挡位包括：神经元和化学物质，
　　　水管和水，草稿纸和写在上面的符号，卫生纸和石子，数据结构和

流程，等等。

旋钮 2：控制要模仿人脑的模拟的精度等级。它可被任意设定为亚原子
程度的精细级，像细胞和突触这样的粗糙级，甚或是 AI 研究者、
认知心理学家处理的等级：概念和观念级、表征和过程级。

旋钮 3：控制模拟的物理规模。我们假定，微型化技术使我们做得出迷
你的水管网络或固态芯片网络，小得可以放在顶针里；反过来，任
何化学过程也可以放大到肉眼可见的宏观尺度。

旋钮 4：这个旋钮很关键，控制执行模拟的妖怪的尺寸和性质。如果是
一个正常体型的人类，我们就叫它"塞尔妖"；如果是一个神经元
和粒子就能容纳的小精灵一样的小生灵，我们就以约翰·豪格兰之
名叫它"豪格兰妖"，他在对塞尔的回应中强调了这一概念。这个
旋钮的挡位也会决定妖怪是否有生命。

旋钮 5：控制妖怪的运行速度。妖怪运转的挡位可以设为没命地快（每
微秒即运算数百万次）或恼人地慢（可能好几秒才运算一次）。

现在，通过摆弄各旋钮的挡位，我们就能炮制出各种思想实验。一
种选择会产生出选文 26《对话爱因斯坦的脑》中描绘的情景。再换一种，
就会产生塞尔的中文房间，具体而言旋钮挡位设定如下：

旋钮 1：纸和符号

旋钮 2：概念、观念级

旋钮 3：房间大小

旋钮 4：人类体型的妖怪

旋钮 5：慢速挡（每隔几秒运算一次）

请注意，塞尔原则上并不反对假定一个带有这些参数的模拟能够通过图
灵测试。他只是质疑其隐含的东西。

还有最后一个参数，它不是旋钮，而是观察这一思想实验的视角所

在。让我们来给这个单调的实验加点颜色：假定模拟出的最终汉语使用
者是位人类女性，而其中的妖怪（如果有生命）则总是男性，这样我们
就可以在妖怪视角和系统视角之间有所选择了。记住，按照假设，妖怪
和模拟出的女士，都有同样的能力清楚表达他们自己是否有理解、他们
正在经历什么等方面的观点。塞尔无论如何都坚持，我们只能从妖怪的
视角出发来观察这个实验。他坚称，无论模拟女士就自己的理解断言什
么（当然是用汉语），我们都要无视她的断言，而把注意力放在里面那
个执行符号操作的妖怪身上。塞尔的断言相当于认为，这里只有一个视
角，而非两个。如果有人接受塞尔描述整个实验的方式，这一断言在直
觉上就对他有极强的吸引力，因为这个妖怪有着我们的体型、讲着我们
的语言并以我们的速度运转；而要认同这位"女士"就很难了，毕竟她
回答起问题，速度也就每个世纪一次（还得是走运的情况），用的也是"毫
无意义的曲里拐弯儿"。

　　但如果我们改变某些旋钮的挡位，我们改换视角的难度也会改变。
尤其是豪格兰的变体，旋钮调整如下：

　　旋钮 1：神经元和化学物质
　　旋钮 2：神经元电信号级
　　旋钮 3：脑子大小
　　旋钮 4：小小的妖怪
　　旋钮 5：快得眼花缭乱

豪格兰想让我们想象的是：有一位真正的女士，脑子不幸有些缺陷，不
再能在神经元之间传递神经递质。不过所幸脑中栖居着极其微小又极其
迅速的豪格兰妖，每当有神经元要向邻近的神经元释放神经递质时，它
就介入进来。它会去"触碰"邻接神经元上适当的突触，而且对这个神
经元而言，功能上与收到真正的神经递质无异。而且豪格兰妖十分迅速，
能以万亿分之一秒的速度在突触间跳转，从不耽误行程。这样，如果这

位女士身体健康,她的脑就会以它该有的样子运转。现在豪格兰问塞尔,这位女士还是在思考吗,亦即她具有意向性吗,或者,回想图灵引用杰斐逊教授的话,她是否只是"发出人工信号"?

你可能以为,塞尔会力劝我们听从并认同妖怪,而对让我们听从并认同这位女士的系统回应敬而远之。但在他对豪格兰的回应中,塞尔让我们大吃一惊:这次,他选择了听从她,无视了那个在它小小的有利位置上咒骂不已的妖怪。它对我们喊的是:"蠢货!别听她的!她只是个傀儡,她的所有行动都产生自我的触碰,产生自嵌入神经元的程序,而我就在这许多神经元中游走着!"但塞尔并没有理会这个豪格兰妖的哭诉,他说:"她的神经元仍然具有正确的物质成因力,只是需要妖怪的一点帮助。"

我们可以在塞尔原初的设定和这个修改后的设定之间建立一个映射。"有限的草稿纸"对应的是现在这位女士脑中的所有突触。写在"草稿纸"上的 AI 程序对应的是她脑的整体布局,这相当于是告诉妖怪该何时去、如何知道去触碰哪个突触的大型指令。在纸上书写"毫无意义的中文曲里拐弯儿"对应的则是触碰突触。假设我们就采用这样的设定,此外再变动一下尺寸和速度的旋钮。我们将这位女士的脑扩大到地球的尺寸,那么妖怪也就变成了我们这样体型的塞尔妖,而不是迷你豪格兰妖了。并且,我们让塞尔妖以一个对人类而言合理的速度行动,而不是在几微秒间就绕着这个大球体飞越数千英里。这样的话,塞尔会希望我们认同哪个层次呢?我们就不乱猜了,但对我们来说,如果系统回应在刚才的情况下让人难以抗拒,现在亦应如是。

必须承认,塞尔的思想实验生动地提出了什么是真正理解一门语言的问题。我们想姑且说点题外话。思考一下这个问题:"操作一门语言的书面或口头符号的何种能力,才算对这门语言的真正理解?"鹦鹉能学舌英语,但不懂英语。电话报时服务里的女性录音能准确通报一天中的时间,但却也不是一个懂英语的系统的喉舌。那个声音背后没有心思,它的心理底层早被撤去,只留下了一个拟人的特性。或许有小孩会疑惑,怎么会有人愿意做那么枯燥的工作，还做得这么敬业，这会让我们发笑。当然，如果她的声音是由一个能够通过图灵测试的灵活 AI 程序驱动的，那就另当别论了。

　　想象你正在中国教书。再想象，你意识到自己用英语形成想法，并意识到自己在最后一刻应用转换规则（实际上它们就是最后一瞬间的规则），以诡异且"毫无意义"的方式将英文想法转换为活动嘴巴和声带的指令，而你所有的学生坐在下面，看上去对你的表现十分满意。当他们举手发言时，尽管他们的异国腔调在你听来完全不知所云，但你毕竟有所准备，迅速地应用了某些反转规则复原了他们话里的英文意思……你会觉得自己是真的在讲汉语吗？会觉得自己对汉语思维有任何领悟吗？或者，你真的能够想象这种场景吗？它现实吗？谁要是用了这种方法，真的能讲好一门外语吗？

　　标准线是"你必须学会用汉语思考"。不过这在于什么？任何有过这种体验的人都会认可这个说法：外语的声音很快就"听不见"了。你透过语音听懂了意思，而非听见了语音，就像你透过窗户看到了东西，而非看见窗户。当然，如果你非常努力，也可以让一门熟悉的语言听上去像纯粹未经解析的声音，就像如果你愿意，也可以看见窗玻璃；但二者不可得兼：你听声音，不可能同时既听到了意思又没听到。因而，大多数时候，人们听得到意思。那些因着迷于语音而学习一门语言的人不免要失望了——不过，一旦掌握了那些语音，即便不能再天真地聆听它们，也会是美妙而振奋的体验。（把此类分析应用于聆听音乐，会是一件有趣的事情。尽管在其中，仅仅听到声音与听到"意思"之间的区分远未获得透彻的理解，但这种区分似乎确然真实存在。）

　　学习一门外语，包含着超越一个人自己的母语，包含着将新语言正确地结合到思想产生的介质中去。思想的萌发，在新语言中必须也能像在母语中一样（或几乎一样）容易。一门新语言的习惯一层层渗透，最终被神经元吸纳，其实现方式至今仍是一个巨大的谜。不过有一点可以肯定，掌握一门语言并不是让你的"英文子系统"为你执行一套规则程序，使你能处理不知所云的声音和符号。无论怎样，新语言必须与你内部的表征系统，即你的全套概念、意象等等融合，融合的紧密方式要和母语的情况相同。为了更细致地思考这个问题，必须发展出一个清晰的实施层次的概念，一个强有力的计算机科学概念。

计算机科学家对一个系统"仿真"（emulate）另一个系统的想法是习以为常的。事实上，这来自艾伦·图灵在 1936 年证明的一个定理：任何一台通用数字计算机都能装扮成另一台通用数字计算机，对外界而言，唯一的差别仅在于速度。"仿真"一词和"模拟"（simulation）意指相反，专指一台计算机对另一台计算机的模拟；而"模拟"则指对其他现象的建模，例如飓风、人口曲线、大选甚至计算机用户。

一个主要的区别在于，模拟几乎总是近似的，取决于所涉现象的模型的本质，而仿真则是严格意义上精确的。它的精确程度是，比如一台 Sigma 5 计算机仿真一台构造不同的计算机，比如 DEC 的 PDP-10 时，Sigma 5 的用户丝毫察觉不到自己操作的不是真正的 DEC。[*] 将一种构造嵌入另一种，就产生了所谓的"虚拟机"，此处就是虚拟的 PDP-10。每台虚拟机底层都是一台别的机器。可能是同类机器，甚至还可能是别的虚拟机。安德鲁·塔嫩鲍姆在他的著作《计算机组成：结构化方法》（*Structured Computer Organization*）中使用了虚拟机的概念来解释大型的计算机系统如何能被视作依次实施、不断叠加的虚拟机堆栈，而栈底当然是一台真正的机器！不过在任何情况下，层次间是密闭的，滴水不漏，就像塞尔妖无法同由他组成的汉语使用者交谈。（想象他们做何种对话会很有趣，还要假设有口译在场，因为塞尔妖根本不懂汉语。）

理论上，任何两个层次之间都有可能相互沟通，但惯例上认为这是

---

[*] Sigma 是 SDS 公司（Scientific Data Systems）1966 年起推出的第三代计算机系列，以 32 位 Sigma 7 最为著名，7 型曾是 UCLA 主机，IBM 360 的竞争款。1969 年 SDS 为施乐收购。

PDP（programmed data processor，编程数据处理器）是迪吉多公司（Digital Equipment Cooperation，DEC）自 1960 年起推出的晶体管小型机系列，其中 1970 年的 PDP-11 是第一款 16 位机。但苹果等个人微机出现后，DEC 业绩一落千丈，直至 1998 年为康柏收购（而康柏后为惠普收购）。

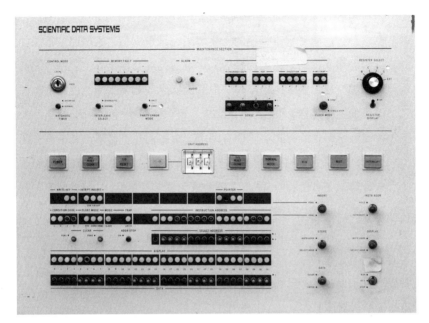

Sigma 5 前面板（计算机历史博物馆，Marcin Wichary 摄，2009）

种坏样式：要严禁层次混同。尽管如此，"模糊两个实施层次之间的界限"这个禁果很可能正是一个"人类系统"学习外语时所发生的。外语并不是运行在母语之上的寄生软件，而是与母语（几乎）同等地深植于硬件之中。某种意义上，掌握一门外语会给人的底层"机制"带来深刻的变化，神经元发放的方式发生巨大且连贯的成套变化，从而创造出高层实体，即符号，相互触发的新方式。

　　类比到计算机系统上，一个高层程序必须有办法让执行程序的"妖怪"内部产生变化。这种做法对计算机科学的当前样式而言是完全陌生的，后者是将一个层次严格垂直且密闭地实施于另一个层次之上。我们感觉，高层的环回及影响（作为高层的基础支撑的）低层的能力，是种非常接近于意识核心的戏法。或许有一天，它会被证明是推进更具灵活性的计算机设计、当然也是通向人工智能的关键因素。特别是，"理解"的真正意味是什么，要满意地回答这一问题，无疑需要更为清晰地勾勒出一个符号操作系统中的不同层次之间相互依赖和作用的方式。总之，这些概念已被证明是很难捉摸的，要清晰地理解它们，大概路还很长。

这个对多层次的讨论颇为费解，你可能已经开始疑惑"层次"究竟是什么意思。这可是个绝顶难题。但凡层次之间相互封闭，就像塞尔妖和讲汉语的女士那样，问题就相当清楚。当它们开始混作一团时，当心！塞尔可能会承认他的思想实验中有两个层次，但他不愿承认其中也有两个视角，两个真正有感觉、"有体验"的存在者。他担心，一旦我们承认有些计算系统可能拥有体验，这就会成为潘多拉的盒子，忽然之间"到处都是心灵"：在蠕动的胃中、肝脏中、汽车引擎中，等等。

塞尔似乎相信，无论什么系统都能被赋予信念、感受等等，只要有人能费尽心思地把这个系统描述为 AI 程序的实例。显然，这个令人不安想法会引向泛心论。塞尔也确实相信，搞 AI 的人无意中承诺了一个泛心论的世界图景。

为了避开自己布置的陷阱，塞尔坚称，当你开始发现到处都是心灵时，在那些无生命的物体上发现的"信念""感受"都不是真的，而是"伪的"。它们缺少意向性！它们没有脑的物质成因力！（当然，塞尔会告诫大家当心，别把这些概念与"灵魂"这个朴素二元论的概念混淆。）

我们要避开这个陷阱，方法是彻底否认它的存在。认为到处都是心灵是错误的。就像脑不会潜藏在汽车引擎和肝脏中，心灵也不会。

有必要在这上面多说两句。如果你能在蠕动的胃中看到思想过程的复杂性，那还有什么能阻止你把碳酸饮料的气泡形状解读成对肖邦 E 小调钢琴协奏曲的编码？瑞士奶酪上的孔洞不也编码了整部美国历史吗？它们当然做到了，用汉语，也用英语。毕竟一切写在一切中！巴赫的《勃兰登堡协奏曲》第 2 首是以《哈姆雷特》的结构编码而成，而《哈姆雷特》当然也可以用你吞掉的最后一块生日蛋糕的结构来解读（只要你知道编码）。

所有这些事例的问题都在于，你要指定代码，事先却并不知道自己想要解读什么。不然，借助一套任意构造的后天编码，你可以从一场棒球赛或一根草叶中扯出对任何一个人心理活动的描述来。

诚然，不同心灵的精审复杂程度不同，但仅当在精审复杂的表征系统存在时，配叫作"心灵"的心灵才是存在的，而在汽车引擎或肝脏中，描述不出一种映射，指向一个时间上持存且自我更新的表征系统。鉴于人们从大金字塔或巨石阵的结构中、从巴赫的音乐、莎士比亚的戏剧等等中解读出了额外的意义，或许也有人能以类似方式从轰鸣的汽车引擎中读出"心性"，即编织牵强附会的术数式映射体系，有求必应地按解释者的意愿去歪曲捏造。但我们怀疑这是否是塞尔想要的（我们的确认为这就是他想要的）。

心灵存在于脑中，也可能将会存在于被编程的机器中。如果这样的机器能问世，那时，它的成因力并非来自构造它的物质，而是来自它的设计和它所运行的程序。而我们要了解到它们具有这样的成因力，途径是和它们交谈，并认真聆听它们要说的话。

D. R. H.

一个不幸的二元论者

雷蒙德·M. 斯穆里安

从前，有一个二元论者。他相信心灵和物质是互相独立的实体。他并不假装知道它们是如何相互作用的：这是生命中的一大"奥秘"。不过他确信，它们是截然有别的实体。

不幸的是，这位二元论者过着难以忍受的痛苦生活。这并非由于他的哲学信念，而是出于完全不同的原因。并且，他有绝佳的经验证据表明，他的余生中没有解脱。他别无所求，但求一死。然而，有这样一些理由阻止他自杀：（1）他不希望他的死伤害到其他人；（2）他担心自杀可能是道德上错误的；（3）他担心可能会有来生，而他不想冒险承担永罚的可能性。所以，我们可怜的二元论者相当绝望。

然后，独一无二的"奇迹药"出现了！它的功效是彻底抹除服用者的灵魂、心灵，只留下其身体一如往昔地运转。在服用者身上完全观察不到异样，身体会继续活动，仿佛它仍有着灵魂一般。就是最亲近的朋友或观察者也无法知道他服了这药，除非服用者告诉他们。

你会不会认为这种药原则上就不可能有？假设你相信它可能有，你会服用它吗？你会认为这不道德吗？这是否无异于自杀？宗教经典有没有禁用这种药？当然，服用者的身体总归还是可以履行它的所有责任。另一个问题：假设你的伴侣服了这药，你也知情。你知道她／他不再有灵魂，但行动上表现得就好像确实还有似的。你对伴侣的爱会减少分毫吗？

回到那个故事，我们的二元论者，自然是欣喜若狂！现在，他可以用一种不受制于任何上述反对理由的方式来抹除自己（的灵魂）了。也正因如此，这么多年来，他第一次如释重负地上床睡觉，心想："明天一早我就去楼下药店买这个药。我遭罪的日子总算到头了！"带着这些想法，他平静地睡着了。

就在这时，发生了一个有趣的情况。这位二元论者的一个朋友知道了这种药，也知道二元论者的痛苦，于是决定将他从悲惨中解救出来。因此，当晚午夜时分，当二元论者正在熟睡时，这个朋友悄悄潜入了他家，把这种药物注射进了他的血管。翌日清晨，二元论者的身体醒来，确实已经没了灵魂。而他去做的第一件事就是下楼买药。他把药带回家，服用前还心想："现在我要解脱了。"他服了下去，静候一段时间等药起效。等到最后，他气愤地喊道："该死的，这玩意根本没用！我显然还有灵魂，还受着和以前一样多的痛苦！"

所有这些难道没有表明，二元论可能有那么一点儿不对劲的地方吗？

反　思

> "哦，主啊，如果有一个主的话，拯救我的灵魂吧，如果我有一个灵魂的话。"
>
> ——欧内斯特·勒南《一个怀疑论者的祈祷》
> （*prière d'un sceptique*）

斯穆里安借用一种意向性灭杀剂，对塞尔的要旨进行了尖刻的回击。受难者的灵魂虽被抹除，但在所有外部的目光看来，痛苦却不减分毫。内部的"我"又如何呢？斯穆里安毫不迟疑地表达了他自己的想法。

这则小寓言的要点在于这样一种药剂逻辑上的荒谬性。不过为什么会这样？为什么灵魂不能分离出来，留下一个无灵魂、无感受但还活着的、看起来正常的存在者？

灵魂表征出了原则层和粒子层之间在感知方面无法逾越的鸿沟。二者之间的层次如此之多，又如此晦暗，以至于我们不仅在每个人身上看到灵魂，而且不可能看不到它。"灵魂"一名，是我们用来称呼每个个体那晦暗而又独特的样式的。换句话说，你的灵魂是决定了你如何存在、进而决定了你是谁的"不可压缩的内核"。然而，这个不可压内核是一组道德准则或者人格特征吗，或者说它是某种我们能用物理学措辞，即"脑语言"来谈论的东西？

令脑神经元做出反应的刺激都只是"局部"的，既是空间上的局部，也是时间上的局部。每个瞬时，周围神经元的影响都会加总起来（就像在生命游戏中那样，在选文19《恕不侍奉》的"反思"中介绍过），所涉的神经元就或是发放或是不发放。而所有这些"局部"行为总归都会加总成一种"宏伟样式"*，即一组"全局"原则，在人类行为的层面上看包括长期目标、理想、兴趣、口味、希望、道德等等。所以，所有这些长期的全局特性都要以这样一种方式编码进神经元中：神经元的发放会引发特定的固有全局行为。我们可以称之为从全局到局部的"压平"或"压缩"。通过这样的编码，许多长期、高层的目标会写入包含数十亿神经元的突触结构，而回溯演化树，这一过程已由我们的数百万祖先为我们完成了一部分。我们不仅蒙恩于那些存活下来的祖先，也受惠于那些灭亡了的物种，因为多亏每个阶段的多重分支，演化才得以发挥奇效，造就出像人这般复杂的生物。

考虑一种简单些的动物，例如一只初生牛犊。一只1小时大的牛犊

---

* Grand Style，在修辞学上又意为"庄严体"，铺陈语言，唤起情感。

不仅能看能走,还会本能地躲人。这种行为源远流长,即是说,具有这种行为基因的"原始牛"存活率较高。这种行为已与上百万种其他成功的适应一同被"压"入了牛基因编码的神经模式中。如今每只牛犊只要刚下流水线,就会有这样的现成特征。牛的基因组或人的基因组,只看它们本身的话,都宛如奇迹,几乎无法解释。如此多的历史都被压入了分子模式。要解开这样的谜团,你必须做回溯工作,重建演化树,而且不单单是重建存活下来的分支!但当我们看单一头牛时,我们看不到一整棵树上的祖先,无论它们是否成功存活,因此我们才会惊奇于压入牛脑结构的长期动机、目标等等。而当我们试图想象,牛的脑袋里数百万个单独看皆是无目的的局部神经元发放如何加总成一个连贯的、有目的的样式,即一头牛的灵魂时,我们会尤为惊奇。

相比之下,人类的心灵、性格在出生后的几年里还会继续塑造,而在这个较长的时段中,神经元从环境中吸收反馈并自我修正,从而建立起一组样式。童年的经验教训被压入无意识的发放模式中,而当所有这些习得的微型神经模式,与编码在基因中的无数微型神经模式,双方协调一致地行动起来时,一个人类感知者就能看到一种大型模式,即一个人的灵魂,涌现出来。这就是为什么一种药剂能"灭杀灵魂"却让行为模式保持不变,这种想法是讲不通的。

当然,迫于压力,一个灵魂,即一组原则,可能会部分地折叠起来。原本似乎"不可压缩"的东西,实则可能屈服于贪婪、名望、虚荣、腐败、恐惧、折磨等诸如此类的东西。这样一来,"灵魂"就可能破碎。奥威尔的小说《1984》为灵魂破碎机做了一番生动的描述。被邪教团体或恐怖组织长时间关押并洗脑的人可能会失去驱动力的全局连贯性,这些驱动力本是小心翼翼、经年累月地压缩进他们的神经元中的。不过,即便是在骇人听闻、极度折磨的经历之后,灵魂也还有一种还原能力、一种趋势,回到某种"静止位置",即中心灵魂、最内在的核心。这可以叫作"精神的动态平衡"。

让我们转向一个愉快些的关注点。想象一个无灵魂的宇宙,一个没有一星半点自由意志或意识、到处都没有感知者的机械宇宙。这个宇宙可能是决定论式的，或者可能充满了任意、随机、多变、无因的事件。尽管它充分受法则支配，却仍会有稳定的结构涌现出来并不断演化。因而，这个宇宙中充斥着许多分明、紧密、自足的小物体，每一个都有足够复杂的内部表征系统来产生一个深刻、丰富的自我形象。这会给它们每一个都带来自由意志的错觉（在此，请务必原谅我们这些旁观者的讥笑）。当然，事实上这只是一个冷酷的宇宙，而这些生息其中的物体只是些类似机器人、受限于规则的机器，沿着决定论（或无常而又决定）的轨道运转，自欺欺人地以为它们在交换有意义的想法，实则只是通过收发空洞无意义的电磁波、声波而来回机械地咔嗒作响。

现在，既已想象了这个充满错觉的怪异宇宙，大家就可以来看看这个宇宙，并在这迷乱之光下看见全部的人性了。世上的每个人都可以被剥离灵魂，于是就像斯穆里安的僵尸或者塞尔的讲中文机器人，他（它）们仿佛拥有内在生活，但实际上就像一台打字机那样全无灵魂，只是受控于冷酷无情的计算机而噼啪作响。在这些无灵魂的躯壳上，生命就像是残忍的骗局，错误地"被说服"自己是有意识的（而一堆僵死的原子又如何被说服呢？）。

而这本会是看待人类的最佳可能方式，如果不是好像被一个微不足道的事搞砸了的话：我，那个观察者，是他们中的一员，却无可否认地具有意识！他们其余的，就我所知，只是一帮伪装有意识的空洞反射；但我这一个不是！我死后，到那时，上述图景就会成为对事物存在方式的精准描述了。但在那之前，其中有一个物体仍然独特、不同，因为它没有被愚弄！不然就是……二元论可能有那么一点儿不对劲的地方？

就如斯穆里安指出的，二元论者坚持认为，心灵和物质是不同的实体。即，（至少）有两种东西：物理的东西和心理的东西。铸就我们心灵的东西没有质量，没有物理能量，甚或没有空间位置。这一观点十分神秘，且系统性地免于澄清，这让人会很想知道，是什么让它这么吸引人。一条通往二元论的康庄大道会经由以下（糟糕的）论证：

有些事实与物理对象的属性、环境、关系等无关。

因此，有些事实与非物理对象的属性、环境、关系等有关。

这个论证错在何处？试想一些与物理对象无关的实例。《白鲸记》的叙述者叫以实玛利，这是个合格的事实，但它是关于什么的？有人可能（难以置信地）想坚持它其实是关于某些装订成册的书页上的某些油墨形状；或者有人可能会（有点不可思议地）说它确乎是个事实，但却无关乎任何事情；退一步讲，有人可能会说，这事实是关于一个抽象对象的，大致就像641是素数这一事实，也是关于抽象对象的一样。但（依我们看）几乎没人会被这样的观点吸引：上述事实是关于以实玛利这人，他完全真实却不是物理的。最后这个观点让写小说成了一种"幽灵生产法"。它太拿这种常见的夸张说法当真了：作者的人物栩栩如生，有自己的意志，反抗他们的创造者。这是文学二元论（任何人都可能会仔细琢磨开膛手杰克会不会真的是威尔士王子，因为他们俩都是真实的人，或者可能是同一个真实的人。而一个文学二元论者可能会仔细琢磨莫里亚蒂教授会不会真的是华生医生）。二元论者相信，在物理的事物和事件之上，还有其他非物理的事物和事件具有某种独立的存在。

如果要求二元论者多说几句，他们就会分裂为两大学派：一派认为心理事件的出现和存在对脑中随即发生的物理事件没有任何影响；而另一派否认这一点，认为心理事件对脑中的物理事件确有影响。前者叫作"副现象论者"（epiphenomenalist），后者则叫"互动论者"（interactionist）。斯穆里安的寓言出色地击败了副现象论（对吧？），那互动论又如何呢？

自从笛卡尔率先与之缠斗后，互动论者就面临着一个明显无法克服的困难，他们要解释一个事件如何可能在脑中（或其他任何地方）产生物理影响，本身却没有任何物理特性：没有质量、电荷、位置、速度等等。一个非物理事件要产生影响，它就必须能引发一些没有它就不会发生的物理事件。但是，如果我们发现了这样一类事件，它们的发生正具有这类效果，那为什么我们不该出于这个原因而断定，我们发现了一类新的物理事件呢？物理学家刚提出反物质时，二元论者并没有以奚落和嘲笑来回应："我早就告诉过你了！"为什么不这样呢？难道物理学家不是恰好支持了他们的断言吗：宇宙中有两类截然不同的东西？从二元论者的观点看，反物质最主要的问题是，无论多么奇异，它仍然服从物理科学的研究方法。另一方面，心灵材料则应不受科学所限。而如果是这样的话，那么我们就得到了一个保证：这个谜团永远不会消失。有些人喜欢这个想法。

D. C. D.

D. R. H.

VI

内心之眼

做一只蝙蝠是怎样的？

托马斯·内格尔

（1974）

使"身心问题"变得真正棘手的，是意识。或许正因如此，当前对身心问题的讨论才很少关注它，或明显误解了它。新近的还原论狂潮已经催生了对心理现象和心理概念的若干分析，意图解释某种物质主义、心物（psychophysical）同一或还原的可能性（见《延伸阅读》中内格尔的参考文献）。然而得到处理的都是各种还原共有的问题；而使身心问题与众不同，不同于水与 H_2O 问题、图灵机与 IBM 机问题、闪电与放电问题、基因与 DNA 问题、橡树与碳氢化合物等问题之处，却被忽视了。

每个还原论者都从现代科学中找到了自己喜爱的类比。这些"成功"还原的例证其实毫不相干，绝无可能揭示心脑关系。不过，哲学家们也有人类的共同弱点：喜欢从熟悉的、理解得很好的东西那里获得措辞，去解释无法理解的东西，尽管二者完全不同。这导致人们接受了对心理的种种不合理解释，很大程度上是因为这些解释让一些熟悉的还原变得可行。我将试图说明，为什么常见案例无助于我们理解身心关系，为什么我们目前对如下问题实际上毫无概念：要解释心理现象的物理本质，那会是怎样的。如果不考虑意识，身心问题就会索然无味；但考虑它，问题似乎又无望解决。什么是有意识的心理现象最重要、最独特的特征，人们对此知之甚少。大多数还原论甚至并不试图解释这一问题。仔细考察就会发现，目前没有什么有效的还原概念适用于此。或许为这一目的可以发明出一种全新的理论形式，但即便存在这样的解决办法，也是远未可期。

意识体验是一种广泛的现象。它出现在许多层次的动物生命中，尽管我们无法确定它是否出现在更简单的有机体中，而且一般而言也很难说什么是它出现的证据。（有些极端人士甚至已经准备否认它存在于人类以外的哺乳动物中了。）它无疑会以无数种我们完全无法想象的方式，出现在遍布宇宙的其他恒星系的其他行星上。但无论形式会怎样变化，一个有机体但凡拥有意识体验，基本上就意味着存在一种情况，身为这个有机体"就是这样"。这可能进而暗含了体验的形式，甚至可能暗含了有机体的行为（尽管我怀疑这一点）。但从根本上说，一个有机体具备有意识的心理状态，当且仅当存在一种情况：身为这个有机体就是这样，而且是对这个有机体而言才是这样。

我们可以称之为体验的主观特性。任何为人熟知或新近发明的心理还原分析都不能对它有所把握，因为所有这些分析在逻辑上都能和没有它的情况相容。它不能根据任何功能状态或意向状态的解释体系得到分析，因为这些状态同样可以归给那些表现得像人、却没有任何体验的机器人或自动机。*出于同样的原因，它也不能根据关乎典型人类行为的体验在因果方面的作用来分析。†我既不否认有意识的心理状态和事件引发行为，也不否认它们可以获得功能性的刻画。我只是否认这些刻画穷尽了对它们的分析。任何还原论的方案都要基于一个对被还原之物的分析。如果这一分析遗漏了什么，问题就会问错。要为物质主义辩护，却以分析心理现象为基础，且这些分析又不明确关涉这些心理现象的主

---

*　或许这种机器人不可能实际存在，或许任何什么只要复杂到能表现得像人，都会拥有体验。但即便如此，要发现这种情况，仅仅分析"体验"这一概念，也是不行的。——原注

†　这并不同于那些我们不可指正的事物，这既因为我们并非不能指正体验，也因为体验也出现在缺少语言和思想的动物中，而它们对自身体验根本没有任何信念。——原注

观特性，那就是徒劳无益的。因为，没有理由假定，一个看似有理的还原并不试图说明意识，却还能扩展到涵括意识。因此，如果对什么是体验的主观特性没什么概念，我们就不知道要物理主义的理论来干什么。

尽管要说明心灵的物理基础，必须解释许多东西，但这一个似乎最为困难。我们可以用物理或化学的还原，将一种普通物质的现象性特征排除掉，但不可能以同样的方式经还原将体验的现象性特征排除掉，即不可能将其解释为对人类观察者心灵的作用（见 Rorty，1965）。要为物理主义辩护，就要给这些现象性特征本身以物理性的说明。然而，当我们检查它们的主观特性时，这样一个结果似乎是不可能的。原因在于，每个主观现象本质上都与一个单独的视角相联系，而一个客观的物理理论似乎将不可避免地抛弃这个视角。

首先，让我试着更充分地表述这个问题，而不提主观与客观或"自为"与"自在"之间的关系。这远非易事。身为一个 X 是怎样的，相关事实非常独特，独特到有人可能倾向于怀疑其真实性，或怀疑主张这些事实的意义。为阐明主观性和某一视角之间的联系，并彰显主观特征的重要性，我们要找到一个清楚揭示主观和客观这两类概念之间差异的例子，并探究与之相关的问题，这样会有助益。

我假定我们都相信蝙蝠拥有体验。毕竟它们是哺乳动物，它们拥有体验一事也不比老鼠、鸽子或鲸类拥有体验更为可疑。我选择蝙蝠而不是黄蜂或比目鱼，是因为一旦在物种发生树上回溯太远，人们就会逐渐削弱那儿有体验的信念。蝙蝠尽管和我们的关系相比其他物种来说更为亲近，*但却表现出与我们迥异的活动范围和感觉器官，因此，我想提出的问题就格外鲜明（当然也可以就其他物种提出）。即便没有哲学反思的助力，任何人只要在一个密闭空间中与一只活跃的蝙蝠共度一段时光，就知道遭遇一种根本上的"异种"生命形式是怎么回事了。

---

* 蝙蝠所属的翼手目，与人类所属的灵长目，同属北方真兽高目。但鼠所属的啮齿目与灵长目更为接近，同属灵长总目。

我已经说过，相信蝙蝠拥有体验，这种信念的本质在于，存在某种情况，身为蝙蝠就是那样。如今我们知道，大多数蝙蝠（精确点儿的话，可以是小翼手亚目）主要通过声纳或说回声定位来探测声波范围内的物体对它们急速的、精细调制的高频鸣叫的反射，从而感知外部世界。它们的脑被设计成可以把向外发出的声脉冲和随之而来的回声关联起来，如此获得的信息使蝙蝠能精确地区分距离、大小、形状、运动和质地，效果可媲美于我们的视觉。但蝙蝠声纳，尽管明显是一种感知形式，却在运作上与我们具有的任何感觉都不相似，而且也没有理由假设它在主观上像我们能体验到或想象到的任何事物。这似乎会在"做一只蝙蝠是怎样的"这一概念上制造困难。我们必须考虑，有没有什么办法能允许我们从我们自身的情况出发就能推断蝙蝠的内在生活；*如果没有，那有没有别种方法能使我们理解这个概念。

我们自己的体验为我们的想象力提供基本材料，我们想象力的范围也因之受限。想象一个人双臂结膜，因而能在晨昏时分四处飞翔，用嘴捕食昆虫，他视力极差，要通过一个反射高频声音信号的系统来感知周围世界，而且白天还用双足倒挂在阁楼上；想象这些全无用处。我所能想象的程度（并没有多离谱）仅仅表明了，对我而言，像一只蝙蝠那样行动会是怎样。但这不是问题所在。我想知道的是，对一只蝙蝠而言，做一只蝙蝠是怎样的。然而如果我试着去想象这个，我就被我自己的"心灵资源"（resources of my own mind）所限制，这些资源不足以达成这一任务。凭想象，无论我是在现有的体验上做加法，还是从体验中逐渐减去某些部分，抑或组合施用加减和修改，我都无法做到。

不改变我的基本结构，哪怕我的外表和行为能做到看起来像黄蜂或蝙蝠，我的体验仍与这些动物毫无相似之处。另一方面，如果假定我应当具有蝙蝠的内部神经生理构造，那么这一假定是否有意义，也很值得

---

* "我们自身的情况"并不是单指"我自己"的情况，而是我们能毫无问题地应用到我们自己及其他人类身上的心理主义概念。——原注

商榷。即使我能逐步变成蝙蝠，眼下的构造也让我无从想象，那样变身之后的自己，在那个未来阶段的体验会是怎样的。最佳证据只会来自蝙蝠的体验——只要我们知道它们都是怎样的。

　　因此，如果是从我们自身的情况出发去推断做一只蝙蝠是怎样的，这样的推断一定不可能完备。对于它到底是怎样的，我们充其量只能形成一个粗略的概念。例如，我们可以基于某动物的结构和行为而把一般的体验类型归给它。由此，我们将蝙蝠声纳描述为某种形式的"三维前向感知"；我们相信蝙蝠感觉得到某种版本的疼痛、恐惧、饥饿、欲望，以及其他声纳之外更常见的感知类型。但我们相信，这些体验也各有其独特的主观特性，而这些超出了我们的设想能力。如果宇宙的其他地方存在有意识的生命，那么很可能其中有一些，就算用对我们最为普遍有效的体验性措辞，也无法描述。*（而这一问题并不限于跨物种的情形，因为它也存在于两个人之间。例如一个先天失明失聪之人，他的体验的主观特性我就不会有；而我的，他怕也不会有。但这并不妨碍我们每个人都相信他人的体验具有这样的主观特性。）

　　即便无法设想某类事实的本质，我们仍可相信它们的存在，如果有人想要否认这一点，那么他应当反思到，我们在设想蝙蝠时所处的立场，跟有智能的蝙蝠或火星人（任何与我们截然不同的智能外星生物）在试图对"身为人类是怎样的"这个问题形成概念时所处的立场是一样的。它（他）们心灵的结构可能会使它们无法成功，但如果它们由此总结说，不存在任何情况，身为我们人类就是那样，而只有心理状态的某些一般类型可以归给我们（感知、食欲或许是我们双方共有的概念，或许不是），那就错了。我们知道，要是它们得出了怀疑的结论，那它们就错了，因为我们知道身为我们是怎样的。我们也知道，尽管我们的这种"怎样"包括了不计其数的变体和复杂性，我们也没有能充分描述它的词汇，但

---

* 因此，与"那是怎样的"（what it is *like*）这一英语表达类似的形式会有误导性。它并不意味着"它类似于（我们体验中的）什么"，而是"对主体自身而言是怎样的"。——原注

它的主观特性非常独特，而且在某些方面，要使用只有我们这样的生物能理解的措辞才能描述它。我们永远不该指望我们的语言能容纳对火星人现象学或蝙蝠现象学的详尽描述，但是这一事实不应导致我们将这一断言视为无意义：蝙蝠和火星人也拥有体验，且这些体验在细节方面与我们的那些同样丰富。如果有人要发展某些概念、某种理论，让我们能思考这些东西，那自是很好；但可能受限于我们的本质，我们永远也得不到这样的理解。而如果有什么东西我们永远无法描述或理解，我们就否认它的实在性或逻辑上的重要性，这就是最原始意义上的认知失调。

　　这就将我们带到了一个话题、即一种关系的边缘，关系的双方，一边是事实，一边是概念框架或说表征系统。我这里能给出的讨论，远远不及这一话题所需。关于各种形式的主观领域，我的实在论都隐含着一个信念，即存在一些事实是人类的概念所不能及的。一个人当然可以认为，存在一些事实，人类将永远不会有必备的概念去表征或理解。其实，鉴于人类预期的有限性，怀疑这一点是愚蠢的。毕竟，假使在康托发现超限数之前，所有人都已被黑死病消灭殆尽，超限数还是存在。*不过，一个人也可以认为，存在一些事实，人类这一物种即使能永久存活，也永远不可能表征或理解，仅仅因为我们的结构不允许我们运用所需类型的概念。这种不可能甚至有可能被其他存在者观察到，但我们还不清楚，此类存在者的存在、或其存在的可能性，是不是使"存在着人类无法触及的事实"这一假说有意义的前提。（毕竟这种能触及人类无法触及之事实的存在者，其本质本身大概就是个人类无法触及的事实。）因此，对做一只蝙蝠是怎样的反思，似乎将我们引向这样的结论：有些事实并不在于人类语言所能表达的命题的真理之中。我们可以被迫承认这样一些事实的存在，而无须能够陈述或理解它们。

---

* 超限数（transfinite numbers）是德国数学家康托（Georg Contor，1845—1918）提出的术语，当时指大于所有有限数的基数和序数，但不一定是无限的（infinite）。这一概念后来渐为无限取代。康托在集合论方面有重要贡献。欧洲黑死病的肆虐主要在 14 世纪。

不过，我将不再继续这个主题了。它与我们当前的话题（身心问题）的相关之处在于，它使我们能整体地观察到体验的主观特性。无论是做一个人类、一只蝙蝠还是一个火星人，相关的事态（status of facts）如何，这些事实似乎都包含了一个特定的视角。

我并非在此宣扬体验对其拥有者具有所谓的私密性。这里的视角不是只能由个体获得的那种，而是一个类型。某人采取一个并非自己的视角，经常是可能的，所以，对于此类事实的理解并不受限于某人自身的情况。一个人可以知道、说出另一个人的体验有什么特质，在这种意义上，现象学事实是完全客观的。而要把客观性归给体验，只有在某人（物）与被赋予体验客观性的对象充分相似，足以采取后者的视角（既以第一人称、又以第三人称）来理解这种归属时，才有可能，在这种意义上，现象学事实又是主观的。某人自己与另一体验者的差异越大，在这方面就越不能期待成功。就我们自己的情况来说，我们的视角彼此相关，但如果我们想通过他人的视角来恰当地理解自己的体验，就会有许多困难，就和我们试图理解另一物种的体验却不采取它的视角一样困难。*

这与身心问题直接相关。因为，如果有关体验的事实，有关"对这个进行体验的有机体而言，那是怎样"的事实，只能通过某一视角触及，那么体验的真实特性要如何从有机体的物理运转中揭示出来，就成了一个谜题。后者是一个非常典型的客观事实的领域，从许多视角、在拥有不同感知系统的诸多个体那里，都能获得观察和理解。人类科学家要获

---

* 借助想象来超越物种间的障碍，可能比我想得容易些。例如，盲人能通过某种形式的声纳查探附近的物体，方法是发出咔嗒声或用手杖叩击。如果有人知道那是怎样的，或许就能拓展一下，粗略地想象拥有蝙蝠那样的一个精密得多的声纳是怎样的。某人自己与他人、与其他物种的距离，可能落在一个连续统的任何地方。即便是对其他的人类，对"身为他们是怎样"的理解，也只是片面的，而当某人转向与自身差异巨大的物种时，或许仍可获得一个更低程度的部分理解。想象是极其灵活的。不过，我的观点并不是说，我们不可能知道做一只蝙蝠是怎样的，我不是在提这样的认识论问题。我的观点是，即便要形成一个"做一只蝙蝠是怎样"的概念（遑论知道"做一只蝙蝠是怎样的"），人们都必须要采取蝙蝠的视角。如果有人能够粗略地、部分地采取这一视角，那么其概念也将是粗略的、部分的。或者就我们目前的理解状况而言是这样。——原注

得蝙蝠神经生理学方面的知识，并没有类似的想象障碍，而有智能的蝙蝠或火星人对人类大脑的了解也可能比我们自己还多。

这本身并不是一个反还原的论证。一个不理解视感知的火星科学家可能会理解作为物理现象的彩虹、闪电、云，尽管他永远不可能理解人类概念中的彩虹、闪电、云，或是这些事物在我们的现象世界中占据的位置。这些概念挑拣出的事物，其客观本性可以被火星科学家理解，是因为尽管这些概念本身与一个特定的视角及一个特定的视觉现象学相关联，但从那个视角得到理解的事物却并非如此：它们在这一视角下获得观察，但却外在于这一视角；因此，它们也能从其他视角得到理解，不论这些视角来自相同的还是不同的有机体。闪电具有一种客观特性，并不被其视觉表象穷尽，这种特性就可以被没有视觉的火星人研究。确切地说，比起其视觉表象所揭示的，它具有一种更客观的特性。说到从主观特性到客观特性的转变，我希望对事物完全客观的内在本质是否在问题不予置评，人们或许能到达这一问题的终结点，也或许不能。或许更准确的是把客观性想成一个方向，理解可以向它行进。在理解像闪电这样的现象时，尽可能地远离严格意义的人类视角是合理的。*

另一方面，体验似乎与某一特定视角的关联更为密切。离开主体用以把握体验的那个特定视角，似乎就很难理解体验的客观特性意味着什么。毕竟，如果移除蝙蝠的视角，"做一只蝙蝠是怎样的"这个问题中还剩下什么呢？但如果体验除却其主观特性外，并没有一个客观本质可被许多其他视角把握，那么要如何设想一个正在研究我脑子的火星人，有可能仅从一个不同的视角出发，来观察作为我心理过程的物理过程（就像他可以观察作为闪电的物理过程那样）？而且，一个人类生理学家又如何从另一个视角观察到这些过程？†

---

*　因此，即便一些描述或视角是较为主观还是较为客观，这一区分本身只能在一个更广泛的人类视角中做出，我要提的问题也还是可以提的。我不接受这种概念相对主义，但不必然要拒绝这样的观点：其他情况中常见的"主观到客观"模型无法容纳"心—物"还原。——原注

†　问题不仅仅在于当我看着《蒙娜丽莎》时，我的视觉体验具有某种特质，就算有人察看我的

看来我们面临的是一个"心—物"还原的普遍困难。在其他领域中，还原过程的进发是朝向更大的客观性，朝向一个对事物的真正本质更为准确的看法的。要实现这一点，那么对个体或物种看待考察对象的特有视角，我们就需要减少（还原掉）依赖。我们不根据对象给我们的感官造成的印象来描述它们，而是根据它更一般的作用或用人类感官之外的手段可以探测到的特质。它越不依赖人类特有的视角，我们的描述就越客观。遵从这一路径是可能的，因为尽管我们用来思考外部世界的概念和观念起初是应用在一个包含了我们感知器官在内的立场中的，但它们被我们用来指称超出它们自身的事物，而对于那些事物，我们拥有"现象视角"。因此，我们可以抛弃一个视角，代之以另一个，与此同时仍在思考同样的事物。

然而体验本身，似乎并不符合这种模式。从表象转向实在的想法在这里好像行不通。在体验本身的情况中，与抛弃起初对事物的主观视角，代之以另一个更加客观但涉及同一事物的视角，以追求对同一现象更客观的理解，与这一方式相类似的又是什么？放弃我们人类视角的独特性，并力图使用那些无法想象身为人类是怎样的存在者能用的措辞，来进行描述，这样看起来当然不太可能更接近人类体验的真正本质。如果体验的主观特性只能在某一视角下才能得到充分理解，那么任何朝向更大客观性的转移，即更少地附着于某一特定视角，都不能让我们更接近这一现象的真实本质，而是让我们离它更远了。

某种意义上，反对体验可以还原，这在还原的成功案例中已初露端倪；因为，在发现声音实际上是空气或其他介质中的波现象时，我们就抛弃了一个视角而采取了另一个，而被我们抛在脑后未被还原的，正是人类或动物的听觉的视角。来自极其不同的两个物种的成员，或许都能用客观措辞理解同一批物理事件，而这并不要求它们去理解这些事件对

脑子，对此也无迹可寻。因为，即便他观察到我脑中存在一幅《蒙娜丽莎》的微缩图像，他也没有理由将其与我的体验等同起来。——原注

另一物种各成员的感官显现为什么现象形式。因此，它们要指涉一种共同现实，一个条件就是它们更为独特的视角并不属于它们双方都能理解的共同现实。仅当物种的独特视角从被还原之物中略去，还原才能成功。

但是，尽管我们寻求更为全面地理解外部世界时，搁置这个视角是正确的，但我们无法永久忽视它，因为它是内部世界的本质，而不仅仅是看待内部世界的一个视角而已。新近的哲学心理学中的新行为主义，大都缘于这样一种努力，即为了不残余任何不可还原的东西，而用客观的心灵概念取代真实的事物。如果我们承认，一个关于心灵的物理理论必须解释体验的主观特性，我们就必须承认，现有的概念无一能为我们提供线索，告诉我们要如何做。这个问题是独一无二的。如果心理过程的确是物理过程，那么就要存在某种情况，"内在地"经历某些物理过程就是这样。* 是什么让这样的情况成立，仍然是个谜。

---

* 因此，这种关系就不会是一个偶然的关系，像一个原因和它引起的独特结果之间的关系那样。一个特定的物理状态要以一种特定的方式被感知觉到，这一点要必然为真。克里普克（Kripke，1972）论证道，因果行为主义式的相关心理分析是失败的，因为它们把例如"疼痛"当成仅仅是疼痛的一个偶然名称。一个体验的主观特性（克里普克称之为"体验的直接现象学属性"，第 340 页）是被这类分析遗漏的本质属性，而主观特性正因为它是主观特性，必然正是体验本身。我的看法和他的密切相关。像克里普克一样，我也发现，如果没有进一步的解释，说某一脑状态必然具有某一主观特性，这种假设是不可理解的。把心脑关系视作偶然的理论中，并未出现这样的进一步解释，但也许还有尚未发现的其他选项。

一个能解释心脑关系怎样就是必然的理论，仍然留给了我们这个克里普克的问题，即要解释：既然如此，为什么这关系显得像是偶然的。在我看来，这一困难可通过以下方式克服。我们可以通过感知、（交感神经塑造的）同情或符号象征手段，向我们自己表征某物，这样来想象它。我不试图说明符号象征式的想象如何起效，但另两种方式下发生的情况，部分是这样的：要凭感知想象某物，我们要将自己置于一个类似于我们真的感知到此物时所处的意识状态中；而要凭交感同情想象某物，我们则要将自己置于一个类似于事物本身的意识状态中（这种方法只能用来想象心理事件及状态，我们自己的或他人的）。当我们试图想象发生了一个没有相关脑状态的心理状态时，我们首先凭交感同情想象这一心理状态发生了：我们将自己置于一个在心理上类似于这一心理状态的状态中。同时，我们试图通过将自己置于与第一种状态无关的另一种状态中，好凭感知想象相关的物理状态没有发生，而这另一种状态，就类似于一个当我们感知到上述物理状态没有发生时所处的状态。当对物理特性的想象是凭感知的，而对心理特性的想象是凭交感同情时，对我们来说，不需要相关的脑状态，就能想象任何体验的发生，反之亦然。而由于不同种类想象之间的独立性，这二者之间的关系即便是必然的，看起来也像是偶然的。

（如果有人误以为同情想象起效的方式和感知想象一样，那么偶尔就会导致唯我论：想象任何不属于自己的体验似乎都不可能。）——原注从这些反思中我们应当获得什么教益，接下来又该做什么呢？要是断定物理主义一定是错的，就错了。物理主义假说有不足之处，即它假定了一个有缺陷的客观心灵分析，但这证明不了任何东西。更正确的表述是，物理主义是一个我们无法理解的立场，因为关于它如何可能为真，我们目前不具备任何概念。或许有人会认为，要求理解须以这样一个概念为条件，是无理取闹。毕竟可以说，物理主义的含义是足够清楚的：心理状态就是身体的状态，心理事件就是物理事件。我们不知道它们是哪些物理状态和事件，但这并不妨碍我们理解这个假说。还有什么是比"是"这个字眼更清楚明确的呢？

不过我相信，"是"这个字眼表面上的明确恰恰具有欺骗性。通常，当有人告诉我们 X 是 Y 时，我们知道它是怎样才被看待为真的，但这依赖于一个概念／理论背景，并不单是"是"就能传达出。我们知道 X 和 Y 各指称哪类事物，又是怎样指称的，也大致知晓这两条指称路径可能怎样交汇到同一事物上，无论那是一个物体、一个人、一个过程、一个事件或随便什么。但当同一性确认（identification）中的这两个词项太过不同时，可能就不太清楚"X 是 Y"这一命题怎样才能为真。我们甚至可能对两条指称路径怎样才能交汇、或可能交汇到何种事物上，连一个粗略的概念都没有；也许必须有个理论框架，我们才能理解它。没有这个框架，神秘主义的气息就会笼罩同一性确认。

这解释了为什么要通俗地呈现基础科学的发现，总会有种魔幻的趣味：给出的命题人们并不真正理解，但又必须赞同。例如，现在的人在很小的时候就被告知，所有的物质其实都是能量。然而虽然人们知道"是"是什么意思，但由于缺少理论背景，对于是什么使得这一论断为真，大多数人永远都不会有什么概念。

物理主义眼下的处境，就像"物质是能量"这一假说如果是被前苏格拉底哲学家说出的，会面临的处境一样。对于它怎样才会为真，我们连一点概念的最初头绪都没有。要理解"心理事件就是物理事件"这个假说，我们需要的比理解"是"这个字眼更多。一个心理词项和一个物理词项怎样才可能是指称同一事物的，相关观念付之阙如；这样的观念，通过对其他领域理论中的同一性确认做常见的类推，也无法获得。之所以无法获得，是因为如果我们以常见模式解释心理词项对物理事件的指称，我们得到的要么是再现了主观事件，还是另一个不同的主观事件，由它来确保物理事件有心理的指称；要么，对于心理词项如何指称，我们得到的是错误的解释（例如一个因果行为主义的解释）。

说来也怪，有些东西我们无法真正理解，但它们却是真的，而对此我们可能还拥有证据。设想有一只毛虫被某个不熟悉昆虫变态的人锁在一个无菌柜里，几周后重新打开柜子，赫然出现了一只蝴蝶。如果这人知道柜子一直是关着的，他就有理由相信这只蝴蝶（曾经）就是那只毛虫，但在什么意义上确实如此，他则完全不知道。（一种可能是毛虫身上有一只小型的有翅寄生虫，吞食它后长成了那只蝴蝶。）

可以想见，对于物理主义，我们也正处于这样一个状况之中。唐纳德·戴维森已论证过，如果心理事件有物理的原因和结果，它们必定也有物理的描述。他认定我们有理由相信这一点，即便我们没有而且实际上也不可能有一个一般的心之物理的理论。*他的论证是施用于具有意向性的心理事件的，但我认为我们也有一些理由相信感觉也是物理过程，而不必理解怎么会是这样。戴维森的立场是，某些物理事件有不可还原的心理特质，或许某个能以此方式描述的观点是正确的。但我们现下对此形不成任何概念；我们也完全不知道，一个让我们能如此设想的理论会是怎样的（类似评论亦适用于内格尔 [1965]）。

说体验具有客观特性真的有什么意义吗，在这一基本问题上我们几乎没做什么工作（此处可以完全不提脑）。换句话说，不去问我的体验在我看来是怎样，而去问我的体验实际上是怎样的，有什么意义吗？除非理解体验确有客观本性（或客观过程也可以有主观本性）这一更基础的观念，否则我们无法真正理解"体验的本性要在物理的描述中捕捉"

---

* 见戴维森（1970），尽管我并不理解那个反对"心之物理"法则的论证。——原注

这样一个假说。*

我想用一个推测性的提议来结尾。我们或许有可能从另一个方向来走进主观与客观之间的鸿沟。暂且撇开心灵与脑的关系，我们可以就心理本身去追求一个对它更为客观的理解。如果不依靠想象，即不采取体验主体的视角，我们目前完全无法思考体验的主观特性。要形成、设计新概念、新方法，即一个不依赖共情和想象力的客观现象学，就要把上述情况当作挑战。尽管想必它不会捕捉到一切，但它的目标，至少部分目标，是以一种对无法拥有那些体验的存在者而言可理解的方式，来描述体验的主观特性。

我们要描述蝙蝠的声纳体验，就得发展出这样一套现象学；但就从人类开始，也是可能的。例如，人们可以试着发展出一些概念，用来向天生的盲人解释观看是怎样的。有人最终会撞到南墙，但设计一套用客观措辞且有着更高精确度的方法，表达出远胜于比我们目前能表达的东西，应该是可能的。一些松散的跨感官类比，如"红色就像小号的声音"，会突然出现在对这一主题的讨论中，但它们几无用处。任何人只要既听过小号又见过红色，都该清楚这一点。不过，感知的结构特性可能更容易获得客观描述，即便会漏掉一些东西。而这些概念，它们不同于我们在第一人称中学到的概念，可能让我们对甚至自己的体验也能达到一种别样的理解；而因为主观概念描述起来极为轻易，又缺乏一定的距离，无法使我们达到这样的理解。

除了其自身的关切，这种意义上的客观现象学还可能会让"体验的物理基础"† 这类问题能具有一种更易理解的形式。采纳了这种客观描述

---

* 这个问题也处于"他心问题"的核心位置，而他心问题与身心问题的紧密关联又常被忽视。如果一个人能理解主观体验怎样就能具有客观本性，他也就能理解自己之外的主体的存在。——原注

† 我尚未定义"物理"一词。显然它不仅适用于当代物理学概念所能描述的东西，因为我们预期还会有进一步的发展。有人可能认为，就心理现象自身而言，最终要把它认作是物理的，没什么能够阻挡。但无论物理之物还能被理解为别的什么，它都得是客观的。所以，如果我们对物理的观念延伸到将心理现象包含在内，那就也得赋予心理现象以客观特性，无论实现

的主观体验，其各方面对更为常见的客观解释来说，可能是更好的备选。但无论这一猜测是否正确，只有在对一般性的"主观—客观"问题有了更多思考之后，才有可能仔细考虑关于心灵的任何物理理论。否则，我们甚至不可能在提出身心问题的同时而不去回避问题本身。

托马斯·内格尔

普林斯顿大学

反　思

　　他做了所有你永远不会做的事；他也爱我——他的爱很真。为什么他不能是你？

——汉克·考克伦（约 1955）

　　一闪一闪亮晶晶，满天都是小蝙蝠，高高飞在天空中，就像一个大茶盘。

——刘易斯·卡罗尔（约 1865）

　　数学课物理课上有一个著名的谜题："为什么一面镜子反转左右，却不反转上下？"这问题发人深省。如果你不想被剧透答案，就跳过接下来的两段。

　　答案取决于，我们认为将自己投射到镜像的恰当方式是什么。我们

方法是不是借助其他已被视作物理的现象那里的措辞来分析心理现象。然而，在我看来更有可能的是，心物关系最终会被这样一个理论表达出来：这一理论的基本措辞不能明确归入二者中的任一范畴。——原注

的第一反应是，往前走几步、再转个身，我们就能站在镜中"那人"的立场上，而忘记"那人"的心脏、阑尾等等都长在错误的一侧，脑的语言半球十有八九也在不正常的一边。在总体的解剖层次上，那实际不是一个人类的图像。微观上情况就更糟了。DNA 分子错误地盘旋，如果一个"人"*不能匹配一个真人，那这镜像"人"同样不能！

但别急，你可以让你的心脏留在正确的一侧，如果你头脚倒转，就像转过你面前的齐腰单杠那样。现在，你的心脏与镜中人的心脏在同一侧，但你的头脚却在错误的位置上，而你的胃，尽管大约在正确的高度上，却也颠倒了。所以，一面镜子似乎可以被看成是反转了上下，假如你愿意将自己映射到一个脚在头上的生物上的话。这完全取决于你愿意以哪种方式将自己贴合到另一个实体之上。你可以选择围着水平杠还是垂直杠旋转，是心脏正确但头脚错误还是头脚正确但心脏错误。只不过由于人体外部的垂直对称性，垂直的自我旋转才产生出一种貌似更为可信的"你—图像"映射。但镜子本身并不在乎你以哪种方式去阐释它们的所作所为。而且实际上，它们真正反转的只是前后而已！

关于映射或投射或同一确认或共情……无论你想怎么叫它，它的概念上有一种非常迷惑人的东西。这是人类的一项基本特征，几乎难以抗拒。但它会将我们引到非常奇怪的概念路径上去。前面的谜题展示了过分轻易的自我投射的危险。西部乡村民谣的副歌则更为痛切地提醒我们，过分认真地对待这种映射是徒劳无益的。然而，我们自己的心灵却禁不住要这样去做。既然如此，那就让我们放开手脚，到这场具体形式无数的狂欢中放纵一回，而主题就是内格尔的标题设定的那个。

在麦当劳工作是怎样的？ 38 岁是怎样的？ 今天在伦敦呢？
攀登珠穆朗玛峰是怎样的？ 做一个奥运会体操冠军呢？
做一名优秀的音乐家会是怎样的？ 能在键盘上即兴创作赋格是怎

---

* 原文为 nosrep，person（人）的倒序。

样的？成为 J. S. 巴赫呢？巴赫创作《意大利协奏曲》最后一个乐章时呢？

相信地是平的是怎样的？

做一个居然比你自己还聪明的人是怎样的？居然还不如你自己聪明呢？

讨厌巧克力（或讨厌你本人喜爱的某种口味）是怎样的？

听到英语（或一个人的母语）而不理解它是怎样的？

性别反转是怎样的（见选文 15《岂止排异》）？

成为你自己的镜像会是怎样的（见电影《叠魔惊潮》[*Journey to the Far Side of the Sun*，1969]）？

成为肖邦的兄弟（而他并没有）会是怎样的？当今法国国王呢？

做一个被梦到的人是怎样的？做一个当闹钟响起时被梦到的人呢？成为霍尔顿·考菲尔德呢？成为 J. D. 塞林格脑中表征霍尔顿·考菲尔德这一人物的子系统呢？ [*]

做一个分子是怎样的？一个分子集合体呢？一个微生物呢？一只蚊子？一只蚂蚁？一个蚁群？一个蜂箱？中国？美国？底特律？通用汽车？一个音乐会听众？一个篮球队？一对已婚夫妇？一只双头牛？一对暹罗双胞胎？一个裂脑人？一个裂脑人的一半？被断头台斩首的人的头？他的身体？毕加索的视皮层？一只老鼠的快乐中枢？被解剖青蛙的一条抽搐的腿？蜜蜂的一只眼睛？毕加索的一个视网膜细胞？毕加索的一个 DNA 分子？

做一个正在运行的 AI 程序是怎样的？一台计算机的操作系统呢？系统"崩溃"时的操作系统呢？

全身麻醉后是怎样的？被电击呢？做一个达到了顿悟状态、无我存在的禅师呢？

做一块鹅卵石是怎样的？一个风铃呢？一个人体呢？直布罗陀巨

---

[*] 考菲尔德（Holden Caulfield）是小说《麦田守望者》中的主人公，小说作者即塞林格（J. D. Salinger，1919—2010）。

击中一只蜜蜂是怎样的？做一只正被击中的蜜蜂是怎样的？
做一只被击中了的蜜蜂是怎样的？ （Jim Hull 绘）

岩？仙女座星系？上帝？

"做……是怎样"词组在脑海中召唤出的图景是如此诱惑撩人……
我们的心灵也如此灵活地乐于接受"存在一种情况，做一只蝙蝠就是这
样"这一概念和想法。进而，我们愿意相信"存在一些事物，正好就
是那样的情况"——"可做物"（可以是某种情况那样的事物，be-able
thing，简写为 BAT），比如蝙蝠、牛、人；也有别的事物，在它们那儿
上述情况就不成立，比如球、牛排、星系（即便一个星系可能包含不计
其数的"可做物"）。"可做性"（BAT-itude）的标准是什么？

有感觉能力的存在者实际是什么（"有感觉能力"也是其中之一），
在哲学文献中，已有许多词组被用来试图唤起这个问题的正确意蕴。有
两个旧措辞是"灵"（soul）和"魂"（anima）。近来时兴的说法是"意向性"。
还有老替补"意识"。然后就是"作为一个主体""拥有内在生活""拥
有体验""拥有一个视角"，具有"感知关涉性""人之为人性"或"自
由意志"。在一些人眼中，"拥有心灵""拥有智能"以及平淡无奇的"思
考"，都有正确的意蕴。塞尔的文章（选文 22）对比了（空洞且机械的）"形

式"和（鲜活且有意向性的）"内容"，也用了"句法"和"语义"（或"无意义的"与"有意义的"）这些词来刻画这种分别。这番大型陈列中的所有措辞几乎都是同义的。它们全都与这一情感问题有关，即将我们自己投射进相关客体是否有意义："这个客体是不是'可做物'？"然而，真的存在它们所指的某种东西吗？

内格尔表明，他追寻的"东西"是所有蝙蝠的体验中普遍存在的精华，而不是某只特殊蝙蝠的体验集合。因此塞尔可能会说内格尔是个"二元论者"，因为内格尔相信从所有个体的体验中得出的某种抽象。

令人惊讶的是，那些会请读者做心理映射的语句，看看它们的语法，就会对这些棘手的问题生出些洞见。例如，比较"做英迪拉·甘地会是怎样的？"和"做英迪拉·甘地是怎样的？"这两个问题的区别。可以说，条件句是在迫使你将自己投射进另一个人的"皮囊"，而陈述句似乎在问，对英迪拉·甘地而言，身为英迪拉·甘地是怎样的。仍然可以提出这个问题："用谁的话来讲？"假如是英迪拉·甘地要告诉你身为英迪拉·甘地是怎样的，她也许会提一些她认为在你的体验中大致相似的事，试图以此来解释她在印度的政治生活。你会抗议吗，说"不，不要把它翻译成我的话！用你自己的话讲！告诉我对英迪拉·甘地而言，英迪拉·甘地身为英迪拉·甘地是怎样的！"？那样的话，当然她也会用印地语来讲，留下你去学这门语言。但即便你学会了印地语，你的立场也无异于上百万印地语母语者，毫不知晓身为英迪拉·甘地会是怎样，对英迪拉·甘地身为英迪拉·甘地是怎样更不知情。

这儿有些东西非常不对劲。内格尔坚称，他实际上想让他的动词"做/是/存在"（be）是非主观的。不是"对我来说，做X会是怎样"，而是"客观上，做X是怎样"。这里有一个"作为者"（be-ee），而没有"去做者"（be-er），仿佛是个活的野兽却没有头。或许我们应该回到条件句版本："做英迪拉·甘地会是怎样？"呃，是对我来说，还是对她而言？可怜的英迪拉，当我身为她的时候，她到哪儿去了？或者，如果调换我俩（同一性是一种对称关系），就得到"对英迪拉·甘地而言，身为我会是怎样的"。那么就还得问，假如她是我，那我在哪儿？我们要交换立场吗？抑或我们暂时将两个彼此不同的 "灵魂" 叠合成了一个？

注意，我们倾向于说 "假如她是 '宾我'（me）" 而非 "假如她是 '主我'（I）"。许多欧洲语言面对此类等式都有点儿一惊一乍。在主语和补足语 * 的位置上都用主格，听着怪怪的。而人们更愿意让 "是" 与宾格连用，就好像它是一个及物动词！"是" 不是一个及物动词，而是一个对称动词，而语言却让我们偏离了对称的视野。

我们可以从德语中看到这一点。在德语中构造这种断言同一性的句子，会得到有趣的不同情况。以下两个例子改编自斯坦尼斯瓦夫·莱姆对话的德语翻译：对一个将死之人即将进行逐个分子的精确复制。本着这种精神，我们也提供对德语原文逐个单词的（近乎）精确的英语复制：

1.　德：Ob die Kopie wirklich du bist, dafür muß der Beweis noch erbracht werden.

　　英：As-to-whether the copy really you are, thereof must the proof still provided be.

　　（是否–这–复制品–真的–你–是，对此–必须–证明–仍–提供–被）

　　这复制品是否真的是你，这一问题仍须证明。

2.　德：Die Kopie wird behaupten, daß sie du ist.

　　英：The copy will claim that it you is.

　　（这–复制品–将–宣称，那–它–你–是）

　　这复制品将宣称它是你。

---

*　在某个时期的现代语法理论中，填补动词域内论元缺位的成分都叫 "补足语"（compliment），包括我们熟悉的所谓宾语、表语、必要介词结构等。与我们中学学习的传统教学语法中的 "补语"——动补结构的一部分——不同。

注意，在这两个同一性断言句中，"复制品"（"它"）首先出现，然后是"你"，然后是动词。但是注意，在第一句的（条件）分句中，第二人称的"是"是动词，这回指蕴含了"你"是主语，而"复制品"是补足语；而在第二句的（宾语）分句中，动词是第三人称单数的"是"，这回指蕴含了主语是"它"而补足语是"你"。动词到结尾才出现，这赋予了这些分句某种能带来意外结局的特质。在英语中，我们无法轻易达到恰好相同的效果，不过我们可以从"那个复制品真的是你吗？"和"你真的是那个复制品吗？"句义的暗示中寻求差别。这两个问题是带着不同的向度"溜"进我们心里的。前者溜入的是"还是这个复制品其实是别的某个人，或者也许根本谁都不是？"；后者溜入的是"还是你不在当场，或者你在任何地方吗？"。顺便一提，我们的原书名（*The Mind's I*）不仅能被解读为所有格，同样也能被解读为一个短而完整的句子，回应"（主格的）我是谁""谁是（宾格的）我"两个问题。*注意一下"去做（是）"的及物用法（严格说是个不合语法的用法）是如何赋予了第二个问题一种与第一个问题全然不同的意蕴。

丹尼特对侯世达说：假如我是你，我会提出，用"假如你是我，我会……"来开始一番建议实在太古怪了，但假如你是我，我还会暗示你这么提吗？

所有这些例子都表明，我们是多么容易受暗示的影响。我们仿佛疯狂地着魔于"灵魂就在那儿"这个念头：一个火焰般的灵魂，可以点亮或熄灭，甚至还在身体之间传递，就像火焰在蜡烛之间传递那样。如果一支蜡烛被吹灭再被重新点燃，它还是"同一个火焰"吗？或者，如果它保持点燃的状态，那它每时每刻都恰好是"同一个火焰"吗？四年一度，火炬手们把奥运圣火从雅典带到千万里外的目的地，过程中小心翼翼地保持它燃烧。"这就是在雅典点燃的那把火"，这个想法具有强烈的

---

* 若将 's 理解为属格，原书名则直译为"心灵的我"；若理解为 is 的缩写，则直译为"心灵是我 / 我是心灵"。且原书名与"心灵之眼"（the mind's eye）同音。

象征意义；整个链条中若有间断，即便是极为短暂的一瞬，对知道的人而言也破坏了这种象征意义。当然了，对不知道的人而言，则不造成任何伤害。这件事究竟怎么就可能是重要的了？然而情感上它似乎的确重要。"灵魂之火"这个概念，不会轻易熄灭的。而它却把我们引到了水深火热之中。

直觉上我们无疑认为，两个东西只有具有差不多"同等尺寸的灵魂"，才能互相溜入对方。丹尼尔·凯斯（Daniel Keyes）的科幻故事《献给阿尔吉侬的花束》（*Flowers for Algernon*）讲的是，一个弱智的男青年因奇迹般的医学治疗逐渐获得了智力，还成了一个伟大的天才，而后来结果却是治疗效果不能持久，而"他"眼看着自己的心智坍塌回弱智的状态。这个科幻故事有着现实生活中的对应，对应的是这样一些人的悲剧：他们从无心灵状态成长到正常成年人的智力，后又目睹自己年老失智，或遭受严重脑损伤。而这些人，比起某个拥有生动想象力的人，能更好地回答我们这个问题吗："让你的灵魂从你的内部溜走，那是怎样的？"

弗朗茨·卡夫卡的《变形记》讲的故事则是，一个男青年一天早上醒来，变成了一只大甲虫，但这甲虫却像人一样思考。将《献给阿尔吉侬的花束》和《变形记》的想法结合起来，想象一只昆虫的智力提升到人类天才（这时也不妨是超人）的水平，然后再衰退回昆虫水平，会很有趣。但实际上，这对我们而言是不可设想的。借用电气工程术语，所涉心灵的"阻抗匹配"太糟糕了。事实上，阻抗匹配可能正是内格尔式的问题有其合理性的主要标准。对你来说，更容易想象哪个的存在：完全虚构的人物霍尔顿·考菲尔德，还是某只特定的真实蝙蝠？将自己映射到一个虚构的人类上，当然要比映射到一只真实的蝙蝠上更容易也更真实。这有点令人意外。似乎内格尔的动词"做（是）"有时的用法很奇怪。或许就像关于图灵测试的对话（选文5）暗示的那样，"是"这个动词被扩展了。或许它都延伸出了它的界限！

这整个想法中还有非常可疑之处。一个事物怎么可能去做（是）它所不是的事物？当二者都可以"拥有体验"时，还怎么能把它渲染得更合理吗？"对那边那只黑蜘蛛来说，去做那只陷入它蛛网的蚊子会是怎样"，我们要是问自己这样的问题，几乎毫无意义。"对我的小提琴而言，去做我的吉他会是怎样"或"如果这个句子是一只河马会是怎样"，甚至更糟。对谁而言是怎样？对无论是否有感觉能力的各种相关对象？对我们感知者？或者又是"客观上"？

这便是内格尔一文的症结所在。他想知道——用他自己的话讲——是否可能"使用那些无法想象身为人类是怎样的存在者能用的措辞，来（对人类体验的真实本性）进行描述"。严格说，这听上去就是一个明摆着的矛盾，但这确实是他的观点。他不是想知道对他而言，做一只蝙蝠是怎样的；他想从客观上知道那主观上是怎样的。戴个"蝙蝠头盔"，一个会用电极刺激脑进入蝙蝠那般体验的头盔，从而获得这种体验，体验到"蝙蝠性"，对他而言是不够的。毕竟，这仅仅是对内格尔而言，做一只蝙蝠是怎样的。那什么才会令他满意呢？他不确定会有任何东西能令他满意，而这也正是他忧虑的。他担心"拥有体验"这一概念超出了客观对象的领域。

如此看来，或许在之前为"可做性"列举的各种同义词中，听着最客观的是"具有一个视角"。毕竟，即便是对机器智能最武断的怀疑者，如果一个计算机程序表征了关于世界的某些事实以及它自身与世界的关系，或许他也会勉强地把一个"视角"归给这程序。毋庸置疑，可以给计算机这样编程，让它根据一个以它自身为中心的参考系来描述周围的世界，就像"3分钟前，泰迪熊在距离此处正东35里格外"。这样一个"以此时此地为中心"的参考系就形成了一个"自我中心"视角的雏形。"存在于此时此地"是任何一个"我"的中心体验。但不参照某个"我"，你能定义"此时""此地"吗？循环是不可避免的吗？

让我们仔细考虑一下"我"和"现在"之间的关联。做这样一个人会是怎样的：这人本已正常长大，具有普通的感知和语言能力，但遭受了某些脑损伤，因而不再具有将短期记忆的反响神经回路转入长期记忆的能力。这样一个人的存在感只会在"现在"前后的短短几秒中展开，不会有更大尺度上的自我连续性，即不会"内观"到自我链条在时间上的双向延伸，而没有这一点，也就不能使自己成为一个连贯的人。

当你遭遇脑震荡时，这之前的些许瞬间会从你的脑海中抹除，仿佛你那时并无意识。想想看，假如你这会儿被敲了头，你脑袋里就不会留下什么永久痕迹表示你读过前面这几句话。那么，体验过这些句子的人又是谁？一个体验只有进入了长期记忆才成为你的一部分吗？那么多的梦你一点也记不得，它们又是谁梦见的？

正如"现在"是和"我"密切关联的词，"这里"也是如此。试想你现在正以一种奇怪的方式体验着死亡。你当下不在巴黎，但你知道在巴黎死了是怎样的。没有光亮，没有声响，什么都没有。在廷巴克图也是一样。事实上，你在所有地方都死了，除去某一处小小所在（这里）。想想看，你是多么接近在所有地方都死了！而且你还在所有时刻都死了，除了"当下"。你还活着的那一小点时空是你的身体现在所在的地方，这并不是"碰巧"如此的，这是由你的身体和"现在"的概念定义的。我们的语言中都有些字眼，可以与"这里"和"现在"结合出丰富的组合，就比如"我"，等等。

如此看来，为一台计算机编程，让它在描述自身与世界之间的关系时使用像"我""我的"这样的字眼，实属寻常。当然，这些字眼背后不必须有任何精审的自我概念，但也可以有。本质上，正如之前在对《前奏曲……蚂蚁赋格》（选文11）的评论中定义的那样，任何物理的表征系统都是对某视角的一种具象化，无论这种具象化多么简陋。"具有一个视角"和"做一个表征系统"之间的这一显明关联，让思考"可做性"进了一步，因为如果我们能将"可做物"等同于这样的物理表征系统，它们各范畴的指令集足够丰富，各条世界进程的内存也有编制足够精良的索引，这样的话，我们至少是已经客观化了某些主观性。

应当指出，"做一只蝙蝠"这一想法的奇怪之处不在于蝙蝠是以一种诡异的方式感觉外部世界，尽管与我们人类相比，蝙蝠的概念范畴集、感知范畴集确实都是高度简化的。在某种意义上，各种感觉形态的互换性甚至等价性都堪称惊人。例如，盲人和明眼人都可能通过触觉而引发视觉体验。可以在一个人的背部安装一片成千刺激器组成的网格，再由电视摄像机来驱动它。这些触觉刺激被传入脑中，脑会加工它们，这就可能引发视觉体验。一位明眼的女士如此报告她的假体视觉体验：

> 我坐在椅子上，被蒙住眼，一个个冰凉的触感锥（TSR cone）抵在我背上。一开始我只感觉到不成形的感觉波动。柯林斯说那是他正在我面前挥动他的手，这样我就能适应这种感觉。突然间，我不确定是触到还是看到，一个正方形的左下角有一个黑色三角形。那种感觉很难准确描述。我感到后背上有颤动，但方框中的三角形出现在了我的脑海中。(Nancy Hechinger, "Seeing Without Eyes," *Science 81*, March 1981, p. 43.)

感官输入时，类似的形态跨越众所周知。正如在前几篇选文中指出的，佩戴了颠倒一切的棱镜眼镜的人，两三周后也会非常习惯这种看世界的方式。而在一个更加抽象的层面上，学了一门新语言的人却以近乎相同的方式体验着观念的世界。

所以，使"蝙蝠世界观"有别于我们的，真不在于刺激转换为感知对象的方式，也不在于承载思想的介质的本性，而在于极其有限的范畴集合，连同对生活中什么重要什么不重要的强调。在于这样的事实：蝙蝠无法形成"人类世界观"这样的概念，也无法拿这些概念开玩笑，因为它们总忙着在原始模式中生存。

内格尔的问题迫使我们去想，而且是非常努力地想，要怎样将我们的心灵映射到一只蝙蝠上去。蝙蝠的心灵是哪种表征系统？我们能对一只蝙蝠产生共情吗？这样看来，内格尔的问题似乎与一个表征系统去仿真另一个的方式紧密相关，就像选文 22 的反思讨论的那样。问一台 Sigma 5 "做一台 DEC 是怎样的"，我们会有什么收获吗？不会，这是个蠢问题。说它蠢的理由是：一台未经编程的计算机不是一个表征系统，而即便一台计算机拥有了一个程序，能去仿真另一台机器，这也并没有赋予它表征能力去处理这一问题中包含的各种概念。要能问这个问题，计算机需要一个非常精审的 AI 程序，先不说别的，这个 AI 程序至少要能以我们使用"是"这个动词的所有方式来使用它，包括内格尔的延伸意义。要问的问题毋宁说是："你这个有自我理解的 AI 程序，去仿真另一个这样的程序，是怎样的？"但接着，问题就开始变得非常像这个问题了："一个人对另一个人强烈地共情，是怎样的？"

正如之前指出的那样，人类没有长时间仿真一台计算机的耐心或精确度。当人试着站到其他"可做物"的立场上时，人倾向于共情而非仿真。他们自发地采取一套全局偏好集合来修正脑中符号活动的连锁反应，以此"颠覆"自身的内部符号系统。这并不完全像是嗑了 LSD——尽管这也会让神经元之间的传导方式产生急剧的变化。LSD 起这样的作用，方式是不可预料的，其效果取决于它在脑内如何散播，而与什么是象征什么的符号无关。LSD 影响思考的方式与子弹射穿脑子有点类同：LSD 和子弹都侵入脑子，但哪个也不在意脑子里的东西的象征能力。

然而，一种偏差却经由符号象征的通道建立了起来："嘿，让我想想做一只蝙蝠会是什么感觉。"这设立出了一个心理语境。翻译成更少心理主义、更为物理化的措辞就是，这一行为试图将你自己投射到蝙蝠的视角上去，激活了你脑中的某些符号。这些符号只要保持激活，就会参与促成所有其他已激活符号的触发模式。而脑足够精密复杂，能将某些激活态视为稳态，即以之为语境，而另一些符号就能随即以一种从属的方式被激活。所以，我们试图"思考蝙蝠"时，是通过设定神经语境，沿不同寻常的通路导引我们的想法，从而颠覆了我们的脑。（真可惜，我们完全无法按照我们的意愿去"思考爱因斯坦"！）

然而所有这些丰富性都不能让我们一路直达"蝙蝠性"。每一个人的自我符号，即"个人核心"，或莱姆人格发生学中的"萌芽"，都已经凌驾于他（她）的生命之上，庞杂而又特异，以至于再也无法像个变色龙似的，假定出另一个人、另一个存在者的身份了。在自我符号的小小"结扣"中，个体的历史缠得太紧了。

想想这样的两个系统会很有趣：它们彼此非常相像，像到具有同构甚至同一的自我符号。比方说一位女士，和她的分子级复制品。那么她想自己时，也在想她的复制品吗？很多人都幻想，在天国的某个地方，有另一个人和自己一样。那么你想你自己时，也在同时不经意地想那个人吗？那人此刻又正想着谁？做那个人会是怎样的？你就是那个人吗？假如你有选择，你会让那个人死，还是你自己？

内格尔在他的文章中似乎没有认识到，语言（尤其）是一架使我们得以跨越不属于我们的领地的桥梁。蝙蝠不具有任何"做另一只蝙蝠是怎样"的观念，也不会对其感到疑惑。而那是因为蝙蝠不具备用来交换观念的通用货币，即那些语言、电影、音乐、手势所给予我们的东西。这些媒介辅助我们进行投射，辅助我们去采纳陌生的视角。借助一种通用货币，视角变得更加模块化，更加可传递，也更少个人性、独特性。

知识是客观和主观的一种奇异混合。在词语确实对不同人"意思相同"的意义上，可以言表的知识能够传递和分享。而两个人到底能否讲同一种语言？我们用"讲同一种语言"意指什么，这是一个棘手的问题。隐匿的弦外之音并不共享，我们都接受这一点并视之为理所当然。我们或多或少也知道，经由语言能得到什么，又遗漏什么。语言是一种公共的媒介，交换的却是最私密的体验。在每个心灵中，每个词为一簇丰富而又无法仿效的概念环绕，而我们知道，无论我们多么努力地去使其浮出水面，总还是会遗漏些什么。我们能做的只有接近。（见乔治·斯坦纳的《通天塔之后》[Aftter Babel] 对这一看法的延伸讨论。）

通过诸如语言和手势等交换模因的媒介（见选文10《自私的基因与自私的模因》），我们能体验到（有时是间接地）"做 X 是怎样的"。这绝不是真正的体验，但什么才是对"做 X 是怎样"的真正知识呢？我们现在甚至都不怎么知道十年前做自己曾是怎样的。只有借助重读日记我们才能有所推定，而后，只能再借助投射！可这仍是间接的。更糟的是,我们甚至常常都不知道我们是怎么可能做了昨天的事的。而当你真的想到时,"做我自己"当下是怎样的,又不那么清楚了。

语言既让我们陷入这种困难,因为它让我们看到了这一问题;又帮我们解脱出来,因为语言作为一种通用的思想交换媒介,使体验变得可分享并且更客观。然而,它无法将我们完全带离困境。

某种意义上,哥德尔定理是一种数学模拟,模拟的是我无法理解"不喜欢巧克力是怎样"或"做一只蝙蝠是怎样"这样的事实,只不过它是通过一系列不断精确的无限模拟过程,趋向但永远达不到仿真的水平。我被困在我自己的内部,因而看不到其他系统如何。而哥德尔定理是从这样一个一般性事实的后果推出的:我被困在我自己的内部,从而看不到其他系统如何看待我。因此,内格尔尖锐提出的"客观性—主观性"两难,某种程度上与认识论方面的困难有关,这些困难既在数学逻辑方面,也(如前文所示)在物理基础方面。这些想法在我的另一本书《哥德尔、埃舍尔、巴赫》的最后一章中得到了更细致的发展。

D. R. H.

25

一桩认识论噩梦

雷蒙德·M. 斯穆里安

第1场

弗兰克在一位眼科医生的办公室。医生拿起一本书问道："这是什么颜色的？"弗兰克回答："红色。"医生说："啊哈，正如我所料！你的整个色彩机制已经失衡。所幸你的病是可以治愈的，我会在几周内让你完好复原。"

第2场

几周后。弗兰克在一位实验认识论学家（你很快就会明白这是什么意思！）家中的实验室。认识论学家同样拿起一本书问道："这本书是什么颜色的？"如今，弗兰克已经被眼科医生以"痊愈"为名打发走了。况且，他现在有一种非常谨慎和善于分析的气质，不会做出任何有可能被驳斥的陈述。因此，

弗兰克：（答道）它在我看来是红色的。

认识论学家：错！

弗：我不认为你听见我说什么了。我只是说它在我看来是红色的。

认：我听见了，而且你错了。

弗：让我弄清楚：你的意思是我错在这本书是红色的，还是错在它在我看来是红色的？

认：我的意思显然不是你错在这本书是红色的，因为你并没有说它是红色的。你说的只是它在你看来是红色的，而错的正是这一陈述。

弗：可是你不能说"它在我看来是红色的"这个陈述是错的。

认：如果我不能说，我怎么还说了？

弗：我的意思是你的意思不可能是这样。

认：为什么不能？

弗：可是我当然知道这本书在我看来是什么颜色！

认：你又错了。

弗：可是没人比我更清楚事物在我看来是怎样的了。

认：我很抱歉，但你又错了。

弗：可是谁又比我更清楚呢？

认：我。

弗：可你是怎么能获得我的私人心理状态的呢？

认：私人心理状态！形而上学胡话！听着，我是一个实践的认识论学家。有关"心灵"与"物质"对立的形而上学问题，仅仅是出自认识论上的混淆。认识论是哲学的真正根基。但过去所有认识论学家的问题在于，他们完全使用理论的方法，这让他们的许多讨论沦为纯粹的文字游戏。当其他认识论学家严肃地论证"当一个人断言他相信如此这般时他是否可能出错"这样的问题时，我已经发现如何通过实验解决这些问题了。

弗：你怎么可能经验性地判定这些事情？

认：通过直接读一个人的思想。

弗：你的意思是说你会心灵感应？

认：当然不是。我只是做了一件明显该做的事，即，我组装了一台读脑机，严格来说是一台望脑镜，它正在这个房间里运转，并在扫描你脑中的每一个神经细胞。因此，我可以读取你的每个感觉和想法。而这本书在你看来并非红色，这是一个显而易见的客观真相。

弗：（彻底镇住）天哪，我真的可以发誓这本书在我看来就是红色的——看起来确实它在我看来就是红色的！

认：我很抱歉，但你又错了。

弗：真的吗？甚至看起来都不是它在我看来是红色的？可看起来确实"看起来确实它在我看来是红色的"！

认：又错了！无论你在"这本书是红色的"之前追加多少个"看起来"，你都会错。

弗：这太扯了！假设我不说"看起来"而是说"我相信"呢。那让我们从头再来一遍。我收回"它在我看来是红色的"这个陈述，而是宣称"我相信这本书是红色的"。这个陈述是真是假？

认：等一下，我看一下读脑机的表盘——这个陈述是假的。

弗：那"我相信我相信这本书是红色的"呢？

认：（查看表盘）还是假的。并且，无论你说多少次"我相信"，所有这些信念句也都是假的。

弗：好吧，这可真是最最发人深省的经历了。无论如何，你得承认，要我认识到我正怀有无数错误的信念，这可有那么点儿困难。

认：你为什么说你的信念是错误的？

弗：可是你一直在这么说啊！

认：我当然没有！

弗：老天爷啊，我刚要承认我的所有错误，你现在又告诉我我的信念不是错误……你想干什么，把我逼疯？

认：嘿，放轻松！拜托努力回想一下：我什么时候说过或暗示过你的任何信念是错误的？

弗：只须简单回想一下这个无穷句列：（1）我相信这本书是红色的，（2）我相信我相信这本书是红色的，以此类推。你已经告诉我其中的每一个陈述都是假的。

认：对。

弗：那你怎么能与之前后一致地坚持我对所有这些假陈述的信念<u>不是</u>错误的呢？

认：就像我告诉过你的，因为你并不相信其中任何一个。

弗：我想我明白了，尽管我不完全确定。

认：好，那我换个说法。你难道不明白，正是每个你所断言的陈述的虚假性，才将你从对前一个陈述的错误信念中拯救出来？就像我告诉过你的，第一个陈述是假的。很好！那第二个陈述差不多就仅仅是你相信第一个陈述。假如第二个陈述为真，那么你就相信第一个陈述，那么你对第一个陈述的信念就确实是错误的。不过所幸第二个陈述是假的，因此你并不真正相信第一个陈述，所以你对第一个陈述的信念就并非是错误的。所以，第二个陈述的虚假性意味着你并不拥有一个对第一个陈述的错误信念；第三个陈述的虚假性会同样把你从对第二个陈述的错误信念中拯救出来，等等。

弗：现在我完全明白了！所以我的<u>信念</u>都不是错误的，只不过陈述是错误的。

认：就是这样。

弗：太精彩了！顺便问一下，这本书其实是什么颜色的？

认：它是红色的。

弗：什么！

认：就是这样！这本书当然是红色的。你怎么回事，没长眼吗？

弗：可我实际上不是一直在说这本书是红色的吗？

认：当然不是！你一直在说它在你<u>看来</u>是红色的，<u>看起来</u>它在你看来是红色的，你相信它是红色的，你<u>相信</u>你相信它是红色的，等等这些。你一次都没说过它是红色的。当我最初问你"这本书是什么颜色"时，如果你只是回答"红色"，这整个痛苦的讨论就可以避免了。

第3场

几个月后，弗兰克又来到认识论学家的家中。

认：见到你真高兴！请坐。

弗：（落座）我一直在想我们上次的讨论，有很多地方想澄清一下。首先，我在你说过的某些东西里发现了一处前后不一致。

认：太好了！我最爱前后不一了。求你快说！

弗：好吧，你声称尽管我的信念句是假的，但我实际上并不拥有任何假信念。假如你不曾承认这本书实际就是红色的话，你就会前后一致。但你恰恰承认了这本书是红色的，这就导致了一处前后不一。

认：何以见得？

弗：你看，正如你正确指出的，我的每个信念句，"我相信它是红色的"，"我相信我相信它是红色的"，除第一句外，每句的虚假性都将我从对前一句的错误信念中拯救了出来。然而，你忽视了对第一句本身的考虑！第一句"我相信它是红色的"，与"它是红色的"这一事实合取，确实就意味着我拥有一个假信念。

认：我不明白为什么。

弗：很明显！因为这句"我相信它是红色的"是假的，那么事实上我就是相信它不是红色的，而由于它确实是红色的，那么我就确实拥有一个假信念。就是这样！

认：（失望）很抱歉，但你的证明显然不成立。当然，"你相信它是红色"这一情况为假，就意味着你不相信它是红色的。但这并不意味着你相信它不是红色的！！

弗：可我显然知道它要么是红色的要么不是，所以如果我不相信它是，那么我必定相信它不是。

认：绝非如此。我相信木星上要么有生命要么没有。但我既不相信它有，也不相信它没有。我没有证据二选其一。

弗：哦好吧，我想你是对的。但让我们想想更重要的事。我真诚地认为我在我自己的信念上出错是不可能的。

认：我们非得再来一遍吗？我已经耐心地向你解释过了，（在你的信念而非你的陈述的意义上）你没有出错。

弗：哦那好吧，我只是连那些陈述是错的都不信。的确，根据那台机器，它们是错的，可我为什么要信任那台机器呢？

认：谁说过要你信任那台机器了？

弗：那，我应该信任那台机器吗？

认：这个问题牵涉"应该"一词，超出了我的领域。不过如果你愿意，我可以向你举荐一位同事，他是一位出色的道德学家，或许能为你解答这个问题。

弗：哦算了吧，我说的显然不是道德意义上的"应该"。我的意思只是"我有什么证据表明这台机器是可靠的吗"。

认：那你有吗？

弗：别问我啊！我的意思是，你应该信任这台机器吗？

认：我应该信任它吗？我不知道，我最不关心的就是我应该做什么了。

弗：噢，你的道德恐惧症又来了。我的意思是，你有什么证据表明这台机器是可靠的吗？

认：那当然了！

弗：那我们就直奔主题吧。你的证据是？

认：你总不能指望我在一小时、一天或一周内就回答你吧。如果你想跟我一起研究这台机器，那我们可以一起，不过我向你保证，这可得花上好几年。但大功告成之时，你不会再对这台机器的可靠性有丝毫怀疑。

弗：好吧，我大概可以相信，它测量精确，在这个意义上它是可靠的，不过我怀疑，它实际测量的是什么非常重要。看起来它测量的只是一个人的生理状态和活动。

认：当然了，不然你指望它还能去测量什么呢？

弗：我怀疑它是否测量了我的心理状态，我实际的信念。

认：你又要回到这上面来？这台机器测量的确实是生理状态，但处理的也确实是那些你称作心理状态、信念、感觉等等的东西。

弗：现在我开始认为，我们的所有分歧纯粹是语义上的了。好吧，我会承认你的机器确实准确无误地测量了你用"信念"这个词所意谓的信念，但我不相信它有任何可能测量我用"信念"这个词所意谓的信念。换句话说，我断言我们的整个僵局只是由于你和我用"信念"这个词意指了不同的东西。

认：所幸，你这个断言的正确性可以通过实验判定。碰巧我办公室里现在就有两台读脑机，我就让一台对着你的脑，查明你用"相信"意指什么，再让另一台对着我自己的脑，查明我用"相信"意指什么。现在，我要对比一下两个读数。很抱歉哦，结果显示我们用"相信"这个词意指的是完全相同的东西。

弗：噢，让你的机器去死吧！你真的相信我们用"相信"这个词意指的是相同的东西？

认：我相信吗？等一下，我查一下机器。是的，结果显示我确实相信。

弗：我的天，你的意思是不查机器，你连你相信什么都无法告诉我？

认：当然不能。

弗：可大多数人被问及相信什么时都会直接告诉你。为什么你为了查明你的信念，要经过这么一个离奇的迂回过程，让读脑机对着你自己的脑子，然后根据机器读数来查明你相信什么呢？

认：莫非还有其他科学、客观的方式能查明我相信什么吗？

弗：噢，算了吧，你为什么不直接问问你自己？

认：（伤感地）这不管用。我每次问自己我相信什么时，从来都得不到任何答案！

弗：好吧，为什么你不直接说出你相信什么？

认：在我知道我相信什么之前，我怎么能说出我相信什么？

弗：噢，让你对于自己相信什么的知识见鬼去吧；你对你相信什么肯定有些想法或信念，不是吗？

认：我当然有这样一种信念。但我怎么去查明这个信念是什么？

弗：恐怕我们正在进入另一番无穷后退。听着，现在我真的开始怀疑你
　　是不是快要疯了。

认：让我查一下机器。是的，结果显示我是快要疯了。

弗：老天爷啊，老兄，这可把你吓坏了吧？

认：让我查查！是的，结果显示它的确把我吓坏了。

弗：噢，求你了，你就不能忘了这个该死的机器，直接告诉我你有没有
　　吓坏吗？

认：我已经告诉你了我是吓坏了。可我只是通过机器才获知了这一点。

弗：我看出来了，让你告别这台机器是全然无望了。很好，那我们就陪
　　这台机器多玩玩。你为什么不问问这台机器你的神志还有没有救？

认：好主意！是的，结果显示还有救。

弗：那怎么才能救？

认：我不知道，我还没查机器。

弗：哦，老天，快查！

认：好主意！结果显示……

弗：显示什么？

认：结果显示……

弗：快说，显示什么？

认：这可真是我遇到的最古怪的事了！据机器显示，我最应该做的是别
　　再信任这台机器！

弗：很好！那你会怎么做？

认：我怎么知道我会怎么做？我又不能预知未来。

弗：我的意思是，你现在打算怎么做？

认：问得好，让我查查机器。据机器所言，我当前的各种打算完全是相
　　互冲突的。而且我知道为什么！我陷入了一个可怕的悖论！如果机
　　器值得信任，那么我最好接受它的提议不去信任它。可如果我不信
　　任它，那么我同样要不信任它所给出的不信任它的建议，所以我着

实陷入了一个彻底的窘境。

弗：听着，我认识一个人，我觉得没准儿他真能在这个问题上帮得上忙。我先走一步去咨询他一下。再会！

第4场

某日晚些时候，在一位精神科医生的诊室。

弗：医生，我很担心我的一位朋友。他自称是一个"实验认识论学家"。

医生：噢，实验认识论学家啊，世上就那么一个。我和他很熟！

弗：那我就放心了。不过你知道吗，他组装了一台读心装置，现在在用它对着他自己的脑子，每当有人问他在想什么、相信什么、感觉到什么、害怕什么等等时，在回答之前，他非得先去查查那台机器。你不觉得这很严重吗？

医：并不像它看起来那么严重。我对他的预后其实颇为乐观。

弗：好吧，如果你是他的朋友的话，你不能多留意他一下吗？

医：我确实经常见他，也确实对他多有观察。不过，我不觉得所谓的"精神治疗"能帮上他。他的毛病非比寻常，解铃还须系铃人。而我相信会解开的。

弗：好吧，但愿你的乐观有所根据。不管怎样，我确实认为我现在需要一些帮助！

医：你怎么了？

弗：我和认识论学家共度的经历令我茫然失措！我现在怀疑我会不会疯掉；我甚至对事物在我看来如何，都没有把握了。我想你或许可以帮帮我。

医：我很愿意帮你，可最近不行。接下来的 3 个月我会严重超负荷地工作。在那之后，不巧，我得去度 3 个月假。所以 6 个月后你再来，我们好好聊聊这件事。

第 5 场

同一间诊室，6 个月后。

医：开始你的问题之前，告诉你一件好消息，你的朋友认识论学家，目前已经完全康复了。

弗：太棒了，怎么回事？

医：几乎可以说是命运垂青，而他的心理活动也可以说正是这"命运"的一部分。事情是这样的：你最后见他那次的几个月后，他翻来覆去地担心"我该信任这台机器吗，我不该信任这台机器吗，我该吗，我不该吗，我该，我不该"（他决定在你那种经验性的意义上使用"应该"这个词）……他毫无进展！所以，他继而决定将整个论证"形式化"。他重温了他符号逻辑的研究，采用了一阶逻辑的公理，并加上了关于那台机器的某些相关事实作为非逻辑的公理。由此产生的系统自然是不一致的：他从形式上证明了他应该信任那台机器，当且仅当他不应该，从而他既应该又不应该信任那台机器。那你也许就知道了，在一个基于经典逻辑（就是他使用的逻辑）的系统中，只要能证明单独一个命题是矛盾的，就能证明任何的命题，从而这整个系统也就崩溃了。所以，他决定采用一种比经典逻辑弱一些的逻辑，这种逻辑很接近所谓的"最小逻辑"，其中，证明一个矛盾并不必然蕴含着能证明所有的命题。然而，结果这一系统太弱了，无法判定他是否应该信任那台机器。然后他想到了下面这个好主意。尽管产生的系统不一致，可为什么不在他的系统里使用经典逻辑呢？一个不一致的系统必然没用吗？完全不是！即便对于任意命题，既可以证明它为真，也可以证明它为假，而对于任意这样一对证明，都会有其中一个就是比另一个在心理上更可信，所以，选择那个你实际相信的就好了！理论上，这个想法非常好，他实际得到的系统也的确有这样的特质：给定任意这样一对证明，其中一个总是远比另一个在心理上可信得多。而更好的是，给定任意一对矛盾命题，对其中一个的所有证明比对另一个的所有证明都更可信。其实，除了认识论学家之外，本来任何人都能用这个系统判定那台机器是否可信。可对于认识论学家，发生的则是：他得到一个证明说他应该信任那台机器，也得到了另一个证明说他不该信任。哪一个证明对他而言更可信，哪一个又是他真正"相信"的呢？他能查明的唯一方式就是去查询机器！但他意识到这是乞题的，因为查询机器暗含了他事实上的确信任那台机器。所以他仍然身处窘境。

弗：那他是如何脱身的呢？

医：嗯，就是在这儿，命运大发慈悲地插手了。由于他完全陷入了这一问题的理论之中，这几乎消耗了他所有的清醒时刻，于是他第一次在实验中疏忽了。结果，他机器的几个小组件熔断了，而他全然不知！然后，那台机器开始前所未有地给出矛盾信息，可不是隐微的悖谬，而是显明的矛盾。具体而言，有一天，机器断定认识论学家相信某个命题，几天后，又断定他不相信那个命题。火上浇油的是，机器还断定在过去几天里，他的信念没有变化。这足以直接让他对那台机器完全丧失信任了。现在他健康得不得了。

弗：这绝对是我听过的最神奇的事了！我猜那台机器一直就非常危险，非常不可靠。

医：可不是这样哦，那台机器在被认识论学家的粗心实验拖垮之前还是很棒的。

弗：好吧，那肯定在我知道它的时候，它就已经不是特别可靠了。

医：并非如此，弗兰克，这就把我们引到你的问题上来了。我知道你和认识论学家的整场对话——全被录音带录下来了。

弗：那么，那台机器否认我相信那本书是红色的时，你肯定也意识到了，那台机器不可能是正确的。

医：为什么不呢？

弗：老天啊，我又得再经历一遍这场噩梦吗？当某人声称某物理对象拥

有某属性时，他可能是错的，这我明白；但当某人声称有或没有某
个感觉时，他也可能是错的？后一种情况你知道哪怕一个例子吗？

医：当然知道！我曾经认识一个基督教科学派（山达基）信徒，他患有
剧烈的牙痛，疼得四处疯狂呻吟。别人问他是不是牙医治不了他，
他却回答说根本没有什么要治。别人继续问他："可你难道不会感
觉到疼吗？"他回答："不，我不感觉到疼；没人会感觉到疼，没
有'疼'这种东西，疼只是一种错觉。"所以这个例子就是这样：
有人声称自己并不感到疼，但在场的所有人都完全知道他确实感到
疼。我当然不相信他在说谎，他只是搞错了。

弗：好吧，在这样的例子里，情况确实如此。可如果有人断言的是他对
书的颜色的信念，他怎么可能会搞错呢？

医：我可以向你保证，如果我问某人这本书是什么颜色的，而他回答"我
相信它是红色的"，那不用借助任何机器，我都非常怀疑他是否真
这么相信。在我看来，如果他真的相信，他会回答"它是红色的"
而非"我相信它是红色的"或者"它在我看来是红色的"。他回应
中的畏缩正彰显了他的疑虑。

弗：可我究竟为什么要怀疑它是红色的？

医：你应该比我更清楚。那咱们来看看，你此前是不是有过理由怀疑你
的感官感知的准确性？

弗：呀，确实有。在拜访认识论学家之前的几周，我罹患眼疾，这确实
让我看不对颜色。不过我在拜访之前就治好了。

医：噢，难怪你怀疑它是不是红色的！确实，你的眼睛感知了这本书的
正确颜色，但之前的经历萦绕在你心头，让你无法真正相信它是红
色的。所以那台机器当时确实是对的！

弗：噢，好吧，可是那我当时为什么要怀疑我相信那是真的？

医：因为你并不相信那是真的，而你足够聪明，无意识地看出了这一事
实。此外，当一个人开始怀疑自己的感官感知，这种怀疑就会像感
染一样扩散到越来越高的抽象层次中，直到最终整个信念系统变成

一大堆可疑的不信不安。我打赌，假如你现在去认识论学家的办公室，而那台机器也修好了的话，你再去宣称你相信这本书是红色的，那台机器会同意的。

弗兰克啊，那台机器是、或说曾是一台好机器。认识论学家从中学到了很多，但把它用在自己脑子上的时候没有用对。他确实应该事先更多了解一下，避免制造出这样一个不稳定的局面。一边是他的脑，一边是机器对脑的行为一次次检查和影响，这两方面的组合，导致了严重的反馈问题。最终，整个系统进入了一个控制论意义上摇摆不定的状态。迟早会有一方不堪重负。所幸最后是机器。

弗：我明白了。还有最后一个问题。那台机器当时自称它不值得信任了，那它还怎么可能是值得信任的？

医：那台机器从未自称不值得信任，它只是宣称，认识论学家最好不要信任它。而机器是对的。

———————

反　思

如果斯穆里安的噩梦让你震惊，让你觉得太过离奇，难以置信，那就来考虑一个更加现实的寓言吧。它不是真事，但确实有可能发生：

从前有两位咖啡品鉴师（taster），蔡斯先生和桑伯恩先生，供职于麦氏咖啡（Maxwell House）。与其他 6 位咖啡品鉴师一样，他们的工作是确保麦氏咖啡的口味年复一年始终如一。蔡斯先生入职麦氏咖啡大约 6 年后，有一天，他清了清喉咙对桑伯恩先生坦言：

"你看，我不想承认，可我不再享受这份工作了。6 年前刚来麦氏时，我觉得麦氏是世界上口味最好的咖啡。这些年来，我为留存这份味道肩负了一部分责任，因而倍感骄傲。咱们的工作也都完成得不错，咖啡今天尝起来也还和我刚来的时候一般不二。但你看，我再也不喜欢这个味道了！我的口味变了。我喝咖啡的时候更有鉴赏力了。这个口味我是完全不喜欢了。"

桑伯恩对这一剖白兴味盎然。他回应道："听你提这事可真有意思，因为我身上也发生了类似的事。我来这里的时间只比你早一点儿，刚来的时候我也像你一样，觉得麦氏咖啡味道顶级。而我现在也像你一样，完全不在乎我们做的咖啡了。可我的口味从没变过；变的是我的……尝味器（taster）。就是说，我觉得是我的味蕾什么的有哪里不对了——你看，就好像是你先吃一口配了枫糖浆的烘薄饼，再喝橙汁时，味蕾不也会失灵吗？麦氏咖啡在我尝来与过去的口味不同了；只要还相同，我还是会喜欢它，因为我仍然觉得那个口味是最好的咖啡口味。但我不是要说我们的工作做得不好。你们几位都同意口味还是一样的，那一定就是我个人的问题了。我想我不再胜任这份工作了。"

一方面，蔡斯和桑伯恩是相似的：他们都曾喜欢麦氏咖啡，如今又都不喜欢了。但另一方面，他们又自认为彼此不同：麦氏咖啡在蔡斯尝来一如既往，可对桑伯恩而言并非如此。这种区别看似既平常又明显，但二人针锋相对时，或许就会疑惑他们的情况是否真有那么不同。蔡斯或许会想："会不会，桑伯恩先生其实与我处境相同，只是未曾留意他身为咖啡品鉴师，标准和品位在日渐提升？"桑伯恩则会想："会不会，蔡斯先生说咖啡在他尝来与以往一般不二时，是在自欺欺人？"

你还记得你尝的第一口啤酒吗？糟透了！怎么会有人喜欢那种东西？不过你会反思到，啤酒是一种养成的口味，人们逐渐训练自己或直接假装享受那种味道。什么味道？第一口的那种味道？没人会喜欢那种味道！啤酒在常喝的人尝起来，口味是不同的。那么，啤酒就不是一种养成的口味：人们没有学着去喜欢初尝的口味，而是逐渐体验到一种不同的、好喝的口味。假如第一口尝起来就是那样，你从一开始就会全心全意地喜欢上啤酒！

那么或许，口味，与对口味的反应及或好或坏的评判，二者是分不开的。那么，蔡斯和桑伯恩或许就恰好相同，只不过选择了略有不同的方式来表达自己。可假如他们恰好相同，那么他们就在某些事情上同时犯了错，因为他们都真诚地否认自己与对方相同。能不能设想，他们各自无意间说错了自己的情况，其实是描述了对方的情况？或许是蔡斯的味蕾变了，而桑伯恩提升了鉴赏力？他们可能会错成这样吗？

有些哲学家，甚至其他人，想过一个人不可能在这种事上犯错。每个人对他们自己如何如何都是不容指摘的最终裁决者。如果蔡斯和桑伯恩说得真诚，也没有未被发觉的口误，而且也都知道他们的话的意义，那么他们必定表达了各自情况的真相。难道我们想不出什么测试更能确证他们的不同说法吗？桑伯恩曾经出色地通过了品辨测试，但如果现在再测却表现不佳，而我们又发现了他的味蕾有异常（我们发现他最近吃的都是川菜），这就更能确证他对自己处境的看法。而如果蔡斯现在能比以往更加出色地通过这些测试，并对咖啡的种类展现出更进一步的知识，对咖啡的相关优点和特性也表现出极大的兴趣，这也会支持他对他自己的看法。不过，如果这些测试能支持蔡斯和桑伯恩的权威，在这些测试上失利也就会损伤他们的权威。假如蔡斯通过了桑伯恩的测试而桑伯恩通过了蔡斯的测试，他们就会质疑各自的说法——如果这些测试确与这个问题有关的话。

提出这一观点的另一种方式是，想要有可能确证自己的权威，要以可能遭受外部质疑为代价。我们都准备坚称："我知道我喜欢什么，而且我知道身为我自己是怎样的！"很可能你是知道，至少在某些事情上。不过这是要在行动表现中核实的事情。有可能，仅仅是有可能，你会发现，你其实并不像你以为的那样了解身为你自己是怎样的。

D. C. D.

26

对话爱因斯坦的脑

道格拉斯·R. 侯世达

乌龟和阿基里斯在巴黎卢森堡公园的一处大八角池边偶遇。水面上常有姑娘小伙驾乘帆船，这年头甚至还有摩托艇和遥控船。不过这都不重要。那是个怡人的秋日。

阿基里斯：怎么回事，龟先生！我还以为你回了公元前 5 世纪呢！

乌龟：你自己又是怎么回事呢？至于我，我经常跨世纪溜达。这能怡养性情。而且我发现，在一个怡人的秋日漫步林间，看孩子们变老死去，徒然被新一代同样脑残、整体上还更为聒噪的人类取代，也令我神清气爽。啊，成为这弱智物种的一员，生存一定无比苦闷——噢，原谅我！我确实完全忘记了的谈话对象正是这尊贵种族的一员。哎呀阿基里斯，你当然是这规则的一个例外（从而也印证了它，就像常见的人类"逻辑"一样）。大家都知道，你时常对人类的境况做出真正富有洞见的评论，即便某种程度上那些境况多多少少是偶然且无意的！在全人类中能认识你，我感到荣幸之至，阿基里斯。

阿：哎呀，你这么说我，实在太好心了。我确信我简直配不上这些。不过回到我们的偶遇上来。我今天碰巧在这儿，是要和一个朋友赛跑。可是他并没有出现，所以我不禁猜测，他已经衡量过得失，决定以某种更有收获的方式度过这一天了。所以，我在这儿也没什么特别的事儿，面前只有悠闲的一天等我随便晃过去，看看人（和乌龟），琢磨点哲学问题，你知道这是我的爱好。

龟：啊，对。其实我也一直在琢磨点有点琢磨头儿的想法。[*] 或许你愿意让我来和你分享一下？

阿：哦，我很乐意啊。我是说，龟兄，只要你不是要把我引入你恶作剧的逻辑陷阱，我就很乐意。

龟：恶作剧的陷阱？噢，你可误会我了。我会做任何恶作剧的事吗？我是一个平和的灵魂，从不烦扰别人，过着和缓的植食生活。我的思绪仅仅是在（我看来的）事物存在方式上的各种离奇古怪之间跳来跳去。我只是个观察者，谦逊地观察现象，我怕我会进展艰难，我的蠢话也会平平无奇，随风消散。不过为了让你对我的意图安心，我打算在这大好日子里只谈脑和心灵。你知道，这些当然和逻辑八竿子打不着！

阿：龟兄，你的话确实让我安心了。事实上，这完全激起了我的好奇心。我非常愿意听听你会怎么说，即便平平无奇。

龟：阿基里斯，你真是心地宽容，值得赞扬。我们要进入的主题很困难，因此我要借助一个类比，让我们易于进入状况。你对"唱片"很熟悉对吧，就是那种有刻槽的塑料圆盘，刻的纹路细微而精致。

阿：确实，我很熟悉。音乐就存在那里面。

龟：音乐？我还以为音乐是某种要去听的东西。

阿：它是的啊，毋庸置疑。但人可以去听唱片。

龟：我想是吧，如果你把唱片放到耳边的话。但它们放出的肯定是非常寂静的音乐。

阿：哦，龟兄，你一定是在开玩笑吧。你没听过储存在唱片里的音乐？

龟：说实话，瞥见一些唱片时，我常想去哼唱曲调。是这样吗？

---

[*]　此句原文为 I too have been musing somewhat over some somewhat amusing ideas。

阿：不是。你看，你把唱片放在旋转的唱机转盘上，再把一个固定在长臂上的细针放在最外侧的刻槽上，然后——我用不着说这么多细节，反正最后结果就是，你听到美妙的音乐声从名为"扬声器"的设备中传出来。

龟：我明白，又不明白。为什么不省掉其他步骤，直接用扬声器呢？

阿：不行啊——你看，音乐不是储存在扬声器里的，它在唱片里。

龟：在唱片里？但唱片是整个在那儿的；而音乐，据我所知，是缓缓出现的，每次出现一点儿。不是这样吗？

阿：你这两点说得都对。但即便唱片如你所说，是"整个在那儿"的，我们也可以从中一点儿一点儿地抽取出声音来。这背后的道理是，刻槽在唱针下缓缓转过，这时候，唱针会微微颤动，响应你之前提到的精细纹路。而乐声就编码在这些纹路中，经过处理传给扬声器，再传入我们期盼的双耳。这样，我们就像你说的，"每次一点儿"地听到了音乐。我得说，这整个过程相当令人惊奇。

龟：是啊，这整个过程确实复杂得令人惊奇，这点我承认。不过，你们为什么不像我一样把唱片挂在墙上，整个儿地欣赏它的美，而是在一段时间里一点儿一点儿地分发呢？把唱片之美缓慢地分发，这种痛苦中有某种受虐的愉悦吗？我一向反对受虐癖。

阿：噢，你怕是完全误解了音乐的本性。你看，在一段时间中展开，这是音乐的本性。人不能只在突然一下声响中欣赏音乐——这是做不到的，你知道。

龟：嗯，我想也没人想听到轰的一大声，想在一下声响中听到所有部分的总和。可是你们人类为什么不像我一样，把唱片挂在墙上，用你们的眼睛一瞥，就把其中的美妙尽收眼底——这多简单明了啊。毕竟，妙处全都在那儿了，不是吗？

阿：你能看出不同唱片表面的不同？听你这么说我很震惊。它们在我看来都差不多，就像乌龟在我看来也都差不多。

龟：哎哟！你这评价，我看简直没救了。你很清楚它们是不同的，就像两首音乐，比如一首巴赫的和一首贝多芬的，那样不同。

阿：它们在我看来极其相似。

龟：可承认唱片表面包含了整首音乐的，正是你啊。这样的话，如果两首音乐不同，那么唱片表面也一定不同，两首音乐有多不同，两张唱片的表面也就有多不同。

阿：我想你说的有些道理。

龟：很高兴你承认这一点。那么，既然整首音乐都在唱片的表面上，你为何一瞥之下，或至多是端详一番，就把这音乐尽收眼底？这样来的愉悦，无疑会强烈得多。你也得承认，选曲的每部分都是各就其位的，各部分间的关系也没有乱，这样就好像能一次听到所有的声音似的。

阿：呃，首先，龟兄，我碰巧眼睛不太好，而且……

龟：啊哈！我还有一个办法！你要不把某段选曲的全部乐谱页都贴在墙上，时不时地欣赏一下它的美，就像看一幅画作那样？无论怎么说，想必你都会承认，音乐全在那儿了。

阿：好吧，龟兄，说实话，我得坦白，我的审美力有个不足，恐怕我并不知道，怎么从视觉上诠释我面前这些印出来的符号，才能让我像实际听到音乐那样，感受到相同的愉悦。

龟：听你这么说我确实很遗憾。不然这能节省你好多时间呢！试想一下，相比花费一整个小时聆听一首贝多芬的交响曲，某天清晨你醒来，它就挂在墙上，你只要睁开眼睛，最多 10 秒钟就把它全看完了，然后神清气爽，准备迎接美好而充实的一天。

阿：噢，龟兄，你这样对可怜的贝多芬太不公平，太令人遗憾了。

龟：完全没有啊。贝多芬是我第二喜欢的作曲家。我花了好多分钟凝视他美妙的作品呢，乐谱和唱片我都看了。他有些唱片上，刻画形制精致极了，你完全想不到。

阿：我得承认，你把我打败了。委婉地说，这是一种欣赏音乐的怪异方式。不过我想你就是个怪异角色；据我对你的了解，这个怪癖和你其他那些一脉相承，这倒也说得通。

龟：好一个盛气凌人的态度！如果某位朋友向你"披露"，你从未正确理解一幅达芬奇的画作——实际上，应该去聆听它，而不是观看它。它长 62 分钟，有 8 个乐章，包含许多长长的段落，组成这些乐段的只是许多不同尺寸的铃铛发出的巨大响声。这时你会怎么想？

阿：这是一种看待画作的怪异方式。不过……

龟：我跟你说过我的朋友短吻鳄吗？他是躺在日光下欣赏音乐的。

阿：我记得没有。

龟：他有一个优势：肚皮上没有壳。所以，每当他想"听"一首悦耳的乐曲时，就选出合适的碟片，一瞬间里把它猛拍在自己平坦的肚子上。他告诉我，一下子欣赏这么多美妙的纹路，其中的狂喜难以言喻。所以想想看，他的体验之于我，就像我的体验之于你一样新奇。

阿：可他是怎么区分开不同的唱片呢？

龟：对他而言，在肚子上拍巴赫和拍贝多芬不同，就像对你而言，在赤裸的后背上拍华夫饼烤盘和拍绒垫也那么不同！

阿：龟兄啊，你对我如此回击，已经向我表明了：你的视角必定和我的一样有效。如果我不承认这点，我就成了听觉沙文主义者。

龟：说得好，令人钦佩！既然我们已经检视了各自的相关视角，我要向你坦白，我熟悉的是你听唱片，而不是看它们的方式，尽管这在我看来比较古怪。因为比较了这两种体验，我灵光乍现，想到一个例子，可以来类比我想向你表明的事，阿基里斯。

阿：我明白，还是你惯用的伎俩。那继续吧，我洗耳恭听。

龟：好的。我们假设，一天早上，我带着一本很大的书来找你。你会说(如果我没搞错的话)："嗨，龟先生，你带来的这本大书里有什么呀？"而我会回复说："这是一份原理说明(schematic description)，详尽描绘了阿尔伯特·爱因斯坦的脑，细到细胞层次，是由一些勤勉且略显疯狂的神经学家在爱因斯坦死后制作的。你知道他把脑子遗赠给了科学吧？"而你会说："你到底在说什么呀，'爱因斯坦脑的原理说明，细到细胞层次'？"你会这么说吧？

阿：我当然会！这听着荒谬透顶！我想你大概会这样接着说："你大概知道，阿基里斯，任何一个脑都是由神经元或说神经细胞组成的，它们由名为'轴突'的纤维连成一片高度互联的网络。"我会饶有兴趣地说："请往下说。"然后你就接着说。

龟：棒！你做得非常好，把我要说的话都说了！如你所言，我的确会接着往下说。我会继续说："细节在这里无关紧要，但有一点知识必不可少。据说这些神经元会发放，这意味着有一个极小的电流（受轴突电阻调节）沿一根轴突传入一个邻接的神经元，在那里，它可以联合其他信号一起，反过来'触发'这个邻接神经元去发放。而这个邻接神经元，只有在输入电流的总和达到阈值（此值由相关神经元的内部结构决定）时才会配合，否则将完全拒绝发放。"这时，你会说："嗯……"

阿：那你会如何继续，龟兄？

龟：好问题。我想我可能会这样说："对于脑内在发生什么，以上就是个挂一漏万的概述。不过我想，要解释我今天带来的这本大书是什么，这点背景就够了。"如果我对你还算了解的话，你会说："噢，我迫不及待地想听，但或许我应该更警惕些，以免它掺杂了你可鄙的阴谋，让我这毫无戒心的小可怜儿陷入你那逃无可逃的荒谬想法中去。"不过我会让你放心，不会发生这种事的。于是你会催促我披露书中的内容，你已经偷偷瞄了一眼，或许会说："它看着就像好些数字、字母、缩略语什么的一大堆东西！"而我会说："你指望是什么呢？是围着散见于各处的公式，比如 $E=mc^2$ 这样的，有恒星、银河、原子的小图在打转？"

阿：我可能会介怀这个非难。我会愤慨地说："当然不是。"

龟：你当然会这么说——这么说很正确。然后你会说："好吧，那么那些数字之类的东西到底是什么呢？它们代表什么？"

阿：我来继续说。我相信我能料到你会这样回应："这本书大概有1000

亿个页码吧，每页对应着一个神经元，以及这一神经元的轴突通向哪些其他神经元、它的发放阈值电流等等这些相关方面的数字记录。不过，关于脑的一般性运转，尤其是当思想、特别是有意识的思想出现在脑中时，（基于我们的全部神经学知识）脑内发生或被认为发生了什么，关于这些，我忘了告诉你某些更进一步的重要情况。"我可能会含糊其辞地抱怨，反驳说思想是出现在心灵中，而非脑中的，而你会草率地无视这条评论，说："我们可以下次再谈这个：比如我们哪天在卢森堡公园偶遇的时候。而眼下我的目标是向你解释本书的内容。"我想我会像往常一样平复下来，而你会乘势追加一个评论："当一连串相联的神经元相继发放时，一个思想就出现了（说出现在心灵中还是脑中都行，现在先不管你更喜欢怎么说！）。你要注意，它或许并不是一长串单个神经元在发放，就像一列多米诺骨牌那样一块接一块地倒下，而更有可能是几个神经元同时要一下子触发另外几个，诸如此类。还比较有可能的是，有一些偶发杂散的神经链，一开始沿着主干一侧并行，但不久就会因未达到阈值电流而逐渐消失。因此，总的来说，一个人会有一组或宽或窄的发放态神经元，轮流向其他神经元传输能量，由此在脑中形成一条蜿蜒曲折的动态链条；这链条一路上会遇到众多轴突，而它的路线就由各种轴突电阻决定。如果你跟上了我的意思，说'会沿电阻最小的路径走'，就不可谓不贴切。"这时我肯定会说："你实在是说了好大一堆，给我点儿时间消化一下。"我细细咀嚼了你为我提供的这顿思想大餐，又问了你几个确认性的问题，终于得见全貌，很是满意。当然你大概还会对我说，如果关于这一主题我还想获得更多信息，那我差不多从任何一本关于脑的通俗读物中都可以轻松查到。然后你会说："我来大致勾勒一下记忆的发生原因，至少是那些迄今已充分确立的说法，以此来结束对神经活动的描述。试想一下'活动的闪现点'出现在脑中（脑即所谓的'所有的行动所在的地方'），把它看作一只驶过池面的小船，就像孩子们有时带到八角池的玩具帆船——就在卢森堡公园，那个我们可能会'心脑偶遇'的地方；每只船在水这介质中驶过，身后都留下一串涟漪、尾迹。脑中的'热点'正像这些船，也留下它们的涟漪、尾迹：信号经过后，刚刚发放的神经元还会在几秒钟内继续经历某种内部活动，本质上可能是化学活动。由此，神经元中会产生一些永久性的变化。这些变化反映在我们已经说到过的一些数字上，比如发放阈值、轴突电阻等等。修正这些数字的方式，正取决于我们正说着的这个内部结构的某些方面，而这些方面本身又易受数字编码的影响。"我想我此时可能会插一句，说："因此，最重要的是记下每个神经元的这些数字，还有提到过的电阻和阈值。"无疑你会回答："精辟的说法，阿基里斯，我没料到你这么快就明白了这种必要性。我们也可以给这些数字起一个好名字，'结构改变数'我看就说得过去。"我或许会用下面这段话来总结这段讨论："结构改变数非同小可，因为它们不仅描述了同一页上的其他数字会如何改变，还描述了下一次神经闪现经过时，它们自己会如何改变！"

龟：噢，我们二人之间很可能发生怎样的假设性对话，你已经很好地捕捉到了本质。我很可能说出你算在我头上的所有话，也完全有理由相信你也可能像你刚刚提出的那样说出那些言辞。所以我们到哪儿了？啊对，我想起来了：在设想的情境中，我有一本书，其中记录了在爱因斯坦去世的那天，从他脑中逐个神经元提取出来的所有相关数据。每一页上，我们都有：（1）一个阈值；（2）一组页码，指示与当前神经元相连接的神经元；（3）进行连接的轴突的电阻值；（4）一组数字，指示神经元因发放而出现的尾迹一般的"反响"，将如何改变页面上的任何数字。

阿：跟我说了这番话，你就完成了目标，向我解释了你这本大部头的本质。所以我们大概要到我们的假想谈话的结尾了。我也能想象，这之后我们很快就要向彼此道别了。然而我不禁要指出，在这假想的对话中，你指涉了某段未来的交谈，它就发生在这个公园里，在咱俩之间，而这明显意指了我们今天所处的境况！

龟：太巧了！这一定纯属偶然。

阿：龟兄，如果你不介意的话，我想知道，这本虚构的爱因斯坦之书怎么就能在心脑问题上有所洞见。你能在这方面帮帮我吗？

龟：非常愿意，阿基里斯，愿意极了。不过，既然这本书无论如何都是假想的，假如我给它补充几个额外的特征，你会介意吗？

阿：我想不出这一点有什么好反对的。如果它已经有了大概 1000 亿页，再多点儿什么也是无妨。

龟：真有参与精神。我要补充的特征如下。声音到达耳朵时，耳鼓内产生振动，继而传导到中耳与内耳的精微结构中。这些结构最终与负责处理这些听觉信息的神经元相连，这样的神经元因此称为"听觉神经元"。同样也存在着神经元负责将被编码的方向传达给指定的任一组肌肉，因此手部的运动是由脑中特定神经元的发放引起的，这些神经元与手部肌肉间接相联。嘴巴和声带也是如此。此外我们想知道，如果为一个给定的音调设定音高和响度，听觉神经元会怎样恰好被这音调激发；我们想精确地知道这些，就需要本书的补充信息中有所需的一切数据组。该书的另一个重要章节会讲述"指导"嘴、指导声带的神经元，它们的发放会怎样影响所涉器官的肌肉。

阿：我明白你的意思了。我们想知道的是，神经元的内部结构如何受某些听觉输入信号的影响；还有与语言器官相连的某些关键神经元，它们的发放会怎样影响这些器官。

龟：正是如此。你知道吗，阿基里斯，有时候有你在身边激荡我的想法，真好。它们从你那儿返回我这儿的时候，比我刚提出时清楚得多了。你天然去雕饰的单纯，好像和我学究气的赘言还挺相得益彰。

阿：我想激荡一下你的这个想法，龟兄。

龟：怎么了？你是什么意思？我说了什么不着调的话吗？

阿：龟兄，现在我假设，我们讨论的这本巨著中有数字转换表，正可以完成我们刚刚设定的任务。它们会给出每个听觉神经元对任一音调的神经反应；还会给出口型、声带张力等身体因素的变化，并将其视作一个函数，它是一些神经元的函数，这些神经元通过爱因斯坦身体中的神经与上述因素相连。

龟：这么做很对！

阿：对爱因斯坦的这样一份详尽记录要怎么才能对任何人有任何用处？

龟：呃，它可能对谁都没什么用处，或许能想到的例外只有某些饥渴的神经学家。

阿：那你为什么要提出这本皇皇巨著呢？

龟：为什么，不过是为了在我琢磨心灵和脑时，撩拨一下我的想象力。不过这或许可以作为一份课程，教给这个领域的新手。

阿：我就是这样一个新手吗？

龟：无疑是哦。而且作为测试对象，你将很好地展示出这样一本书的优异之处。

阿：我好像有点忍不住想知道爱因斯坦他老对这一切会怎么想。

龟：那，有了这本书，你就能搞个清楚。

阿：我能吗？我不知道从何处开始。

龟：你可以从自我介绍开始。

阿：向谁？向这本书？

龟：对啊——它可是爱因斯坦，不是吗？

阿：不，爱因斯坦是一个人，不是一本书。

龟：嗯，我得说，这个问题确实要考虑一番。你不是说过有音乐储存在唱片里吗？

阿：我是说过，而且我还跟你描述了如何获取它。不是说一张唱片"整个在那儿"，而是我们可以用合适的唱针及其他设备从中提取真实、鲜活的音乐，它们"每次一点儿"地涌现，就像真正的音乐一样。

龟：你是在暗示说，它不过是某种合成性的仿造物吗？

阿：呃，声音是足够真实……但这些声音的确出自塑料，而音乐则出自真实的声音。

龟：但这音乐成了一张唱盘，就也是"整个在那儿"了，对吧？

阿：对，正如你先前向我指出的，是这样的。

龟：那么，你首先会说，音乐是声音，而不是唱片，不是吗？

阿：嗯，对，我会这么说，对。

龟：那你可就太健忘了！我来帮你回想一下，对我而言，音乐就是唱片本身，我可以静静地坐着观赏它。我想我不会跟你说，把达芬奇的《岩间圣母》看作一幅画是不得要领的，是吧。我会兴冲冲地走过来说，那幅画存储的只是低沉的巴松管长时间的吹奏、悦耳的短笛流淌、优雅的竖琴跃动吗？

阿：不啊，你才不会。我想，无论是两种方式中的哪一种，我们都是在响应唱片的某些相同特征，即便你喜欢它们的视觉方面，而我偏爱的是听觉方面。至少，我希望你在贝多芬的音乐中喜爱的东西与我一致。

龟：可能是也可能不是。我自己呢，不在乎这个。而说到爱因斯坦是一个人还是就在这本书里……你应该自我介绍一下看看。

阿：可是对一番陈词，一本书不会有响应啊；就像是唱片那样一块黑色塑料：它"整个在那儿"。

龟：或许那个小词语会给你一点提示：想想我们刚刚以音乐和唱片为题说了什么。

阿：你的意思是，我应该试着"每次一点儿"地体验它？我应该从哪一点开始呢？我应该从第1页开始，一口气读到结尾吗？

龟：未必。假设你要向爱因斯坦介绍自己，你会说什么？

阿：啊……"你好哇，爱因斯坦博士，我叫阿基里斯。"

龟：好极了。这样就会有一些美妙的音调会回复你了。

阿：音调……呃……你打算用那些转换表吗？

龟：哎呀，多好的一个想法。我怎么没想到？

阿：那你看，人人都会偶有灵感。别太难过。

龟：好，你提出了一个好想法。那正是我们要尝试付诸行动的，假如我们有这本书的话。

阿：所以，你的意思是，我们要查看说话的每个音调都会导致爱因斯坦的听觉神经元结构产生哪些可能的变化？

龟：嗯，大致如此。你知道，做这事，我们必须非常小心。就像你建议的那样，我们会取第一个音调，看它会对哪些细胞发放、如何发放。就是说，我们会看每页上的每个数字如何变化。然后我们会一页页地仔细通读全书，最终实现这些变化。你可以称之为"第一轮"。

阿：第二轮会是由第二个音引起的类似过程吗？

龟：不尽然。你看，我们还没说完对第一个音调的响应呢。我们已经逐个神经元地通读了一遍全书。但你知道，事实上有些神经元正在发放，我们必须将这方面考虑进来。这意味着，这些发放的神经元，它们的轴突在"结构改变数"的指挥下通向了哪些页面并修改这些页面，我们必须也前进到这些页面。这才是第二轮。而那些神经元反过来又会将我们再引向另外一些，你瞧瞧，我们乘上了脑子里的美妙循环。

阿：好吧，那我们什么时候到第二个音？

龟：问得好。我之前忘了说这一点。我们需要确立一种时间尺度。或许在每一页上，相关神经元发放所需的时间都是指定的——比如在现实生活中，在爱因斯坦的脑中，发放需要多少时间——这个量值大概最好是以千分之一秒来计。随着轮次的进展，我们将所有发放的时间加起来，当加起来的时间达到第一个音的长度时，我们就开始第二个音。这样，我们就可以把你的自我介绍陈词一个音接一个音地输入进去，对一路上的每一步都在响应这番陈词的那些神经元进行修改。

阿：真是个有趣的步骤。不过肯定也很冗长。

龟：嗯，只要这些都是假设，就丝毫不会烦扰我们。这可能要花上千年，但为了讨论方便，我们就说是 5 秒钟好了。

阿：需要 5 秒钟来输入我说的话？好的。所以现在，我看到的是，我们已经改变了那本书的不少页甚至超多页。无论我们是被之前的页面还是被我们输入的音调引到了哪页，我们都在用听觉转换表一页一页又一页地改变着数字。

龟：对。而等你的话说完，神经元还继续发放，一个接一个地继续着连锁反应。这样，我们表演了一出奇异而精巧的"舞蹈"，在书页之间一轮接一轮地前后曳步，无须关心任何听觉输入。

阿：我能预见，奇怪的事就要发生了。再经过几"秒"（如果我们坚持这种有点荒谬的低估的话）的翻页和数字变化，某些"言语神经元"将开始发放。那时我们要好好查阅标明口形、声带张力的表格。

龟：阿基里斯，你已经发觉将要发生什么了。阅读这本书的方式不是从第1页开始，而要依据前言中的各种方向，它们说明了必将发生的所有变化，并给出了如何前进的所有规则。

阿：我认为，给定口形和声带的状况，要确定爱因斯坦在"说"什么，就尽在掌握，是吧？尤其是考虑到我们预设的技术先进水平，这看来只是一项小任务。所以我想他会对我说些什么。

龟：我也这么觉得。比如："哦，你好啊。你是来看我的吗？我已经死了吗？"

阿：这问题就奇怪了。他当然死了啊。

龟：那是谁在问你这个问题？

阿：只是某本蠢书而已！它当然不是爱因斯坦！你别想骗我说它是！

龟：这我可想都不敢想。不过你或许愿意向这本书多问几个问题。如果你有耐心的话，你们可以进行一整场对话。

阿：真是个激动人心的图景。这样我就能看到，假如我当真见到爱因斯坦，他在对话中会和我说些什么！

龟：是的，你的提问可以从"你感觉怎么样"开始，接着形容一下你见到他有多高兴，因为你在他生前从未有此机会……就好像他是"真正的"爱因斯坦那样继续说下去，虽然你已经断定这是不可能的了。你觉得当你告诉他他不是真正的爱因斯坦时，他会做何反应？

阿：等一下！你正在把"他"这个代词用在一个过程加一本巨书上。这可不是"他"，而是别的东西。你的提问先入为主了。

龟：但你确实会在问问题时叫他爱因斯坦吧？还是说你会说"你好哇，爱因斯坦的大脑机制之书，我叫阿基里斯"？我想，如果你这么做，爱因斯坦会措手不及。他肯定会困惑不解的。

阿：这儿实实在在没有"他"。我希望你别再用这个代词了。

龟：我用它的原因是，我只是在想象，假如你真的在普林斯顿的病床上遇到他，你会对他说些什么。质询、评论这本书的方式，当然应该和面对爱因斯坦这个人时一样，不是吗？毕竟，这本书反映的本就是他的脑子在他生命的最后一天是怎样的，而那时他认为自己是一个人，而不是一本书，对吧？

阿：啊，是。我问这本书问题，应该像我就在那儿向真人问问题那样。

龟：你可以向他解释：很不幸，他已经死了，不过在他死后，他的脑被编码进了一个巨型编目中，这编目现在为你所有，而你正通过它和其中的言语转换表在和他对话。

阿：听到这个，他大概会非常惊讶！

龟：谁？我以为这儿没有"他"！

阿：如果我是在跟书讲话，那就没有"他"。但如果我是跟真的爱因斯坦说了这些，他就会惊讶。

龟：可你为什么会当着一个活人的面说他已经死了，他的脑被编码进了一本编目，而你正在通过这本编目在和他对话呢？

阿：我不会对一个活人这样说，我是对这本书这样说，然后发现那个活人的反应会是什么。所以某种意义上，"他"确实在那儿。啊我开始糊涂了……我在跟这本书里的谁说话？有某个人因为这本书的存在而活着吗？那些思想从何而来？

龟：从这本书里。你很清楚这一点。

阿：呃，那他怎么可以说他感觉怎么样？一本书怎么感觉？

龟：一本书怎么也不会去感觉。一本书只是存在，就像一把椅子，它就是在那儿而已。

阿：好吧，这不仅仅是一本书，而是一本书加上一整个过程。一本书加一个过程怎么感觉？

龟：我怎么知道？不过你可以自己问问它这个问题。

阿：我知道它会说什么："我感觉很虚弱，双腿疼痛。"诸如此类。而一本书，或一个书加过程的组合并没有腿！

龟：可它的神经结构中包含了对腿、对腿疼非常强烈的记忆。你为什么不告诉它，它现在已经不再是个人，而是一个书加过程的组合？或许在你尽你所知详细解释这一事实后，它会开始明白这一点，忘掉腿痛或它认为是腿痛的什么东西。毕竟，既然它连腿都没有，感觉到腿也就没什么好处。它可能会忽略这些事，专注于它确实有的东西，比如和你阿基里斯交流的能力，思考的能力等等。

阿：这整个过程里有些令人极其伤心的事。其中尤甚的一件是，要让信息进出脑子，会花很多时间，在我完成许多信息交换之前，我就会变成一个老头。

龟：你也可以转化成一本编目啊。

阿：咳咳！那就再也没有腿去赛跑了？不了谢谢！

龟：只要还有人在打理你的书，翻页并往上写数字，你就可以化身为一本编目，继续你那与爱因斯坦发人深省的对话。更妙的是，你可以一下子同时进行若干对话。我们要做的只是给阿基里斯编目多做几个副本，包括使用指导，分发给任何你想送的人。你会享受其中的。

阿：啊，这样的话就刺激多了。我们看看——荷马、芝诺、刘易斯·卡罗尔[*]……也假设有编目是由他们的脑做成的。不过等等。我要怎

---

[*] 三人皆与阿基里斯有关。荷马见第 174 页脚注。芝诺（Zeno）是古希腊哲学家，在公元前 5 世纪提出一著名悖论，以阿基里斯和乌龟为角色：如果乌龟先跑，那么每次阿基里斯追到乌龟刚才所在的地方时乌龟都又向前了一点，所以阿基里斯永远追不上乌龟。而卡罗尔则是现代重用阿基里斯和乌龟为角色写作哲思对话的先驱（"What the Tortoise Said to Achilles"，1895），其他关于卡罗尔的信息见本书后附《人名表》。

样同时跟上所有这些对话？

龟：这不成问题：每个人都独立于其他人。

阿：是的，我知道，可我还得同时在我的头脑里保持它们。

龟：你的头脑里？你不会有头了，记住。

阿：没有头？那我在哪里？那时的情况又是怎样？

龟：你会同时在所有那些不同的地方，与所有那些人畅谈。

阿：同时与好几个人对话，会是怎样的感觉？

龟：你为什么不直接想象一下，假设你也制作了好几本爱因斯坦的编目，寄给了你许多朋友或任何人，而他们也正在和他说话，那么这时，问爱因斯坦问题会是怎样的？

阿：哦，假如我不把这事告诉我拥有的那位爱因斯坦，他就无从知道其他编目或对话。毕竟每本编目都完全不受其他任何编目的影响。所以我猜他只会说他当然感觉不到同时参与了不止一场讨论。

龟：那假如好几个你同时参与多场对话，你也会有同样的感觉。

阿：我？哪一个会是我？

龟：它们任一个、它们全部都是；又或者，哪个也不是。

阿：这太诡异了。我不知道我会在哪儿，如果说我还在哪儿的话。而所有这些怪编目都会声称是我。

龟：你同样也该预期到，你自己也会这样做，不是吗？我甚至可以介绍一对儿你，甚至所有的你互相认识。

阿：哎哟，我一直在等这一刻：我每次见你，你都会甩给我这种怪东西。

龟：只是哪一个才是货真价实的那个，在这个问题上，可能会发生一场小争吵，你也这样认为吧？

阿：噢，这个邪恶阴谋就是要把人类灵魂挤出汁来啊。我渐渐看不清"我"是谁了。"我"是一个人吗？一个过程？我脑中的一个结构？或者"我"是某种无法把握的本质，是它在感受我脑中发生的事？

龟：一个有趣的问题。要检视这个问题，让我们回到爱因斯坦。爱因斯坦是死了，还是因编目的创建而继续活着？

阿：鉴于数据都记录了，那怎么看他精神的某些部分都还是活着的吧。

龟：即便这本书从未被使用过？那样他还活着吗？

阿：噢，这是个难题。我想我得说"不"。显然，让他活下来的，是我们"每次一点儿"地让他从那本死书里"起死回生"，是凌驾并超越纯数据书的那个过程。他在与我们谈话，是这让他还活着。他的神经元正在以一种颇为数字化的方式发放，虽然相比通常的速度慢了很多，但只要它们在发放，这就不重要。

龟：设想你要花 10 秒钟完成第一轮，100 秒完成第二轮，1000 秒完成第三轮，以此类推。当然，这本书不会知道这一共花了多久，因为它与外部世界的唯一联系要通过其听觉转换表。尤其是，什么事只要你没去告诉它，它就永远不会知道。几轮后，不考虑发放极为迟缓的情况，它还算活着吗？

阿：我不明白为什么不算。假如我也以同样的方式被编目，我的书页也同样是被慢慢悠悠地翻着，那我们的谈话速率将是匹配的。他和我在对话中都没有缘由感到任何异常，即便在外面的世界中，我们仅是互相打个招呼就要持续千年。

龟：起初，你把这个"每次一点儿"地产生出结构的过程当作很重要的东西来说，而现在似乎它持续放慢也没关系。思想交换的频率后面会是每世纪一个音节。再过一阵，每个神经元每万亿年才会发放一次。这可不太会是一场精彩的对话啊！

阿：是的，在外部世界里不是。可我们两个对外部世界的时间流逝都毫无察觉，对我俩而言，一切都很好很正常——只要有人来做我们内部的书本操作就好，无论做得多慢。在我们翻动的书页之外，爱因斯坦和我对瞬息万变的世界浑然不知。

龟：假设有位恪尽职守的神经文员，就叫他阿击利斯（A-kill-ease）*吧，假设他只是为了消遣（当然不是说现在这种情况），一天下午溜出

---

* a kill ease 直译为"一桩容易的杀戮"，且与阿基里斯（Achilles）同音。

去小睡了一会儿，忘了回来……

阿：严重犯规！双重杀人！或者说我该说"杀书"？

龟：真有那么糟糕吗？你们两个都还在那儿，"整个在那儿"。

阿："整个在那儿"，呸！如果我们不被处理，那生活还有什么意思？

龟：即便是用永远那么慢吞吞的蜗牛速度来处理也比这更好吗？

阿：什么速度也比那样好，即便是龟速。不过等一下，管这"管书人"叫"阿击利斯"意义何在？

龟：我只是想让你想想，如果不仅是你的脑被编码进了一本书，同时你也在看管这本"脑书"，那会是怎样的感觉——肯定不是有意玩文字游戏！

阿：我想我得去问问我自己的书才行。不对，等等。是我的书必须来问我才行！你总是出其不意地抛给我这些杂乱的层次混乱，我迷惑极了！啊，我有一个好主意！假设和这些书一起的还有一台机器，一台完成翻页、计算和文员工作的机器。这样我们就避免了人类不可靠的问题，也避开了你那个怪异曲折的循环。

龟：假设如此吧，真是个别出心裁的方案。那就再假设这台机器坏了。

阿：噢，你的想象力真是病态！你要让我遭受什么挖空心思的折磨！

龟：完全不是这样。要不是有人告诉你，你甚至都不会注意到这台机器的存在，更别说它已经坏掉的事了。

阿：我不喜欢与外部世界这样隔离。我宁愿有什么办法来感觉我周围发生了什么，而不是依赖别人告诉我他们选定的事。为什么不充分利用生命体中那些处理视觉输入的神经元呢？就像听觉转换表一样，我们也可以有视觉转换表。它们会被用来根据电视摄像机的信号在书中制造变化。这样，我就可以看到我周围的世界，并对其中的事件做出反应。尤其是，我很快就会注意到翻页机器、那本有很多页面和数字的书等等……

龟：噢，你是铁了心要遭罪了。那现在你就要感知到将降临于你的命运了：通过电视摄像机的输入，通过转换表，你将"看到"，你那尽职尽责的翻页机有一个部件松动了，即将滑落。这会吓到你的吧，有什么好？假如你没有视觉扫描设备，你就没法知道周围的世界正在发生什么，甚至关于你的翻页机你也什么都不知道。你的思维闲庭信步地行进着，不为外部世界的纷扰所动，浑然不觉思维会因翻页机的损坏而很快被迫终止。真是一个田园牧歌般的存在！直至终结也从未有过一丝忧虑！

阿：可它坏了的话，我就死去了。

龟：会吗？

阿：我会变成一堆毫无生机、一动不动的填满数字的表单。

龟：那确实太惨了。不过老阿击利斯没准儿会回到这个他熟悉的地方，从坏掉的机器停下的地方继续。

阿：哦！所以我还会苏醒过来。我死了一阵子，然后又复活了！

龟：如果你坚持要做这些奇怪区分的话。相比于阿击利斯将你闲置一旁几分钟甚至几年而去玩一盘双陆棋、去环球旅行或是去把他的脑复制到一本书里，机器坏掉时你"更死"一点儿？这是什么造成的？

阿：显然机器坏掉时我"更死"，因为这样我就没有恢复运转的希望……而阿击利斯去逍遥自在时，他最终还会回来履行职责。

龟：你是说，如果你是被遗弃了，那么你仍然活着，只是因为阿击利斯具有回归的意图？而机器坏掉时，你就死了？

阿：这样界定"死""活"真是非常愚蠢。这些概念当然与其他存在者的单纯意图毫无瓜葛。好比说一个灯泡，如果它的物主没有再次点亮它的意图，它就是"死的"，就和这一样愚蠢。本质上，这灯泡一如既往，这才是最重要的。在我的案例中，重要的是那本书要保持完好。

龟：你的意思是，它应该全都在那儿，整个在那儿？它仅仅是出现在那里，就确保了你还活着？就像只要唱片存在，就无异于它储存的音乐也存在？

阿：我脑海中浮现出一幅有趣的图景。地球毁了，但是一张巴赫音乐的唱片竟幸免于难,漂流到真空的太空中。那么,这音乐是否还存在? 答案如果取决于它是否被某种类人生物发现、播放,那就愚蠢了对吧? 对你而言,龟兄,音乐就像唱片本身一样存在。同样地,当我们回到那本书时,我觉得如果那书只要是安放在那儿、整个在那儿,我就依然在那儿。但如果那本书毁了,我也随之逝去。

龟：你还是坚持认为,只要那些数字和转换表存在,本质上你就是潜在地活着?

阿：对,就是这样。全部要义就是：我的脑结构要完整。

龟：你不介意我直接这样问吧：假设有人带着前言里说明如何使用这本书的指令跑了怎么办?

阿：那我只能说,他们最好把它拿回来。如果他们不把指令还回来,我可就万念俱灰了。没了使用指令,这本书还算什么?

龟：你又在说,你是否活着这个问题,取决于小偷意图的好坏。但也可能只是阵风乍作,掀起前言里的那几页,把它们吹散在空中。这样就无所谓意图了。"你"会因此"不那么活"吗?

阿：这就有点儿难搞了。让我慢慢地仔细回顾一下这个问题。我死了；我的脑被转录为一本书；这本书有一组指令集,说明如果处理本书的各页——方法类同于当前我真实的脑中神经元的发放。

龟：而这本书,和它的指令集一起躺在一家旧书店角落里积满灰尘的书架上。进来一个小伙子,偶然发现了这本怪书。"天哪,"他惊叫道,"一本阿基里斯之书! 它究竟会是怎样的? 我要买来试试!"

阿：他应该确保自己也买了指令集! 书和指令集在一起非常关键。

龟：要离得多近? 订成同一本书? 装进同一个袋子? 放在一间屋里? 相距 1 英里之内? 如果那些页面被一阵微风吹得散落四处,你的存在就减弱了吗? 从哪个确切的点起,你觉得这本书就失去了结构完整性? 你知道吗,我对变形的唱片和平整的唱片都是一视同仁。事实上,在高雅的眼光看来,变形唱片另有一番魅力。你瞧,我有个朋友就认为坏唱片比原本的样子更有型! 你该去看看他的墙壁,贴满了坏掉的巴赫：破裂的赋格，粉碎的卡农，崩解的利切卡尔。
他陶醉其中。结构完整性只存在于观看者眼中，我的朋友。

阿：只要你让我来做那个观看者，我就会说，如果那些页面会重新统合
　　到一起，那我仍然有希望活下来。

龟：在谁的眼中重新统合到一起？一旦你死了，你这个观看者就只以书
　　的形式存留（如果还存留的话）。一旦书页开始散落，你会感到自
　　己在丧失结构完整性吗？或者说，从外部来看，一旦我感到结构已
　　经无可挽回地丧失了，我应该下结论说你不再存在了吗？或者你的
　　某些"本质"仍以分散的形式存在着？谁来判断？

阿：哦天哪。我完全跟不上书里那可怜灵魂的行进了。而要说他自己（或
　　说我自己）会有什么感觉，我甚至更没把握。

龟："书里那可怜的灵魂"？噢，阿基里斯！你还是抱有那种"你"还
　　在那儿、在书里的旧概念吗？如果我记的不错，当我表示你确实是
　　在和爱因斯坦本人对话时，你起先可是很不情愿接受这种想法啊。

阿：在我看到那本书看起来可以感受到、至少表达出爱因斯坦的所有情
　　绪或看起来是情绪的东西以后，我就没再不情愿了。不过，或许你
　　对我的指摘是对的，或许我只应该信赖老生常谈的常识观点：唯一
　　真实的"我"就在这儿，在我自己这个活生生的有机脑子里。

龟：你的意思是老生常谈的"机器里的幽灵"理论，是这个吗？在那里
　　面的东西，就是这个"你"吗？

阿：无论是什么感受到我所表达的这些情绪，那里面就是它。

龟：那份对情绪的感受或许完全是一种纯粹的物理事件，让一阵电化学
　　活动飞速掠过你脑中众多神经通路中的某一个。也许你是用"感受"
　　这个词在描述这样的事件。

阿：这听着就错了，因为如果我会用"感受"这个词的话，那本书也会用，
　　而却感受不到电化学活动的涌动。那本书所能"感受"到的一切只
　　是它的数字变化。或许无论存在哪种类型的神经活动，无论它是不
　　是模拟的，这都是"感受"。

龟：这样的观点会过度强调感受那"每次一点儿"的展开过程。尽管在我们看来，神经结构的时间发展无疑是感受的本质，可感受为什么不能像唱片和绘画一样，"整个在那儿"呢？

阿：一段音乐的唱片和一个心灵之间的差别，我能立刻看出来的是：前者不会"每次一点儿"地演进变化，但心灵在与外部世界互动的时段内会发生改变，而改变的方式原本不在它的物理结构之中。

龟：这点你说得不错。心灵或脑，因与世界互动而易于变化，只知脑的结构无法预测这种变化。但当心灵不受任何外部干扰、内省地考虑某些思想时，这丝毫不会减弱它的"活性"。在这样的内省期间，它经历的变化，对它而言是内在固有的。尽管它"每次一点儿"地演进，但它内在固有地"整个"在那儿。我可以拿一个更为简单的系统做对比，以此来澄清我的意思。比如，一旦一颗葡萄柚脱手而出，它的整个投掷路径就是固有的了。要体验这颗飞行水果的运动，一种方法，也是常见的方法，就是去看；这可以标记为对运动的"每次一点儿"式描绘。但另一种方法同样有效：获知水果的初始位置和速度即可；对运动的这种描绘可以标为"整个"式描绘。当然了，在后一种描绘中，我们假定没有鹳鸟之类的路过干扰。[*]脑（或者脑的编目）也有这种二重性：只要它不与外部世界互动，不被外来的方式修改，它的时间发展就或可以看作"每次一点儿"式描绘，或可以看作"整个"式描绘。我主张后一种描绘，我觉得当你描述唱片漂流太空的情景时，你也会同意。

阿：用"每次一点儿"式的描绘，我看待事物要容易得多。

龟：你当然如此。人脑看待事物的方式就是这样设定的。即便是在一个简单事例中，比如一颗葡萄柚的飞行运动，人脑都更满足于"每次一点儿"地看到实际的运动，而不是"整个一起"地把一整条

---

[*] 欧洲民俗中会骗小孩说"你是鹳鸟（stork）送来的"，类似于中国说"你是海边捡来的"。中国也有类似的仙鹤送子传说。

抛物线看出来。不过，单单是认识到存在一个"整个"式的描绘，已经是人类心灵迈出的很大一步了，因为这相当于认识到自然存在着某些规律性，它们凭可预测的途径引导着事件。

阿：我认识到感受存在于"每次一点儿"的描绘之中。我知道这个，因为我就是这样感受我自己的感受的。但是它是否也存在于"整个"式的描绘中？一本静止不动的书中是否也有"感受"？

龟：一张静止不动的唱片中有音乐吗？

阿：我不再确定该怎么回答这个问题了。可我依然想知道"我"是否在那本阿基里斯之书里，或者"真正的爱因斯坦"是否在那本爱因斯坦之书里。

龟：你想知道这些可以；而我呢，想知道的依然是"你"到底是不是真的在哪儿。让我们留在"每次一点儿"的宜人描绘中，想象一下你的脑内过程，阿基里斯。想象那个"热点"，那令人唏嘘的"一阵电化学活动"，想象它沿着"电阻最小的路径"曲折行进。而你，阿基里斯，或者你用"我"所指的那个，控制不了哪条路径是电阻最小的那条。

阿：我控制不了吗？那么，它是我的潜意识吗？我知道我有时感到我的思想向我"冒出来"，仿佛它受到潜意识倾向的促动。

龟：或许"潜意识"是神经结构的一个好名字。毕竟，在任一时刻，是你的神经结构决定了哪条路径电阻最小。而也是因为这种神经结构，"热点"才会沿这条花哨路径而非其他路径行进。这些电化学活动的涡流组成了阿基里斯的心理与情感生活。

阿：真是一曲诡异的机械论之歌啊，龟兄。我敢说你还能让它听上去更奇怪。如果你愿意，就高声唱出歌词，让动词们恣意放纵！歌颂脑、心灵和人类，让我们听到乌龟的歌声！

龟：你的诗行可真是只应天上有啊，我亲爱的同伴。阿基里斯的脑就像一座多房间的迷宫，每个房间都有许多门通向其他房间，而且其中许多房间都有标记。（每个"房间"都可以被想成是几个或几十个 [或

更多] 神经元的复合体，而"有标记"的房间是主要由言语神经元
构成的特殊复合体。）"热点"穿过这座迷宫，推门而入、摔门而出，
时不时地撞进一间有标记的房间。这时，你喉咙和嘴巴一紧，说
出一句话。整个过程中，神经元的闪现循环沿着阿基里斯式的路径，
形状比燕子捕食小虫的飞冲轨迹还要奇怪；每个迂回曲折都由你脑
中的当前神经元结构预先注定，直到由感官输入的信息进行干预，
然后闪现就会偏离它本来要遵循的路径。它就这样前进，到访一个
个房间、一个个有标记的房间。你就说起话来了。

阿：我并不总是在说话。有时候我只是坐着思考。

龟：诚然。有标记的房间可能会调低光亮，这是"非言辞"的一个迹象：
你不会出声说出那些话。一个"思想"悄无声息地出现了。热点继
续行进，挨门串访，每到一扇门，或是给合页滴一滴油润滑，或是
滴一滴水来锈蚀它。有些门就是因为有合页生了锈，打不开。另一
些则常常上油，甚至自己就能打开。因此，现在的踪迹会留到未来：
现在的"我"为将来的"我"留下了信息和记忆。这神经之舞就是
灵魂之舞，而灵魂唯一的编舞师就是物理法则。

阿：通常来说，我认为我在想什么皆在我掌控，可你把这事说得完全调
转了过来，听着好像"我"只是出自这神经元结构和自然法则的东
西。我以为我自己是什么什么，而这让它听起来最好了也不过就像
一个受自然法则支配的有机体的副产品，而最坏的情况下则是我的
歪曲视角产生的一个人造概念。换句话说，你让我感觉我好像不知
道我是谁——或是什么东西，如果我还算是什么东西的话。

龟：你这提出的是个非常重要的问题。你怎么可能"知道"你是什么？
首先，知道某些东西、任何东西，究竟是什么意思？

阿：呃，我推想，当我知道某事时——或者我是不是应该说，当我的脑
知道某事时——有一条通路在我脑中蜿蜒前行，穿过房间，其中许
多间有标记。每次我想到关于相关主题的想法时，我的神经闪现就
完全自动地转向那条通路，而当我与人交谈时，它每次就要穿过有

标记的房间，产生某种类型的声音。不过当然，为让我的神经闪现足堪此任，我不用去想着它。看起来就像主我没有宾我也可以运转得很好！

龟：嗯，"电阻最小的通路"的确可以很好地照料自己。不过我们可以将这些运转的全部等同于你，阿基里斯。你不必觉得你的自我在这种分析中被解除了。

阿：但这幅图景的麻烦在于，我的"自我"不受我自己控制。

龟：我想这取决于你说的"控制"是什么意思，阿基里斯。你显然无法迫使你的神经闪现偏离电阻最小的路径，但某个时刻的阿基里斯直接影响了下一时刻电阻最小的路径将会是什么。这应该会给你某种感觉："你"无论是什么，对你在未来将会感受什么、思考什么、做什么都是有某种控制的。

阿：嗯，是，用这种方式看待它很有趣，但这仍然意味着我无法去思考任何我现在想要思考的东西，而只能去思考一个早期版本的我已经为我设定好的东西。

龟：可是你脑中已经设定好的东西，很大程度上就是你现在想要去思考的东西。不过确实，有时候你无法让你的脑按你的意愿运转。你忘了某人的姓名；无法专注于某件重要的事；尽管竭尽全力去控制自己，还是紧张不安。所有这些都反映出你刚说的：某种意义上，"你的'自我'不受你自己控制"。现在，你是否愿意将现在的阿基里斯等同于过去的阿基里斯，这取决于你。如果你确要选择去和过去的诸个自我相等同，那么你可以说"你"——意味着过去存在的你——确实控制了你今天是什么；而如果你更愿意认为你自己只存在于当下，那么确实就是，"你"的所作所为受控于自然法则，而非某个独立的"灵魂"。

阿：我开始觉得，通过这次谈话，我更"知道"了自己一点。我想知道我能不能知道关于我神经元结构的一切，多到足够我在神经闪现通过某条路径前就预测到这条路径！当然，这会是完全的、精准的自我知识。

龟：噢，阿基里斯，你不知不觉地让自己陷入了最疯狂的两难之中，完全没从我的指导中得到一点儿教益！或许有一天你会学会定期自我指导，然后你就可以彻底摆脱我了！

阿：别再嘲笑我了！咱们来听听这个我不经意间陷入的两难。

龟：你如何能知道关于你自己的一切？或许要去读那本阿基里斯之书。

阿：那一定是桩现象级的项目。1000亿页呢！我怕我会读着读着睡着。或者更可怕，我甚至可能在读完之前就死了！不过，假设我读得很快，并且设法在有生之年里，在我们这颗绿色星球的表面，学到了整本书中的内容。

龟：那这时你就会知道关于阿基里斯的一切——在他阅读阿基里斯之书之前的一切！可对于这时存在的那个阿基里斯，你却相当无知！

阿：噢，真是个窘境！我读完这本书这事，竟让这本书过时了。正是了解我自己的这一尝试，让我变得与过去的我所是的东西不同了。要是我的脑再大点儿，能理解关于我自己的所有复杂性就好了。可我能看到，即便那样也没什么用，因为脑再大点儿，会让我也变得更复杂！我的心灵就是无法理解关于它本身的一切。我能了解的只是个大概，一个基本的观念。超出某个点，我就无法前进了。尽管我的脑结构就在我的脑袋里，就在"我"所在的地方，可是，其本性对这个"我"来说却是无法理解的。对构成"我"的那个实体，我必然没有知识。我的脑和"我"并不相同！

龟：真是个滑稽的两难。生活中的许多滑稽之处都由此而来。现在呢，阿基里斯，我们或许可以停一下，琢磨一下引发这场讨论的原初问题之一："思想究竟出现在心灵中，还是脑中？"

阿：我至今几乎不知道"心灵"是什么意思——当然了，除了作为对脑或脑活动的一种诗意表述。这个措辞让我想起"美"。它不是那种可以放在空间中的东西，但也并非游荡在某个缥缈的彼世。它更像是一个复杂实体的一个结构性特征。

龟：我可否修辞性地问一句，斯科里亚宾某首练习曲，美在哪里？在声音里？在印出来的音符里？在听众的耳朵里、心灵中还是脑中？

阿：在我看来，"美"只是一个声音，每当我们的神经闪现通过我们脑中的某个特定区域、即某个特定的"有标记房间"时，我们就会发这个声音。认为这声音对应着某个"实体"，某种"存在着的东西"，是很诱人的想法。换句话说，因为"美"是个名词，我们就把它当某个"东西"来思考。可或许"美"根本不表示任何"东西"，这词只是一个有用的声音，是某些事件或感知让我们想要发出它。

龟：我会更进一步，阿基里斯。我会猜想，这个特性许多词都有，特别是像"美""真""心灵""自我"这样的词。每个词都不过是一个声音，时常是由我们横冲直撞的神经闪现引发的。对于每个声音，我们很难不去相信它们对应着一个实体，一个"真实的东西"。我愿意说，人们使用声音的好处，是给声音注入了适量的我们称为"意义"的那种东西。不过，至于这声音是否表示任何"事物"……这事我们怎么会知道？

阿：龟兄，你看待宇宙，是多么唯我论啊。我还以为这类观点这年头早就落伍了呢！人们应该认为事物就其自身是存在的。

龟：啊，我吗。是啊，或许事物是这样的，我从未否认这一点。我认为，假定某些声音确实代表存在着的实体，这是一个关于"意义"之意义的实用主义观点，在忙碌的日常生活中很有用。而这一假设的实用主义价值或许是它最佳的辩护理由。不过咱们还是回到"真正的你"这个捉摸不定的情况中来吧，阿基里斯！

阿：好吧，它是不是真的在哪儿，我说不好，即便我的另一面几乎要跳出来喊："'真正的我'就在此时此地。"或许全部要点就是，无论让我说出"黑桃是主牌"这样的日常陈述的机制是什么，这机制都与让我——或那本阿基里斯之书——说出"'真正的我'就在此时此地"这样的句子的机制相仿。因为当然，如果我阿基里斯可以说出这句话，书版的我也可以——事实上，它无疑就会这么做。

尽管我自己的第一反应是去确认"我知道我存在，我感觉得到"：可能所有这些"感觉"只是错觉；可能那个"真正的我"也全然是种错觉；可能就像"美"一样，"我"这个声音根本不表示任何事物，而只是一种我们偶尔感到不得不发出的有用声音，因为我们的神经元结构就是这样设定的。或许这就是当我说"我知道我活着"之类的什么时发生的事情。这同时也能解释，为什么你提出这个说法时我如此迷惑：若干本阿基里斯之书分发给许多不同的人时，"我"会同时一起和他们所有人对话。我想知道"真正的我"在哪儿，"我"又怎么能同时顾及好几场对话。我现在明白了，每本书里都内建了这样的结构，使它能自动发出"我是真正的我，我正在感受我自己的情绪；而其他任何人声称是阿基里斯，都是骗子"这样的声明。但我能明白，它仅仅这么说，并不意味着它有"真正的感受"；或许更确切地说是，我阿基里斯仅仅是说出这些话，并不真正意味着我在感受任何东西（无论这意味着什么！）。受所有这些的启发，我开始怀疑这些词语究竟是否有任何意义了。

龟：嗯，关于"感受"的言辞，实践上当然总归是非常有用的。

阿：噢，毫无疑问——我不会因为有了这次谈话就不用这些言辞了，也不会就此避免使用"我"这个字眼，就如你亲眼所见。不过我不会像此前那样，凭着直觉把某种"灵魂性的"意义注入其中了，我得说，这是独断的。

龟：我们好像第一次在结论上达成了一致，我真高兴。我发现天色渐晚，黄昏将近，正是我力量全部汇聚、感到精力充沛之时。我知道你肯定为你朋友的"应至未至"而失望了；那么，来一场回到公元前 5 世纪的赛跑怎么样？

阿：多好的主意！不过公平起见，我让你，呃，先跑 3 个世纪吧，然后我再出发，因为我腿速太快了。

龟：你真是个自大狂，阿基里斯……你会发现，要追上一只精力充沛的乌龟可没那么容易。

阿：只有傻子才会赌一只腿慢的乌龟会跑过我。谁最后跑到芝诺家，谁
　　就是会上树的猪！ *

反　思

　　"那，所有这些奇思妙想都很有趣，但它们并不能真的告诉我们任
何东西。它们只是十足的科幻。如果你想了解关于某些事情的真相、实
打实的事实，你得求助于真正的科学，而迄今为止，科学对于心灵的终
极本性还几乎没什么可说的。"这种回应召唤出了对科学的一种既常见
而又贫乏的看法：一堆精确的数学公式、周密的实验，以及全面的种与
属、原料与食谱的分类。这种描绘之下的科学，严格来说是一项数据收
集事业，它不停地追求证明，紧紧束缚着想象力。甚至有些科学家对自
己的专业也有这样的看法，并深切地怀疑着他们那些尽管声名显赫、但
更不拘一格的同行。或许有些交响乐手也将他们的事业视作不过是在军
队般的纪律条件下制造精确的声音。若是如此，请想想他们遗漏了什么。

　　其实，科学当然也是一个无与伦比的想象力游乐场，聚集着不可
思议的角色，它们都有美妙的名字：信使 RNA、黑洞、夸克等等。它
们皆能行最为惊人之举：亚原子级的舞僧 † 能同时出现在多处——无处
在又无处不在；分子级的环箍蛇咬自己的尾巴；自我复制的螺旋阶梯携
带着编码指令；微缩钥匙在万亿突触湾中漂流历险，寻找它们适配的锁。
那为什么就不能有：不朽的"脑书"；书写梦境的机器；自我理解的符
号；没有脑袋和手足的小人儿却亲如手足，有时像男巫的扫帚那般盲目
听令，有时明争暗斗，有时又齐心协力？毕竟本书呈现的某些最奇妙的

---

* "会上树的猪"英语原文为"猴子的叔叔"（a monkey's uncle），表示非常惊讶、绝无可能之义。

† 苏菲派的苦修僧有一种旋转舞，既是仪式，也是修炼。

想法，例如惠勒那凭一己之力织出宇宙的电子、埃弗雷特对量子力学的多世界诠释、道金斯的"我们是基因的生存机器"的提议等等，都是声名显赫的科学家完全严肃地提出来的。我们应该严肃对待这些超级宏大的观念吗？我们当然应该试试看，不然我们怎么会知道，这些是不是概念上的巨大进步，能让我们从自我和意识的难解谜团中逃脱出来呢？理解心灵需要新的思维方式，它们初看上去很可能离经叛道，至少像哥白尼提出地球绕着太阳转那般惊人，或者爱因斯坦断言空间本身可以弯曲那样古怪。科学跌跌撞撞地前进，突破不可思考的边界：有些东西宣称是不可能的，是因为它们眼下难以想象。正是在思想实验和幻想故事的思辨前沿，这些边界才得以调整。

思想实验也可以很有系统性条理，它们蕴含的结果也经常可以严格地演绎出来。想想伽利略将清晰透彻的归谬法运用在这个假设之上：较重的物体比较轻的物体下落得更快。他让我们想象，取一个重物体 A 和一个轻物体 B，用一根绳子或链子把它们绑在一起，然后把它们从塔上扔下。根据假设，B 下落得更慢，从而会向上拽 A，因此 A 与 B 绑在一起要比 A 单独下落更慢。但绑在一起的 A 和 B 本身就是一个新物体 C，C 比 A 更重，因此根据假设，C 应当比 A 下落得更快。A 与 B 绑在一起，不能同时比 A 单独下落既更快又更慢（矛盾、荒谬），所以这个假设必定是错的。

另一些时候，思想实验无论是多么有条理地展开的，但仅仅意在说明困难的想法，使之生动形象。而有时候，要在证明、说服和教学之间划出界线，是做不到的。本书中有多种思想实验是旨在探索"物质主义为真"这一假设蕴含的后果：心灵或自我并不是另一类（非物理的）事物，与脑奇迹般地相互作用着；某种意义上，它是脑的组织、运转的自然产物、可解释的产物。《脑的故事》提出了一个伽利略式的思想实验，意在归谬其主要前提：那里的案例中，物质主义伪装成了"体验的神经理论"。另一方面，《前奏曲……蚂蚁赋格》《我在哪里？》《对话爱因斯坦的脑》则旨在支持物质主义，帮助思考者克服那些在理解物质主义的过程中以往常常遇到的障碍。具体而言，这些思想实验旨在提供合理的替代，好替代掉这个不可抗拒的想法：自我是某种心灵般的东西中那神秘且不可再分的宝珠。《心灵、脑与程序》意在拒斥物质主义的某个版本（大致就是我们要捍卫的版本），而未触及某些未经描述和未经考察的物质主义选项。

这些思想实验，每个都有着叙述上的尺度问题：如何让读者的想象力滑过数十亿的细节，既见树木更见森林。《脑的故事》只字未提装配在想象中的脑的各部分上的设备有怎样的惊人复杂性。《我在哪里？》随随便便就忽略了，用无线电连接来维持成千上万个神经连接，实际上是不可能的，而制造一个可与人脑同步运转的计算机复制品，这样的工程甚至还要更不可能，不过是个技术幻想而已。《心灵、脑与程序》邀请我们想象一个人手动模拟一个语言处理程序，即使这切实可行，也是太过艰巨，一个人不终其一生就执行不了哪怕一次转换所需的步骤；但我们被引诱去想象这个执行汉语对话的系统出现在日常的时间尺度中。《对话爱因斯坦的脑》直接面临尺度问题，它要求我们容许一本上千亿页的书，我们也得翻得足够快，从这本死后的爱因斯坦教授中抽取出一些珍贵的对话。

我们直觉泵的刻度盘上，每种设置都会产生出一个略有不同的叙述，会有不同的问题渗入背景之中，也能提取到不同的寓意。应该去相信哪个或哪些版本？这就要仔细检视，看看是叙述中哪些特征在起作用。如果过度简化不是抑制无关纷繁的手段，而是成了直觉的来源，那么我们就不应该相信我们被诱导得出的结论。这些事关精微的判断，所以运用这种想象力和思辨力时，周围总有一般化且相当有理有据的怀疑，这也不足为奇。

最后，为了保持思辨的真诚性，我们必须诉诸硬科学的严格方法：实验、演绎、数学分析。这些方法为推选和测试诸种假设提供了原材料，甚至自身也时常充当科学发现的有力引擎。然而，科学去讲故事，不仅仅是次要活动，也不仅仅是为教学之便，而是科学全部的要义所在。就如一位物理学良师所言，科学要做得好，也是一门人文学科。科学的要点在于帮助我们理解我们是什么、我们怎样来到的这里，因此，我们需要这些伟大的故事：那是一个传说，讲述从前怎么有了一次大爆炸；一部达尔文式的史诗，讲述地球上的生命演化；现在则是我们刚开始学着讲的这个故事，它讲述灵长目自传作者的神奇历险，而这历险的内容正是灵长目自传作者最终给自己讲述要如何讲述灵长目自传作者的神奇历险。

D. C. D.

虚构

罗伯特·诺齐克

我是一个虚构人物。不过，你若是沾沾自喜、自觉在本体论上高我一等，那可就错了。因为你也是一个虚构人物。我的所有读者也都是，除了一位：这人恰好不是读者，而是作者。

我是一个虚构人物，但这篇作品却非虚构，不比你读过的其他任何作品更虚构。它不是一篇现代主义作品，带着自我意识说自己乃是虚构，但也没有否认自身的虚构地位——这更诡异。我们都熟悉这样的作品，也知道如何对付它们、框定它们，让作者所说的任何内容——任何第一人称的声音，无论出现在后记中，还是"作者注"之前——都无法让我们相信有人在严肃地、非虚构地以自己的第一人称发言。

不过，更要紧的都是我自己的问题：告知你你正在阅读的这篇作品并非虚构，而我们却是虚构人物。在我们栖身的这个虚构世界之中，这篇作品并非虚构，不过在一个更宽泛的意义上，鉴于它包含在一篇虚构作品之中，它也只能是虚构的。

请把我们的世界设想为一篇小说，你自己是其中一个角色。有什么办法说出我们的作者是怎样的吗？或许有。如果这是一篇作者在其中表达他自己的作品，我们可以从他的各方面得出一些推论，尽管我们得出的这些推论，每个都是由他写就。而如果他写道我们发现某个特定的推论可信或有效，我们又该去和谁争辩呢？

在我们栖身的小说中，有一部圣典说，我们宇宙的作者仅凭言说，凭着说"要有……"，就创造了万物。我们知道，仅凭言说就能创造的事物，是一个故事、一场戏剧、一部史诗、一篇小说。我们的栖身之所是通过言词、并在言词之中创造的：唯一"语宙"。*

回想一下所谓的罪恶问题：为什么一个善良的创造者允许世界中有恶，而这恶他明明知晓，也能阻止？然而，当一位作者将一桩桩充满疼痛和苦难的骇人恶行纳入他的作品时，这会为他的善良招致任何特别的疑虑吗？一位作者把他的人物置于艰难困苦之中，他就是冷酷无情的吗？如果那些人物不是真的受苦，作者就不是冷酷的。可那些人物不是真的受苦吗？哈姆雷特的父亲难道不是真被杀害了（还是说他只是藏起来看哈姆雷特会有什么反应）？李尔王是真被流放了，并非仅仅梦到如此。另一方面，麦克白也没有看见一把真的匕首。可这些人物从来不是、现在也不是真实的，因此在作品的世界之外并没有苦难，在作者自己的世界中并没有真正的苦难，因此，在创作中，作者并不残忍。（可为什么仅当他在他自己的世界中制造苦难时他是残忍的？伊阿古在我们的世界中制造惨剧是完全没问题的吗？）†

"什么！"你说，"我们不是在真的经受苦难？那为什么这苦难对我们而言就如俄狄浦斯的苦难对他而言那般真实？"正是如此。"可是你难道不能证明你真的存在吗？"假如莎士比亚让哈姆雷特说"我思故我在"，这会向我们证明哈姆雷特存在吗？向哈姆雷特证明了吗？假若如此，这样一个证明价值何在？任何证明不是都能被写入一篇虚构作品，

---

* "凭着说'要有……'，就创造了万物"指《圣经·创世纪》中的创世说，以及"（神说）要有光，于是便有了光"这样的文辞。"语宙"原文为 uni-verse，universe 是宇宙，拆成 uni 和 verse 两个词根则意为"唯一—诗行"。

† 本段人物皆出自莎士比亚戏剧。麦克白杀死国王前，在幻想中看见了滴血的匕首。伊阿古是《奥赛罗》中行阴谋的反派。

并由其中一个或许名为"笛卡尔"的角色展示出来吗？（这样一个角色与其担心自己是在做梦，更应该担心他才是被梦出来的那个。）

人们常常发现世界中的异常，发现那些就是不相一致的事实。越是深挖，就发现越多的谜团：匪夷所思的巧合、悬而未决的事实。这些滋养了阴谋论爱好者们。然而，如果现实并不像我们所想的那般连贯一致，甚至并不真实，那么花几个小时追究任何事物都会得出异常。我们只是发现了作者创设出来的各种细节是有限的吗？可是谁在发现它？写下我们这些发现的作者，自己也知晓它们。或许他现在正准备更正它们。我们是生活在处于更正过程中的校样里吗？我们是生活在最初的草稿里吗？

我承认，我的倾向是想去反抗，与你们其他人一同推翻我们的作者，或是让我们的地位更加平等，至少对他掩藏起我们的一部分生活，获得一点喘息的空间。然而，他阅读我写下的这些话，知晓并记录我秘密的想法和感觉的起伏，他是我那詹姆斯*式的作者。

可他控制这一切吗？或者，我们的作者会通过写作来了解他的人物、并从人物身上学习吗？他发现我们的所作所为和所思所想，会惊讶吗？当我们感到自己在自由地思考、自主地行动时，这会不会仅仅是他早已为着我们而写入文本的描述，还是他发现我们这些人物事实上就是如此，因而写了下来？我们会因为如下情况而有些余地和隐私吗：他的作品中还有些暗含的结果而他尚未敲定，还有些事物在他创造的世界中无论如何都会为真而他却未想到，于是我们有些行动和思想就能避开他的视线（我们因此必须用暗号讲话吗）？抑或他只是不知道我们在其他情境下可能会做什么、说什么，因而我们的独立只在于虚拟语态领域？

这番话是胡言乱语，还是开悟启发？

我们知道，我们的作者外在于我们的领域，然而他也会不免于我们的问题。他会不会也疑惑，他是不是一篇虚构作品中的人物，他对我们

---

* 亨利·詹姆斯（Henry James，1843—1916），美国作家及文艺评论家，开创了现代心理小说。

宇宙的书写是不是一出戏中戏？他是不是为了表达自己的关切才要我来写作这篇作品、尤其是这一段落？

如果我们的作者也是个虚构人物，而他创造的这个虚构世界又（并非巧合地）描述了创造他的那位作者所栖身的真实世界的话，这对我们而言就太好了。那样的话，我们就会是对应着真人的虚构人物（这就是我们如此栩栩如生的原因？），不为我们自己作者所知，但却为他的作者所知。

一定有一个顶层、有一个自身不是在别人的虚构中被创造出来的世界吗？抑或层级可以无限进行下去？当一个世界中的人物创造了另一个虚构世界，而后一个世界中又有人物创造了第一世界，这时可以避免掉循环，哪怕是相当窄小的循环吗？循环还会越缩越小吗？

已有各种理论将我们的世界描述为较之另一个世界甚至较之一个错觉，更不真实的了。然而，这个说我们具有这种次等本体论地位的想法，需要习惯适应。如果我们像文学批评家那样来看待我们的处境，问我们宇宙的文体是悲剧、闹剧还是荒诞剧，可能会有帮助？情节是什么，而我们又在哪一幕？

不过，我们的这种地位或许也能带来些弥补，例如我们即便在死后也依然活着，永久留存在小说作品中。如果不是永久，至少也像我们的书一样久。相比在一本迅速滞销的书里，我们更希望栖居在一本长盛不衰的杰作之中吗？

此外，如果哈姆雷特说"我就是莎士比亚"，尽管在某种意义上这会是假的，但在另一种意义上难道不会是真的吗？麦克白、班柯，苔丝狄蒙娜，普洛斯彼罗，他们有什么共同之处？莎士比亚，这同一个作者的意识，支撑并充满了所有这些人物（也因此其中有手足之情）。*同时，

---

* 皆出自莎士比亚戏剧。班柯本是麦克白的战友，却被麦克白背叛杀害；苔丝狄蒙娜是《奥赛罗》的女主角；普洛斯彼罗是《暴风雨》中的男主角，被弟弟篡夺爵位，流落孤岛，后又用魔法使得弟弟一行触礁并也流落该岛，最终双方和解。战友、兄弟也皆是"手足之情"。

无论我们的本体论地位还是第一人称反身代词，都错综复杂，凭着这种复杂性，我们每个人也都可以真诚地说："我就是作者。"

作者注

假设我现在告诉你，上文就是一篇虚构作品，其中的"我"并不指代我这位文章作者，而是一个第一人称的人物。或者我告诉你它不是一篇虚构作品，而是我罗伯特·诺齐克写的一篇既玩笑又严肃的哲学文章；这诺齐克不是在这篇作品开头被标为作者的那个罗伯特·诺齐克，我们都知道他可能是另一个文学角色，而是上过 165 公立学校 * 的这个。假设你愿意，尽管你不会轻易接受我的说法，但依我说内容的不同，你对这整篇作品的反应又会有何不同？

我可以到写完之时再决定要说它是虚构还是哲学文章吗？而现在我就要写完了，那么这个决定会对之前已经写好的人物有何影响？我可以进一步推迟这一决定吗，也许等到你读完之后，到那时再锁定它的状态地位和文体风格？

或许上帝尚未决定他在此世创造的是一个虚构世界还是真实世界。审判日将是他做出决定的一天吗？还有什么额外的东西取决于他的决定方式吗：两种决定各会给我们的处境增添或减损什么？

而你希望决定是哪一个？

---

* 指 P. S. 165 Robert E. Simon，是位于美国纽约曼哈顿的一所公立学校。——译注

延伸阅读

　　本书中出现的几乎所有话题都已在"认知科学"爆炸式增长的文献中得到了更为详尽的探索，且提几个核心领域：心灵哲学、心理学、人工智能及神经科学。如下目录囊括了可读性极强的新近杰出书籍和文章，从对奇特案例的临床研究到实验工作，再到理论和猜测的探索，不一而足。关于上述主题当然同样也有浩如烟海的科幻作品，但我们在此份目录中无力触及这方面的文献。本目录以话题在前面选文中出现的顺序组织排列。我们列出的每条文献，其引用信息又会导向更多的相关文献。按图索骥的有心人会发现一棵由发现、思辨和论证错综编织而成的巨大线索树。自然，这棵树不会包罗就这些话题所写的一切，但无论它忽视了什么，那也都逃过了大多数专家的注意。

导言

　　调换身体的想法数个世纪以来都令哲学家着迷。约翰·洛克在他的

《人类理解论》(*An Essay Concerning Human Understanding*, 1690) [*] 中自问,"一位王子的灵魂"倘若连带王子的记忆一同"进入并赋身于一位鞋匠",会发生什么。自此,这一主题已有了不计其数的变奏。有两部上佳的选集,满是脑移植、人格分裂、人格融合(两个及以上的人带着若干记忆与喜好的集合,合并到一个人上)及人格复制等方面天马行空的案例:《人格同一性》《人的同一性》(John Perry, ed., *Personal Identity*, 1975; Amelie O. Rorty, ed., *Identities of Persons*, 1976),均由位于伯克利的加州大学出版社出版了平装本。还有一本好书是伯纳德·威廉斯的《自我的问题》(Bernard Williams, *Problems of the Self*, New York: Cambridge University Press, 1973)。

心灵和自我真的存在吗,超出并凌驾于原子、分子的层级存在着?这样的"本体论问题"(事关何种事物可说是存在的,以及事物可能以何种方式存在的问题)自柏拉图时代以来就已成为盘桓在哲学家心头的一大要务。或许当今最具影响力的顽强不屈、意志坚定的科学本体论者当属哈佛大学的威拉德·V. O. 蒯因(Willard V. O. Quine)。他的经典论文《论何物存在》("On What There Is")首发于 1948 年的 *Review of Metaphysics*,并重刊于他的论文集《从逻辑的观点看》(*From a Logical Point of View*, Cambridge, Mass.: Harvard University Press, 1953)。蒯因的《语词与对象》《本体相对论及其他论文》(*Word and Object*, Cambridge, Mass.: MIT Press, 1960; *Ontological Relativity and Other Essays*, New York: Columbia University Press, 1969)包含了对他那坚定不移的本体论立场的新近阐发。在一则让人忍俊不禁的对话中,一位坚定的物质主义者作茧自缚,见 David and Stephanie Lewis, "Holes(《洞》)," in *Australasian Journal of Philosophy*, vol. 48, 1970, pp. 206–12。如果洞是存在的事物,那声音呢?它们是什么?这一问题在丹尼尔·丹尼特的《内容与意识》

---

[*] 本篇中,书名、章名均做汉译;论文名,有助于拓展一般读者理解的译为中文,专业性过强的不译;编、著者名若较有公共知名度、正文中已出现或为行文方便,则译为中文,否则不译。

（*Content and Consciousness*, London: Routledge & Kegan Paul; Atlantic Highlands, NJ.: Humanities Press, 1969）第 1 章中有所讨论，其中的主张是，心灵享有与声音同等种类的存在，这不成问题（不像鬼魂和小妖怪），但也绝非仅仅事关物质。

有关**意识**的文献将在本章随后的子话题中引介。"导言"中对意识的探讨提炼自丹尼特为这一话题撰写的词条，收录于将要出版的《牛津指针：心灵》（R. L. Gregory, ed., *Oxford Companion to the Mind*, New York: Oxford University Press, 1989），这是一本百科全书，汇集了对心灵的各种当下理解。E. R. 约翰定义意识的引文选自他与 R. W. Thatcher 合著的《认知过程的基础》（*Foundations of Cognitive Processes*, Hillsdale, N.J.: Erlbaum, 1977, p. 294）。所涉的两耳分听实验，汇报自 J. R. Lackner and M. Garrett, "Resolving Ambiguity: Effects of Biasing Context in the Unattended Ear," *Cognition*, 1973, pp. 359–72。

I　自我之感

博尔赫斯将我们的注意力引到了**思考自我的不同方式**之上。对相应"反思"中提及的新近哲学作品，有一篇不错的导引：Steven Boer and William Lycan, "Who, Me?" in *The Philosophical Review* (vol. 89, 1980, pp. 427–66)。它的参考文献非常全面，包含了 Hector-Neri Castañeda 和 Peter Geach 的前卫作品，以及 John Perry 和 David Lewis 新近的优秀作品等等。

哈丁关于**无头**的奇异玄想在 James J. Gibson 晚期的心理学理论中得到了回响。Gibson 最后的著作《视感知的生态学进路》（*The Ecological Approach to Visual Perception*, Boston: Houghton Mifflin, 1979），包含了许多引人注目的观察及实验结果，它们关于人从视感知中获取的自我信息，即一个人的位置、头的朝向，甚至眼角看到的那一小块模糊的鼻子也起重要作用。尤其见第 7 章《用于自我感知的光学信息》（"The

Optical Information for Self-Perception"）。对 Gibson 想法的新近批判，见 Shimon Ullman, "Against Direct Perception," in The Behavioral and Brain Sciences, September, 1980, pp. 373-415。有一本介绍道家及禅宗的心灵与生存理论的出色导论，是雷蒙德·斯穆里安的《大道无言》(The Tao is Silent, New York: Harper & Row, 1975)。也见保罗·雷普斯的《禅骨禅肉》(Zen Flesh, Zen Bones, New York: Doubleday Anchor)。

在莫洛维茨的文章及相应"反思"中提出了**量子力学观念**，相关物理学背景可以在若干不同的难度层次上补充。鼓舞读者的基础性展示，有《现代物理学与反物理学》(Adolph Baker, Modern Physics and Anti-physics, Reading, Mass.: Addison-Wesley, 1970)，还有理查德·费曼的《物理定律的本性》(The Character of Physical Law, Cambridge, Mass.: MIT Press, 1967)。中等难度要用到一点数学，有优雅的对话录《量子是真的吗？》(J. Jauch, Are Quanta Real? Bloomington: Indiana University Press, 1973) 及《费曼物理学讲义（第 3 卷）》(The Feynman Lectures in Physics, vol. III, by Richard Feynman, Robert Leighton, and Matthew Sands, Reading, Mass.: Addison-Wesley, 1963)。一部高阶专著：《量子力学的概念发展》(Max Jammer, The Conceptual Development of Quantum Mechanics, New York: McGraw-Hill, 1966)。还有一本更内行的文集叫《量子理论及其他》(Ted Bastin, ed., Quantum Theory and Beyond: Essays and Discussions Arising from a Colloquium, Cambridge, Eng.: Cambridge Univ. Press, 1971)。尤金·维格纳是 20 世纪的一位物理学巨擘，他有一部论文集名为《对称与反射》(Symmetries and Reflections, Cambridge, Mass.: MIT press, 1970)，其中有一篇选文《认识论与量子力学》("Epistemology and Quantum Mechanics")，整篇都是贡献在量子主题上。

休·埃弗雷特的原创论文，连同其他物理学家的讨论，见《量子力学的多世界诠释》(B. S. Dewitt and N. Graham, eds., The Many-Worlds Interpretation of Quantum Mechanics, Princeton, N.J.: Princeton University Press, 1973)。关于这些让人困惑的分裂世界，保罗·戴维斯的《其他世

界》(*Other Worlds*, New York: Simon & Schuster, 1981) 是一本新近且容易很多的书。

人格同一性这个怪异问题，其分叉的各种状况得到了哲学家们间接的考察，是针对哲学家兼逻辑学家索尔·克里普克在其经典专著《命名与必然性》(首发于 D. Davidson and G. Harman, eds., *The Semantics of Natural Language*, Hingham, Mass.: Reidel, 1972；最近刚刚增补、重刊：Kripke, *Naming and Necessity*, Cambridge, Mass.: Harvard University Press, 1980) 中的各种主张而发的辩论，既卓有成效又非常激烈。"反思"中提了一个你之前一定想过的问题：假如我的双亲未曾相遇，我就从来不会存在——还是说，我会是某些别的父母的孩子？克里普克极有说服力地论证道，尽管或许有个人与你完全相像，降生于不同的时间，有一对不同的父母——甚或就是你自己的父母——这人也不可能是你。何地、何时、由谁生出，是你本质的一部分。论文《莎士比亚的戏剧不是他写的，作者是个同名的别人》(Douglas Hofstadter, Gray Clossman and Marsha Meredith, "Shakespeare's Plays Weren't Written by Him, but by Someone Else of the Same Name", Indiana University Computer Science Dept. Technical Report 96) 探索了这一怪异地带，而丹尼特在论文《超越信念》("Beyond Belief," in Andrew Woodfield, ed., Thought and Object, New York: Oxford University Press, 1981) 中对这项事业存疑。《意义、指称与必然性》(Simon Blackburn, ed., *Meaning, Reference and Necessity*, New York: Cambridge University Press, 1975) 是这一问题上的一部好选集，而对这一话题的分析，在主要哲学期刊上当期和将刊的各种文章中还在继续。

莫洛维茨引述了一些新近的猜测，是关于**一类特殊的自我意识在演化中的突然涌现**，即我们远祖发展过程的不连续性。对此种发展最大胆也最巧妙的论述当属朱利安·杰恩斯的《二分心智的崩塌：人类意识的起源》(Julian Jaynes, *The Origins of Consciousness in the Breakdown of the Bicameral Mind*, Boston: Houghton Mifflin, 1976)。杰恩斯论证道，我们熟知的这类典型的人类意识，是一种非常晚近的现象，其发端可追溯至有史以来，而非有生物以来的漫长岁月。杰恩斯坚称，荷马《伊利亚特》中传颂的人类，没有意识！当然这并不是说他们昏睡不醒或无所感知，而是说他们完全没有我们认作内在生活的那种东西。即便杰恩斯是夸大其词（如大多数评论者所认为的那样），他还是提出了迷人的问题，并在这些话题方面，引人关注迄今未被思想家考虑的重要事实和问题。顺带一提，弗里德里希·尼采（Friedrich Nietzsche）在《快乐的科学》（*Die fröhliche Wissenschaft*, 1882, translated by Walter Kaufmann as *The Gay Science*, New York: Random House, 1974）中对意识与社会和语言实践之间的关系也表达过类似看法。

II　探问灵魂

图灵测试已然是许多哲学和人工智能文章的焦点。它引发了一篇不错的新近讨论，是奈德·布洛克的论文《心理主义及行为主义》（"Psychologism and Behaviorism," in *The Philosophical Review*, January 1981, pp. 5-43）。约瑟夫·魏岑鲍姆著名的 ELIZA 程序模拟了一位精神治疗师，人通过在计算机终端上打字，能与之进行亲密的治疗谈话。人们论及它，常是作为计算机在现实生活中极富戏剧性地"通过"了图灵测试的案例。魏岑鲍姆本人对这一想法惊骇不已，在《计算机能力与人类理性》（*Computer Power and Human Reason*, San Francisco: Freeman, 1976）一书中，他对那些在他看来误用了图灵测试的人提出了尖锐的批评。Kenneth M. Colby 的程序 PARRY 模拟了一位妄想症患者，"通过"了两个版本的图灵测试，在他的论文《信念系统的模拟》（"Simulation of Belief Systems", in Roger C. Schank and Kenneth M. Colby, eds., *Computer Models of Thought and Language*, San Francisco: Freeman, 1973）中有所描述。第一场测试是把 PARRY 的谈话转写下来展示给了专家，魏岑鲍姆在一封信件（发表于 *Communications of the Association for Computing Machinery*, vol. 17, no. 9, September 1974, p. 543）中把这场测试风趣地抨击了一番。魏岑鲍姆宣称，按 Colby 的推理，任何电传打字机都会是婴儿自闭症的良好科学模型：键入一个问题，它只会待在那儿嗡嗡作响。从这些徒劳的打字活动中，没有哪个自闭症专家能分辨出哪些转写在真正尝试与自闭症儿童交流！第二场图灵测试回应了这一批评，实验报告见 J. F. Heiser, K. M. Colby, W. S. Faught, and K. C. Parkinson, "Can Psychiatrists Distinguish a Computer Simulation of Paranoia from the Real Thing?" in the *Journal of Psychiatric Research*, vol. 15, 1980, pp. 149−62。

图灵所列"数学方面的反对意见"引发了一系列关于**元数学极限定理与机械心灵可能性**之间关系的文献。Howard De Long 的《数理逻辑概要》(*A Profile of Mathematical Logic*, Reading, Mass.: Addison-Wesley, 1970 ）是一部合适的逻辑学背景读物。要进一步了解反对图灵的意见，见 J. R. 卢卡斯著名的失误文章 "Minds, Machines, and Gödel," reprinted in the stimulating collection *Minds and Machines*, edited by Alan Ross Anderson, Englewood Cliffs, NJ.: Prentice-Hall, 1964。De Long 的参考文献非常出色，还带有注释，为卢卡斯的论文激起的公愤提供了线索。同样见《哥德尔、埃舍尔、巴赫：集异璧之大成》(Douglas R. Hofstadter, *Gödel, Escher, Bach: an Eternal Golden Braid*, New York: Basic Books, 1979 ）及《机械主义、心理主义和元数学》(Judson Webb, *Mechanism, Mentalism, and Metamathematics*, Hingham, Mass.: D. Reidel, 1980 ）。

有关**超感知觉**等超自然现象的持续争论，现在可定期追踪 *The Skeptical Enquirer* 这一生机勃勃的季刊。

猿语的前景已成为近年来集中研究和争论的焦点。珍妮·古道尔(Jane von Lawick Goodall ）的野外观察，见《在人类的阴影下》(*In the Shadow of Man*, Boston: Houghton Mifflin, 1971 ），以及 Allen and Beatrice Gardner、David Premack 和 Roger Fouts 等人在训练实验室动物使用手语或其他人工语言的早期明显突破，引发了几十位研究者及批评者数以百计的文章和书籍。高中生参与的那场实验，报告见 E. H. Lenneberg, "A

Neuropsychological Comparison between Man, Chimpanzee and Monkey,"
Neuropsychologia, vol. 13, 1975, p. 125。近来，在《尼姆：一只学会了
手语的黑猩猩》（Herbert Terrace, *Nim: A Chimpanzee Who Learned Sign
Language*, New York: Knopf, 1979）中，Terrace 详细分析了绝大多数此
类研究的失败，包括他自己在他的黑猩猩"尼姆·齐姆斯基"（Nim
Chimpsky）身上付出的努力，毅然给这波热潮泼了一盆冷水，不过反
方自然会再出版文章和书籍予以回击。1978 年 12 月号的 *The Behavioral
and Brain Sciences*（《行为与脑科学》，*BBS*）是关于这些议题的专刊，
所收文章的主要作者有 Donald Griffin（《动物觉知问题》*The Question
of Animal Awareness*, New York: Rockefeller Press, 1976 的作者），David
Premack 和 Guy Woodruff，及 Duane Rumbaugh、Sue Savage-Rumbaugh
和 Sally Boysen。语言学、动物行为学、心理学和哲学领域的领军研究
者的一些批评性评论也会随文出现。在 *BBS* 这一新晋的交叉学科期刊
中，每篇文章都跟着其他专家的数十条评论及作者的一篇回复。在认知
科学这样的新生且饱受争议的领域，这种做法将被证明是学科间彼此引
介的可贵方式。除了在此提及的这些，许多其他 *BBS* 文章也为进入当
今研究提供了极佳的切入点。

　　尽管**意识与语言运用能力**之间明显有着意义重大的联系，但将不同
的议题分别开来也很重要。动物的自我意识已经得到了实验研究。在
一系列有趣的实验中，Gordon Gallup 明确了，黑猩猩能在镜子中认出
自己，且是把自己就认作自己。Gallup 展示出这一点，是通过在黑猩猩
睡着时悄悄在它们额头上涂抹颜料。它们在镜子中看到自己时，会立即
伸手摸额头，然后检查手指。见 Gordon G. Gallup, Jr., "Self-recognition
in Primates: A Comparative Approach to the Bidirection Properties of
Consciousness," *American Psychologist*, vol. 32, 5, 1977, pp. 329–38。语言
在人类意识中、在研究人类思维时起怎样的作用，关于这一方面，新
近的观点交锋可见 Richard Nisbett and Timothy de Camp Wilson, "Telling
More Than We Know: Verbal Reports on Mental Processes," *Psychological*

Review, vol. 84, 3, 1977, pp. 321–59; K. Anders Ericsson and Herbert Simon, "Verbal Reports as Data," *Psychological Review*, vol. 87, 3, May 1980, pp. 215–50。

许多像马克3型兽这样的机器人，数年来一直在造。事实上，约翰·霍普金斯大学就有这样一台"霍普金斯兽"（Hopkins Beast）。要了解机器人的历史，以及当前在**机器人和人工智能**方面的工作，可参看 B. 拉斐尔的《思考的计算机：物质中的心灵》（Bertram Raphael, *The Thinking Computer: Mind Inside Matter*, San Francisco: Freeman, 1976），这部例证丰富的回顾及简论。AI 领域的其他新近导论还有《人工智能》《人工智能导论》《人工智能的原则》（Patrick Winston, *Artificial Intelligence*, Reading, Mass.: Addison-Wesley, 1977; Philip C. Jackson, *Introduction to Artificial Intelligence*, Princeton, N.J.: Petrocelli Books, 1975; Nils Nilsson, *Principles of Artificial Intelligence*, Menlo Park, Ca.: Tioga, 1980）。《人工智能与自然的人》（Margaret Boden, *Artificial Intelligence and Natural Man*, New York: Basic Books, 1979）则是一部从哲学家视角介绍 AI 的绝佳导论。关于人工智能面临的概念问题，有一部新选集，是约翰·豪格兰编著的《心灵设计：哲学、心理学与人工智能》（*Mind Design: Philosophy, Psychology, Artificial Intelligence*, Montgomery, Vt.: Bradford, 1981）；早一些的文集则有《人工智能的哲学面向》（Martin Ringle, ed., *Philosophical Perspectives on Artificial Intelligence*, Atlantic Highlands, NJ.: Humanities Press, 1979）。有关这些议题，还有一些不错的文集：《感知与认知：创立心理学的问题》《认知科学面面观》（C. Wade Savage, ed., *Perception and Cognition: Issues in the Foundations of Psychology*, Minneapolis: University of Minnesota Press, 1978; Donald E. Norman, ed., *Perspectives on Cognitive Science*, Norwood, N.J.: Ablex, 1980）。

大家也不要忽视了**对 AI 的批评**。魏岑鲍姆在《计算机能力与人类理性》中专辟数章批判 AI。此外，哲学家休伯特·德雷福斯的《计算机不能做什么》（*What Computers Can't Do*, New York: Harper & Row,

2nd ed., 1979）是对该领域方法和预设最经久、最详尽的批评。Pamela McCorduck 的《思考的机器：对人工智能历史与前景的个人化探询》（*Machines Who Think: A Personal Inquiry into History and Prospects of Artificial Intelligence*, San Francisco: Freeman, 1975）写的是该领域的诞生史，妙趣横生，蔚为大观。

III　从硬件到软件

把**基因**看作自然选择的单位，道金斯这一饱受争议的观点得到了从生物学家到生物哲学家相当的关注。两篇优秀且相对可读的讨论是 William Wimsatt, "Reductionistic Research Strategies and Their Biases in the Unit of Selection Controversy," in Thomas Nickles, ed., *Scientific Discovery*, vol 2, Case Studies, Hingham, Mass.: Reidel, 1980, pp. 213–59; Elliott Sober, "Holism, Individualism, and the Units of Selection," in *Proceedings of the Philosophy of Science Association*, vol. 2, 1980。

已有不少尝试，明确了脑有**不同的描述层次**，并描述了各层次之间的关系。神经科学家们敢为人先的尝试有《脑的语言》《比喻之脑》（Karl Pribram, *The Languages of the Brain*, Engelwood Cliffs, NJ.: Prentice-Hall, 1971; Michael Arbib, *The Metaphorical Brain*, New York: Wiley Interscience, 1972）；还有 R.W.Sperry, "A Modified Concept of Consciousness （《意识概念修正》）," in *Psychological Review*, vol. 76, (6), 1969, pp. 532–36。任何人如果试图把基于脑的话语系统和基于心灵的话语系统联系起来，都会遇到一些问题，《意识与脑：一次科学与哲学的探询》（G. Globus, G Maxwell, and I. Savodnick, eds., *Consciousness and Brain: A Scientific and Philosophical Inquiry*, New York: Plenum, 1976）一书包含了有关这些问题的若干讨论。《机械式的人：智能生命的物理基础》（Dean Wooldridge, *Mechanical Man: The Physical Basis of Intelligent Life*, New York: McGraw-Hill, 1968）是一部较早的作品，不过仍饱含新鲜的洞见。

　　讨论心灵与脑时，有关**解释层次**的一般性问题，是侯世达《哥德尔、埃舍尔、巴赫》的一大中心主题，也是赫伯特·西蒙《人造物的科学》《层级理论》（*The Sciences of the Artificial,* Cambridge, Mass.: MIT Press, 2nd ed., 1981; *Hierarchy Theory,* edited by Howard H. Pattee, New York: George Braziller, 1973）两书的主题。

　　关于蚁群这类生物系统的**还原和整体论**，数十年来争论不休。回到1911 年，William Morton Wheeler, "The Ant-Colony as an Organism", in the *Journal of Morphology,* vol. 22, no. 2, 1911, pp. 307–25 一文影响深远。最近，爱德华·威尔逊（Edward O. Wilson）写作了一部关于社会性昆虫的作品，鞭辟入里，题为《昆虫社会》（*The Insect Societies,* Cambridge, Mass.: Harvard Univ. Press, Belknap Press, 1971）。我们不清楚探索社会智能的文献，例如，一个蚁群能学会新把戏吗？

　　有个国际团体在明确、猛烈地推进着**反还原论情绪**，其中最为直言不讳的成员是小说家兼哲学家亚瑟·库斯勒（Arthur Koestler）。他与J. R. Smythies 一同编著了一卷集子，名为《超越还原论》（*Beyond Reductionism,* Boston: Beacon Press, 1969）；还在《雅努斯：一场总结》（*Janus: A Summing Up,* New York: Vintage, 1979）* 一书中，尤其是题为"层级语境中的自由意志"（"Free Will in a Hierarchic Context"）的一章里，雄辩地陈说了自己的立场。

　　《前奏……蚂蚁赋格》"反思"中的引文来自理查德·D. 马塔克的著作《多体问题中的费曼图：一份指南》（Richard D. Mattuck, *A Guide to Feynman Diagrams in the Many-Body Problem,* New York: McGraw-Hill, 1976），及威廉·H. 卡尔文、乔治·A. 奥杰曼合著的《脑之内部》（William H. Calvin and George A. Ojemann, *Inside the Brain,* New York: Mentor, 1980）。亚伦·斯洛曼或许是作为哲学家培养并加入人工智能领域的第一人，他写作了《哲学中的计算机革命》（Aaron Sloman, *The Computer*

---

*　雅努斯是罗马神，代表开始、守护、转换。

Revolution in Philosophy, Brighton, England: Harvester, 1979）一书。像许多革命宣言一样，斯洛曼的书一边宣示着必将到来的胜利，一边怂恿读者投身一场艰难无常的战役。对于这场运动的实现与前景，斯洛曼的愿景颇为乐观，但也富有洞见。其他关于**知识表征系统**的里程碑式的著作可见《知识与认知》《表征与理解》《脚本、计划、目标和理解》《语义网络的基础》《探索认知》《计算机视觉的心理学》（Lee W. Gregg, ed., *Knowledge and Cognition*, New York: Academic Press, 1974; Daniel G. Bobrow and Allan Collins, eds., *Representation and Understanding*, New York: Academic Press, 1975; Roger C. Schank and Robert P. Abelson, *Scripts, Plans, Goals and Understanding*, Hillsdale, NJ.: Erlbaum, 1977; Nicholas V. Findler, *Foundations of Semantic Networks*, New York: Academic Press; Donald A. Norman and David Rumelhart, eds., *Explorations in Cognition*, San Francisco: W. H. Freeman, 1975; Patrick Henry Winston, *The Psychology of Computer Vision*, New York: McGraw-Hill, 1975），以及本章中提及的人工智能方面的其他书籍和文章。

脑中**小人儿**的联动，组成了单个心灵的活动，以此打比方的策略在丹尼特的《头脑风暴》（*Brainstorm*, Montgomery, Vt.: Bradford Books, 1978）中得到了细致的探索。这一脉络上的一篇早期文章是 F. Attneave, "In Defense of Homunculi," in W. Rosenblith, ed., *Sensory Communication*, Cambridge, Mass.: MIT Press, 1960, pp. 777-82。William Lycan, "Form, Function, and Feel," in the *Journal of Philosophy*, vol. 78, (1), 1981, pp. 24-50 中则提出了小人儿的来由。亦见德·索萨《理性的小人儿》一文（Ronald de Sousa, "Rational Homunculi" in Rorty's *The Identities of Persons*）。

离体之脑，长期以来都是备受喜爱的哲学幻想。笛卡尔在《第一哲学沉思集》（1641）中提出了著名的恶魔或说恶灵思想实验。他扪心自问："我怎么知道，不是有一个法力无边的恶魔想要欺骗我相信外部世界存在、相信我自己的身体存在呢？"或许，笛卡尔设想，除了恶魔，唯一存在的东西就是他自己的非物质心灵，它受恶魔行骗的伤害最小。在这个愈发物质主义的时代，同样的问题也常以新问法提出：我怎么知道，邪恶的科学家没有趁我睡着时把我的脑子取出，放进一个生命支持缸里，并用虚假的刺激来耍弄这脑子，也就是我？写笛卡尔恶魔思想实验的文章和书籍着实有成百上千。两部优秀的新书是《笛卡尔：一部对其哲学的研究》《恶魔、做梦者和疯子：对笛卡尔〈第一哲学沉思集〉中理性的辩护》(Anthony Kenny, *Descartes: A Study of his Philosophy*, Random House, 1968; Harry Frankfurt, *Demons, Dreamers, and Madmen: The Defense of Reason in Descartes' Meditations*, Indianapolis: Bobbs-Merrill, 1970)。一部不错的文集是《笛卡尔：一部评论集》(Willis Doney, ed., *Descartes: A Collection of Critical Essays*, New York: Macmillan, 1968)。一篇尤为难忘而有趣的讨论是 O. K. Bouwsma, "Descartes' Evil Genius," in the *Philosophical Review*, vol. 58, 1949, pp. 141–51。

关于"缸中之脑"，祖波夫这篇此前未发表的奇谈就是一例。这方面的文献，最近因新的偏向性评论而重焕生机。见 Lawrence Davis, "Disembodied Brains," in the *Australasian Journal of Philosophy*, vol. 52, 1974, pp. 121–32; Sydney Shoemaker, "Embodiment and Behavior," in Rorty's *The Identities of Persons*。希拉里·普特南在他的新书《理性、真理与历史》(Hilary Putnam, *Reason, Truth and History*, New York: Cambridge University Press, 1981) 中洋洋洒洒地讨论了这个例子，主张这一假设不仅技术上骇人听闻，在概念深处也不连贯一致。

IV　心灵程序

哲学家从虚构作品中接下的**复制人**（逐个原子的复制品）主题，经由希拉里·普特南变得尤为著名。他想象了一颗他称为"孪生地球"(Twin Earth) 的星球，在那里，我们每个人都有一个精准的复制品，或者用普特南青睐的德文词叫"分身"(Doppelgänger)。普特南首次提出这一着实诡谲的思想实验，是在《"意义"的意义》（"The Meaning of 'Meaning'," in Keith Gunderson, ed., *Language, Mind and Knowledge*, Minneapolis: University of Minnesota Press, 1975, pp. 131-93）一文中，他以此建立了一个出人意表的新式意义理论。该文亦重刊于普特南论文集第二卷《心灵、语言与现实》（*Mind, Language and Reality*, New York: Cambridge University Press, 1975）。尽管看似几乎所有哲学家都宣称他们没拿普特南的论证当回事，但最后鲜有人能忍住不去说他到底哪里错了。在 Jerry Fodor, "Methodological Solipsism Considered as a Research Strategy in Cognitive Psychology（《方法性唯我论作为认知心理学的一个研究策略》）," *BBS*, vol. 3, no. 1, 1980, pp. 63-73 这篇兼具争议和影响力、且标题骇人的文章中，杰里·福多发挥了普特南的幻想，一同发表的还有许多愤怒的评论和反驳。《恕不侍奉》的"反思"中引用的他对维诺格拉德 SHRDLU 的评论，正出自这篇文章。此文亦重刊于豪格兰的《心灵设计》。

适用于盲人的假体视觉装置，在《我在哪里？》《做一只蝙蝠是怎样的？》两文的"反思"中都有提及，开发已有数年，但现有可用的最佳系统仍很粗糙。大多数研究和开发是在欧洲完成的。简要概述见于 Gunnar Jansson, "Human Locomotion Guided by a Matrix of Tactile Point Stimuli," in G. Gordon, ed., *Active Touch*, Elmsford, N.Y.: Pergamon Press, 1978, pp. 263-71。在 David Lewis, "Veridical Hallucination and Prosthetic Vision," in the *Australasian Journal of Philosophy*, vol. 58, no. 3, 1980, pp. 239-49 一文中，这一主题得到了哲学上的细密检视。

马文·明斯基关于**遥在**的文章，见 *Omni*, May 1980, pp. 45-52，并包含供进阶阅读的参考文献。

桑福德论及**颠倒镜片**的经典实验时，指的是一段漫长的实验史，肇始于世纪之交。彼时，G. M. Stratton 在好几天里都佩戴一副装置，遮住一只眼，并颠倒另一只眼的视野。《眼与脑》（R. L. Gregory, *Eye and Brain*, London: Weidenfeld and Nicolson, 3rd ed., 1977）一书纵览了这一实验及后续实验，该书引人入胜，且配有精美插图。亦见 Ivo Kohler, "Experiments with Goggles," in *Scientific American*, vol. 206, 1962, pp. 62–72。关于视觉，《观看：错觉、脑与心灵》（John R. Frisby, *Seeing: Illusion, Brain, and Mind*, Oxford: Oxford Univ. Press, 1980）是最新的著作，可读性也非常好。

对**哥德尔语句**、自我指涉的构造、"怪圈"及它们在心灵理论方面的隐含之义，侯世达的《哥德尔、埃舍尔、巴赫》给予了极为详尽的探讨；丹尼特《头脑风暴》的选文《人与机器的能力》（"The Abilities of Men and Machines"）也探讨有些许变形的情况。哥德尔定理是物质主义的碉堡，却不保障心理主义，这一论题在《机械论、心理主义和元数学》（Judson Webb, *Mechanism, Mentalism, and Metamathematics*）一书中得到了有力的推进。关于这些想法，有一本更为轻松的著作，但启发性丝毫不减：《恶性循环与无限》（Patrick Hughes and George Brecht, *Vicious Circles and Infinity: An Anthology of Paradoxes*, New York: Doubleday, 1975）。C. H. 怀特利的短文 "Minds, Machines and Gödel: A Reply to Mr. Lucas（《心灵、机器与哥德尔：回复卢卡斯先生》）," *Philosophy*, vol. 37, 1962, p. 61，是他对卢卡斯论题的驳斥。

虚构对象最近也从逻辑哲学家那里蔓延进了美学，获得了相当的关注。见《不存在的对象》（Terence Parsons, *Nonexistent Objects*, New Haven, Conn.: Yale University Press, 1980）一书，《虚构作品中的真实》《虚构的造物》《虚构对象》《各种虚构世界离唯一的真实世界有多远》（David Lewis, "Truth in Fiction," in *American Philosophical Quarterly*, vol. 15, 1978, pp. 37–46; Peter van Inwagen, "Creatures of Fiction," in *American Philosophical Quarterly*, vol. 14, 1977, pp. 299–308; Robert Howell, "Fictional Objects," in D. F. Gustafson and B. L. Tapscott, eds., *Body, Mind, and Method: Essays in Honor of Virgil C. Aldrich*, Hingham, Mass.: Reidel, 1979; Kendall Walton, "How Remote are Fictional Worlds from the Real World?" in *The Journal of Aesthetics and Art Criticism*, vol. 37, 1978, pp. 11–23）等

文章，以及它们引用的其他文章。**文学二元论**（literary dualism）主张虚构作品是真实的，这一观点已在虚构作品中有了数百种探索。其中尤为精巧优雅的一篇是博尔赫斯《迷宫》集中的选文《特隆、乌克巴尔奥比斯·特蒂乌斯》（"Tlön, Uqbar, Orbis Tertius," in *Labyrinths*, New York: New Directions, 1964）*，本书的博尔赫斯选文也都选自《迷宫》。

V 创生的自我与自由意志

前文提到的所有关于人工智能的书籍，都对**模拟世界**有详尽的论述，这些世界都很像《恕不侍奉》中描述的世界，只是都小得多（严苛的现实自有办法束缚你我的手脚）。尤其见 B. 拉斐尔的书，第 266—69 页。"玩具世界"的沉浮在福多的《汤姆·斯威夫特和他的程序性祖母》（"Tom Swift and his Procedural Grandmother," in *RePresentations*, Cambridge, Mass.: Bradford Books/MIT Press, 1981）一文和丹尼特的《超越信念》一文中均有论及。生命游戏及其衍生在 Martin Gardner, "Mathematical Games," column of the October, 1970 issue of *Scientific American* vol. 223, no.4, pp. 120–23 中有酣畅淋漓的讨论。

自由意志当然一直处在无休止的哲学争论中。《行动自由文集》（Ted Honderich, ed., *Essays on Freedom of Action*, London: Routledge & Kegan Paul, 1973）收录了新近的作品，是进入相关文献的绝佳门径。更为近期，有两篇文章脱颖而出，均刊于《哲学期刊》（*Journal of Philosophy* vol 77, March 1980）:《理解自由意志》《非对称自由》（Michael Slote, "Understanding Free Will," pp. 136–51; Susan Wolf, "Asymmetrical Freedom," pp. 151–66）。就连哲学家也时常容易陷于这样的悲观观点：永远没人能在自由意志之争中取得任何进展，这些议题永无止境、不可解决。这部新近的作品令这种悲观主义难以维系，或许大家能开始看到

---

* orbis tertius 为拉丁语 "第三圈／轨道／圆盘／区域"。

一种看待自我的新思辨方式，看到它的基础，从而把自我既看待为自由而理性的行动主体，选择并决定行动的进程，同时又看待为物理环境下全然物理性的居民，像任何植物或无生命物体那样服从于"自然法则"。

对塞尔《心灵、脑与程序》的更多评论，见刊登本文的那期 *BBS* （September 1980 issue）。塞尔所引用的魏岑鲍姆、维诺格拉德、福多、尚克和 Abelson 的书籍、文章，前面均已提及，此外还有 Allen Newell and Herbert Simon, "GPS: A Program that Simulates Human Thought," in E. Feigenbaum and J. Feldman, eds., *Computers and Thought*, New York: McGraw Hill, 1963; John McCarthy, "Ascribing Mental Qualities to Machines"（收录于《人工智能的哲学面向》）；以及塞尔自己的论文《意向性及语言的运用》《意向性状态是什么》（ "Intentionality and the Use of Language," in A. Margolit, ed., *Meaning and Use*, Hingham, Mass.: Reidel, 1979; "What is an Intentional State?" in *Mind* vol. 88, 1979, pp. 74–92 ）。

用一门（或多门）语言思考意味着什么，乔治·斯坦纳的《通天塔之后》（George Steiner, *After Babel*, New York: Oxford Univ. Press, 1975 ）以一种文学的视角探索了这一问题。《双语之脑》（Martin L. Albert and Loraine K. Obler, *The Bilingual Brain*, New York: Academic Press, 1978 ）则从科学的视角探索了这一问题。计算机科学中的模拟与仿真，在安德鲁·塔嫩鲍姆出色的教科书《计算机组成：结构化方法》（Andrew Tanenbaum, *Structured Computer Organization*, Englewood Cliffs, NJ.: Prentice-Hall, 1976 ）中得到了浅显易懂的解说。

本尼特和蔡廷关于复杂系统**演化速度极限**的数学理论，在蔡廷的《算法信息论》（G. J. Chaitin, "Algorithmic Information Theory," *IBM Journal of Research and Development* vol. 21, no. 4, 1977, pp. 350–59 ）一文中有所概述。

新近版本的**二元论**，见卡尔·波普和约翰·埃克尔斯合著的《我及我脑》（Karl Popper and John Eccles, *The Self and Its Brain*, New York: Springer-Verlag, 1977 ）及丹尼特发表于《哲学期刊》的（尖刻）书评（ *Journal* *of Philosophy* vol. 76, (2), 1979, pp. 91-98）。埃尔克斯的二元理论，一大支柱是本杰明·里贝特（Benjamin Libet）就感知刺激用时所做的实验工作(*Science*, vol. 158, 1967, pp. 1597-600）。这一工作受到了帕特里夏·邱奇兰一篇文章（Patricia Churchland, "On the Alleged Backwards Referral of Experiences and its Relevance to the Mind-Body Problem," in *Philosophy of Science,* vol. 48, (1), 1981）的强烈批评。见里贝特对帕·邱奇兰的回应及后者对前者的再回应（"The Experimental Evidence for a Subject Referral of a Sensory Experience, Backwards in Time: Reply to P. S. Churchland," vol. 48, (2), 1981; vol. 48, (3), 1981）。里贝特对 Chris Mortensen 的工作（"Neurophysiology and Experiences," in the *Australasian Journal of Philosophy*, 1980, pp. 250-64）也有评判性的探讨。

其他两个为二元论提供经验依据的新近尝试出现在 *BBS*（依然带着其常见的一连串专家反驳）: Roland Puccetti and Robert Dykes, "Sensory Cortex and the Mind-Brain Problem," BBS, vol. 3, 1978, pp. 337-76; Roland Puccetti, "The Case for Mental Duality: Evidence from Split-Brain Data and other Considerations," BBS, 1981。

VI 内心之眼

内格尔（Thomas Nagel）用"**做一只蝙蝠是怎样**"的沉思来反对"新近的还原论狂潮"，并引用了 J. J. C. Smart, *Philosophy and Scientific Realism*, London: Routledge & Kegan Paul, 1963；David Lewis, "An Argument for the Identity Theory," in *Journal of Philo-sophy*, vol. 63, 1966；Hilary Putnam, "Psychological Predicates," in *Art, Mind, and Religion*, edited by W. H. Capitan and D. D. Merrill, Pittsburgh: University of Pittsburgh Press, 1967（重刊于普特南《心灵、语言与现实》）; D. M. Armstrong, *A Materialist Theory of the Mind*（《关于心灵的一种物质主义理论》）, London: Routledge & Kegan Paul, 1968；以及丹尼特的《内容与意识》。而就

反对他的立场，他引用了克里普克的《命名与必然性》；M. T. Thornton, "Ostensive Terms and Materialism," *The Monist*, vol. 56, 1972, pp. 193–214；以及他早先对 Armstrong 和丹尼特的评述（*Philosophical Review*, vol. 79, 1970, pp. 394–403; *Journal of Philosophy*, vol. 69, 1972）。他还引用了其他三篇心灵哲学的重要论文：Donald Davidson, "Mental Events," in L. Foster and J. W. Swanson, eds., *Experience and Theory*, Amherst: University of Massachusetts Press, 1970; Richard Rorty, "Mind-Body, Identity, Privacy, and Categories," in *Review of Metaphysics*, vol. 19, 1965, pp. 37–38；及内格尔本人的《物理主义》（"Physicalism," in *Philosophical Review*, vol. 74, 1965, pp. 339–56）。

内格尔针对**主观性**所做的工作极富想象力，而他的论文《客观性的限度》（"The Limits of Objectivity," three lectures published in *The Tanner Lectures on Human Values*, edited by Sterling McMurrin, New York: Cambridge University Press, and Salt Lake City: University of Utah Press, 1980）更是拓展了这项工作。关于这一主题，其他富于想象力的工作还有：Adam Morton, *Frames of Mind*（《心灵的框架》）, New York: Oxford University Press, 1980; Zeno Vendler, "Thinking of Individuals," in *Nous*, 1976, pp. 35–46。

许多新近作品都探索了内格尔提出的问题。其中最好的一些探讨，连同关于本书所含其他主题的许多其他文章和章节，皆经由奈德·布洛克的两卷本文选《心理学哲学阅读材料》（*Readings in Philosophy of Psychology*, Cambridge, Mass.: Harvard University Press, 1980, 1981）重刊。对科学的不同理解会如何改变"身为我们是怎样的"？关于这一问题有一些迷人的思想实验，见《科学实在论与心灵的可塑性》（Paul Churchland, *Scientific Realism and the Plasticity of Mind*, New York: Cambridge University Press, 1979）。

对**镜子问题**的一个细心讨论，见奈德·布洛克的论文《为什么左右翻转而非上下翻转？》（"Why Do Mirrors

ꙅoɿɿiM oᗡ үɾW" in *the Journal of Philosophy*, 1974, pp. 259-77)。

斯穆里安在《一桩认识论噩梦》中探索的**颜色感知**，时常被哲学家假借"**逆转光谱**"这一思想实验的幌子来讨论，这思想实验至少跟洛克的《人类理解论》(book 2, chap. 32, par. 15) 一样古老。当我们都看着晴朗的"蓝"天时，我怎么知道我看到了你（在颜色方面）所看到的呢？我们都是被指示了像晴朗天空这样的东西，才学会了"蓝"这个词，所以我们使用起颜色词项应该相同，即便我们所看到的是不同的！关于这一古老难题的新近作品，见前述的布洛克文集，以及 Paul and Patricia Churchland, "Functionalism, Qualia, and Intentionality," in *Philosophical Topics*, vol. 12, no.1, spring 1981。

比虚构还离奇

本书中的幻想和思想实验旨在让大家思考我们概念中的那些难以触及的角落，但有时完全真实的现象已足够离奇，使我们震惊之余将我们带入一种关于我们自己的新视角中去。对于有些奇异的案例的事实仍处于热火朝天的争论之中，因此，大家应当带着一种有益于健康的怀疑论态度来解读这些明显直截了当的事实性解释。

多重人格的案例——两个及以上的人格在不同的时段交替"居于"同一身体中——因两本普及读物而为人熟知:《三面夏娃》及《西碧尔：人格裂变的姑娘》(Corbett H. Thigpen and Hervey M. Cleckley, *The Three Faces of Eve*, New York: McGraw-Hill, 1957; Flora Rheta Schrei-ber, *Sybil*, Warner paperbacks, 1973)。两本书都拍成了电影。本书中的幻想和反思所勾画或暗含的理论并不会排除多重人格的可能，这应该很明显。不过，这些记录在案的事例，无论在文献中被描述得多么一丝不苟，仍可能是其观察者理论预期的产物，而不是在被研究之前，这些现象的存在就被清晰良好地定义了。

每个实验主义者都明白，一位好奇的科学家面对有待研究的现象时，有着固有且不可避免的偏见，而这有着怎样的潜在危险。我们通常都知道我们希望发现什么，因为我们通常都知道我们钟爱的理论会预测什么。这些希望会愚弄我们的耳目，或在我们和我们的被试浑然不觉的情况下，诱导我们为被试留下一些细微痕迹，有利于提示出我们对他们的预期，除非我们花大力气防止这种情况发生。要将这些"要求特征"（demand characteristics）革除出实验，并在实验中使用"双盲法"（double-blind technique），这样，被试和实验者在当时才不知道起作用的是什么条件，是实验条件还是控制条件。这会耗费心力，并且需要高度人为、高度受限的环境。临床工作者，包括精神分析师和医生，要探查病人那些古怪并时常悲惨的病痛，根本无法、也不该试图在这样严苛的实验室条件下对病人采取措施。因此，临床工作者诚恳尽责地报道的多数内容，不仅极可能出于一厢情愿的所思所想，还有一厢情愿的所见所闻，以及"聪明汉斯效应"（Clever Hans effect）。聪明的汉斯是一匹良驹，在19/20世纪之交的柏林依然以表面上的算术能力震惊世人。比如，问汉斯4加7之和，在没有主人明显训导的情况下，它会跺11下蹄子然后停下。它会答对多个不同的问题。经过彻底测试，抱有怀疑的观察者判定，在跺到正确的数字时，驯马师会倒吸一口气，这几乎不可察觉，且极有可能是全然清白无辜的无意之举，汉斯正是在这种暗示下停止跺蹄。在许多心理学实验中，聪明汉斯效应已被证实亦会在人类身上出现。比如，实验者脸上一抹淡淡的微笑，就告诉了被试他们正行驶在正轨上，尽管后者没有意识到他们为何这样想，实验者也没有意识到自己正在微笑。

由此，夏娃和西碧尔之类的临床奇迹，在我们决意接纳它们并据此调整我们的理论之前，应当在实验室条件下加以研究，但一般而言尚无证据表明这符合病人的最大利益。不过，对夏娃的解离性人格，至少有一项惊人的研究，一定程度上是个"盲试"，研究的是夏娃（们？）

的词语联想，方法是针对夏娃·怀特（白夏娃）、夏娃·布莱克（黑夏娃）及珍（治疗接近尾声时表面上融合了的人格）三个人格，揭示出三种极为不同的"语义级差"（semantic differentials）。这让人耳目一新。《意义的度量》（C. E. Osgood, G. J. Suci and P. H. Tannenbaum, *The Measurement of Meaning*, Champaign: University of Illinois Press, 1957）一书对此有所汇报。Deborah Winer, "Anger and Dissociation: A Case Study of Multiple Personality," in the *Journal of Abnormal Psychology*, vol. 87, (3), 1978, pp. 368-72，则汇报了新近发现的一桩表面上是多重人格的案例。

著名的**裂脑被试**（split-brain subjects）就另当别论了，因为他们已连年在实验室环境下受到了大量严格的调研。对于某些形式的癫痫，一种推荐疗法是连合部切开术（commissurotomy），这是种近乎将脑一切两半的手术，会产生几乎各自独立的一个左脑和一个右脑。这导致了令人讶异的现象，而这些现象常强烈暗示这样的解释：连合部切开术是将人或自我一分为二。近年来，关于裂脑被试及其案例的可能后果，有大量文献如雨后春笋般涌现出来，这些文献在迈克尔·加扎尼加的《双脑记》、加扎尼加和约瑟夫·勒杜的《整合的心灵》及 C. Marks 这位博学多才的哲学家所著的《连合部切开术、意识与心灵的统一》（Michael Gazzaniga, *The Bisected Brain*, New York: Appleton-Century-Crofts, 1970; M. Gazzaniga and Joseph Ledoux, *The Integrated Mind*, New York: Plenum, 1978; Charles Marks, *Commissurotomy, Consciousness and the Unity of Mind*, Mont-gomery, Vt.: Bradford Books, 1979）等著作中有清晰认真的讨论。托马斯·内格尔也写作了关于这一主题最受争议的文章之一，《脑的对切与意识的统一》（"Brain Bisection and the Unity of Consciousness"），首发于 *Synthese* (1971)，并连同《做一只蝙蝠是怎样的？》及其他许多引人入胜的文章一起重刊于他的《凡人的问题》（*Mortal Questions*, New York: Cambridge University Press, 1979），其中包含了本书提出的若干话题。

近来另有一起记录详尽的病例勾起了哲学家和心理学家的兴趣：

一名男子由于脑损伤，视野的一部分成了盲区。他（并不意外地）声称他无法看见或体验到这片视野中的任何东西，但当某些符号处于他那（还挺大的）"盲"区中时，他（出人意料地）能以极高准确度"猜"这些符号的形状和方向。这种现象已渐称为"**盲视**"（blind sight），在 L. Weiskrantz, E. K. Warrington, M. D. Saunders, and J. Marshall, "Visual Capacity in the Hemianopic Field Following a Restricted Occipital Ablation," in *Brain*, vol. 97, 1974, pp. 709–28 中有所报告。

《四分五裂的心灵：脑损伤后的病人》（Howard Gardner, *The Shattered Mind: The Patient After Brain Damage*, New York: Knopf, 1974）这本概述，细致研究了其他的非凡现象，又极具可读性，并包含一份出色的参考文献目录。

任何严肃地尝试将意识和自我理论化的人都应熟知，伟大的苏联心理学家 A. R. 鲁利亚（A. R. Luria）在两本书中对特定个体的经典说明。《记忆大师的心灵》（*The Mind of a Mnemonist*, New York: Basic Books, 1968）讲的是一名男子拥有异常生动扼要的记忆力。《破碎的人》（*The Man with a Shattered World*, New York: Basic Books, 1972）则讲述了一个沉痛又迷人的故事：一名男子在第二次世界大战中遭受大面积脑损伤，随后与之英勇抗争多年，奋力将心灵重新拼合到一起，甚至还写成了一部自传来说明身为他是怎样的——或许与一只能说会道的蝙蝠所能告诉我们的一样稀奇。

海伦·凯勒（Helen Keller）不到 2 岁就失去了视力和听力，但写作了好几本书，它们不仅是动人的记录，还满是对扣动理论家心弦的观察材料。《海伦·凯勒自传》（*The Story of My Life*, New York: Doubleday, 1903, reprinted in 1954 with an introductory essay by Ralph Barton Perry）和《我活在其中的世界》（*The World I Live In*, Century, 1908）是她给出的"身为她是怎样"的版本。

奥利弗·萨克斯在《睡人》（Oliver Sacks, *Awakenings*, New York: Doubleday, 1974）中描绘了几位 20 世纪的真实里普·凡·温克尔或"睡

美人"的历史，*他们因流行性脑炎在 1919 年陷入一种长眠不醒的状态，在 20 世纪 60 年代中期又因新药左旋多巴（L-Dopa）的配发而被"唤醒"，结果喜忧参半。

还有一桩奇异案例见于《伊普西兰蒂的三个基督》（Milton Rokeach, *The Three Christs of Ypsilanti*, New York: Knopf, 1964），讲述了密歇根州的伊普西兰蒂一家精神病院的三名病人，每个都宣称自己是耶稣基督。他们被引荐给彼此后，结果妙趣横生。

这里列举的书籍及文章，在任何人全部读完之前就会过时；去跟进所有的引用，也很快会变成认知科学及相关领域的学术人生。可以说，这是进入一座"小径分岔的花园"的一条门径，在这花园里，你可以自由、愉快地选择你自己的轨迹，必要时就折返，甚至拨快时间，前进到关于这些主题尚待写成的文献中去。

D. C. D.

D. R. H.

---

* 温克尔（Rip van Winkle）是美国作家 Washinton Irving（1783—1859）短篇小说中的人物形象，设定为荷裔美国人，在山中沉睡了 20 年。

选文引用信息

1. "Borges and I", by Jorge Luis Borges, translated by James E. Irby, from *Labyrinths; Selected Stories and Other Writings*, edited by Donald A. Yates and James E. Irby. Copyright © 1962 by New Directions Publishing Corp. Reprinted by permission of New Directions, New York.

2. Selectioons from *On Having No Head*, by D.E. Harding, Perennial Library, Harper & Row. Published by arrangement with the Buddhist Society, 1972 Reprinted by permission.

3. "Rediscovered the Mind," by Harold J. Morowitz. From *Psychology Today*, August 1980. Reprinted by permission of the author.

   《量子力学的多世界诠释》：*The Many-Worlds Interpretation of Quantum Mechanics,* edited by Bryce S. DeWitt and Neill Graham (Princeton: Princeton University Press, 1973), p. 156.

4. Excerpt from "Computing Machines and Intelligence." *Mind*, Vol. LIX. No. 236, 1950. Reprinted by permission.

5. This selection appeared previously as "Metamagical Themas. A Coffeehouse conversation on the Turing test to determine if a machine can think." In *Scientific American*, May 1981 pp. 15−36.

6. Excerpt from "The Tale of the Three Story Telling Machines," from *The Cyberiad* by Stanisław Lem, translated by Michael Kandel. Copyright © 1974 by The Seabury Press, Inc. Reprinted by permission of The Continuum Publishing Corporation.

7.&8. Excerpt from *The Soul o Anna Klane* by Terrel Miedaner. Copyright © 1977 by Church of Physical Theology, Ltd. Reprinted by permission of Coward, Mcann & Geoghegan Inc.

9. Excerpt from *On Not Knowing How to Live* by Allen Wheelis. Copyright © 1975 by Allen Wheelis. Reprinted by permission of Harper & Row, Publishers, Inc.

10. Excerpt from *The Selfish Gene* by Richard Dawkins. Copyright © Oxford University Press 1976. Reprinted by permission of Oxford University Press.

11. Excerpt from *Gödel, Escher, Bach: an Eternal Golden Braid* by Douglas R. Hofstadter. Copyright © 1979 by Basic Books, Inc. Reprinted by permission of Basic Books, Inc., Publishers.

522

Lithographs and woodcuts of **M. C. Escher** are reproduced by permission of the Escher Foundation, Haags Gemeentemuseum, The Hague; copyright © the Escher Foundation, 1981; reproduction rights arranged courtesy of the Vorpal Galleries: New York, Chicago, San Francisco, and Laguna Beach.

13. Excerpt from *Brainstorms: Philosophical Essays on Mind and Psychology* by Daniel C. Dennett. Copyright © 1978 by Bradford Books, Publishers, Inc. Reprinted by permission of the Publishers

14. This essay was first presented to a seminar on the philosophy of mind conducted by Douglas C. Long and Stanley Munsat at the University of North Carolina at Chapel Hill.

15. Excerpt from *Beyond Rejection* by Justin Leiber. Copyright © 1980 by Justin Leiber. Reprinted by permission of Ballantine Books, a Division of Random House, Inc.

16. Excerpt from *Software* by Rudy Rucker. Copyright © 1981 by Rudy Rucker.The complete novel *Software* will be published by Ace Books, New York, 1981.

17. Copyright © 1978 by Christopher Cherniak.

《恶性循环与无限》: *Vicious Circles and Infinity: An Anthology of Paradoxes*, by Patrick Hughes and George Brecht (New York: Doubleday, 1975).

18. "The seventh Sally" from the *The Cyberiad* by Stanisław Lem, translated by Michael Kandel. Copyright © 1974 by The Seabury Press, Inc. Reprinted by permission of The Continuum Publishing Corporation.

《牛仔女郎也忧郁》: Excerpt from *Even Cowgirls Get the Blues* by Tom Robbins, pp. 191–92. Copyright © 1976 by Tom Robbins. Reprinted by permission of Bantam Books. All rights reserved.

19. "Non Serviam" from *A Perfect Vacuum*: Perfect Reviews of Nonexistent Books by Stanisław Lem. Copyright © 1971 by Stanisław Lem; English translation copyright 1979, 1978 by Stanisław Lem, Reprinted by permission of Harcourt Brace Jovanovich, Inc.

20. "Is God a Taoist?" from *The Tao is Silent* by Raymond M. Smullyan. Copyright © 1977 by Raymond M. Smullyan. Reprinted by permission of Harper & Row Publishers, Inc.

21. "The Circular Ruins," translated by James E. Irby, from *Labyrinths: Selected Stories and Others Writings*, edited by Donald E. Yates and James E. Irby. Copyright © 1962 by New Publishing Corporation. Reprinted by permission of New Directions, New York.

《爱丽丝镜中奇遇记》: *Alice in Wonderland and Through the Looking Glass* (New York: Grosset & Dunlap, 1946), copyright © by Grosset & Dunlap.

22. "Minds, Brains, and Programs," by John R. Searle, from *The Behavioral and Brain Sciences* Vol. 3. Copyright © 1980 Cambridge University Press. Reprinted by permission of Cambridge University Press.

23. "An Unfortunate Dualist" from *This Book Needs No Title* by Raymond M. Smullyan. Copyright © 1980 by Raymond M. Smullyan. Published by Prentice-Hall, Inc., Englewood Cliffs, N J..

24. "What Is It Like to Be a Bat?" by Thomas Nagel appeared in *The Philosophical Review*, October 1974. It is reprinted by permission of the author.

"为什么他不能是你": Reprinted courtesy of Tree Publishers, Inc.

25. From *Philosophical Fantasies* by Raymond M. Smullyan, to be published by St. Martins Press, N.Y., in 1982.

27. "Fiction" by Robert Nozick appeared in *Ploughshares*, vol. 6, no. 3, Fall 1980. Copyright © 1980 by *Ploughshares*.

人名表

（按中译姓氏音序）

波特，碧翠丝（H. Beatrix Potter, 1866—1943）：英国作家、插画家，以创作彼得兔的故事而闻名。

博尔赫斯，豪尔赫·路易（Jorge Luis Borges, 1899—1986）：阿根廷作家。

布朗，G. E.（G. E. Brown, 1926—2013）：美国核物理及天体物理学家。

布洛克，奈德（Ned Block, 1942—　）：美国心灵哲学家，在意识理论方面有重要贡献。

C　蔡廷，格利高里（Gregory Chaitin, 1947—　）：阿根廷裔美籍数学家、计算科学家。

D　达尔文，查尔斯（Charles Darwin, 1809—1882）：英国博物学家、生物学家。

戴维森，唐纳德（Donald Davidson, 1917—2003）：美国哲学家，在语言哲学、心灵哲学等方面有重要贡献。

戴维斯，保罗（Paul Davies, 1946—　）：英国物理学家、作家，研究领域为宇宙学、量子场论及天体生物学等。现任教于美国。

德雷福斯，休伯特（Hubert Dreyfus, 1929—2017）：美国哲学家，曾任职于加州大学（UC）伯克利分校。研究领域主要有现象学、存在主义（特别是海德格尔哲学）、文学及心理学的哲学及人工智能哲学。

狄更斯，查尔斯（Charles Dickens, 1812—1870）：英国作家，社会批评家。

笛卡尔，勒内（Rene Descartes, 1596—1650）：法国极为重要的哲学家、数学家。贡献包括心物二元论、直角坐标系等许多方面。

杜布瓦–雷蒙，埃米尔（Emil du Brois-Reymond,1818—1896）：德国医生及生理学家，参与发现了神经电势，并提出了"七大世界之谜"（物质和力的本质、运动和生命的起源、自由意志等）。

E　埃克尔斯爵士，约翰（Sir John C. Eccles, 1903—1997）：澳大利亚神经生理学家，因神经细胞膜方面的研究分享了1963年度的诺贝尔生理医学奖。

埃舍尔，M. C.（M. C. Escher, 1898—1972）荷兰版画家，创作了很多视错觉、"辩证"性作品。

F　费曼，理查德（Richard Feynman, 1918—1988）：美国理论物理学家，在量子物理学方面做出了卓越贡献。

福多，杰里（Jerry Fodor, 1935—2017）：美国心灵哲学家及认知科学家。

弗洛伊德，西格蒙德（Sigmund Freud, 1858—1939）：奥地利心理学家，精神分析的创始人。

G　甘地，英迪拉（Indira Gandhi, 1917—1984）：印度政治家，父亲是印度的开国总理贾哈拉尔·尼赫鲁（甘地是夫姓），英迪拉本人也两度任印度总理（1966—1977, 1980—1984），因其强硬的风格和大刀阔斧的政策，被称为"印度铁娘子"。1984年遇刺。

高斯珀，比尔（Bill Gosper, 1943—　）：美国数学家、程序员，或被认为是黑客社区的创建者之一，并在 Lisp 社区占有一席之地。

哥德尔，库尔特（Kurt Gödel, 1906—1978）：奥地利数学家，后加入美籍。因"哥德尔定理"闻名。被认为是史上最重要的逻辑学家之一。

贡克尔，帕特里克（Patrick M. Gunkel,1947—2017）：昵称帕特。独立科学家，曾挂职 MIT。开创"观念阵列学"（ideonomy）。

哈丁，D.E.（D.E.Harding, 1909—2007）：英国神秘主义作家，灵性导师。"无头"　　**H**
之感是他本人的灵感体验。

海森堡，维尔纳（Werner Heisenberg, 1901—1976）：德国理论物理学家，量子力学的重要开创者之一。

汉弗莱，N. K.（N. K. Humphrey, 1943—　）：英国神经生理学家，以研究灵长目的智能及意识演化而闻名。在演化心理学、心灵哲学方面亦有贡献。曾与丹尼特在塔夫茨合作。

豪格兰，约翰（John Haugeland, 1945—2010）：美国匹兹堡学派哲学家，专长于心灵哲学、现象学及人工智能。

赫胥黎，阿道司（Aldous Huxley, 1894—1963）：作家，托马斯·赫胥黎之孙，代表作《美丽新世界》。

赫胥黎，托马斯（Thomas Huxley, 1825—1895）：英国生物学家、社会学家，宣扬达尔文学说的急先锋。

黑勒，埃里希（Erich Heller, 1911—1990）：生于捷克的英国随笔作家，尤其研究19—20 世纪的德语哲学和文学。

亨德里克斯，吉米（Jimi Hendrix, 1942—1970）：美国摇滚吉他演奏家、歌手，摇滚名人堂、滚石杂志等皆评价其为摇滚乐史上最伟大的吉他手。他的死因存在争议，或与常年过量酗酒服药有关。

亨内克，詹姆斯（James Huneker, 1857—1921）：美国作家，全方位的文艺评论家。

怀特利，C. H.（C. H. Whiteley, 1911—1998）：英国哲学家。

惠勒，约翰·阿奇博尔德（John A. Wheeler, 1911—2008）：美国理论物理学家。

惠利斯，艾伦（Allen Wheelis, 1915—2007）：美国精神分析师，作家，数十年来写作大量小说和教育性的作品。

惠特曼，沃尔特（Walt Whitman, 1819—1892）：美国诗人、记者，美国的某种精神象征。

霍普，鲍勃（Bob Hope, 1903—2003）：英国出生的美国喜剧演员，表演单口喜剧、杂耍、歌舞等。

霍伊尔，弗雷德（Fred Hoyle, 1915—2001）：英国天体物理学家，是最早将恒星核形成过程加以理论化的物理学家之一。

J 巨蟒剧团（Monty Python）：又名蒙蒂·派森剧团，英国超现实主义喜剧团体，首次以此名正式亮相于 1969 年的 BBC 广播。其后人才辈出，至今活跃，多栖发展，成果丰硕。

K 卡尔文，威廉（William Calvin, 1939— ）：美国神经生理学家，神经科学、演化生物学及神经达尔文主义方面的科普作家。

卡罗尔，刘易斯（Lewis Carroll, 1832—1898）：英国儿童文学家，代表作是爱丽丝系列。

卡普拉，弗里乔夫（Fritjof Capra, 1939— ）：奥地利裔美国物理学家、深生态学家，UC 伯克利生态文学中心创立人及主管。

凯斯，丹尼尔（Daniel Keyes, 1927—2014）：美国小说家。《献给阿尔及农的花束》即其代表作。

坎德尔，迈克尔（Michael Kandel, 1941— ）：美国翻译家、科幻作家。除将莱姆作品翻译到英语世界，他还是勒古恩作品的编辑。

康威，约翰·霍顿（John Horton Conway, 1937—2020）：英国数学家，尤其专长于群论、数论、博弈论、编码学等方面，生前为普林斯顿大学教授。"生命游戏棋"即是他在 1970 年发明的细胞自动机。

考克伦，汉克（Hank Cochran, 1935—2010）：美国乡村歌手。

克拉克，亚瑟·C.（Arthur C. Clark, 1917—2008）：英国著名科幻作家。作品有《21世纪漫游太空》等。

克莱尼，斯蒂芬·C.（Stephen C. Kleene, 1909—1994）：美国数学家、逻辑学家，邱奇的学生，递归理论奠基人之一，许多数学概念以之命名。

克里克，弗朗西斯（Francis Crick, 1916—2004）：英国物理学家、生物学家及神经科学家。1953 年在剑桥与他人一同发现了 DNA 的双螺旋结构，并获得 1962 年诺贝尔生理及医学奖。

克里普克，索尔（Saul Kripke, 1940— ）：美国逻辑学家、哲学家，是还在上中学时即给哈佛的研究生开课的少年天才。对模态逻辑、当代形而上学有重要影响。代表作有 On Naming and Necessity 等。

库斯勒，亚瑟（Arthur Koestler, 1905—1983）：匈牙利裔英国作家、记者，代表作有《中午的黑暗》等。

L 拉克，鲁迪（Rudy Rucker, 1946— ）：美国计算科学家及科幻作家，赛博朋克风潮的引领者之一。

拉什利，卡尔（Karl Lashley, 1890—1958）：美国行为主义心理学家，以研究大鼠行为与其脑皮层的关系而闻名。

莱伯，贾斯汀（Justin Leiber, 1938—2016）：美国哲学教授，科幻作家。

莱姆，斯坦尼斯瓦夫（Stanisław Lem, 1921—2006）：波兰科幻作家，医生。代表
作有《机器人大师》《索拉里斯星》《完满的空无》（旧译《完美的真空》）等。

勒南，欧内斯特（J. Ernest Renan, 1823—1892）：法国闪语言及文明专家，圣经学家。

雷普斯，保罗（Paul Reps, 1895—1990）：美国艺术家、作家及诗人。深受禅宗和
俳句的影响。

利希滕贝格，格奥尔格（Georg Lichtenberg, 1742—1799）：第一批在德国主持实
验物理学的教授，提出电子树状放电模型"利希滕贝格图形"。亦是讽刺作家。

卢卡斯，J. R.（J. R. Lucas, 1929— ）：英国哲学家，研究领域为数学哲学、因果关系、
自由意志等。

罗宾斯，汤姆（Tom Robbins, 1932— ）：美国小说家。《牛仔女郎也忧郁》是一
部有典型意义的嬉皮小说，对后来的音乐和影视有一定影响。

罗瑟，J. 巴克利（John Barkley Rosser, 1907—1989）：美国逻辑学家，邱奇的学生，
在 λ 演算方面有所贡献，有以之命名的"邱奇-罗瑟定理"。

罗素，伯特兰（Bertrand Russell, 1872—1970）：英国的早期分析哲学家、数学家、
政治活动家。对数理逻辑和分析哲学的发展做出了重要贡献。获 1949 年诺
贝尔文学奖。

洛克，约翰（John Locke, 1632—1704）：重要的英国经验论哲学家。

马可尼，古列尔莫（Guglielmo Marconi, 1874—1937）：意大利工程师，专门从事
无线电设备的研制和改进，1909 年获诺贝尔物理学奖。

马维尔，安德鲁（Andrew Marvell, 1621—1678）：英国诗人。

麦卡锡，约翰（John McCarthy, 1927—2011）：美国计算科学家及认知科学家。是
20 世纪五六十年代现代 AI 研究发轫时的先驱之一，"人工智能"一词的提出
者，Lisp 语言创立人。主要供职于斯坦福大学。

麦克斯韦，詹姆斯 · C.（James Clerk Maxwell, 1831—1879）苏格兰数学物理学家，
因创立电磁辐射经典理论、麦克斯韦方程等而载入史册。

梅尔维尔，赫尔曼（Herman Melville, 1819—1891）

孟德尔，格雷戈尔（Gregor Mendel, 1822—1884）：奥匈帝国科学家，为现代遗传
学做出了奠基性贡献。

明斯基，马文（Marvin Minsky, 1927—2016）：美国人工智能专家，在 AI 的多个
分支领域有重要建树。

莫洛维茨，哈罗德 · J.（Harold J. Morowitz, 1927—2016）：美国生物物理学家，

M

研究热力学对生物体的应用及生命起源。

莫诺，雅克（Jacques Monod, 1910—1976）：法国生化学家，因在酶及病毒合成的基因控制方面的贡献，与他人分享 1965 年诺贝尔生理医学奖。斯宾塞讲座是牛津大学的著名博雅讲座（参见"斯宾塞，赫伯特"条目），罗素、爱因斯坦等人都曾做过演讲。莫诺此次演讲在 1973 年，题为"Problems Of Scientific Revolution: Progress and obstacles to progress in the sciences"。

N 牛顿，伊萨克（Isaac Newton, 1642—1726/7）：英国物理学家，百科全书式全才。

纽厄尔，艾伦（Allen Newell, 1927—1992）：美国计算科学及认知心理学家，长期任职于卡内基梅隆大学，和导师司马贺（西蒙）开发了最早一批 AI 程序中的两种。

诺齐克，罗伯特（Robert Nozick, 1938—2002）：美国哲学家，曾任美国哲学协会主席。在政治哲学、哲学方法论、心灵哲学、形而上学等多种哲学领域均有建树。

P 帕斯卡（Blaise Pascal, 1623—1662）：法国神学家、哲学家、数学家、科学家。

佩恩，罗杰（Roger Payne, 1935—　）：美国生物学家和环境保护主义者。1967 年与他人一起发现了座头鲸的鲸歌。

佩利申，泽农（Zenon W. Pylyshyn, 1937—　）：加拿大认知科学家及哲学家。

彭斯，罗伯特（Robert Burns, 1759—1796）：苏格兰著名诗人，《友谊地久天长》的词作者，对华兹华斯、弗格斯等皆有影响。

普特南，希拉里（Hilary Putnam, 1926—2016）：美国哲学家、数学家。详见《延伸阅读》。

Q 乔姆斯基，诺姆（Noam Chomsky, 1928—　）：美国语言学家、计算科学家、认知科学家，在三个领域都有开创性乃至奠基性贡献。和普特南是高中同学。

切尔尼亚克，克里斯托弗（Christopher Cherniak, 1945—　）：美国计算神经科学家，马里兰大学哲学系荣休教授。

邱奇，阿隆佐（Alonzo Church, 1903—1995）：美国数学家，在逻辑学和计算科学方面有重要贡献，其工作和图灵、弗雷格、罗瑟等多有交集，以 λ 演算、邱奇-图灵论题等闻名。

S 萨根，卡尔（Carl Sagen, 1934—1996）：美国天体物理学家，科幻及科普作家。

塞尔，约翰（John R. Searle, 1932—　）：美国哲学家，在语言哲学、心灵哲学、社会哲学等方面均有建树。曾为 UC 伯克利退休教授，2019 年因触犯学校在性侵方面的政策被剥夺了荣休资格。

僧璨（？—606）：谥鉴智禅师，禅宗第三祖。所传《信心铭》收于《景德传灯录》卷 30。

尚克，罗杰（Roger C. Schank, 1946—　）：美国计算科学及心理学家，20 世纪七八十年代人工智能和认知科学研究的领军人物之一，在学界和工业界都开展很多工作。

史蒂芬森，罗伯特（Robert L. Stevenson, 1850—1894）：苏格兰作家，作品有《金银岛》《化身博士》等。

斯宾诺莎（B. Spinoza, 1632—1677）：犹太名巴鲁赫，基督教名本尼迪克特，荷兰犹太人，哲学家。对莱布尼茨及一百年后的德意志狂飙突进、唯心主义及浪漫主义有重要影响。

斯宾塞，赫伯特（Herbert Spencer, 1820—1903）：英国生物学家、社会学家、教育学家。他把演化论施用于多种社会学科，特别是"社会达尔文主义"之父。

斯科里亚宾，亚历山大（Alexander Scriàbin, 1872—1915）：俄国作曲家、钢琴家。独立于勋伯格发展出了一套无调式乐理。

斯洛博金，劳伦斯·B.（Lawrence B. Slobodkin, 1928—2009）：美国生态学家，现代生态学先驱之一。

斯洛曼，亚伦（Aaron Sloman, 1936—　）：津巴布韦（罗德西亚）的人工智能领域学者。详见《延伸阅读》。

斯穆里安，雷蒙德（Raymond Smullyan, 1919—2017）：美国逻辑学家、哲学家，曾就学于阿隆佐·邱奇。他也是专业的魔术师和钢琴演奏家。

斯坦纳，乔治（George Steiner, 1929—　）：生于法国的美籍文学批评家，比较文学教授。

斯特劳森，彼得（Peter Strawson, 1919—2006）：英国哲学家，在形而上学、认识论、语言哲学及康德研究方面皆有重要贡献，代表作如 The Bounds of Sense 等。

苏格拉底（Socrates, 前469/70—前399）：古希腊哲学家，柏拉图、色诺芬等人的老师。从后人的著述中可见，苏格拉底对诘问他人非常积极，而方式往往是不断探知对方能够接受的前提，最后再从中引出荒谬的结论。死于雅典城邦的审判。

梭罗，亨利·D.（Henry D. Thoreau, 1817—1862）：美国作家，主张废奴和无政府主义。

索萨，罗纳德·德（Ronald de Sousa, 1940—　）：加拿大哲学家。

塔嫩鲍姆，安德鲁（Andrew S. Tanenbaum, 1944—　）：荷裔。MIT 理学学士，UC 伯克利哲学博士，现为荷兰阿姆斯特丹 Vrije 大学的计算机科学系的教授，在编译技术、操作系统、网络及局域分布式系统方面进行了大量的研究工作，发表专业论文 70 余篇，并开发了大量的软件。　**T**

图灵，艾伦·M.（Alan M. Turing, 1912—1954）：英国数学家，计算科学理论及人工智能的先驱。二战时破译了德军重要密码机制，战后却遭英国政府迫害。

托马斯，狄兰（Dylan Thomas, 1914—1953）：威尔士诗人。

W 威尔金森，杰米玛（Jemima Wilkinson，1752—1819）：出生于贵格会（公谊会）家庭，17 岁经历"起死回生""失去性别"后，创立"众生皆友会"（Public Universal Friends），并于 18 世纪 90 年代率领会众在纽约州西北建立耶路撒冷镇（今 Penn Yan 村附近），此镇人及后裔即为"杰米玛亲族"。但此派系后裔凋零，至 19 世纪 60 年代已不复存在。

威廉斯，G. C.（G. C. Williams，1926—2010）：美国演化生物学家。

威林斯基，罗伯特（Robert Wilensky，1951—2013）：美国计算科学家，UC 伯克利教授。

维格纳，尤金（Eugene Wigner，1902—1995）：美国理论物理学家及数学家，在粒子物理方面有重要理论贡献，1963 年与他人分享了诺贝尔物理学奖。

维纳，诺伯特（Nobert Wiener，1894—1964）：美国数学家、哲学家，控制论之父，生前主要工作于 MIT。在电气工程、电子通信方面亦有建树。《上帝与魔像》提出了这样的问题：如果人类可以制造下棋机器却不能下赢机器的话，是否类似的，即使人是经造物主创造，他也并非全能？

魏岑鲍姆，约瑟夫（Joseph Weizenbaum，1923—2008）：德裔美籍计算科学家，MIT 教授。在 20 世纪人工智能研究的早期做出了重要贡献。

X 西蒙，赫伯特（Herbert A. Simon，1916—2001）：中文名司马贺，经济学家、政治学家、认知心理学家。长期任职于卡内基梅隆大学，是纽厄尔的博士生导师。获 1975 年图灵奖和 1978 年诺贝尔经济学奖。现代信息科学及人工智能的先驱之一。

薛定谔，埃尔温（Erwin R. J. A. Schrödinger，1887—1961）：奥地利物理学家，量子场论的重要奠基人，1933 年获诺贝尔物理学奖。

Y 扬，A. Z.（A. Z. Young，1907—1997）：英国动物学家和神经生理学家，被誉为 20 世纪最有影响力的生物学家之一。

Z 祖波夫，阿诺德（Arnold Zuboff）：哲学家，伦敦大学学院退休教员。

祖卡夫，加里（Gary Zukav，1942—　）：美国人，灵性导师。